Mit freundlichen Grüßen
von
Herrn Klaus Dieter Breitschwert, MdL a.D.

Eberhard Kittler/Thomas Rönnberg
Deutsche Autos seit 1945
Offroader und SUV

Eberhard Kittler / Thomas Rönnberg

Deutsche Autos seit 1945

Offroader und SUV

Motor buch Verlag

Einbandgestaltung: Dos Luis Santos

ISBN 3-613-02490-X

Sie finden uns im Internet unter:
www.motorbuch-verlag.de

1. Auflage 2005

Lektorat: Joachim Kuch
Druck und Bindung: Graspo, CZ-76302 Zlin
Printed in Czech Republic

Vorwort

Kittler (rechts) und Rönnberg am VW Touareg

Der siebte Band der Buchreihe »Deutsche Autos« befasst sich mit einer Fahrzeuggattung, die hier zu Lande enorm an Bedeutung gewonnen hat – und weiter gewinnt. Und die sich viel stärker als alle anderen Automobile im Charakter verändert, sich aber auch in wirtschaftlich schwierigen Zeiten als besonders resistent erweist. Geländewagen und ihre modernen Nachfahren, die SUVs, sind ihrer einstigen Rolle als kompromisslose Nutzfahrzeuge entwachsen. Sie erkämpfen sich nun in erstaunlichem Tempo einen festen Platz in der deutschen Neuwagen-Zulassungsstatistik.
Denn bei den deutschen Automobilherstellern wurde dieses immer wichtiger werdende Marktsegment lange recht stiefmütterlich behandelt – und das Geschäft den Importeuren überlassen. Doch wie das vorliegende Buch beweist, hat diese Zurückhaltung nach außen ihre Ursache nicht in einer Untätigkeit der Konstrukteure und Entwickler: Alle namhaften deutschen Autohersteller können auf Erfahrungen im Einsatz von Fahrzeugen abseits befestigter Wege zurück blicken.
Geländewagen sind längst nicht mehr exklusives Arbeitsgerät für Förster, Jäger oder Grenzpolizisten. Bevorzugter Einsatzort sind heute nicht mehr allein Wald und Kiesgrube, sondern auch die Boulevards und die Autobahnen. Genau wie ihre Fahrer haben sich die Fahrzeuge gewandelt: Zwar schätzt auch der Käufer (und noch mehr die Käuferin) eines Mercedes ML oder BMW X5 das maskuline und robuste Image eines Allradlers – und die vielseitigen Möglichkeiten für die Nutzung im im Alltag. Doch mit den Unbequemlichkeiten, den mangelhaften Fahreigenschaften und dem unzureichenden Komfort von Geländewagen der frühen Nachkriegszeit mögen sich die Käufer heutiger 4x4-Boliden nicht mehr abfinden.
Gerade deshalb lohnt der Blick zurück, wobei hier als Zeithorizont die Nachkriegsära gesetzt wurde. Das Buch beschränkt sich selbstverständlich nicht auf das Gebiet der alten Bundesrepublik; denn auch jenseits der Mauer wurden ernstzunehmende Geländewagen entwickelt und gebaut. Von Amphicar über Opel und Volkswagen bis Wartburg reicht die Liste der deutschen Marken, deren Fahrzeuge hier umfangreich in Wort und Bild dargestellt werden. Dazu kommen in Deutschland produzierte Allradfahrzeuge von Herstellern aus Großbritannien, Korea und Indien.
Natürlich ist der Begriff Geländewagen recht weit gefasst und bedarf darum einer gewissen Eingrenzung. Hier geht es ausschließlich um straßenzugelassene Fahrzeuge mit Allradantrieb oder zumindest einer konzeptionellen Auslegung, die eine akzeptable Offroad-Fähigkeit erlaubt und die einen gewissen Freizeitwert gestattet. Als zulässiges Gesamtgewicht gelten 3,5 Tonnen. Militär- oder Kommunalfahrzeuge kommen nur am Rande vor, zu ersteren gibt es im Motorbuch Verlag eigenständige und sehr informative Nachschlagwerke.
Den Autoren – Automobilhistoriker Eberhard Kittler und Geländewagenspezialist Thomas Rönnberg – ist völlig klar, dass sie in diesem Buch Kompromisse machen mussten. Kenner der Szene mögen bemängeln, dass beispielsweise der Borgward B 2000 oder der Ur-Unimog fehlen (während Multicar aufgenommen wurde): Borgward und Unimog bleiben zwar unter dem vorgegebenen Gesamtgewicht, sind aber eher Nutz- und Lastkraftwagen als Geländewagen im hier verstandenen Sinne. Ähnliches gilt für leichte Kettenfahrzeuge, die auf diesen Seiten nicht stattfinden. Ebenfalls nicht aufgeführt sind die 4x4-Transporter und -Kleinbusse von VW oder Mercedes.
Wer nun beanstandet, dass aber der Wartburg 353/400 oder der Trabant 601 Kübel hier erscheinen, müsste ebenfalls fragen, warum der VW 181 Kübel abgehandelt ist. Selbst einige (aber nicht alle) Prototypen tauchen auf, teilweise nur in einem Exemplar entstanden. Sie geben Zeugnis von wagemutigen Irrwegen technischer Art, die längst in Vergessenheit geraten sind – ein Beispiel ist der Fend G 600.
Der umfassende Überblick über den aktuellen Markt der allradgetriebenen Freizeitfahrzeuge wie auch ihrer Ahnen reicht bis zur neuerstandenen Gattung der Crossover, die ab 2005/06 zu den Händlern gehen sollen. Zum Redaktionsschluss lagen noch keine endgültigen Angaben zu Fahrzeugen wie Audi Q7 oder Mercedes R-Klasse vor – sie werden in der nächsten Auflage des Buches aufgeführt. Ergänzungen, Korrekturen oder Kritik jedweder Art ist den Autoren wichtig – am besten per E-Mail an: ekittler@web.de oder info@tom-roennberg.de.
Bleibt nur noch, den vielen Mitstreitern, Informanten und Fotolieferanten herzlich zu danken. Ohne ihre engagierte und meist auch uneigennützige Mitarbeit hätte dieses Buch nie entstehen können. Eine ausführliche Aufstellung unserer Mitarbeiter und Partner findet sich auf der letzten Seite.

Opel war Wegbereiter bei den SUVs – hier der Frontera B (Zwei- und Viertürer)

Inhaltsverzeichnis

Vorwort 5

Lizenzen

Anhang

Amphi Ranger

Selten enden die Versuche eines Nicht-Autobauers, eine eigenes Modell zu entwickeln, so professionell wie beim Amphi Ranger. Entstanden war der Wagen, nachdem die »Rheinauer Maschinen- und Armaturenfabrik« (RMA) auf der Suche nach einem Amphibienfahrzeug gewesen war, der ausreichend zuverlässig und komfortabel beispielsweise Wartungs- und Montagetrupps zu Pipelinebaustellen bringen konnte. Man hatte festgestellt: Ein solches Fahrzeug gibt es nicht – weder in Deutschland noch anderswo. So machten sich die RMA-Ingenieure selbst an die Entwicklungsarbeit.

Die Techniker des Rüstungs- und Maschinenbauunternehmens gingen die Sache von der Wasserseite an: Sie versuchten nicht, ein konventionelles Geländewagenkonzept schwimm- und seetauglich zu machen, sondern fassten erst die Eigenschaften auf dem Wasser ins Auge. Sie entschieden denn auch über die Karosserie- und Aufbaukonstruktion: Der Amphi-Ranger basiert auf einem selbsttragenden, verschweißten Schwimmkörper aus stabilem, 3 bis 4 mm starken Aluminiumblech. Das hochwertige Leichtmetall war salzwasserfest, was dem Amphi-Ranger zur Zusatzbezeichnung SR für seewasserresistent verhalf. Die aquadynamisch geformte Wanne bildete ein Stück mit dem Karosserieunterteil; auch der Überrollbügel war in die Konstruktion integriert. Dennoch gelang den Konstrukteuren eine Form, die nicht wirklich aussah wie ein mit Rädern versehenes Motorboot, sondern durchaus als Geländewagen erkennbar war. Uneingeweihte konnten den kantigen Wagen auf den ersten, oberflächlichen Blick für eine Art Sonderversion des Mercedes G halten.

Dem schien auf den ersten Blick auch die Technik zu entsprechen. Der Wagen verfügte wie der Ur-G über eine starr zuschaltbaren Allradantrieb und manuell zu betätigende Differenzialsperren an Vorder- und Hinterachse. Dabei kamen tatsächlich modifizierte Bauteile aus dem Mercedes zum Einsatz. Für die Antriebskraft sorgte hingegen Aggregate von Ford. Basis bildete das 2,8-Liter große Doppelvergaser-Sechszylinder-Triebwerk aus dem damaligen Ford Granada, das dem Wagen auch zur Typbezeichnung 2800 verhalf. Später wurde es ersetzt durch den auf 2,9 Liter vergrößerten und mit Einspritzanlage ausgerüsteten V6 aus dem Granada-Nachfolger Scorpio. Als preiswerte Basismotorisierung wurde ab 1986 auch der Zweiliter-Vierzylinder mit 136 PS angeboten – ebenfalls im Scorpio zu haben. Doch der Minderpreis war so gering, dass sich kaum jemand für den kleineren Motor entschied. Ab 1988 stand dafür ein V6 mit vier Liter Hubraum zur Wahl; das prinzipiell gleiche Aggregat, wie es in Köln für den in den USA hergestellten Geländewagen Ford Explorer produziert wurde. Bei diesem Motor bestand erstmals auch die Möglichkeit, statt des Fünfgang-Handschaltgetriebes auch eine Vierstufenautomatik zu bestellen.

Das Fahrwerk war eine Eigenentwicklung von RMA. Vorne wie hinten waren die Räder einzeln an doppelten Querlenkern aufgehängt. Die Federung übernehmen jeweils Schraubenfedern in kurzer Miniblock-Bauform, hinten im Interesse hoher Nutzlast doppelt angeordnet. Die Achsverschränkung war zwar wegen der kurzen Federwege recht bescheiden; aber das wurde durch die Differenzialsperren ausgeglichen. Sehr positiv für die Geländetauglichkeit war die völlig glatte Unterseite des Bootskörpers. So waren alle Aggregate optimal geschützt und der Unterboden konnte sich nicht verhaken, sondern glitt leicht über Hindernisse hinweg.

Auch als Boot schlug sich der Amphi-Ranger besser als Skeptiker erwartet hatten. Er tauchte nur 690 bis 775 mm ins Wasser ein, was eine Freibordhöhe von 570 mm ergab. Bei ruhigem Wellengang konnte man also sogar die Seitentüren öffnen; bei Notsituationen in rauer See gab es die Möglichkeit des Notausstiegs über die Dachausstiegsluken. Bei der Erprobung hatte sich der Amphi-Ranger auch bei rauer und stürmischer See bewährt – Wellen, die höher waren als die

Amphi-Ranger-Parade

Amphi Ranger im Hamburger Hafen

Amphi Ranger mit Festaufbau

Gesamthöhe des Fahrzeugs, hatten ihn nicht zum Kentern gebracht. Im Wasser bewegte er sich über eine elektrisch zuschaltbare und einschwenkbare Schiffsschraube mit Z-Antrieb am Heck voran; die Lenkung erfolgte aber weiterhin normal über die eingeschlagenen Vorderräder – ein separates Seitenruder war nicht vorgesehen. Es war auch nicht nötig, im Wasser konnte der Amphi-Ranger auch so auf engem Raum wenden.

Die Wassertauglichkeit des Fahrzeugs wurde in einem Gutachten von 1984 auch von der Hamburger Zentralstelle für Schiffs- und Maschinentechnik bestätigt. Mehr als eine Formalie; denn diese Bestätigung war die Voraussetzung dafür, dass der Amphi-Ranger von Behörden angeschafft und eingesetzt werden konnte. Dennoch machte der Hersteller klar, dass es sich um ein »Onshore-Fahrzeug« für den Einsatz in Küstennähe handelte, das nicht »mit allen Eigenschaften von Booten und Schiffen konkurrieren« solle. Eine echte Hochseetauglichkeit war also nicht vorgesehen.

Die Eignung als professionell genutztes Wasserfahrzeug erforderte dennoch eine Reihe technischer Einrichtungen, die normalen Geländefahrzeugen fehlen. Alle Durchgänge von Teilen der Technik und des Antriebsstrangs durch den Leichtmetall-Bootskörper waren sorgfältig zweifach – innerhalb und außerhalb der Wanne – abgedichtet, der Motorraum naturgemäß auch von unten gekapselt. Für den Fall, dass sich dennoch Wasser in der Wanne sammeln sollte, gab es eine Lenzpumpe, auf Sonderwunsch deren zwei. Die automatische Zuschaltung der Pumpe funktionierte auch bei abgestelltem Motor, also im Ruhezustand des Schwimmwagens. Wegen der Voll-Kapselung des Motors war im Motorraum ein Gasspürgerät eingebaut, das einen Motorstart für den Fall verhinderte, dass sich im Stillstand des Fahrzeugs (etwa durch austretendes Benzin) explosive Gase entwickelt hätten.

Als Zielgruppe hatte RMA – abgesehen natürlich vom Eigenbedarf – vor allem öffentliche Kunden im Auge: Rettungsdienste, Küstenwachen, Grenzschutzbehörden. Doch auch für die vermessungstechnische Industrie, Kurierdienste, Umweltschutzorganisationen, Forschungseinrichtungen, Polizeieinheiten und Feuerwehren versuchte man von den Vorzügen eines Amphibienfahrzeugs zu überzeugen. Tatsächlich war der Amphi-Ranger ja ohne Konkurrenz. Und für die Fortbewegung etwa in Küsten- oder Watt-Gebieten war er schlichtweg ideal: Er kam voran, wo die Fahrt mit einem Landfahrzeug nicht mehr möglich war; er konnte noch problemlos eingesetzt werden, wo in seichtem Wasser Boote schon auf Grund liefen. Mit diesen Vorteilen versuchte die RMA den Amphi-Ranger auch als ideales Basisfahrzeug für Expeditionen feil zu bieten; sogar Privatkäufer sprach man an.

Technische Daten Amphi Ranger

	SR 2.8i 1984 – 1985	SR 2.9i 1985 – 1992	SR 4.0i 1988 – 1992
Motor	Ford 2,8 PRB EFI	Ford 2,9 i MC EFI	Ford 4,0 i EEC
Betriebsart		Otto (Viertakt)	
Material Block / Köpfe		Grauguss / Grauguss	
Zylinderzahl / Einbaulage		6 (V 60°) / vorn längs	
Bohrung x Hub	93 x 68,5 mm	93 x 72 mm	100,0 x 84,0 mm
Hubraum	2792 cm³	2933 cm³	3958 cm³
Leistung in kW (PS)	110 (150) bei 5700/min	107 (145) bei 5600/min	115 (157) bei 4200/min
Drehmoment in Nm	216 bei 4000/min	222 bei 3000/min	298 bei 2400/min
Verdichtung	9,2 : 1	9,0 : 1	9,5:1
Gemischbereitung		Saugrohreinspritzung (Bosch)	
Ventile pro Zylinder		2, parallel hängend, über Stoßstangen u. Kipphebel	
Nockenwellen (Antrieb)		1 zentral (Stirnräder)	
Kühlung		Pumpe (12 L Wasser),Viskolüfter	
Schmierung	Druckumlauf (3,75 L Öl)	Druckumlauf (4,25 L Öl)	Druckumlauf (6,0 L Öl)
Kraftübertragung			
Antrieb (Grundkraftverteilung)		Heckantrieb, Frontantrieb zuschaltbar (0 : 100 / 50 : 50 %)	
Kraftverteilung		Starr	
Sperren	– –	– –	Differenzialsperre (100%) vorn. u. hinten.
Kupplung	Einscheiben-Trocken		Einscheiben-Trocken (Aut.: Wandler mit Überbrückung)
Schaltgetriebe	5 Gang (vollsynchron.)		–
Automatik	–		4-Stufen
Reduktionsgetriebe		Straße 1,00; Gelände 2,89	
Fahrwerk			
Vorderradaufhängung		Einzelradaufh., Schraubenfedern, Teleskopstoßdämpfer	
Hinterradaufhängung		Einzelradaufh., Schraubenfedern, Teleskopstoßdämpfer	
Lenkung		Kugelumlauf, Servo	
Betriebsbremse		Hydraulisch (Zweikreis), Scheiben v / h	
Allgemeine Daten			
Fahrzeugart (Türen/Sitze)		offen m. Klappverdeck oder geschlossen (2 oder 4 / 2–6)	
Aufbauform		Selbsttragend, Leichtmetallkarosserie mit Boots-Schwimmkörper verschweißt	
Radstand		2500 mm	
Spur vorn/hinten		1520 / 1520 mm	
Länge x Breite x Höhe		4700 x 1930 x 1970 (mit Bootsleuchte auf Dach: 2100) mm	
Reifen		215/75 R 16 oder 31x10.50 R 15	
Räder		5,5 JK x 16 (Stahl) oder 7 J x 15 (LM)	
Bodenfreiheit		250 mm	
Rampenwinkel		23°	
Böschungswinkel v/h		45 / 28°	
Wattiefe		schwimmfähig	
Wendekreisdurchmesser		12,0 m	
Leermasse (DIN)	1940 kg		1960 kg
Zul. Gesamtgewicht		2800 kg	
Höchstgeschwindigkeit	145 km/h (Wasser: 15 km/h)		160 km/h (Wasser: 15 km/h)
Kraftstofftank		80 (a.W. 160) L / hinten	
Preis (Anf. / Ende Laufzeit		ca. 100.000 / ca. 120.000 DM	
Stückzahl		70	

Ein wirtschaftlicher Erfolg wurde der Amphi-Ranger dennoch nicht. Potenzielle Privatkäufer schreckte der hohe Preis weit jenseits der 100.000-Mark-Schmerzgrenze ab, der mithin fast das anderthalbfache eines vollständig ausgestatteten Mercedes G betrug. Die hohen Anschaffungskosten dürften sicher auch manche Behörde von einer Anschaffung abgehalten haben.

So wurden über die achtjährige Bauzeit nur rund 70 Amphi-Ranger fertiggestellt und verkauft. Heute befinden sich die von den Behörden ausgemusterten Fahrzeuge überwiegend in Sammlerhand. Die Nachfrage ist heute größer als je zuvor – nach Aussage der Interessengemeinschaft Amphi-Ranger kommen auf ein angebotenes Fahrzeug mindestens 20 Kaufinteressenten.

Auto Union / DKW Geländewagen (Munga)

Ende 1952, noch vor Gründung der Bundeswehr, hielten die Behörden Ausschau nach einem kleinen Geländewagen. Die Auto Union und die Firma Borgward gingen ans Werk – beide mit Zweitakt-Projekten. Im September 1953 standen ersten allradgetriebenen Prototypen der Auto Union bereit. Sie basierten auf der DKW Sonderklasse (F 91 bzw. später F 93) mit Kastenprofilrahmen. Die Karosserie-Entwicklung erfolgte im eigenen Haus. Die Prototypen hatten unterschiedliche Aufbauten – aus Kunststoff oder Leichtmetall (beides verworfen), aus Stahl mit und ohne Türen, mit Faltverdeck. Die meisten Versuchsfahrten, auch die werksinternen, erfolgten im bergigen Bayern. Polizei, Bundesgrenzschutz, Rotes Kreuz und Bergwacht unternahmen eigene Testfahrten.
Mitte 1955 legten die Behörden fest, zunächst 5.000 DKW-Zweitakter in den Armee-Einsatz zu übernehmen. Auf der IAA im Frankfurt im September 1955 präsentierte sich ein dunkelgrün lackierter Auto Union / DKW Geländewagen erstmals der Öffentlichkeit. Von Anfang an geplant war auch seine zivile Vermarktung (als »M Wagen«; M = Mehrzweck). Im Januar 1956 kamen die ersten elf Geländewagen (Vorserie) zur Bundeswehr, zunächst mit 38 PS starkem 900-cm^3-Dreizylinder. Die Serienproduktion lief aber erst im Oktober 1956 an, nunmehr mit auf 40 PS verstärktem 0,9-Liter. Gegenüber Pkw und Schnelllaster waren Bauteile wie Schwungrad, Zylinderkopf, Kühlung sowie Rad- und Motoraufhängung modifiziert. Der Motor erhielt eine wassergeschützte Zündanlage und einen Schräglagen-unempfindlichen Geländevergaser. Dazu kamen allradspezifische Bauteile wie die Kardanwelle.
Die Auslieferung der Serienfahrzeuge an die Bundeswehr begann im November 1956, die Lieferungen gingen weiter bis Juli des nächsten Jahres. Damit waren Borgward und ein weiterer Konkurrent, die Firma Porsche, aus dem Rennen. Der ab 1958 eingesetzte neue Einliter-Motor von DKW leistete 44 PS, während die Autos der beiden Wettbewerber je 50 PS brachten. Punkten konnte der DKW wegen der vielen Gleichteile von Pkw-Modellen, der guten Straßenlage und wegen seines technisch einfachen Triebwerks (Werkswerbung: »ventilloser Dreizylinder«). Das Zweitaktprinzip (zunächst Betankung durch Gemisch, ab 1961 bei den Zivilversionen Frischölautomatik) wurde bis zum Ende der Laufzeit beibehalten. Das Auto war damit relativ preisgünstig (Abgabepreis für die Bundeswehr ab 8.075 DM, mit Heizung 8.225 Mark), beim Verbrauch schnitt es besser ab als die Konkurrenz.
Die Antriebskraft gelangte vom geschützt installierten Motor zu einem konventionellen, über Knüppelschaltung zu betätigenden Vierganggetriebe (allerdings ohne DKW-typischen Freilauf). Von hier aus ging die Kraft via Getriebe-integriertem Differenzial zur Vorderachse und über die einteilige Kardanwelle permanent zur Hinterachse, die ebenfalls über ein Differenzial verfügte. Zwischen den Achsen bestand also stets eine starre Verbindung – ein Sonderfall gegenüber allen anderen Konstruktionen jener Zeit. Bei der Fahrt auf befestigter Straße entstanden zwar Verspannungen, die sich aber wegen des kurzen Radstands in Grenzen hielten. Nur bei den Vorserienautos bis 1955 war der Hinterradantrieb abschaltbar. Mittels eines vorgeschalteten Reduktionsgetriebes – einfachst zu aktivieren durch Herausziehen eines Metallgriffs mittig im Instrumententräger auch während langsamer Fahrt – wurden die vier Fahrstufen für den Offroad-Betrieb untersetzt. Diese Vorgelege-Untersetzung befand sich zwischen Kupplung und Getriebe – an der gleichen Stelle, an der bei den Straßen-DKW der Freilauf untergebracht war und nicht, wie sonst bei Geländewagen üblich, erst hinter dem Schaltgetriebe. Die Wirkung war die gleiche: Es standen acht Vorwärtsgänge (und zwei Rückwärtsgänge) zur Verfügung. Für Differenzialsperren und ein Zentraldifferenzial hatte man sich aber nicht entscheiden können. Vorder- und Hinterachse, beide mit Einzelradaufhängung, waren bis auf die Spurstangen identisch.

Prototypen-Erprobung 1955 in Munster: seriennaher DKW F 91/4 (links), F 91/4 mit Kunststoffaufbau und Willys Jeep

DKW Geländewagen für zivile Nutzung

DKW F 91/4 bzw. Munga 4

Gebaut wurde der Geländewagen ausschließlich in Ingolstadt. Beim Militär lief er entsprechend der NATO-Klassifikation als »Lkw 0,25 t gl« (gl = geländegängig), ab März 1957 war er als »DKW-Geländewagen 3=6« (inoffiziell »DKW-Jagdwagen«) auch für zivile Käufer erhältlich. Die Interessenten in Deutschland mussten sich dafür mit der Behördenabteilung im Werk Düsseldorf in Verbindung setzen, als Grundpreis für den Viersitzer wurden 8.950 Mark aufgerufen. Dieser Betrag bezog sich nur auf die Grundausstattung, also ohne Verdeck, Sitzbänke usw. Die Heizung kostete beispielsweise 225 DM Aufpreis. Insgesamt gingen etwa zehn Prozent aller Allrad-DKW an private Nutzer. In den 60er-Jahren konnten Privatleute darüber hinaus preisgünstig ausgemusterte Armeefahrzeuge ohne Kfz-Brief über die VEBEG-Verwertungsgesellschaft in Frankfurt kaufen.

Bis 1958 erwarb die Bundeswehr 5.376 Fahrzeuge mit 0,9-Liter-Motor, anschließend folgten 19.785 allradgetriebene DKW mit 1,0-Liter-Motor. Insgesamt taten rund 25.000 Geländewagen bis in die 80er-Jahre Dienst bei der Bundeswehr sowie bei Bundesgrenz- und Zivilschutz. Dazu kamen weitere 5.000 Fahrzeuge für andere Behörden und Dienststellen, beispielsweise Polizei und Feuerwehr. Auch die britischen und französischen Besatzungstruppen in Deutschland nutzten den kleinen Allradler. Militärische Versionen wurden sogar außerhalb Deutschlands veräußert – so übernahm 1963 die holländische Armee 2.100 der zweitaktenden Geländewagen.

Der Auto Union Geländewagen ging selbst auf Übersee-Märkte wie die USA: Hier lief der Geländewagen unter dem Namen »Bronco«. 7.077 Fahrzeuge wurden über die gesamte Laufzeit exportiert, die meisten davon als Einliter-Kübelwagen. Dazu kamen in Brasilien gefertigte Lizenzfahrzeuge namens Candango 2 (nur Frontantrieb) und Candango 4 (Allradantrieb): Davon wurden zwischen 1958 und 1963 von der Firma Vemeg in Sao Paulo immerhin 7.550 Exemplare hergestellt, sie unterschieden sich kaum von den deutschen Vorbildern.

Doch zunächst gab es den Allradler nur als offenen Kübelwagen mit Viersitzer-Stahlblechkarosserie. Als »schwimmfähig« wurde er zwar nie vermarktet, verfügte aber über einen weitgehend dichten wannenförmigen Aufbau und einen hochgezogenen Auspuff. Die Watfähigkeit betrug mehr als 50 cm, die Bauchfreiheit war mit 32 cm angeben. Eine durchgehend schützende »Bauchplatte« wie beim Porsche Geländewagen gab es hier jedoch nicht. Die vorderen Sitze – unter denen sich ein Werkzeugfach befand – ließen sich nach vorn umklappen. Der Beifahrersitz war um 180 Grad drehbar, die zwei hinteren Stahlrohr-Einzelsitze einfach herausnehmbar. Ein hinter den hinteren Sitzen zusammengefaltetes Stoffverdeck mit einknöpfbaren Seitenteilen ließ sich mittels Scherengestell über den Innenraum spannen. Das war einfacher als bei den sonst üblichen Planenverdecken mit starrem Spriegelgestell. Festinstallierte Türen existierten nie, wohl aber seitlich einhängbare Stofftüren mit Kunststoffscheiben (ab Juni 1960 vordere Einstecktüren statt mehrfenstriger Seitenteile).

Serienmäßig waren 16-Zoll-Geländereifen, das Ersatzrad befand sich neben dem 20-Liter-Benzinkanister am Heck des Wannenaufbaus. Bei den ab 1958 lieferbaren Pritschen-Versionen (ab 8.850 Mark) war das Ersatzrad an der Beifahrerseite hinten fixiert. Den Reservekanister auf dem abgeschrägten, vorderen rechten und teilweise auch linken Kotflügel gab es serienmäßig nur beim Pritschenaufbau für die Bundeswehr und andere Behörden. Viersitzige Fahrzeuge mit Wannenaufbau, aber mit Funkanlage und Antennenkurbelmast für Polizei und Zivilschutz hatten den Kanister ebenfalls auf dem vorderen Kotflügel. Tank und Einfüllstutzen der Version mit Wannenaufbau waren vor der Rückwand im Heck untergebracht. Anders bei den Pritschenwagen: Hier lag der

Tank hinter den Vordersitzen unterhalb der Zwischenwand, der Einfüllstutzen ragte rechts seitlich heraus. Serie für die Militärausführungen war weiterhin die 24-Volt-Anlage, damit ließ sich beispielsweise ein Funkgerät betreiben. Ebenfalls zum Lieferumfang gehörten Abschlepphaken vorn und Anhängerzugvorrichtung hinten sowie das Schutzgitter vor Kühlergrill und Scheinwerfern.
1958 war also als zweite Karosserieversion neben dem viersitzigen Kübelwagen eine Pritschenversion (F 91/6) mit Heckklappe hinzugekommen, erstmals gezeigt auf der IAA im September des Vorjahrs. Auf der 920 x 1380 mm großen Ladefläche befanden sich zwei klapp- bzw. ausbaubare, mit Kunstleder bezogene Sitzbänke längs zur Fahrtrichtung. Insgesamt fanden in diesem Fahrzeug sechs Personen Platz. Das Verdeckgestell ließ sich wegen des hinten höhergezogenen Verdecks nicht mehr so einfach abbauen wie beim Viersitzer. Neu beim Pritschenwagen: Über ein abschaltbares Stirnrad-Vorgelege konnten land- und forstwirtschaftliche Aggregate und Maschinen betrieben werden. Der Anteil der Pritschenversionen blieb jedoch sehr gering, er lag bis 1962 bei etwas über 2.000 Einheiten. Die meisten davon gingen in den Export, die Bundeswehr hatte kaum Interesse an diesem Fahrzeug.
1962 gesellte sich als dritte Karoserieversion eine Ausführung mit um 30 cm verlängerter Pritsche (Ladefläche: 1220 x 1380 mm) hinzu – die Außenlänge wuchs aber nur um 15 cm. Erstmals gezeigt wurde der Wagen auf der IAA im September 1961. Behördenfahrzeuge mit langer Pritsche waren jedoch nur für sechs zugelassen und hießen F 91/6 lang. Die zivile Version mit langer Pritsche und langen Sitzbänken durfte acht Personen befördern, sie lief darum als F 91/8. Äußerlich erkennt man diese Variante am längeren hinteren Überhang und den zwei Fenstern seitlich in der hinteren Plane – wobei der Planenaufbau unterschiedliche Varianten zuließ (nur Abdeckung vorn, nur hinten, komplett). Das Ersatzrad fand seitlich Platz, die Hinterachse wurde mit einer stärkeren Blattfeder fit gemacht. Von der Langversion wurden 7.132 Stück gebaut, davon 444 exportiert.
Erst ab 1962 trug das zivil vertriebene Auto den Namen Munga (=Mehrzweck-Universal-Geländewagen mit Allradantrieb). Der zuvor ins Gespräch gebrachte Name AZ 1000 (=Allzweck) konnte sich nicht durchsetzen. Die vier Ringe mit integriertem Auto-Union-Schriftzug saßen anfangs an der Motorhaube und beim Pritschenwagen auch links am Heck. Ab Ende 1961 verblieb der Auto-Union-Schriftzug auf die Motorhaube, während die vier Ringe mitten in den Grill wanderten. Das rückwärtige Zeichen entfiel ersatzlos. Der sogenannte Munga 4 (F 91/4) kostete Privatleute nunmehr 9.300 DM – er war allerdings besser ausgestattet als zu Anfang. Heizung (225 DM) und Frischöl-Automatik (150 DM) kosteten extra. Für den Munga 6 in Komplettausstattung verlangte man 9.100 Mark, Heizung (Bosch) und Frischöl-Automatik waren wie beim F 91/4 gegen

Jahresproduktion

	1956	1957	1958	1959	1960	1961	1962	1963	1965	1965	1966	1967	1968
AU / DKW 4x4	249	6.083	2.328	5.805	5.304	4.743	3.868	3.721	3.435	3.265	3.358	2.274	2.317

DKW F 91/4 auf Wasserdurchfahrt

DKW F 91/4 für die Bundeswehr

DKW F 91/6 bzw. Munga 6

Aufpreis erhältlich. Der Munga 8 war mit seinen 9.250 Mark nur marginal teurer. Für die 24-Volt-Ausführung von Munga 4, 6 und 8 mussten noch mal 950 Mark draufgelegt werden.

Als im Dezember 1968 nach immerhin 14 Jahren Bauzeit die Produktion endete, war der Allradler der letzte Zweitakter im Programm. Kurzzeitig hatte man in Ingolstadt sogar mit dem Gedanken gespielt, den Munga alternativ mit einem leistungsstärkeren Sechszylinder-Zweitakter (»Müller-Andernach-Motor«) anzubieten. Insgesamt entstanden 46.750 Exemplare des Ingolstädter Allradautos (plus 200 bis 300 Versuchsfahrzeuge) – das waren rund 5 Prozent der gesamten Nachkriegsproduktion von DKW. Als Nachfolger des Munga kam 1978 der bei Audi entwickelte und gebaute VW Iltis. Vom Auto Union / DKW Geländewagen haben bei privaten Sammlern noch reichlich 2.000 Exemplare überlebt, die meisten als viertürige Kübelwagen. Alle anderen wurden im militärischen oder im kommerziellen Einsatz verschlissen. Liebhaber dieses Autos in Deutschland haben im Auto Union Veteranen Club oder in spezialisierten Clubs wie der Munga IG eine Heimat gefunden.

DKW F 91/4 auf Steigungsfahrt

DKW F 91/6 bzw. Munga 6

DKW F 91/6 lang bzw. Munga 8

DKW Munga 8 als Gütertransporter

DKW Munga 8 als Personentransporter

Auf einen Blick – DKW Munga 4, 6 und 8

DKW Munga 8 mit festem Holy-Aufbau

DKW-Vemag Candango 4 aus brasilianischer Lizenz-Fertigung

Technische Daten Auto Union / DKW Geländewagen

	DKW Geländewagen Vorserie (F 91/4-900) 1954 – 1956	DKW Geländewagen Wannenaufbau 900 cm³ Pritschenaufbau 900 cm³ (DKW F 91/4-900 und F 91/6-900)1957 – 1958	DKW Geländewagen Wannenaufbau 1000 cm³ Pritschenaufbau 1000 cm³ (DKW F 91/4-1000 und F 91/6-1000) 1958 – 1962	DKW Geländewagen Wannenaufbau 1000 cm³ Pritschenaufbau 1000 cm³ (DKW F 91/4-1000 / Munga 4 und F 91/6-1000) / Munga 6 Pritschenaufbau verläng. 1000 cm³ (DKW F 91/8 u. 91/6 lang/ Munga 8) 1962 – 1968
Motor				
Betriebsart	Otto (Zweitakt)		Otto (Zweitakt)	
Material Block / Kopf	Grauguss / Alu		Grauguss / Alu	
Zylinderzahl / Einbaulage	3 (Reihe) / vorn längs vor VA		3 (Reihe) / vorn längs vor VA	
Bohrung x Hub	71 x 76 mm		74 x 76 mm	
Hubraum	896 cm³		980 cm³	
Leistung in kW (PS)	28 (38) bei 4200/min	29 (40) bei 4250/min	32 (44) bei 4500/min	
Drehmoment in Nm	71 bei 3000/min	74 bei 3500/min	80 bei 3000/min	
Verdichtung	6,5 : 1	7,0 : 1	7,25 : 1	
Gemischbereitung	1 Doppel-Fallstromvergaser Zenith-Stromberg 32 NDIX		1 Doppel-Fallstromvergaser Zenith-Pallas 32 NDIX	
Ventile pro Zylinder	–		–	
Nockenwellen	–		–	
Kurbelwellenlager	4		4	
Kühlung	Thermosyphon (9,5 L Wasser)		Thermosyphon (9,5, später 12 L Wasser)	
Schmierung	Zweitakt-Gemisch 1 : 40;		Zweitakt-Gemisch 1 : 40; Zivilversionen ab 1961 mit Frischöl-Automatik (2,0 L Öl)	Zweitakt-Gemisch 1 : 40; Zivil: Frischöl-Automatik (2,0 L Öl)
Batterie	2 x 12 V (45 Ah) / vorn	12 V (45 Ah) / vorn; Militär: 2 x 12 V (45 Ah) / vorn	12 V (45 Ah) / vorn; Militär: 2 x 12 V (45 Ah) / vorn	
Lichtmaschine	Gleichstrom 160 W, Militär: 600 W		Gleichstrom 160W, Militär: 600 W	
Kraftübertragung				
Antrieb (Grundkraftverteiligung)	Allradantrieb permanent (Versuchsträger bis 1955 mit zuschaltb. Heckantrieb) (50 : 50 %)	Allradantrieb permanent (50: 50 %)		
Kraftverteilung	Starr			
Sperren	–			
Kupplung	Einscheiben-Trocken (Fichtel & Sachs)			
Schaltgetriebe Übersetzungen	4 Gang ZF (II. – IV. Gang synchron.), Knüppelschaltung I. 3,82, II. 2,41, III. 1,48, IV. 0,92, R. 4,58, Achsantrieb 6,333			
Reduktionsgetriebe (Untersetzung)	Straße 1,0; Gelände 1,604			
Fahrwerk				
Vorderradaufhängung	Einzelradaufh., Querblattfeder oben, Querlenker unten, Teleskopstoßdämpfer			
Hinterradaufhängung	Einzelradaufh., Querblattfeder oben, Querlenker unten, Teleskopstoßdämpfer			
Lenkung	Zahnstange ZF (15,5 : 1)			
Betriebsbremse	Hydraulisch (v/h: Duplex), Trommeln v/h (ø 230 mm, Gesamtbremsfl. 687 cm²)			
Allgemeine Daten				
Fahrzeugart (Türen/Sitze)	Kübelwagen offen, Faltverdeck, Plane und Scherengestell (0 / 4)	Kübelwagen offen, Faltverdeck, Plane und Scherengestell (0 / 4); Pritschenwagen (0 / 6)	Kübelwagen offen, Faltverdeck, Plane und Scherengestell (0 / 4); Pritschenwagen (0 / 6)	Kübelwagen offen, Faltverdeck, Plane und Scherengestell (0 / 4); Pritschenwagen (0 / 6) bzw.Pritschenwagen lang (0 / 6 und 0 / 8)
Aufbauform	Kastenrahmen mit Längs- und Querträgern, Ganzstahlkarosserie			
Radstand	2000 mm			

Technische Daten Auto Union / DKW Geländewagen

	DKW Geländewagen Vorserie (F 91/4-900) 1954 – 1956	DKW Geländewagen Wannenaufbau 900 cm³ Pritschenaufbau 900 cm³ (DKW F 91/4-900 und F 91/6-900)1957 – 1958	DKW Geländewagen Wannenaufbau 1000 cm³ Pritschenaufbau 1000 cm³ (DKW F 91/4-1000 und F 91/6-1000) 1958 – 1962	DKW Geländewagen Wannenaufbau 1000 cm³ Pritschenaufbau 1000 cm³ (DKW F 91/4-1000 / Munga 4 und F 91/6-1000) / Munga 6 Pritschenaufbau verläng. 1000 cm³ (DKW F 91/8 u. 91/6 lang/ Munga 8) 1962 – 1968
Allgemeine Daten				
Spur vorn / hinten	1186 / 1186 mm	1206 / 1206 mm	1206 / 1206 mm	1206 / 1206 mm
Länge x Breite x Höhe	3375 x 1810 x 1680 mm (mit Verdeck)	F 91/4: 3445 x 1810 x 1750 mm (mit Verdeck); 3445 x 1480 x 1335 mm (ohne Verdeck und Spiegel) F 91/6: 3455 x 1830 x 1915 mm	F 91/4: 3445 x 1810 x 1750 mm (mit Verdeck); 3445 x 1480 x 1335 mm (ohne Verdeck und Spiegel) F 91/6: 3445 x 1830 x 1915 mm	F 91/4: 3445 x 1810 x 1750 mm (mit Verdeck); F 91/6: 3445 x 1830 x 1915 mm; Pritsche lang: 3690 x 1830 x 1935 mm
Reifen	6.0-16 extra M	6.0-16 extra M	6.0-16 extra M	6.0-16 extra M
Räder	4.0 E x 16	5.0 F x 16	5.0 F x 16	5.0 F x 16
Überhang vorn / hinten	680 / 650 mm	680 / 650 mm	680 / 650 mm	680 / 650 mm; Pritsche lang: 680/800 mm
Bodenfreiheit	258 mm	240 mm	240 mm	240 mm
Wattiefe	500 mm	500 mm	500 mm	500 mm
Rampenwinkel	34°	34 °	34°	34 °
Böschungswinkel v/h	45 / 41°	45 / 41°	45 / 41°	45 / 41°; Pritsche lang: 45 / 34°
Wendekreisdurchmesser	9,60 m	11,70 m	11,70 m	11,70 m
Steigfähigkeit	Werk: 66 % / 34°, rechn.: 53,5 % /28,3°	Werk: 66 % / 34°, rechn.: F 91/4: 53,5 %/ 28,3° F 91/6: 48 % /25,5 °	Werk: 50 % / 27°, rechn.: F 91/4: 57 %/ 29,5° F 91/6: 51,5 % /27 °	Werk: 50 % / 27°, rechn.: F 91/4: 57 % / 29,5° F 91/6: 51,5 %/ 27° F 91/8: 48 %/ 25,5°
Achsverschränkung	geschätzt: 125 mm	geschätzt: 125 mm	geschätzt: 125 mm	geschätzt: 125 mm
Leermasse (DIN)	1025 kg	1220 kg; F 91/6: 1060 kg	1220 kg; F 91/6: 1060 kg	1220 kg; F 91/6: 1060 kg; Pritsche lang: 1315 kg
Zul. Gesamtgewicht	1500 kg	1575 kg; F 91/6: 1750 kg	1575 kg; F 91/6: 1750 kg	1575 kg; F 91/6: 1750 kg; Pritsche lang: 1885 kg
Zul. Anhängelast gebremst / ungebremst	– / 475 kg	750 / 500 kg; F 91/6: 750 / 550 kg	750 / 500 kg; F 91/6: 750 / 550 kg	750 / 500 kg; F 91/6 und Pritsche lang: 750 / 550 kg
Höchstgeschwindigkeit	98 km/h	95 km/h; F 91/6: 93 km/h	95 km/h; F 91/6: 93 km/h	95 km/h;F 91/6 und Pritsche lang: 93 km/h
Verbrauch in L/100 km	10 – 12	12 – 20	13 – 20	13 – 20
Kraftstofftank	45 L / hinten			
Preis (Anf. / Ende Laufzeit)	–	F 91/4: 8.340 DM	F 91/4: 8.950 DM F 91/6: 8.859 DM	F 91/4: 9.300 DM F 91/6: 9.100 DM F 91/8: 9.250 DM
Stückzahl	7.811 F 91/4 und 779 F 91/6		28.974 F 91/4; 1.999 F 91/6 sowie 7.132 F 91/6 lang und F 91/8	
Stückzahl insgesamt	46.750			

Audi Allroad Quattro

In den 90er-Jahren hatte es Audi endlich geschafft und galt als Premiumhersteller. Das Produktportfolio umfasste vier, dann sogar fünf Pkw-Baureihen, dazu ein Cabrio und ein kompakter Sportwagen. Ein Geländefahrzeug fehlte, und darum brachte Audi zum Genfer Autosalon im März 2000 den Allroad – ein modifizierter A6 Avant (Laufzeit Baureihe C5: 1997 bis 2004). Erstmals gezeigt wurde das Auto während der Motorshow Detroit im Januar 1998. Mittlerweile laufen solche Fahrzeuge unter dem Gattungsbegriff Crossover, die Marke Subaru ist mit vergleichbaren Autos groß geworden. Bodengruppe, Karosseriegerüst und die meisten Bleche stammten vom A6. Front und Heck wurden durch bulligere Stoßfänger und Unterbodenschutzbleche etwas rustikaler gestaltet, die Motorhaube bestand aus Alu, und die Kotflügel wurden bauchiger ausgestellt. Und der gesamte Aufbau wurde höher gesetzt.. Die Auspuffanlage hat man so verlegt, dass sie nicht sofort von Bodenunebenheiten beschädigt wurde. Gebaut wurde der Allroad im Werk Neckarsulm neben dem Serien-A6, seine Verarbeitung galt als beispielhaft gut.

Natürlich war das permanent allradgetriebene Auto mit seiner tiefen Sitzposition in erster Linie Straßenfahrzeug. Aber im Unterschied zu anderen Crossvern wies es – trotz der minimalen Achsverschränkung und der großen Karosserieüberhänge – eine gewisse Offroad-Tauglichkeit auf. Dafür war beträchtlicher Aufwand betrieben worden, den man dem Fahrzeug jedoch leider nicht ansah. Die Antriebskraft ging – genau wie beim Audi A6 Quattro – über ein Planetenrad-Verteilergetriebe mit mechanischem Torsen-Mittendifferenzial zu den vier Rädern. Im Normalzustand gehen je 50 Prozent der Kraft zu den Rädern, im Bedarfsfalle können bis zu zwei Drittel der Motorkraft zu einer Achse geschickt werden. Die Traktionskontrolle erfolgte über die elektronische Differenzialsperre (EDS) radselektiv über Bremseneingriff, das Ganze funktionierte bis 100 km/h.

Anders als der BMW X5 erhielt der Allroad auf Wunsch sogar ein Reduktionsgetriebe (1250 €) am Eingangsgehäuse des Torsendifferenzials. Die sogenannte »Low Range«-Ausstattung gibt's allerdings nur für Fahrzeuge mit Handschaltgetriebe. Die relativ geringe Untersetzung wird über eine rote Taste am Schalthebel eingelegt, dies war während der Fahrt bis 30 km/h möglich (wobei dazu die Kupplung getreten werden musste). Dank dieses Systems kann der Audi relativ steile Passagen gefahrlos in Angriff nehmen – wobei er weder über eine Berganfahr- noch eine Bergabfahr-Hilfe verfügt. Eine weitere Besonderheit des Allroad waren seine serienmäßigen Dämpferbeine mit Luftfederung von Conti-Teves (für beide Achsen separat von Höhensensoren überwacht). Die Bodenfreiheit konnte über Tasten oben in der Mittelkonsole vierstufig manuell eingestellt werden. Die Gesamthöhe des Autos variierte darum von 1845 bis 1910 mm. Neben dem Normal- (167 mm) gibt es zwei Hochniveaus (192 und 208 mm) für den Offroad-Betrieb. Bei schneller Straßenfahrt (ab 120 km/h) stellt sich automatisch das Tiefniveau (142 mm) ein. Dank des Luftfeder-Fahrwerks gab sich der Audi eher sänftenhaft, ohne aber unpräzise zu wirken. Die Dämpferhärte ließ sich jedoch nicht manuell beeinflussen.

Anfangs bot Audi ausschließlich den 2,7-Liter V6 Biturbo, der bereits im S4 und S6 eingesetzt worden war, und den bekannten 2,5-Liter-V6 TDI mit 180 PS. Anlässlich des Genfer Autosalons im März 2002 kam der 4,2-Liter-V8 hinzu (Markteinführung im September), der ebenfalls dem Audi-Baukasten entnommen wurde. Er hatte bisher bereits in A8, A6 und S6 für sehr respektablen Antrieb gesorgt, hier im besser ausgestatteten Allroad sollte er die Spitzenmotorisierung bilden. Weil der V8 zu lang für die bestehende Fahrzeugarchitektur war, musste zuvor bei A6 und S6 der Vorderwagen um 37 mm verlängert werden. Um die Geländegängigkeit des Allroad zu wahren, wurde stattdessen der Motor verkürzt – mittel eines flacher bauenden Nockenwellenantriebs via Steuerkette statt Zahnriemen. Die Nebenaggregate wurden verlegt, insgesamt konnten so 52 mm an Länge gewonnen werden. Außerdem ließen die Techniker dem Motor ein Soundtuning angedeihen, der ihn in die Nähe bollernder US-Triebwerke rückt. Der gleiche kurze Motor kommt übrigens im S4 zum Einsatz, hier allerdings mit mehr Motorleistung.

Und im Mai 2003 legte Audi die Einstiegsversion in Form des 2.5 TDI mit 163 PS und ausschließlich mit Sechsgang-Schaltgetriebe nach (äußerlich erkennbar am TDI-Schriftzug in Silber, bei der 180-PS-Variante ist das »I« rot gefärbt). Damit rutschte der Verkaufspreis des Fahrzeugs endlich unter 40.000 Euro. Allerdings ging dieses Fahrzeug mit dem lang übersetzten sechsten Gang nicht mehr so souverän zu Werke wie seine stärkeren Brüder, das Reduktionsgetriebe war für das Sparmodell gar nicht erst zu haben. Optional gab's die ZF-Fünfstufen-Automatik (Aufpreis 1000 €). Serienausstattung (Airbags Front und Seite, Fensterheber ringsum, Klimaautomatik, LM-Räder, Zentralverriegelung) und Fahreigenschaften des Allroad waren in Ordnung, das Platzangebot allerdings recht beengt. Wer das Sportlenkrad (205 €) orderte, konnte die fünfstufige Tiptronic (mit adaptiv reagierendem Dynamischen Schalt-Programm DSP) stilvoll über Tasten in der Nabe schalten. Gegen Aufpreis nachrüsten ließen sich beispielsweise eine Anhängerzugvorrichtung (770 €), eine Schiebedach (980 €), ein Navi-

Audi Allroad Quattro 2.5 TDI (2000 – 2005)

Audi Allroad Concept auf Basis des neuen A6 (Detroit 2005)

gationssystem (ab 1.480 €) oder die geschwindigkeitsabhängige Servolenkung (240 €). Der Laderaum – mit asymmetrisch umlegbarer hinterer Sitzbank – maß 1110 x 1960 mm und fasste ab 455 Liter. Seit Frühjahr 2002 bot die Quattro GmbH den Allroad für 1.635 € mit Volllackierung statt der üblichen Kontrastfarbgebung mit den Grundfarben Steppengrün oder Grau an.

Zwischen 2000 und 2005 wurde der Allroad insgesamt rund 91.600 mal gebaut, die Hälfte ging in den Export (vor allem USA). Ungeachtet der Markteinführung des Avant der neuesten A6-Generation (C6) Anfang 2005 läuft die Fertigung des Allroad auf kleiner Flamme bis Jahresende weiter. Einen technisch ähnlich aufwendig gemachten Nachfolger auf Basis des neuen Audi A6 (Baureihe C6) wird es nicht geben. Stattdessen kommt ein etwas höher gesetzter A6 Avant mit aufgemotzter Optik, Allradantrieb via Torsen-Differenzial und serienmäßiger Luftfederung. Eine Fahrzeugstudie war bereits auf der Detroit Auto Show im Januar 2005 zu sehen. Dazu gesellen wird sich der neue Q5 auf Basis des nächsten Audi A4.

Kein Offroader, aber nicht schlecht im Gelände – Audi Allroad Quattro 2.5 TDI

Jahresproduktion

	2000	2001	2002	2003	2004	2005
Audi Allroad	11.500	20.000	20.000	17.600	14.500	ca. 8.000

Quelle: Audi

Technische Daten Audi Allroad

	Allroad 2.7 **3/2000 – 2005**	**Allroad 4.2** **9/2002 – 2005**	**Allroad 2.5 TDI** **180 PS 3/2000 – 2005** **163 PS: 5/2003 – 2005**
Motor	BES	BAS	BCZ BAU
Betriebsart	Otto (Viertakt)	Otto (Viertakt)	Diesel
Material Block / Kopf	Grauguss / Alu	Alu / Alu	Grauguss / Alu
Zylinderzahl / Einbaulage	6 (V 90 °) / vorn längs vor VA	8 (V 90 °) / vorn längs vor VA	6 (V 90 °) / vorn längs vor VA
Bohrung x Hub	81,0 x 86,4 mm	84,5 x 92,8 mm	78,3 x 86,4 mm
Hubraum	2671 cm³	4163 cm³	2496 cm³
Leistung in kW (PS)	184 (250) bei 5800/min	220 (300) bei 6200/min	132 (180) bei 4000/min; zusätzlich ab 3/2003: 120 (163) bei 4000/min
Drehmoment in Nm	350 bei 1800 – 4500/min	380 bei 2700 – 4600/min	370 bei 1500 – 2500/min; 163 PS: 310 bei 1400 – 3600/min
Verdichtung	9,3 : 1	11,0 : 1	18,5 : 1
Gemischbereitung, Elektronik	Saugrohreinspritzung (Multipoint), Bosch Motronic ME 7	Saugrohreinspritzung (Multipoint), Bosch Motronic ME 7	Direkteinspritzung, Verteilereinspritzpumpe Bosch VP44 S3 (1850 bar), Bosch EDC 15
Aufladung (Ladedruck)	2 Turbolader (1,65 bar)	–	1 VTG-Turbolader (1,30 bar, 163 PS: 1,10 bar)
Ladeluftkühlung	2 Ladeluftkühler (luftgekühlt)	–	1 Ladeluftkühler (luftgekühlt)
Ventile pro Zylinder	5, V-förmig hängend, über Tassenstößel	5, V-förmig hängend, über Rollenschwinghebel	4, parallel hängend, über Rollenschlepphebel
Nockenwellen (Antrieb)	2 x 2 obenlieg. (Zahnriemen/Kette), Einlass variabel	2 x 2 obenlieg. (Kette), Einlass variabel	2 x 2 obenlieg. (Zahnräder/Kette)
Kurbelwellenlager	4	5	4
Kühlung	Pumpe (6,0 L Wasser), Ölkühler	Pumpe (12,0 L Wasser), Ölkühler	Pumpe (6,0 L Wasser), Ölkühler
Schmierung	Druckumlauf (6,0 L Öl)	Druckumlauf (8,5 L Öl)	Druckumlauf (6,0 L Öl)

Technische Daten Audi Allroad

	Allroad 2.7 3/2000 – 2005	Allroad 4.2 9/2002 – 2005	Allroad 2.5 TDI 180 PS 3/2000 – 2005 163 PS: 5/2003 – 2005
Abgasreinigung	2 Dreiwege-Kats, 2 Lambda-Sonden	2 Dreiwege-Kats, 4 Lambda-Sonden	2 Oxi-Kats, 2 Vorkats, Abgasrückführung
Batterie	12 V (70 Ah) / hinten	12 V (92 Ah) / hinten	12 V (95 Ah) / hinten
Lichtmaschine	Drehstrom (120 A)	Drehstrom (190 A)	Drehstrom (140 A)
Kraftübertragung			
Antrieb (Grundkraftverteilung)	Allradantrieb permanent (50 : 50 %)		
Kraftverteilung	Torsen-Zentraldifferenzial		
Sperren	Elektronische Schlupfregelung mit Bremseneingriff		
Kupplung	Einscheiben-Trocken, Zweimassenschwungrad; Automatik: Wandler mit Überbrückung	Wandler mit Überbrückung	Einscheiben-Trocken, Zweimassenschwungrad; Automatik: Wandler mit Überbrückung
Schaltgetriebe Übersetzungen	6 Gang I. 3,75, II. 2,06, III. 1,42, IV. 1,07, V. 0,86, VI. 0,73, R. 3,46, Achsantrieb 4,38	—	6 Gang IV. 0,93, V. 0,73, VI. 0,60, R. 3,46, Achsantrieb 4,38
Automatik Übersetzungen	5 Stufen (ZF) I. 3,67, II. 2,00, III. 1,41, IV. 1,0, V. 0,74, R. 4,1, Achsantrieb 4,38	5 Stufen (ZF) I. 3,67, II. 2,00, III. 1,41, IV. 1,0, V. 0,74, R. 4,1, Achsantrieb 3,91	180 PS: 5 Stufen (ZF) I. 3,67, II. 2,00, III. 1,41, IV. 1,0, V. 0,74, R. 4,1, Achsantrieb 3,51
Reduktionsgetriebe (Zwischenübersetzung)	a.W. Straße 1,0; Gelände 1,54		
Fahrwerk			
Vorderradaufhängung	Einzelradaufh., Vierlenker, Luftfeder-Dämpferbeine mit Zweirohr-Gasdruckdämpfer, Stabi		
Hinterradaufhängung	Einzelradaufh., Doppelquerlenker, Hilfsrahmen, Luftfeder-Dämpferbeine mit lastabhäng. Dämpfung, Stabi		
Lenkung	Zahnstange (16,2 : 1), Servo		
Betriebsbremse	Scheiben vorn (ø 320 mm, belüftet) u. hinten (ø 255 mm), ABS, EBV, ABD	Scheiben (belüft.) vorn (ø 320 mm) u. hinten (ø 270 mm), ABS, EBV, ABD	Scheiben vorn (ø 320 mm, belüftet) u. hinten (ø 255 mm), ABS, EBV, ABD
Fahrdynamikregelung	ESP	ESP	ESP
Allgemeine Daten			
Fahrzeugart (Türen/Sitze)	Kombi (5 / 5)	Kombi (5 / 5)	Kombi (5 / 5)
Aufbauform	Selbsttragend	Selbsttragend	Selbsttragend
Radstand	2757 mm	2757 mm	2757 mm
Spur vorn/hinten	1574 / 1585 mm	1574 / 1585 mm	1574 / 1585 mm
Länge x Breite x Höhe	4810 x 1852 x 1551 (1526 ohne Reling) mm	4810 x 1852 x 1551 (1526 ohne Reling) mm	4810 x 1852 x 1551 (1526 ohne Reling) mm
Gepäckraum	455 / 1590 L	455 / 1590 L	455 / 1590 L
Reifen	225/55 WR 17	275/45 YR 18	225/55 WR 17
Räder	7.5 J x 17 (LM)	7.5 J x 18 (LM)	7.5 J x 17 (LM)
Überhang vorn / hinten	977 / 1076 mm	977 / 1076 mm	977 / 1076 mm
Bodenfreiheit	142 – 208 mm	142 – 208 mm	142 – 208 mm
Wattiefe	400 mm	400 mm	400 mm
Rampenwinkel	22°	22°	22°
Böschungswinkel v/h	27 / 25°	27 / 25°	27 / 25°
Wendekreisdurchmesser	11,7 m	11,7 m	11,7 m
Steigfähigkeit	60 % /31°	60 % /31°	60 % /31°
Achsverschränkung	250 mm	250 mm	250 mm
Leermasse (DIN)	1795 – 1805 (1825) kg	1860 kg	1815 (1850) kg
Zul. Gesamtgewicht	2425 – 2435 (2450) kg	2490 kg	2445 (2480) kg
Zul. Anhängelast gebremst / ungebremst	2100 / 750 kg	2100 / 750 kg	2100 / 750 kg
Luftwiderstand (c_W x A)	0,36 x 2,30 m²	0,36 x 2,30 m²	0,36 x 2,30 m²
Höchstgeschwindigkeit	236 (234) km/h	240 km/h	207 (205) km/h;163 PS: 203 km/h
Beschleun 0–100 km/h	7,4 (7,7) s	7,2 s	9,5 (10,2) s; 163 PS: 10,4 s
Verbrauch in L/100 km	13,5 (14,0)	14,6	9,1 (9,9); 163 PS: 9,2
Kraftstofftank	70 L / hinten	70 L / hinten	100 L / hinten
Preis (Anf. / Ende Laufzeit)	88.700 DM (45.350 €)	55.890 €	180 PS: 78.920 DM (40.350 €); 163 PS: 39.500 €
Stückzahl	591.600 (einschl. 2005)		

Audi Pikes Peak Quattro (Q7)

Im Januar 2003 wurde auf der Detroit Auto Show die nahezu serienreife Studie des Audi Pikes Peak Quattro (benannt nach einem Bergrennen in den USA, wo Audi 1987 einen spektakulären Dreifachsieg zelebrierte) gezeigt. Es handelte sich um ein großes, allradgetriebenes Fahrzeug, wie man es mittlerweile der Gattung Crossover zuordnet. Ein Jahr zuvor war ein recht ähnlicher Entwurf an gleicher Stelle mit VW-Logo präsentiert worden – als VW Magellan, geformt im portugiesischen Konzern-Designstudio Sitges. VW bezeichnete das zunächst mit einem W8-Motor versehene Auto als »segmentübergreifend« und versprach ein »neues multitalentiertes Reisekonzept für die Welt von morgen«.

Unter Audi-Regie wurde schließlich die Serienentwicklung vorangetrieben. Nun basiert das Fahrzeug – mit bis zu sieben Sitzen – auf dem VW Touareg, verfügt aber über zehn Zentimeter mehr Radstand. Das große Kühlergrill ist im Sinne aller künftigen Audi-

VW Magallan Concept Car, Januar 2002

Audi Pikes Peak Concept Car, Januar 2003

Modelle geformt. In der Serie schließt sich unter der wuchtigen Motorhaube das markante Singleframe-Grillgitter an, dazu kommen schräggestellte Leuchten. Das Exterieur unterscheidet sich deutlich vom VW-Bruder, unterm Blech gibt's indes zahlreiche Gleichteile (Bodengruppe, Mechanik, Elektronik). Eine dritte, optionale Sitzreihe mit zwei Einzelplätzen lässt sich zugunsten von fast 2.000 Liter Gepäckraum umklappen und in den Boden versenken. Inzwischen wird angestrebt, auch vom Touareg eine Variante mit langem Radstand zu realisieren, produziert werden sollen VW und Audi im Werk Bratislava.

Allradantrieb mit variabler Kraftverteilung und elektronischer Differenzialsperre wie der Toruareg bekommt der künftige Luxus-Offroader mit seinen serienmäßigen 20-Zöllern keineswegs: Es bleibt beim Audi-typischen Quattro-Antrieb mittels Torsen-Mittendifferenzial. Reduktionsgetriebe und mechanische Sperren erhält er nicht – schließlich soll der Riesen-Kombi ja in erster Linie Straßenfahrzeug sein und allenfalls als Zugmaschine seine Kraft unter Beweis stellen. In der Geländetauglichkeit wird er den BMW X5 dennoch übertreffen, in puncto Agilität auf der Straße soll er mindestens das Gleiche können – wird er doch weniger wiegen als beispielsweise der Porsche Cayenne.

Die Studie war mit einem 4,2-Liter-V8-Biturbo mit FSI-Benzindirekteinspritzung versehen, der künftig die Spitzenmotorisierung (zirka 500 PS) bilden könnte – denkbar wäre sogar der Einsatz des W12. Sicher ist die Ausstattung mit dem V6 TDI mit 235 PS und einem ebenfalls neuen 4,2-Liter-FSI mit rund 350 PS. Dazu kommen vermutlich der 3,2-Liter V6 FSI sowie der neue Basis-2,7-Liter TDI für die Einstiegs-Angebote. Der neue V8 TDI dürfte indes aus Gewichtsgründen verworfen werden. Sehr wahrscheinlich ist aber eine Hybridversion des großen Crossover.

Die adaptive Luftfederung mit Niveauregulierung soll zumindest für die V8-Version serienmäßig sein, nur die preisgünstigeren Variante kommt mit Stahlfederung. Der Serieneinsatz der mächtigen PAX-Notlaufreifen scheint ebenfalls sicher. Viele andere Features der Studie – wie die Vollverglasung rundum, die Laserinstrumentierung, das Multimediasystem (abgeleitet vom A8), Kameras in den Rückspiegeln, Xenon-/LED-Scheinwerfer oder elektronische Helferlein bis hin zur Spurhalteregelung – sollen erst einmal die Kundenakzeptanz antesten.

Auf den Markt kommen wird der große Audi-Wagen Mitte 2006 unter dem Namen Q7 (Q = Quattro), nachdem er im September 2005 erstmals auf der IAA zu sehen war. Positioniert wird er in erster Linie gegen die Mercedes R-Klasse, aber auch gegen den nächsten BMW X5. Bis zu 100.000 Einheiten pro Jahr plant Audi vom Q7, als Preisklasse werden 50.000 bis 100.000 Euro angepeilt.

Technische Daten Audi Pikes Peak Quatttro

	Audi Pikes Peak (Studie 2003)
Motor	
Betriebsart	Otto (Viertakt)
Material Block / Kopf	Alu / Alu
Zylinderzahl / Einbaulage	8 (V 90°) / vorn längs
Bohrung x Hub	84,5 x 92,8 mm
Hubraum	4163 cm³
Leistung in kW (PS)	368 (500) bei 5800/min
Drehmoment in Nm	630 bei 2000/min
Verdichtung	10,0 : 1
Gemischbereitung	Direkteinspritzung
Ventile pro Zylinder	4, V-förmig hängend, über Rollenschlepphebel
Nockenwellen (Antrieb)	2 x 2 obenlieg. (Kette)
Kurbelwellenlager	5
Aufladung	2 Turbolader
Ladeluftkühlung	2 LLK
Kühlung	Pumpe (Wasser)
Schmierung	Druckumlauf, Ölkühler
Batterie	12 V (150 A) / hinten
Lichtmaschine	Drehstrom 190 A
Kraftübertragung	
Antrieb (Grundkraftverteilung)	Allradantrieb permanent (50 : 50 %)
Kraftverteilung	Torsen-Zentraldifferenzial
Sperren	Elektronische Schlupfregelung mit Bremseneingriff aller vier Räder
Kupplung	Wandler mit Überbrückung
Automatik	6 Stufen (Aisin)
Reduktionsgetriebe	–
Fahrwerk	
Vorderradaufhängung	Einzelradaufh., Doppelquerlenker, Luftfederung (CDC) und elektr. verstellb. Dämpfer; Stabi
Hinterradaufhängung	Einzelradaufh., Doppelquerlenker, Luftfederung (CDC) und elektr. verstellb. Dämpfer; Stabi
Lenkung	Zahnstange, Servo
Betriebsbremse	Scheiben (belüft.) vorn u. hinten, ABS, EBV, Bremsassistent, Berg-Anfahr-/Abfahrassistent
Fahrdynamikregelung	ESP
Allgemeine Daten	
Fahrzeugart (Türen/Sitze)	Kombi (5 / 7)
Aufbauform	Selbstragend
Radstand	3150 mm
Spur vorn / hinten	1700 / 1700 mm
Gepäckraum	450 / 1950 L
Länge x Breite x Höhe	5030 x 1860 x 1980 mm
Reifen	295/770 R 560 A (PAX)
Räder	20,6 Zoll (LM)
Bodenfreiheit	280 mm
Wattiefe	ca. 500 mm
Leermasse (DIN)	ca. 2100 kg
Zul. Gesamtgewicht	ca. 2800 kg
Höchstgeschwindigkeit	250 km/h
Beschleun. 0-100 km/h	5,0 s
Verbrauch in L/100 km	über 15
Kraftstofftank	100 L / hinten

Vor dem Serienstart: Audi Q7 auf Testfahrt in der Wüste

BMW X3

Das Angebot an sportlichen Allzweckautos wächst seit Mitte der 90er-Jahre. Dies gilt auch für die Geländewagen-Zwitter, wo Toyota RAV4 und Honda CRV Platzhirsche sind. BMW zögerte zunächst, stieg dann aber auch in dieses Marktsegment ein: Zweites Standbein neben dem ausschließlich in den USA gefertigten X5 sollte ab Januar 2004 der etwas kleinere X3 (Baureihe E 83) werden. Erstmals gezeigt wurde der kompakte Allradler auf der IAA im September 2003. Zuvor, auf der Motorshow Detroit im Januar 2003, war die zweitürige Studie x-Activity präsentiert worden: Sie gab sich als absolutes Spaßauto im Stil einer Cabriolimousine mit vollversenkbaren Seitenscheiben (ohne Tür- und Fensterrahmen), hinten fanden sich ein Ladehilfssystem und eine horizontal geteilte Heckklappe.
Der X3 ging schließlich nicht so weit. An eine zweitürige Version mit Heckklappe war zwar gedacht worden, die Serienfreigabe erhielt aber nur der Fünftürer. BMW ordnet ihn – genau wie den X5, dem er sehr ähnlich sieht – in die selbst etablierte Kategorie der Sports Activity Vehicle (SAV) ein. Die Münchner, die 500 Millionen Euro in die X3-Entwicklung gesteckt haben, sähen es gern, wenn andere Hersteller geländegängiger Autos diese Bezeichnung übernähmen – bislang hat nur Ford den Namen für eine Crossover-Studie aufgegriffen. Auch der X3 entsteht außerhalb der eigentlichen deutschen BMW-Werke – nämlich im Lohnauftrag bei Magna Steyr Fahrzeugtechnik in Österreich (Jahreskapazität 100.000 Einheiten) in den Hallen des ehemaligen Eurostar-Werks in Graz. Diese Fabrik wurde bis Sommer 2002 in Kooperation mit Daimler-Chrysler betrieben, bis dahin wichtigster Kooperationspartner von MagnaSteyr. Wäre der X3 nicht so teuer, kämen die Österreicher vermutlich kaum mit der Fertigung nach – denn die Nachfrage ist groß. Wettbewerber wie Audi, VW oder Mercedes bedauern längst, nicht ebenfalls so ein Auto im Programm zu haben.
Ungewöhnlich an dem klassisch proportionierten Fahrzeug ist nur die Front mit der gequetschte Niere und den hochgezogenen Scheinwerfer-Blinker-Einheiten. Nicht überzeugend gerieten die Stoßfänger im tristen Kunststoff-Look, die auch gegen Aufpreis nicht in Wagenfarbe lackiert zu ordern sind. Das Design des Neuen setzt auf den Geschmack einer konservativen Klientel, die bislang den 3er Touring wählte: Sie findet hier die vom X5 bekannte erhöhte »Command«-Sitzposition und im Vergleich zu den Pkw des Hauses viel Kopffreiheit auf allen Sitzen, ein übersichtliches und vertraut wirkendes Cockpit einschließlich Klimaanlage, dazu ausreichend Laderaum und akzeptable Fahrleistungen. Die Zahl der Bedien- und Anzeigeinstrumente hält sich in Grenzen, so ist der optionale Navigations-Bildschirm im Instrumententräger versteckt und lässt sich bei Bedarf herausfahren. Nur die großzügige Verwendung von Kunststoff-Oberflächen im Innenraum mindert den Qualitätseindruck.
Das Lenkrad ist in zwei Ebenen einstellbar, die Gurtanlenkpunkte – nicht einmal die vorderen! – lassen sich jedoch nicht verstellen. Ein Window-bag-System – hier als Zwei-Kissen-Vorhang – gehört zur Serienausstattung. Die straffen Sitze bieten genügend Seitenführung. Optional sind, wie beim X5, Sport- oder Komfortsitze erhältlich. Unter normalen Bedingungen haben auch die Hinterbänkler genügend Kniefreiheit. Die hintere Sitzlehne ist teilweise oder komplett umlegbar. Ein optionales Schienensystem im Gepäckraum erlaubt eine variable Nutzung, beispielsweise das Einhängen eines Fahrradträgers. Die seitlichen Trittleisten sind relativ breit, was beim Ein- und Aussteigen zum Verschmutzen der Hosen führen kann. Die nach oben öffnende Heckklappe ist mit einem Spoiler am oberen Scheibenrand (incl. dritter Bremsleuchte) versehen, die Klappe selbst ist nicht horizontal geteilt. Anders als beim X5 lässt sich die Scheibe nicht gesondert hochklappen. Im Laderaumboden findet sich ein Notrad, die Reifenpannenanzeige ist serienmäßig. Das Kofferraumvolumen ist übrigens geringfügig größer als beim X5.
Die Stärke des kompakten Allradlers liegt in seiner Agilität auf der Straße, fährt er sich doch fast wie ein Pkw. Das einzelradgefederte X3-Fahrwerk stammt vom allradgetriebenen 3er-BMW (E 46) ab, der Radstand beträgt aber hier 2,80 m (3er: 2,73 m). Es läuft auf 17-Zoll-Rädern (optional 18 und 19 Zoll), ist jedoch gewöhnungsbedürftig: Auf ebener Fahrbahn bleibt der Sport-Kombi komfortabel und ohne nennenswerte Vertikalbewegungen in der Spur, bei Querfugen und löchrigem Belag werden harte Stöße aber nahezu ungefiltert an die X3-Besatzung weitergereicht – und bei langgezogenen Bodenwellen federt die Karosse tief ein.
Neu entwickelt wurde für ihn – und zeitgleich auch für den X5 – das x-Drive-Antriebssystem. Es stammt, wie die Serienentwicklung des Gesamtfahrzeugs, aus der Ideenküche von MagnaSteyr: Hier steuert eine elektronisch geregelte Lamellenkupplung im Verteilergetriebe den Kraftfluss über eine Welle mitten durch die Ölwanne zur Voderachse. Sie realisiert so eine variable Drehmomentverteilung. Beim Anfahren schließt sie fast vollständig, bei hoher Geschwindigkeit oder bei Langsamfahrt mit Lenkeinschlag (keine Verspannung des Antriebsstrangs dank Entkoppelung beim Parkieren) geht die Kraft nur an die Hinterachse. BMW ist der Erste, der dieses System mit der Sensorik der Fahrstabilitätsregelung koppelt. Dadurch erkennt das in der Grundkonfiguration als

BMW x-Activity Concept Car, Januar 2003

BMW X3 Serienversion (seit 2004)

Viel unlackierter Kunststoff beim BMW X3

Hecktriebler ausgelegte Auto präventiv drohendes Ungemach. Es optimiert überdies aktiv die Traktion beim Unter- oder Übersteuern, ohne dass der Fahrer etwas davon merkt. Das verhilft zu mehr Fahrspaß – übrigens auch im Gelände.

Die Offroad-Eignung ist überraschend gut, wenngleich die Verschränkung der Achsen naturgemäß begrenzt ist: Befindet sich ein Rad in der Luft, beginnt die radselektiv agierende Schlupfregelung ADB-X laut schnarrend mit der Verzögerungsarbeit. Genau wie der größere X5 hat der X3 weder Differenzialsperren noch ein Reduktionsgetriebe. Verständlich, denn nur die allerwenigsten X3-Fahrer werden je abseits befestigter Straßen unterwegs sein. Wichtiger ist ihnen sicher der Hängerbetrieb, das Auto bietet bis zu zwei Tonnen Zuglast. Überdies hat es – ebenfalls wie der X5 – eine Anhänger-Stabilitätsregelung, wenn er mit der Original-Anhängerkupplung ausgerüstet ist. Sie funktioniert über das DSC-System: Gerät der Hänger ins Schlingern, bremst das System gezielt die betreffenden Räder des Zugfahrzeugs ab. Die Berg-Abfahrhilfe HDC lässt sich auf Knopfdruck aktivieren und damit die Geschwindigkeit limitieren. Eine Berg-Anfahrhilfe gibt es aber bislang nicht.

Der Antriebsblock des X3 ist nicht neu, er entspicht den Grundkonstruktionen der BMW-Personenwagen (Längseinbau über der Vorderachse). Zunächst gab es ihn nur mit zwei aus dem BMW-Motorenwerk Steyr zugelieferten 3,0-Liter-Sechszylindern – dem 204 PS starken Diesel und dem 231-PS-Benziner. Preislich reichen die betreffenden X3-Ausführungen fast an VW Touareg, Mercedes M-Klasse und BMW X5 heran. Im März 2004 nachgereicht wurde ein 2,5-Liter-Benziner. Und im September 2004 folgte der X3 2.0d mit dem bekannten Vierzylinder-Diesel. Er leistet 150 PS und bietet noch Leistungsreserven – der BMW 120d bringt mit dem gleichen Motor 163 PS. Folgen werden weiterhin ein kleiner Otto-Reihensechser und ein mittels Stufenaufladung hochgepowerter 3,0-Liter-Diesel, während V8-Motoren für den X3 nicht vorgesehen sind. Kombiniert sind die Motoren mit Sechsgang-Schaltgetrieben von ZF, optional lieferbar ist – wie im 3er und im bisherigen X5 – die 2000 € teure Fünfstufen-Automatik von GM (mit Steptronic-Funktion). Nur der X3 2.0d wird ausschließlich mit Schaltgetriebe angeboten. Die im Pkw optionalen sequenziellen Getriebe (SMG) sind im kleinen Kraxler nicht zu haben.

Als Extra gibt es auch für alle Hubraum-Versionen des X3 ein Sport-Fahrwerkspaket mit Sommer- statt All Season-Bereifung. Es ist härter gefedert und erlaubt eine höhere Endgeschwindigkeit für 3.0i und 3.0d. Auf vielen Auslandsmärkten gibt's sowohl den 2.5i als auch den 2.0d mit 215/60 HR 17-Reifen auf 7-Zoll-Rädern, die Spurweiten wachsen damit auf 1538 / 1556 mm. In Deutschland haben alle X3-Modelle ab Werk die gleiche Reifengröße. Als Extra lieferbar sind weiterhin Bi-Xenon-Scheinwerfer mit adaptivem Kurvenlicht, ein zweiteiliges Panorama-Glasdach, eine Dachreling sowie viele der für Pkw üblichen Goodies wie Klimaautomatik, Infotainmentsystem, ja sogar eine Lenkradheizung. Die Dieselmodelle sollen dann Rußpartikelfilter erhalten, wenn der Gesetzgeber die Euro 4-Abgasnorm vorschreibt.

Der BMW X3 ist letztlich eher Straßen- als Geländeauto

Die Heckklappe ist einteilig ausgeführt

BMW X3 Cockpit

Technische Daten BMW X3

	X3 2.5i seit 3/2004	X3 3.0i seit 1/2004	X3 2.0d seit 9/2004	X3 3.0d seit 1/2004
Motor	M52B25	M52B30	M477D20	M57D30
Betriebsart	Otto (Viertakt)	Otto (Viertakt)	Diesel	Diesel
Material Block / Kopf	Alu / Grauguss	Alu / Alu	Grauguss / Alu	Grauguss / Alu
Zylinderzahl / Einbaulage	6 (Reihe) / vorn längs	6 (Reihe) / vorn längs	4 (Reihe) / vorn längs	6 (Reihe) / vorn längs
Bohrung x Hub	84 x 75 mm	84 x 89,6 mm	84 x 90 mm	84 x 90 mm
Hubraum	2494 cm³	2979 cm³	1995 cm³	2993 cm³
Leistung in kW (PS)	141 (192) bei 6000/min	170 (231) bei 5900/min	110 (150) bei 4000/min	150 (204) bei 4000/min;
Drehmoment in Nm	245 bei 3500/min	300 bei 3500/min	330 bei 2000/min	410 bei 1500 – 3250/min
Verdichtung	10,5 : 1	10,2 : 1	17.0 : 1	17,0 : 1
Gemischbereitung, Elektronik	Saugrohreinspritzung (Multipoint), Siemens MS 45		Common-Rail Direkteinspritzung, Bosch DDE 5.0	
Aufladung (Ladedruck)	–		1 Turbolader (1,15 bar)	1 Turbolader (1,28 bar)
Ladeluftkühlung	–		1 LLK (luftgekühlt)	1 LLK (luftgekühlt)
Ventile pro Zylinder	4, V-förmig hängend	4, V-förmig hängend	4, parallel hängend	4, parallel hängend
Nockenwellen (Antrieb)	2 obenlieg. (Kette), Ein/Auslass variabel (Bi-Vanos)	2 obenlieg. (Kette), Ein/Auslass variabel (Bi-Vanos)	2 obenlieg. (Kette)	2 obenlieg. (Kette)
Kurbelwellenlager	7	7	5	7

Technische Daten BMW X3

	X3 2.5i seit 3/2004	X3 3.0i seit 1/2004	X3 2.0d seit 9/2004	X3 3.0d seit 1/2004
Motor	M52B25	M52B30	M477D20	M57D30
Kühlung	Pumpe (10,0 L Wasser, bei Automatik: 10,5 L), Ölkühler			
Schmierung	Druckumlauf (6,2 L Öl)		Druckumlauf (5,3 L Öl)	Druckumlauf (7,5 L Öl)
Abgasreinigung	2 Dreiwege-Kats, 2 Lambda-Sonden		1 Oxi-Kat, 1 Lambda-Sonde, Abgasrückführung; 2005: Partikelfilter	
Batterie	12 V (70 Ah) / hinten	12 V (70 Ah) / hinten	12 V (80 Ah) / hinten	12 V (90 Ah) / hinten
Lichtmaschine	Drehstrom 2100 W (152 A)			
Kraftübertragung				
Antrieb (Grundkraftverteilung)	Allradantrieb permanent (variabel)			
Kraftverteilung	Zentrale Lamellenkupplung, elektronisch geregelt			
Sperren	Elektronische Schlupfregelung mit Bremseneingriff			
Kupplung	Handschalter: Einscheiben-Trocken, Zweimassenschwungrad; Automatik: Wandler mit Überbrückung			
Schaltgetriebe Übersetzungen	6 Gang (ZF) I. 4,35, II. 2,50, III. 1,66, IV. 1,23, V. 1,0, VI. 0,85, R. 3,93, Achsantrieb 3,91	I. 4,35, II. 2,50, III. 1,66, IV. 1,23, V. 1,0, VI. 0,85, R. 3,93, Achsantrieb 3,64	I. 5,14, II. 2,83, III. 1,80, IV. 1,26, V. 1,0, VI. 0,83, R. 4,64, Achsantrieb 3,07	I. 5,08, II. 2,80, III. 1,78, IV. 1,26, V. 1,0, VI. 0,83, R. 4,61, Achsantrieb 2,93
Automatik Übersetzungen	5 Stufen (GM) I. 3,42, II. 2,22, III. 1,60, IV. 1,0, V. 0,75, R. 3,03, Achsantrieb 3,91	I. 3,42, II. 2,22, III. 1,60, IV. 1,0, V. 0,75, R. 3,03, Achsantrieb 3,64	–	5 Stufen (GM) I. 3,42, II. 2,22, III. 1,60, IV. 1,0, V. 0,75, R. 3,03, Achsantrieb 3,38
Reduktionsgetriebe	–	–	–	–
Fahrwerk				
Vorderradaufhängung	Einzelradaufh., Stahlfederung (McPherson-Federbeine, Schraubenfedern), Querlenker, Kurvenstabi			
Hinterradaufhängung	Einzelradaufh., Mehrlenkerachse mit Längs-, Quer- u. Schräglenkern, Hilfsrahmen, Stahlfederung (Federbeine, separate Schraubenfedern), Kurvenstabi			
Lenkung	Zahnstange (18,9 : 1), Servo			
Betriebsbremse	Scheiben (belüft.) vorn (ø 325 mm) u. hinten (ø 320 mm), Servo, ABS, Bremsassistent (DBC), Kurvenbremsregelung (CBC), Elektronische Schlupfregelung mit Bremseneingriff (ADB-X), Berg-Abfahrassistent (HDC)			
Fahrdynamikregelung	DSC III (= ESP) mit ASC-X-Unterfunktion u. Anhänger-Stabilisierungsregelung			
Allgemeine Daten				
Fahrzeugart (Türen/Sitze)	Kombi (5 / 5)			
Aufbauform	Selbsttragende Ganzstahlkarosserie			
Radstand	2795 mm			
Spur vorn / hinten	1524 / 1542 mm			
Länge x Breite x Höhe	4565 x 1853 x 1674 mm			
Gepäckraum	480 / 1560 L			
Reifen	235/55 VR 17 M+S (opt. 235/50 VR 18;. 255/45 VR 18; 235/45 WR 19; 255/40 WR 19)			
Räder	8.0 J x 17 (LM) (opt. 8.0 J x 18; 9.0 J x 18; 8.5 J x 19; 9.0 J x 19)			
Überhang vorn / hinten	816 / 954 mm			
Bodenfreiheit	201 mm			
Wattiefe	500 mm			
Rampenwinkel	19 °			
Böschungswinkel v / h	26 / 24 °			
Wendekreisdurchmesser	11,7 m			
Steigfähigkeit	Schaltgetr.: 56 % /29,5°; Automatik: 44 % / 23,5°	Schaltgetr.: 64 % / 32,5°; Automatik: 50 % / 26,5°	70 % / 35°	Schaltgetr.: 79 % / 38,3°; Automatik: 61 % / 31,5°
Achsverschränkung	156 mm	156 mm	156 mm	156 mm
Leermasse (DIN)	1740 (1765) kg	1760 (1765) kg	1745 kg	1850 (1855) kg
Zul. Gesamtgewicht	2240 (2270) kg	2260 (2280) kg	2265 kg	2350 (2355) kg
Zul. Anhängelast gebremst / ungebremst	1800 / 720 kg	2000 / 720 kg	1700 / 720 kg	2000 / 750 kg
Luftwiderstand (c_W x A)	0,35 x 2,50 m²	0,35 x 2,50 m²	0,35 x 2,50 m²	0,35 x 2,50 m²
Höchstgeschwindigkeit	208 (208) km/h	210 km/h; Sport: 224 (221) km/h	198 km/h	210 (210) km/h; Sport: 218 (215) km/h
Beschleun. 0–100 km/h	8,9 (9,8) s	7,8 (8,1) s	10,2 s	7,9 (8,2) s
Verbrauch in L/100 km	11,2 (11,9)	11,4 (12,1) SP	7,2 D	8,4 (9,1) D
Kraftstofftank	67 L / hinten	67 L / hinten	67 L / hinten	67 L / hinten
Preis (Anf. / Ende Laufz.)	38.100 €	40.300 €	33.800 €	40.300 €

BMW X5

Allrad-Kompetenz war lange ein Thema, das BMW eher widerwillig betrieb – in Form von 4x4-getriebenen 3ern und 5ern. Die Ära der allradgetriebenen und allradgelenkten Hightech-Wehrmachtsfahrzeuge mit dem Propeller-Logo war ja längst vorbei. In den 90er-Jahren schauten sich Manager der immer erfolgreicheren weiß-blauen Marke zunächst scheinbar ungerührt den Siegeszug anderer sportlicher Allradautos (SUV) an. Der unter der internen Bezeichnung Z4 entwickelte Allrad-Versuchsträger verschwand wieder in der Versenkung. Immerhin entwickelte man »nebenbei« neue Geländefahrzeuge zusammen mit dem damaligen Juniorpartner Land Rover. Der endgültige Einstieg der Bayern in diesen Markt wurde dennoch zum Erfolg: Seit Ende 1999 produziert BMW in seinem US-Werk in Spartanburg/South Carolina neben den Z-Roadster-Modellen den X 5 (Baureihe E 53). Mit diesem Standort ist man nahe am wichtigsten Markt – die Auslieferung in den USA begann im Dezember 1999. Am besten verkaufte sich dort die Top-Ausführung mit 4,4-Liter-V8, der 3,0-Liter-Reihensechser war wenig später nachgereicht worden. Hilfreich für den reißenden Absatz mögen auch die im Herbst 2000 absolvierten Offset-Crashtests des amerikanischen Insurance Institute for Highway Safety gewesen sein: Der mit bis zu zehn Airbags ausgestattete X5 erwies sich als das beste jemals in einem US-Crashversuch getestete Auto. Die Europa-Markteinführung – hierhin gehen rund die Hälfte aller X5 – begann erst im Juni 2000, wobei es hier von Anfang an auch den 3,0-Liter gab. Die Lieferzeiten waren enorm, die Nachfrage speziell nach dem Diesel übertraf alle Erwartungen: Der kam erst im Mai 2001, in den USA wurde und wird er nicht angeboten.

Als reiner Offroader war der X5 mit seinem selbsttragenden Aufbau und Einzelradaufhängung – und nicht etwa mit einer robusten, schweren Rahmenkonstruktion – nie gedacht. Auch ein Reduktionsgetriebe, wie es die erste Mercedes M-Klasse hatte, kommt dabei nicht zum Einsatz. Beim Allradantrieb verfolgte BMW nicht den aufwendigen Weg mit aktiver Kraftverteilung über ein elektronisch geregeltes Zentraldifferenzial, wie er im Allrad-5er der frühen 90er-Jahre realisiert war. Stattdessen verfügte das Planetenrad-Zentraldifferenzial – das die Kraftverteilung zwischen Vorder- und Hinterachse besorgt – selbst nicht über eine Regelungseinrichtung. Die Umverteilung des Antriebsmoments bei Durchdrehen einzelner Räder überließ man einer auf alle vier Räder wirkenden elektronischen Schlupfregelung – ein System, das im Ford Mondeo 4x4 debütiert hatte und in der Mercedes M-Klasse zu großer Verbreitung gekommen war. Für steile Bergabfahrten im Gelände verfügt der X5 über die elektronische Bergabfahrhilfe HDC, deren Wirkungsprinzip von Land Rover übernommen war: Über Signale der ABS-Sensoren an den Rädern geregelt, werden automatisch die Radbremsen aktiviert. So ist sichergestellt, dass der Wagen nicht unkontrolliert schneller wird – auch wenn die Motorbremswirkung nicht ausreicht.

»Das schönste Gelände ist die Straße«, hieß es in der Werbung für den ausgesprochen fahraktiven Fünfsitzer, der indes gern als Zugfahrzeug für Pferde- oder Bootsanhänger genutzt wird. Parallel zum X5 hatte BMW den neuen, voll geländetauglichen Range Rover entwickelt. Aber die Bayern trennten sich im Frühjahr 2000 vom kränkelnden Juniorpartner Rover, und damit hatte BMW das Problem, keinen richtig großen Premium-Geländewagen im Programm zu haben. Versuche mit einem X5 mit verlängertem Radstand brachten jedoch nicht die gewünschten Resultate – der sogenannte X7 war für 2004 angedacht worden, im Gespräch war sogar eine sechstürige Version. Auch Versuchsträger mit dem in den USA populären Pickup-Aufbau wurden getestet, eine Serienrealisierung steht jedoch in den Sternen. Erfreut waren jedoch vor allem Kunden in Amerika über die horizontal teilbare Heckklappe: Der untere Teil ließ sich in die Horizontale klappen und mit 100 kg belasten – genug, damit auch zwei Männer beispielsweise beim Angeln nebeneinander sitzen können.

Um die Publikumsresonanz zu testen und das Leistungspotenzial des X5 zu demonstrieren, baute BMW Anfang 2000 eine wahre Rakete auf – ein Fahrzeug im Stil des X5 mit dem 700 PS starken V12-Hochleistungsmotor des siegreichen Le Mans-Rennwagens. Mit konventioneller Geländewagen-Technik hatte es nichts mehr zu tun – die Karosse war um 30 mm abgesenkt, das Auto lief auf 20-Zoll-Rädern. Dieses Auto wurde auf der Nürburgring-Nordschleife getestet (Spitzengeschwindigkeit 311 km/h, Rundenzeit 7'50 Minuten) und im März 2001 auf dem Genfer Salon gezeigt. Serienabsichten standen nicht dahinter, auch wenn immer wieder über einen V12 im X5 gemutmaßt wurde. Selbst einschlägige Tuner wie Hartge oder AC Schnitzer wagten sich zunächst nicht an dieses Thema, seit Januar 2002 offeriert aber der schwäbische Automobil-Veredler Mutec eine um 1,20 m verlängerte X5-Version mit V12-Motor (450 PS).

Als leistungsgesteigertes Spitzenmodell wurde vom Werk im Februar 2002 der X5 4.6 iS nachgereicht. Sein vergrößerter V8-Motor ging auf Entwicklungsarbeiten bei BMW-Kleinserienhersteller Alpina zurück. Im Januar 2001 war bereits in Detroit die Studie X5 HP (für High Performance) präsentiert worden – mit 4,6 Liter Hubraum. Das in sehr ähnlicher Form realisierte 347-PS-Serienfahrzeug war mit zunächst 77.000 Euro noch teurer als ein Range Rover oder ein Mercedes ML 55 AMG. Das Fahrwerk war in puncto

BMW X5
(1999 – 2003)

BMW X5
(1999 – 2003)

BMW X5 Cockpit
(1999 – 2003)

Sportversion dank Alpina-Hilfe – BMW X5 4.6 iS (2002 – 2003)

Sportlichkeit und Härte überarbeitet worden: Der 4.6 iS hatte serienmäßig das für die anderen X5-Modelle als Extra lieferbare Sportfahrwerk mit leichter Tieferlegung und härterer Abstimmung von Federn, Dämpfern und Stabilisatoren. Front- und Heckspoiler waren in Wagenfarbe lackiert, die Auspuffrohre verchromt, und extrabreite 20-Zoll-LM-Felgen sicherten den breitfüßigen Auftritt. Sportsitze und grau unterlegte Instrumente gehörten zum Lieferumfang. Das mit einem sportiver ausgelegten Automatikgetriebe (sehr spätes Hochschalten) versehene, spurtfreudige Auto schaffte 240 km/h.

BMW X5 Le Mans V12 (Genf 2000)

Während es die Sechszylinder-X5 serienmäßig mit Fünfgang-Schaltgetrieben und optional mit Fünfstufen-Automatik gab, bekam man die Achtzylinder grundsätzlich mit Automatik. Der manuelle Schalteingriff via Wählhebel (Steptronic) war – genau wie in den Pkw – auch im X5 möglich. Die optionale Ausstattung reichte sehr weit – bis zu Multifunktionslenkrad, elektrisch einstellbare Fondsitzlehnen und -klimatisierung, Navigationssystem und Komfortsitzen vorn. Fond-Airbags zusätzlich zu den in der C-Säule versteckten Prallsäcken waren ebenfalls ungewöhnlich für so ein Auto. Nur den X5 4.4i und den 4.6iS gab es serienmäßig mit volltragender Luftfederung einschließlich elektronischer Niveauregulierung hinten, für die Sechszylinder musste dafür Aufpreis gezahlt werden. Optional für alle war die Niveauregulierung vorn inklusive Luftfederung. Nicht zu haben war dieses Extra in Verbindung mit dem Sportpaket. Wer den Sport-Kit orderte (Sportfahrwerk mit 19-Zöllern für alle X5 außer den iS-Typen optional), dessen Auto wurde nicht auf 210 km/h tempogedrosselt. Während die beiden Sechszylinder und der 4.4i-V8 serienmäßig auf 17er-Rädern liefen, bekam der 4.6 iS ab Werk 20-Zoll-Bereifung. Eine Aufrüstung bis auf diese Größe war für alle Typen möglich.
Im September 2003 erfuhr der X5 sein erstes Facelift. Auffällig ist die nun um 5 cm höhere Frontpartie mit neuer Motorhaube, zweigeteiltem Lufteinlass unten und wellenförmiger Niere, die bei der V8-Version titanfarben glänzt. Der vordere Stoßfänger reichte nun nahtlos bis an die anders konturierten Doppelscheinwerfer (mit Leuchtringen, unterer Scheinwerferabschluss geschwungen wie beim Facelift-3er E46) heran. Für die V8-Modelle waren nun Bi-Xenon-Scheinwerfer serienmäßig (ab April 2004 folgte das Kurvenlicht). Hinten änderte sich nichts bis auf die neuen Streuscheiben der Rücklichter in Klarglasoptik. Die bulligere, höhergezogene Front entstand im Hinblick auf die ab 2005 geltenden Vorschriften zur Verbesserung des Fußgängerschutzes und um das Auto besser vom kleinen BMW X3 abzugrenzen, der zu diesem Zeitpunkt in den Startlöchern scharrte. Luftwiderstandsbeiwert und Stirnfläche blieben jedoch unverändert. IImmer noch liefen die beiden Sechszylinder auf 17er-Felgen, während der zivile V8 nun 18er-Räder erhielt. Die Aufrüstung bis auf 20 Zoll war weiterhin für alle Typen möglich.
Neu war das x-Drive-Antriebssystem, das auch der X3 erhalten sollte: Nunmehr steuerte eine mit dem Elektronischen Stabilitätssystem DSC gekoppelte, elektronisch betätigte Lamellenkupplung mit kettengetriebener Gelenkwelle den Kraftfluss zur Vorderachse. Bislang war dies konventionell über ein Verteilergetriebe von Venture Gear mit vorgegebener Kraftverteilung (38 : 62 %) geschehen. Im Bedarfsfalle gingen bis zu 75 % an die Vorderachse, während die Hinterachse dann nur noch 25 % erhielt – beispielsweise beim Anfahren oder bei Traktionsverlust im Gelände. Längs- oder Quersperren gab und gibt es nicht, stattdessen verzögern radselektive Bremsen (ADB-X) das durchdrehende Rad und leiten die Kraft auf das Rad um, das noch genügend Traktion hat. Mit dem neuen Antrieb verbesserte sich unter anderem die Geländetauglichkeit des Autos, vor allem aber wurde das Straßenhandling noch agiler. Ab 180 km/h fährt der BMW ausschließlich mit Heckantrieb. Die geschwindigkeitsabhängige Servotronic-Lenkung (Extra) war gleichzeitig so abgestimmt, dass sich der X5 spätestens jetzt leichtfüßig wie ein Pkw um die Ecke steuern lässt. Genau wie bisher bekam man den X5 4.4i serienmäßig, den 3.0i und den 3.0d gegen Aufpreis mit Niveauregulierung hinten. Luftfederung kostete weiterhin für alle Aufpreis.
Und erstmals kam nun im X5 der 4,4-Liter-V8 mit Valvetronic-Ventilsteuerung aus dem 7er-BMW, Bi-Vanos und vollvariabler Sauganlage zum Einsatz. Im Interesse eines besseren Drehmomentverlaufs war er in Leistung und Spitzendrehmoment etwas zurückgenom-

BMW X5 4.6 iS (links) und X5 4.4i Facelift 2003

men. Auch beim Facelift-Modell gelten 210 km/h als Maximalgeschwindigkeit – es sei denn, das 3.200 Euro teure Sportpaket wurde geordert: Damit sind fast 240 km/h möglich. Ebenfalls eine Premiere im X5 war nun der renovierte 3,0-Liter-Diesel, der dank des Common-Rail-Systems der zweiten Generation deutlich erstarkte – er war bewusst kräftiger ausgelegt als der baugleiche Diesel im X3. Nur der 3.0i blieb motorisch unverändert, ein völlig neues Aggregat für die Pkw-Modelle war erst im Sommer 2004 fertig und kam im X5 nicht mehr zum Einsatz.

Neu waren weiterhin das Sechsgang-Schaltgetriebe für die beiden Sechszylinder und die Sechsstufen-Automatik sowie die 18er-Räder für den Diesel; der 3.0i behielt Fünfstufen-Aggregat und 17er-Felgen. Auch das Interieur wurde aufgefrischt, neu waren das Dreispeichen-Lenkrad und der große Navigations-Monitor. Ab April 2004 gab's überdies serienmäßig das zweistufige Bremslicht. Ferner wurde im April der bisherige 4.6 iS durch den 360 PS starken 4.8 iS zu ersetzt. Sein mit einer optimierten Sechsstufen-Automatik gekoppelter Motor basiert auf dem bisherigen Modell, hat aber eine neue Saug- und Abgasanlage sowie mehr Bohrung und Hub. Front- und Heckschürze wurden aerodynamisch angepasst, ovale Doppelauspuffenden und 20-Zoll-Räder gehörten zum Lieferumfang. Weil er nicht nur das in den anderen X5-Versionen optionale Sportfahrwerk serienmäßig hatte – und außerdem die höhenverstellbare Luftfederung –, lag der 4.8iS um 15 mm tiefer (und ließ sich um weitere 20 mm absenken bzw. bedarfsweise um 40 mm liften).

Ab 180 km/h nur mit Heckantrieb – BMW X5 (ab 2003)

Immun gegen Handfeuerwaffen – BMW X5 Security

Quelle: BMW

Jahresproduktion

	1999	2000	2001	2002	2003	2004
BMW X5	1.400	38.000	83.000	101.000	105.560	104.988

Weitere neue Motoren wird der X5 nicht mehr erhalten – auch nicht den eigentlich erwarteten V8-Diesel. Stattdessen ist für den X5-Nachfolger ab 2006 mit dem leichteren, stufenaufgeladenen 3.0-Liter-Powerdiesel zu rechnen, wie er bereits im 5er-BMW eingesetzt wird: Dieses Aggregat war 2003 und 2004 in mehreren erfolgreichen X5 des Raid-Teams bei der Rallye Dakar im Einsatz. Eine oft herbeigeschriebene M-Version des X5 ist gleichermaßen nicht vorgesehen.

Neu auf der IAA 2003 war auch der X5 Security, ab Werk leicht gepanzert nach Beschussklasse B4. Mit Faustfeuerwaffen kann den Insassen des Fahrzeugs niemand etwas anhaben. Den X5 in dieser Ausführung gibt es ausschließlich mit V8-Motor, das Eigengewicht legte um rund 200 kg zu. Die Stückzahl dürfte sich vermutlich in Grenzen halten, als Hauptabnehmer gelten osteuropäische und südamerikanische Märkte.

Sportfahrzeug par excellance – BMW X5 4.8 iS

Bulliges Heck beim BMW X5 4.8 iS

BMW X-Raid Bi-Turbo erfolgreich bei der Rallye Dakar

Technische Daten BMW X5 (Sechszylinder)

	X5 3.0 d 5/2001 – 10/2003	X5 3.0 d seit 10/2003	X5 3.0 i 1999 – 9/2003	X5 3.0 i seit 9/2003
Motor	M57D30		M52B30	
Betriebsart	Diesel		Otto (Viertakt)	
Material Block / Kopf	Grauguss / Alu		Alu / Alu	
Zylinderzahl / Einbaulage	6 (Reihe) / vorn längs über VA			
Bohrung x Hub	84 x 88 mm		84 x 89,6 mm	
Hubraum	2926 cm³		2979 cm³	
Leistung in kW (PS)	135 (184) bei 4000/min	160 (218) bei 4000/min	170 (231) bei 5900/min	
Drehmoment in Nm	410 bei 2000 – 3000/min	500 bei 2000 – 2750/min	300 bei 3500/min	
Verdichtung	18,0 : 1	18,0 : 1	10,2 : 1	
Gemischbereitung; Elektronik	Common-Rail-Direkteinspritzung Bosch DDE 4.0	Common-Rail-Direkteinspritzung Bosch DDE 5.0	Saugrohreinspritzung (Multipoint), Siemens MS 43	Saugrohreinspritzung (Multipoint), Siemens MS 45
Aufladung (Ladedruck)	1 Turbolader Garrett VNT (1,13 bar)	1 Turbolader Garrett VNT (1,3 bar)	–	
Ladeluftkühlung	1 LLK (luftgekühlt)		–	
Ventile pro Zylinder	4, parallel hängend, über Rollenschlepphebel		4, V-förmig hängend, über Rollenschlepphebel	
Nockenwellen (Antrieb)	2 obenlieg. (Kette)		2 obenlieg. (Kette), Ein/Auslass variabel (Bi-Vanos)	
Kurbelwellenlager	7		7	
Kühlung	Pumpe (10,0 L Wasser), Ölkühler	Pumpe (10,2 L Wasser), Ölkühler	Pumpe (11,0 L Wasser), Ölkühler	
Schmierung	Druckumlauf (7,0 L Öl)		Druckumlauf (7,5 L Öl)	
Abgasreinigung	1 Oxi-Kat, 1 Lambda-Sonde, Abgasrückführung u. -kühlung	1 Oxi-Kat, 1 Lambda-Sonde, Abgasrückführung u. -kühlung	2 Dreiwege-Kats, 2 Lambda-Sonden	
Batterie	12 V (95 Ah) / hinten		12 V (70 Ah) / hinten	
Lichtmaschine	Drehstrom 122 A / 1680 W	Drehstrom 152 A / 2100 W	Drehstrom 122 A / 1680 W	Drehstrom 142 A / 1960 W
Kraftübertragung				
Antrieb (Grundkraftverteilung)	Allradantrieb permanent (38 : 62)	Allradantrieb permanent (variabel)	Allradantrieb permanent (38 : 62)	Allradantrieb permanent (variabel)
Kraftverteilung	Planetenrad-Zentraldifferenzial	Zentr. Lamellenkupplung, elektronisch geregelt	Planetenrad-Zentraldifferenzial	Zentr. Lamellenkupplung, elektronisch geregelt
Sperren	Elektronische Schlupfregelung mit Bremseneingriff			
Kupplung	Handschalter: Einscheiben-Trocken, Zweimassenschwungrad, Automatik: Wandler mit Überbrückung		Handschalter: Einscheiben-Trocken, Zweimassenschwungrad, Automatik: Wandler mit Überbrückung	
Schaltgetriebe Übersetzungen	5 Gang (ZF), Vollsynchron I. 5,24, II. 2,92, III. 1,82, IV. 1,27, V. 1,0, R. 4,72, Achsantrieb 3,07:	6 Gang (ZF), Vollsynchron I. 5,08, II. 2,80, III. 1,78, IV. 1,26, V. 1,0, VI. 0,84, R. 4,61, Achsantrieb 3,23:	5 Gang (ZF), Vollsynchron I. 5,09, II. 2,80, III. 1,76, IV. 1,25, V. 1,0, R. 4,71, Achsantrieb 4,10:	6 Gang (ZF), Vollsynchron I. 5,14, II. 2,83, III. 1,78, IV. 1,26, V. 1,0, VI. 0,83, R. 4,64, Achsantrieb 4,10
Automatik Übersetzungen	5 Stufen (GM) I. 3,42, II. 2,22, III. 1,60, IV. 1,0, V. 0,75, R. 3,03, Achsantrieb 3,73	6 Stufen (ZF) I. 4,17, II. 2,34, III. 1,52, IV. 1,14, V. 0,87, VI. 0,69, R. 3,40, Achsantrieb 3,91	5 Stufen (GM) I. 3,42, II. 2,22, III. 1,60, IV. 1,0, V. 0,75, R. 3,03, Achsantrieb 4,10	5 Stufen (GM) I. 3,42, II. 2,22, III. 1,60, IV. 1,0, V. 0,75, R. 3,03, Achsantrieb 4,10
Reduktionsgetriebe	–	–	–	–
Fahrwerk				
Vorderradaufhängung	Einzelradaufh., Dreieckquerlenker, Diagonallenker, Stahlfederung (McPherson-Federbeine, Schraubenfedern), Stabi, opt. Luftfederung inkl. Niveauregulierung			
Hinterradaufhängung	Einzelradaufh., Mehrlenkerachse mit Längs-, Quer- u. Schräglenkern, Stahlfederung (McPherson-Federbeine, separate Schraubenfedern), Stabi, opt. Luftfederung inkl. Niveauregulierung			
Lenkung	Zahnstange (21,1 : 1), Servo			
Betriebsbremse	Scheiben (belüft.) vorn (ø 332 mm) u. hinten (ø 324 mm), Servo, ABS, Bremsassistent (DBC), Kurvenbremsregelung (CBC), Elektronische Schlupfregelung mit Bremseneingriff (ADB-X), Berg-Abfahrassistent (HDC)			
Fahrdynamikregelung	DSC III (= ESP) mit ASC-X-Unterfunktion u. Anhänger-Stabilisierungsregelung			
Allgemeine Daten				
Fahrzeugart (Türen/Sitze)	Kombi (5 / 5)			
Aufbauform	Selbsttragende Ganzstahlkarosserie			
Radstand	2820 mm			
Spur vorn / hinten	1576 / 1576 mm		1576 / 1576 mm	
Länge x Breite x Höhe	4667 x 1872 x 1712 mm		4667 x 1872 x 1712 mm	
Gepäckraum	465 / 1550 L		465 / 1550 L	

Technische Daten BMW X5 (Sechszylinder)

	X5 3.0 d 5/2001 – 10/2003	X5 3.0 d seit 10/2003	X5 3.0 i 1999 – 9/2003	X5 3.0 i seit 9/2003
Allgemeine Daten				
Reifen vorn / hinten	235/65 HR 17	235/65 VR 17 (opt. 235/65 VR 18; 255/55 R 18; 255/50 bzw. 285/45 VR 19; 275/40 bzw. 315/35 WR 20	235/65 VR 17 (opt. 235/65 VR 18;. 255/55 R 18; 255/50 bzw. 285/45 VR 19; 275/40 bzw. 315/35 WR 20)	
Räder vorn / hinten	7.5 J x 17 (LM)	7.5 J x 17 (LM) (opt. 8.5 J x 18; 9.0 bzw.10.0 J x 19; 9.5 bzw. 10.5 J x 20)	7.5 J x 17 (LM) (opt. 8.5 J x 18; 9.0 bzw. 10.0 J x 19; 9.5 bzw. 10.5 J x 20)	
Überhang vorn / hinten	860 / 970 mm			
Bodenfreiheit	182 (Luftfederung:235) mm	198 (Luftfederung: 235) mm	182 (Luftfederung: 235) mm	198 (Luftfederung: 235) mm
Wattiefe	500 mm	500 mm	500 mm	500 mm
Rampenwinkel	14° (Luftfederung: 17°)	14° (Luftfederung: 17°)	16,5° (Luftfederung: 17°)	16 ° (Luftfederung: 17°)
Böschungswinkel v / h	30 / 31°	25 / 24°	30 / 31°	25 / 24°
Wendekreisdurchmesser	12,1 m			
Steigfähigkeit	Schaltgetr.: 70 % /35°; Automatik: 55,5 % / 29°	Schaltgetr.: 87 % / 41°; Automatik: 86,1 % / 40,7°	Schaltgetr.: 68,5 % / 34,5°; Automatik: 45,6 % / 24,5°	Schaltgetr.: 70 % / 35°; Automatik: 45,6 % / 24,5°
Achsverschränkung	160 (Sportfahrwerk: 150) mm	160 (Sportfahrwerk: 150) mm	160 (Sportfahrwerk: 150) mm	160 (Sportfahrwerk: 150) mm
Leermasse (DIN)	2095 (2095) kg	2095 (2105) kg	1990 (2015) kg	1995 (2020) kg
Zul. Gesamtgewicht	2685 (2685) kg	2685 (2695) kg	2600 (2625) kg	2595 (2620) kg
Zul. Anhängelast gebremst / ungebremst	2300 od. 2700 / 750 kg		2300 od. 2700 / 750 kg	
Luftwiderstand (c_W x A)	0,35 x 2,70 m²			
Höchstgeschwindigkeit	200 (200) km/h	210 (210) km/h	202 (202) km/h	210 (210) km/h
Beschleun. 0-100 km/h	10,1 (10,5) s	8,3 (8,8) s	8,5 (8,8) s	8,3 (8,8) s
Verbrauch in L/100 km	8,6 (9,7) D	8,3 (9,5) D	12,7 (12,9) S	12,7 (12,9) S
Kraftstofftank	93 L / hinten			
Preis (Anf. / Ende Laufz.)	80.400 DM (41.060 €) / 42.700 €	43.950 €	80.000 DM (40.900 €) / 43.200 €	43950 €

Technische Daten BMW X5 (Achtzylinder)

	X5 4.4 i 2000 – 10/2003	X5 4.4 i seit 10/2003	X5 4.6 iS 2/2002 – 7/2003	X5 4.8 iS seit 4/2004
Motor	M62B44	N62B44	M62B46	N62B48
Betriebsart	Otto (Viertakt)			
Material Block / Kopf	Alu / Alu			
Zylinderzahl / Einbaulage	8 (V 90°) / vorn längs über VA			
Bohrung x Hub	92 x 82,7 mm		93 x 85 mm	93,0 x 88,3 mm
Hubraum	4398 cm³		4619 cm³	4799 cm³
Leistung in kW (PS)	210 (286) bei 5400/min	235 (320) bei 6100/min	255 (347) bei 5700/min	265 (360) bei 6200/min
Drehmoment in Nm	440 bei 3600/min	440 bei 3700/min	480 bei 3700/min	500 bei 3500/min
Verdichtung	10,0 : 1	10,0 : 1	10,5 : 1	11,0 : 1
Gemischbereitung; Elektronik	Saugrohreinspritzung (Multipoint), Bosch Motronic M 7.2	Saugrohreinspritzung (Multipoint), Bosch Motronic ME 9.2.1	Saugrohreinspritzung (Multipoint) Bosch Motronic M 7.2	Saugrohreinspritzung (Multipoint) Bosch Motronic ME 9.2.1
Ventile pro Zylinder	4, V-förmig hängend, über Tassenstößel	4, V-förmig hängend, über Rollenschlepphebel	4, V-förmig hängend, über Tassenstößel	4, V-förmig hängend, über Rollenschlepphebel
Nockenwellen (Antrieb)	2 x 2 obenlieg. (Kette), Ein/Auslass variabel (Bi-Vanos)	2 x 2 obenlieg. (Kette), vollvariabel (Bi-Vanos, Valvetronic)	2 x 2 obenlieg. (Kette), Ein/Auslass variabel (Bi-Vanos)	2 x 2 obenlieg. (Kette), vollvariabel (Bi-Vanos, Valvetronic)
Kurbelwellenlager	5	5	5	5
Kühlung	Pumpe (13,0 L Wasser), Ölkühler	Pumpe (14,4 L Wasser), Ölkühler	Pumpe (13,0 L Wasser), Ölkühler	Pumpe (14,4 L Wasser), Ölkühler
Schmierung	Druckumlauf (8,0 L Öl)		Druckumlauf (8,0 L Öl)	
Abgasreinigung	4 Dreiwege-Kats, 4 Lambda-Sonden		4 Dreiwege-Kat, 4 Lambda-Sonden	
Batterie	12 V (90 Ah) / hinten	12 V (90 Ah) / hinten	12 V (90 A) / hinten	12 V (90 Ah) / hinten
Lichtmaschine	Drehstrom 152 A / 2100 W	Drehstrom 172 A / 2380 W	Drehstrom 152 A / 2100 W	Drehstrom 170 A / 2380 W
Kraftübertragung				
Antrieb (Grundkraftverteilung)	Allradantrieb permanent (38 : 62)	Allradantrieb permanent (variabel)	Allradantrieb permanent (38 : 62)	Allradantrieb (variabel)

Technische Daten BMW X5 (Achtzylinder)

	X5 4.4 i 2000 – 10/2003	X5 4.4 i seit 10/2003	X5 4.6 iS 2/2002 – 7/2003	X5 4.8 iS seit 4/2004
Kraftübertragung				
Kraftverteilung	Planetenrad-Zentraldifferenzial	Zentr. Lamellenkupplung, elektronisch geregelt	Planetenrad-Zentraldifferenzial	Zentr. Lamellenkupplung, elektronisch geregelt
Sperren	Elektron. Schlupfregelung mit Bremseneingriff			
Kupplung	Wandler mit Überbrückung	Wandler mit Überbrückung	Wandler mit Überbrückung	Wandler mit Überbrückung
Schaltgetriebe	–			
Automatik Übersetzungen	5 Stufen (ZF) I. 3,57, II. 2,20, III. 1,51, IV. 1,0, V. 0,80, R. 4,10, Achsantrieb 3,64	6 Stufen (ZF) I. 4,17, II. 2,34, III. 1,52, IV. 1,14, V. 0,87, VI. 0,69, R. 3,40, Achsantrieb 4,10	5 Stufen (ZF) I. 3,57, II. 2,20, III. 1,51, IV. 1,0, V. 0,80, R. 4,10, Achsantrieb 3,91	6 Stufen (ZF) I. 4,17, II. 2,34, III. 1,52, IV. 1,14, V. 0,87, VI. 0,69, R. 3,40, Achsantrieb 3,91
Reduktionsgetriebe	–	–	–	–
Fahrwerk				
Vorderradaufhängung	Einzelradaufh., Querlenker, Diagonallenker, Stahlfederung (McPherson-Federbeine, Schraubenfedern), Stabi, opt. Luftfederung inkl. Niveauregulierung			Einzelradaufh., Querlenker, Luftfederung (CDC), Stabi, elektr.verstellb. Dämpfer
Hinterradaufhängung	Einzelradaufh., Mehrlenkerachse mit Längs-, Quer- u. Schräglenkern, Stahlfederung (McPherson-Federbeine, separate Schraubenfedern), Stabi, Luftfederung inkl. Niveauregulierung			Einzelradaufh., Mehrlenkerachse, Luftfederung (CDC), Stabi, elektr. verstellb. Dämpfer
Lenkung	Zahnstange (21,1 : 1), Servo			
Betriebsbremse	Scheiben (belüft.) vorn (ø 332 mm) und hinten (ø 324 mm), Servo, ABS, Kurvenbremsregelung (CBC), Bremsassistent (DBC), Elektronische Schlupfregelung mit Bremseneingriff (ADB-X), Berg-Abfahrassistent (HDC)		Scheiben (belüft.) vorn (ø 356 mm) und hinten (ø 324 mm), Servo, ABS,), Kurvenbremsregelung (CBC), Bremsassistent (DBC), Elektronische Schlupfregelung mit Bremseneingriff (ADB-X), Berg-Abfahrassistent (HDC)	
Fahrdynamikregelung	DSC III (= ESP) mit ASC-X-Unterfunktion u. Anhänger-Stabilisierungsprogramm			
Allgemeine Daten				
Fahrzeugart (Türen/Sitze)	Kombi (5 / 5)			
Aufbauform	Selbsttragende Ganzstahlkarosserie			
Radstand	2820 mm			
Spur vorn / hinten	1576 / 1576 mm		1566 / 1596 mm	1566 / 1596 mm
Länge x Breite x Höhe	4667 x 1872 x 1707 mm		4667 x 1925 x 1707 mm	4667 x 1925 x 1688 mm
Gepäckraum	465 / 1550 L			
Reifen vorn / hinten	235/65 VR 17, Sportpaket: 225/50 VR 19 / 285/45 VR 19	255/55 WR 18, Sportpaket: 225/50 VR 19 / 285/45 VR 19	275/40 WR 20 / 315/35 WR 20	275/40 WR 20 / 315/35 WR 20
Räder vorn / hinten	7.5 J x 17 (LM), Sportp.: 9.0 J x 19 / 10.0 J x 19	7.5 J x 18 (LM), Sportp.: 9.0 J x 19 / 10.0 J x 19	9,5 J x 20 / 10.5 J x 20 (LM)	9,5 J x 20 / 10.5 J x 20 (LM)
Überhang vorn / hinten	860 / 970 mm			
Bodenfreiheit	182 (Luftfederung: 235) mm	198 (Luftfederung: 235) mm	235 mm	235 mm
Wattiefe	500 mm	500 mm	500 mm	500 mm
Böschungswinkel v / h	30 / 31°	26 / 23°	26 / 22°	26 / 22°
Rampenwinkel	16,5 (Luftfederung 17) °	16 (Luftfederung 17) °	17 °	19 °
Wendekreisdurchmesser	12,1 m			
Steigfähigkeit	61,4 % / 31,5°	79,3 % / 38,5°	72 % / 35,5°	87,1 % / 41°
Achsverschränkung	160 (Sportfahrwerk 150) mm	160 (Sportfahrwerk 150) mm	150 mm	150 mm
Leermasse (DIN)	2095 kg	2120 kg	2180 kg	2200 kg
Zul. Gesamtgewicht	2650 kg	2700 kg	2685 kg	2700 kg
Zul. Anhängelast gebremst / ungebremst	2700 – 2300 / 750 kg	2700 – 2300 / 750 kg	2700 – 2300 / 750 kg	2700 – 2300 / 750 kg
Luftwiderstand (c_W x A)	0,36 x 2,74 m²		0,38 x 2,70 m²	
Höchstgeschwindigkeit	207 km/h, Sportpaket: 230 km/h	210 km/h, Sportpaket: 240 km/h	240 km/h	246 km/h
Beschleun. 0-100 km/h	7,5 s	7,0 s	6,5 s	6,1 s
Verbrauch in L/100 km	13,9 SP	13,1 SP	14,9 SP	13,5 SP
Kraftstofftank	93 L / hinten			
Preis (Anf. / Ende Laufz.)	111.000 DM (56.750 €) / 59.690 €	62.250 €	77.000 € / 79.100 €	81.600 €

EMW 325/3 Kübelwagen und FEW P1

Ab 1951 bemühten sich die DDR-Behörden um leichte, geländegängige Fahrzeuge für den militärischen Einsatz. Bis dahin waren sowjetische Geländewagen im Einsatz bei der Kasernierten Volkspolizei (aus der später die Nationale Volksarmee wurde). Sie sollten dies natürlich auch künftig bleiben. Zunächst handelte es sich dabei um 28 Exemplare des GAZ 67b. Die Ostdeutschen hofften darauf, im Zwickauer Horch-Werk auf die Wehrmachts-Konstruktion des früher bei Horch gebauten »Mittleren Einheits-Pkw Typ 40« zurückgreifen zu können.
Insgesamt zwei Versuchsmuster Typ H1k (verkürzter Radstand) sowie weitere sieben Prototypen des H1 mit 3100 mm Radstand und 80 PS starkem 3,5-Liter-V8 wurden nun in Zwickau hergestellt, größtenteils aus Restbeständen. Die Serienfertigung des H1 endete dann jedoch im Dezember 1952 nach knapp 50 Exemplaren. Hauptgrund dafür war die Entwicklung eines preisgünstigeren Wettbewerbsfahrzeugs namens »Granit 27 D/Zg.« in den Zittauer Fahrzeugwerken (vormals Phänomen): Der arbeits- und materialaufwendigere 3,3-Tonner H1 hätte 40.000 Mark pro Stück gekostet, der 3,1-Tonner Granit nur 17.000 Ost-DM. Zudem hatte die Erprobung des H1 zahlreiche Probleme infolge der zugrunde liegenden Vorkriegs-Konstruktion mit sich gebracht.
Parallel dazu war ein Entwicklungsauftrag für einen leichteren Kübelwagen für vier Personen an das staatliche Forschungs- und Entwicklungswerk (FEW) in Chemnitz ergangen – jenes Ingenieurbüro hatte vor dem Zweiten Weltkrieg die technischen Entwicklungsarbeiten für die Auto Union geleistet. Der sogenannte P1 war deutlich kleiner als die vorangehenden Konstruktionen, sein Radstand betrug nur noch 2,25 statt der 2,70 m des H1k. Beim Antrieb entschied man sich nun für den 55 PS starken Reihensechszylinder-Motor des in Eisenach produzierten BMW 340. Weil er aber im Geländewagen nur einen Vergaser erhielt, kam er hier lediglich auf 45 PS. Allerdings verbesserte sich der Drehmomentverlauf gegenüber der Pkw-Version.
Die zwei ersten FEW-Fahrzeuge wurden im Sommer 1952 in den Framo-Fertigungsstätten Hainichen und Frankenberg fertiggestellt und sofort in den Testbetrieb geschickt. Sie hatten Doppelquerlenker-Achsen und einen eigenwillig-aufwendigen Allradantrieb mit Gelände-Verteiler-Ausgleichsgetriebe. Es verfügte jedoch nicht über ein getrenntes, nachgeschaltetes Untersetzungsgetriebe für alle Gänge. Statt dessen hatte das Vierganggetriebe einen zusätzlichen, sehr kurz übersetzten Berggang. Waren Gang 1 bis 4 eingelegt, wurde nur die Hinterachse angetrieben. Der Allradantrieb ließ sich manuell über einen zweiten Hebel zuschalten. Wenn aber der Berggang oder der Rückwärtsgang eingelegt wurden, schaltete sich automatisch die Vorderachse zu, der Wagen lief mit Allradantrieb. Bei Bedarf war der Allradantrieb wiederum über den zweiten Schalthebel längs sperrbar. Möglich waren mit dem Auto also Hinterradantrieb, Allradantrieb mit Momentenverteilung über ein Stirnrad-Zentraldifferenzial sowie Allradantrieb mit starrer Verbindung zwischen den Achsen.
Nach heutigem Verständnis könnte man angesichts des Zentraldifferenzials von einem permanenten Allradantrieb sprechen, obwohl sich der Vorderradantrieb für Straßenfahrten abschalten ließ. Ähnliche Konstruktionen fanden sich später bei amerikanischen und japanischen Fabrikaten. Bei einseitigem Traktionsverlust sicherte ein selbstsperrendes Hinterachsdifferenzial etwas Vortrieb. Die Konstruktion des leichten Wagens mit seinen kurzen Überhängen ermöglichte zudem sehr steile Böschungswinkel. Das Konzept hatte der P1 mit den Einheits-Pkw der Wehrmacht gemein.
Der dritte und vermutlich letzte Prototyp des P1 wurde im Dezember 1952 fertig, zum größten Teil war hier aber bereits das Horch-Werk Zwickau beteiligt. Im Unterschied zu den beiden Vorgängern hatte er einen veränderten Leiterrahmen, vier Türen und war um 130 kg schwerer. Die grundsätzliche Auslegung des Fahrzeugs überzeugte, Fahrwerk, Kraftübertragung und Lenkung waren aber noch nicht ausgereift. Sowohl die Zwickauer als auch die Hainichener Fahrzeugbauer sahen sich aber außerstande, einen Serienanlauf zu gewährleisten. Weil dies schon recht früh klar geworden war, ging der Auftrag für die Fertigung des Kübelwagens bereits Mitte 1952 an die Eisenacher Motorenwerke (EMW). Das bisherige BMW-Automobilwerk war aus rechtlichen Gründen kurz vorher umbenannt worden.
Der P1 sollte nun die technische Grundlage für das neue Geländefahrzeug EMW 325/3 sein. Eigentlich war geplant, zwischen 1952 und 1955 rund 6.000 Exemplare vom P1 aufzulegen. Aber es blieb bei den drei Prototypen. Letztlich übernommen wurde für den 325/3 nur wenig, offiziell lief das neue Fahrzeug aber gelegentlich unter der alten Bezeichnung P1 weiter (was bis heute für Irritationen sorgt). Basis waren aber letztlich das leichte Vorkriegs-Geländefahrzeug BMW 325 (1937 – 1940) und spätere hausinterne eigenen Entwicklungen.
Es handelte sich nun um einen klassischen, türenlosen Kübelwagen, der Radstand stimmte mit dem des P1 aus Sachsen überein. Das Fahrgestell hatte jedoch mit der Doppelquerlenker-Konstruktion von FEW nichts mehr zu tun. Es verfügte über zwei simple Starrachsen mit längsliegenden Drehstäben – eine ähnliche Konstruktion fand sich auch bei der Hinter-

Horch H1 k aus Zwickau

achse des BMW 501 (»Barockengel«) – und eine Zahnstangenlenkung. Vorn kam die umgedrehte hintere Starrachse des BMW / EMW 340 zum Einsatz. Sie wurde mit Achsschenkeln versehen und mit der Lenkung gekoppelt. Für die Hinterachse fanden verstärkte Drehstäbe aus dem 340/7-Kombi Verwendung. Organspender für die komplette Unterkonstruktion einschließlich der Anbauteile des Leiterrahmens war ebenfalls der 340er-Pkw. Das Fahrwerk unterschied sich gründlich von der allradgelenkten Wehrmachtsversion BMW 325 mit Einzelradaufhängung, faktisch hatte der EMW 325/3 mit dem Vorkriegsauto außer dem Motor nichts gemeinsam. Fünf Personen oder 500 kg Nutzmasse konnte das Fahrzeug tragen.

Den Antrieb besorgte weiterhin der bekannte Zweiliter-Reihensechser von BMW/EMW mit konventioneller Nassöl-Druckumlaufschmierung, beatmet von zwei Fallstromvergasern wie beim Pkw. Überhaupt wurde bei allen Bauteilen darauf geachtet, weitgehend aus der Serienproduktion zu stammen. Auch das Getriebe kam aus dem Pkw, allerdings verfügte es über eine Knüppel- statt der Lenkradschaltung. Wie beim P1 ließ sich der Wagen mit Hinterradantrieb und im Gelände mit Allradantrieb fahren: Ein Zentraldifferenzial verteilte die Antriebskraft auf die Achsen. Anders realisiert als beim P1 war jedoch die notwendige kurze Untersetzung für schweres Gelände. Denn dem Viergangetriebe nachgeschaltet hatte der Wagen ein zweistufiges Reduktionsgetriebe, das bedarfsweise in allen Gängen das Antriebsmoment im Verhältnis 1,83 verstärkte. Aktiviert wurde es über einen zweiten, kurzen Schalthebel. Bewährt hat sich die Konstruktion des EMW 325/3 letztlich auch nicht, bei den Nachfolgern (P2 M und P3) ging man wieder zur aufwendigeren Einzelradaufhängung über.

Immerhin 161 Stück dieses grundsätzlich in Grün lackierten Autos entstanden im Laufe des Jahres 1952. Sie gingen sämtlichst an die Kasernierte Volkspolizei. Überlebt hat vermutlich nur eines jener Fahrzeuge. Es ist beim jährlich stattfindenden »Reichwalder P2 und P3 Treffen« zu erleben (und steht ansonsten in einem Privatmuseum im sächsisch-niederlausitzschen Reichwalde bei Boxberg).

FEW P1 aus Hainichen

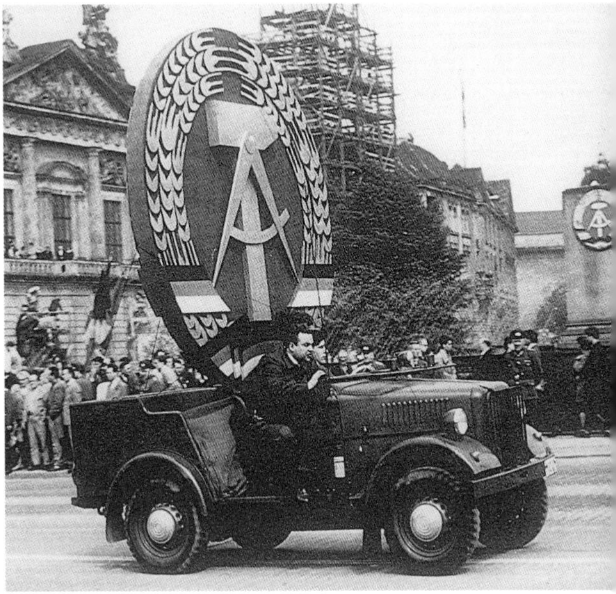

EMW 325/3 bei einer Parade in Ost-Berlin

EMW 325/3 der Kasernierten Volkspolizei

EMW-Geländewagen mit russischen Interessenten

Technische Daten FEW P1 und EMW 325/3

	FEW P1 1952	EMW 325/3 1952/1953
Motor		
Betriebsart	Otto (Viertakt)	
Material Block / Kopf	Grauguss / Alu	
Zylinderzahl / Einbaulage	6 (Reihe) / vorn längs	
Bohrung x Hub	66 x 96 mm	
Hubraum	1971 cm³	
Leistung in kW (PS)	33 (45) bei 3600/min	40 (55) bei 3750/min
Drehmoment in Nm	128 bei 2000/min	110 bei 2500/min
Verdichtung	6,1 : 1	6,1 : 1
Gemischbereitung	1 Fallstromvergaser Solex 32 PBI	2 Fallstromvergaser Solex 32 PBI oder BVF F 323-1
Ventile pro Zylinder	2, parallel hängend, über Stoßstangen u. Kipphebel	
Nockenwellen (Antrieb)	1 seitlich (Stirnräder)	
Kurbelwellenlager	7	
Kühlung	Pumpenumlauf (9 L Wasser)	
Schmierung	Druckumlauf	Druckumlauf (4,5 L Öl), Ölkühler
Batterie	6 V 84 Ah) / vorn	6 V (84 Ah) / vorn
Lichtmaschine	Gleichstrom 130 W	Gleichstrom 130 W
Kraftübertragung		
Antrieb (Grundkraftverteilung)	Heckantrieb, Frontantrieb zuschaltbar (0 : 100 / 50 : 50 %)	Heckantrieb, Frontantrieb zuschaltbar (0 : 100 / 50 : 50 %)
Kraftverteilung	Zentraldifferenzial	Starr
Sperren	Selbstsperrendes Hinterachsdifferenzial	–
Kupplung	Einscheiben-Trocken	
Schaltgetriebe Übersetzungen	5 Gang (unsynchron.), Knüppelschaltung G: 9,18, II. 5,03, III. 2,82, IV. 1,67, V. 1,0, R: 7,96, Achsantrieb Kegelrad-Tellerrad 4,833, einstufiges Zwischengetriebe 1,24	4 Gang (unsynchron), Knüppelschaltung I. 3,85, II. 2,38, III. 1,54, IV. 1,0, R. 3,44, Achsantrieb Hypoid 3,90
Reduktionsgetriebe (Untersetzung)	–	Straße 1,0; Gelände 1,83
Fahrwerk		
Vorderradaufhängung	Doppelquerlenker mit je zwei Schraubenfedern u. je zwei hydraul. Dämpfern	Starrachse, zwei längsliegende Drehstäbe, axial angeordn. Kurbelstoßdämpfer
Hinterradaufhängung	Doppelquerlenker mit je zwei Schraubenfedern u. je zwei hydraul. Dämpfern	Starrachse, zwei längsliegende Drehstäbe, axial angeordn. Kurbelstoßdämpfer
Lenkung	Schnecke mit Lenkfinger	Zahnstange
Betriebsbremse	Hydraulisch (Einkreis), Trommeln (Gesamtbremsfl. 508 cm²)	
Allgemeine Daten		
Fahrzeugart (Türen/Sitze)	Kübelwagen offen, Faltverdeck, Plane u. Scherengitter (0 / 4)	Kübelwagen offen, Faltverdeck, Plane u. Scherengitter (0 / 5)
Aufbauform	Leiterrahmen, Mischbaukarosserie	
Radstand	2255 mm	2250 mm
Spur vorn / hinten	1400 / 1400 mm	1400 / 1400 mm
Länge x Breite x Höhe	3680 x 1750 x 1480 mm	3600 x 1680 x 1930 mm
Reifen	6.50-16 Gelände	6.50-16 Extra Gelände
Räder	4.5 E 16	4.5 E 16
Bodenfreiheit	180 mm	220 mm
Wattiefe	500 mm	500 mm
Böschungswinkel v / h	42 / 42°	42 / 42°
Wendekreisdurchmesser	10,0 m	10,0 m
Steigfähigkeit	98 % / 44,5°	49 % / 26°
Leermasse (DIN)	1570 kg	1200
Zul. Gesamtgewicht	2000 kg	1700
Zul. Anhängelast	–	–
Höchstgeschwindigkeit	80 km/h	77 km/h
Verbrauch in L/100 km	16	16
Kraftstofftank	45 L / hinten	50 L / hinten
Stückzahl	3	161

Der vermutlich letzte überlebende
EMW 325/3 in exzellent restauriertem Zustand

Euro-Jeep (Lkw 0,5 t)

Nutzfahrzeuge bei BMW gab es in der Nachkriegszeit bislang nie – sieht man von einem Militärfahrzeug ab, das als europäisches Gemeinschaftsprojekt ursprünglich unter Führung der Firma Glas in Dingolstadt entwickelt worden war. Mit im Boot waren Techniker von MAN, Fiat und Renault-Saviem. Glas und MAN arbeiteten bei Militäraufträgen schon seit langem zusammen. Mit der Übernahme des Dingolfinger Unternehmens durch BMW 1966 erbten die Münchner dieses fast abgeschlossene Projekt.

Das Bundesverteidigungsministerium hatte mit einer Reihe von Firmen über die Vorentwicklung eines geländegängigen und schwimmfähigen Einsatzwagen verhandelt. Basis für das Projekt war der NATO-Plan, für die bundesdeutsche, französische und italienische Armee ein gemeinsames Militärfahrzeug zu entwickeln – im Sprachgebrauch kurz als Euro-Jeep bezeichnet. Er sollte den deutschen Auto Union / DKW Munga, den französischen Hotchkiss und den italienischen Campagnola ersetzen. Neben der Firmengruppe Glas / MAN / Fiat / Renault arbeiteten auch Büssing / Lancia / Hotchkiss sowie NSU / Moto-Guzzi / Panhard-Citroën an diesem Projekt. Denn das Ganze versprach satte Gewinne: Ingesamt 50.000 Stück vom Euro-Jeep sollten entstehen – wobei die Fertigung auf die beteiligten Länder verteilt werden sollte.

Die Vorgaben für den Euro-Jeep hatten allerdings etwas von einer eierlegenden Wollmilchsau. Das Fahrzeug sollte auf der Straße 90 km/h erreichen können und mit Anhänger immerhin 70 km/h schnell sein. Im Gelände wurde eine Mindestgeschwindigkeit von 4 km/h vorgegeben. 1.500 Kilo Eigengewicht und die Eignung für bis zu sechs Mann Besatzung wurden verlangt. Außerdem musste der Geländewagen schwimmfähig sein, sich problemlos via Fallschirm von Flugzeugen abwerfen lassen. Ein Vielstoffmotor sollte auch schlechteste Kraftstoffqualitäten vertragen.

1962 begannen die Arbeiten, zunächst angeblich unter Mitarbeit des Schwimmwagen-Pioniers Hanns Trippel. Das erste Funktionsmuster des von Glas dominierten Firmenkonsortiums war 1964 fertig, zunächst als »Lkw 0,25 t«. Dann forderten die Behörden die Weiterentwicklung zum »Lkw 0,5 t«. 1967/68 stand der Prototyp jenes Amphibien-Geländewagens als Lkw 0,5 t gls (4x4) für die Bundeswehr bereit – er wurde in Dingolfing aufgebaut. Später wurden weitere Versuchsmuster des Frontlenker-Fahrzeugs hergestellt und der Armee vorgeführt bzw. zur Erprobung überlassen. Insgesamt dürften es 15 Exemplare gewesen sein. Gleichzeitig erwog man die Vermarktung als Jagd-, Fischerei- oder Krankenfahrzeug.

Es erhielt als Erstes einen 2,4-Liter-Vielstoff-Motor von MAN, der gleichermaßen den Betrieb mit Benzin oder Diesel erlaubte. Es handelte sich um den kleinsten Motor in der MAN-Firmengeschichte. In Eigenregie montierte Glas auch eine Version mit 1,7-Liter-Benziner (70 PS) – der nach der Übernahme des Unternehmens durch BMW einem 1,8-Liter (80 PS) und dann einem 2,0-Liter (100 PS) der Münchner wich. Motor und Getriebe saßen vorn längs zwischen Fahrer und Beifahrer – dadurch gewann man mehr Platz für den großen, vom Militär geforderten Innenraum. Angetrieben wurden beide Achsen, sie verfügten über mechanisch sperrbare Differenziale. Der Vorderachs-Antrieb ließ sich abkoppeln.

Das Vierganggetriebe verfügte über ein Vorgelege, so dass bei Nutzung zweier Schalthebel acht Vorwärts-Gangstufen zur Verfügung standen. Die Einzelrad-Aufhängungen mit Querlenkern, Federbeine, Trommel-Bremsen, Achsen, Kardanwellen und Differenziale waren untereinander austauschbar.

Die von stabilisierenden Längssicken durchzogene Stahlblech-Karosserie des Geländewagens im Wellblech-Look war selbsttragend und wannenförmig ausgebildet. Vorn gab es zwei winzige, dreieckige Türen über den Rädern. Sechs bis acht Personen fanden in dem Fahrzeug Platz. Die zwei hinteren Sitzbänke ließen sich so umklappen, so dass eine 2,5 m² große Nutzfläche entstand – und die war universell nutzbar, auch als Fläche für den Transport von Verwundeten. Hinten stieg man über die niedrige Bordwand zu. Natürlich ließ sich auch ein riesiges Klappverdeck mit großen Kunststoffscheiben über den Innenraum spannen, die geteilte Frontscheibe war selbstredend umlegbar gestaltet.

Dank der Abdichtung der Wanne war das Fahrzeug schwimmfähig, der Bug abgeschrägt. Zwei zuschaltbare, mechanisch schwenkbare Schiffsschrauben – angetrieben von einer Welle – hinter dem Hinterachsdifferenzial sorgten für den Vortrieb im Wasser. Bis 9 km/h waren möglich. Gelenkt wurde übrigens auch im Wasser per Lenkrad. Um Schwallwasser abzuwehren, wurde der Frontmotor unter BMW-Ägide von einem nach vorn klappbaren Schild geschützt. Dennoch erwies sich die Anordnung des Motors vorn als ein Manko bei einem Amphibienfahrzeug.

Geschäfte waren mit dem ungewöhnlichen Vielzweck-Auto jedoch nicht zu machen, kein einziges Fahrzeug soll an private Kunden gegangen sein. 1971 endeten die Entwicklungsarbeiten, an denen nur noch MAN als Partner beteiligt war – die Franzosen und Italiener waren mittlerweile aus dem Projekt ausgestiegen. Der letzte Versuchsträger lief bis 1972 im Werksauftrag und landete dann in der historischen Sammlung von BMW.

Fiat und MAN machten noch weiter, bis 1975 entstanden weitere zehn allradgetriebene, schwimm-

Frühes Glas Amphibienfahrzeug

Glas Amphibienfahrzeug mit Schwallschild

fähige Prototypen. Auch sie fielen letztlich durch, vor allem, weil sie zu teuer waren. Büssing / Lancia / Hotchkiss hatten ebenfalls das Handtuch geworfen, Büssing war zu allem Überfluss von MAN übernommen worden. NSU / Moto-Guzzi / Citroën-Panhard waren schon nach der ersten Vorentscheidung aus dem Rennen. Letztlich entschieden sich die beteiligten Länder dann doch wieder für nationale Lösungen – in Deutschland für den VW Iltis.

Renault-Saviem präsentierte später noch ein wasserstrahlgetriebenes Fahrzeug im Stil des Euro-Jeeps. Auch Messerschmitt-Bölkow-Blohm (MBB) arbeitete 1970 bis 1972 weiter an diesem Konzept – wobei es sich nach offizieller Lesart um eine Parallelentwicklung handelte. Das Ende 1971 in Kooperation mit BMW erstellte »Amphibisches Geländefahrzeug für 0,5 to Nutzlast« basierte auf dem Glas / BMW-Geländewagen – erhielt aber nunmehr eine Sandwich-Bodenwanne aus Kunststoff. Sie bestand aus PUR-ausgeschäumtem GFK und wurde mit stützenden Stahleinlagen verstärkt. Das riesige Bauteil war mittig längs geteilt. Es wurde von Bayer Leverkusen gefertigt – das Chemieunternehmen hatte bereits vier Jahre zuvor zusammen mit MBB und BMW den Prototypen des Kunststoff-Sportwagens K 67 auf die Räder gestellt.

Erkennbar ist das Fahrzeug an den vollkommen glatten Außenwänden, auch Türen gab es nicht mehr. Wie beim Vorläufer ließ sich ein großes Verdeck über den Innenraum spannen. Der Motor des Geländewagens – diesmal handelte es sich um einen BMW-2,0-Liter-Industriemotor mit 95 PS – saß nun erstmals hinten: darum die Belüftungsschlitze beidseits über den Hinterrädern. Das Auto wog leer lediglich 1600 kg, dabei entfielen gerade mal 195 kg auf den Sandwich-Boden. Tests des Bundesamts für Wehrtechnik und -beschaffung verliefen zufriedenstellend, aber die deutsche Bundeswehr war nicht länger an einem solchen zweifelsohne extrem teuren Alleskönner interessiert.

Glas Amphibienfahrzeug
mit Schwallschild

Glas Amphibienfahrzeug
mit vergrößerten Türen

MBB Amphibienfahrzeug mit
Heckmotor und zweiteiliger
Kunststoff-Karosserie

MBB Amphibienfahrzeug bei der Erprobung

MBB Amphibienfahrzeug mit Verdeck

Technische Daten Euro-Jeep

	Glas / BMW 1964 /1971		MBB 1970 / 1972
Motor	Glas 1700, ab 1967: BMW 2000	MAN L9094 FNV	BMW
Betriebsart	Otto (Viertakt)	Vielstoff (Viertakt)	Otto (Viertakt)
Material Block / Kopf	Grauguss / Alu	Grauguss / Grauguss	Grauguss / Alu
Zylinderzahl / Einbaulage	4 (Reihe) / Unterflur längs zwischen Vordersitzen über VA		4 (Reihe) / Unterflur hinten
Bohrung x Hub	78 x 88 / 89 x 80 mm	90 x 95 mm	k. A.
Hubraum	1682 / 1990 cm³	2417 cm³	2100 cm³
Leistung in kW (PS)	52 (70) bei 4500/min / 59 (80) bei 4800/min	52 (70) bei 3800/min	70 (95) bei 4800/min
Drehmoment in Nm	138 / 143 bei 3000/min	137 bei 2200/min	–
Verdichtung	8,2 : 1	23,0 : 1	–
Gemischbereitung	Fallstrom-Vergaser Solex 34 PDSIT / Stromberg CDS 175	Direkt-Einspritzung	–
Ventile pro Zylinder	2, V-förmig hängend	2, parallel hängend	2, V-förmig hängend
Nockenwellen (Antrieb)	1 obenlieg. (Zahnriemen / Kette)	1 seitlich (Stirnräder)	1 obenlieg. (Kette)
Kurbelwellenlager	5	5	5
Kühlung	Pumpe (8,0 / 7,0 L Wasser)	Pumpe	Pumpe
Schmierung	Druckumlauf (3,0 / 4,25 L Öl)	Druckumlauf	Druckumlauf
Batterie	2 x 12 V (45 Ah)		
Lichtmaschine	Drehstrom 600 W		
Kraftübertragung			
Antrieb (Grundkraftverteilung)	Heckantrieb, Frontantrieb zuschaltbar (0 : 100 / 50 : 50); Wasserdurchfahrt mit Propellerantrieb		
Kraftverteilung	Starr		
Sperren	Differenzialsperre (100 %) vorn u. hinten		
Kupplung	Einscheiben-Trocken		
Schaltgetriebe	4 Gang / 5 Gang (vollsynchron.)	4 Gang	5 Gang
Reduktionsgetriebe	2 Gang		
Fahrwerk			
Vorderradaufhängung	Einzelradaufh., Querlenker, Federbeine, Schraubenfedern		
Hinterradaufhängung	Längslenker, Federbeine, Schraubenfedern		
Lenkung	Schnecke-Rolle		
Betriebsbremse	Hydraulisch, Trommeln		
Allgemeine Daten			
Fahrzeugart (Türen/Sitze)	Kübelwagen offen, Faltverdeck, Plane u. Spriegel (0 / 6 – 8)		
Aufbauform	Selbsttragende Ganzstahlkarosserie, schwimmfähige Wanne		Selbsttragende Kunststoffkarosserie, schwimmfähige Wanne
Radstand	1995 mm		2250 mm
Spur vorn/hinten	1460 / 1460 mm		1420 / 1420 mm
Länge x Breite x Höhe	3780 x 1780 x 1835 mm (m. Verdeck)		3912 x 1640 x 1180 mm (ohne Verdeck)
Reifen	7.0 R 16		
Räder	5.50 x 16		
Bodenfreiheit	310 mm		280 mm
Wattiefe	schwimmfähig		
Rampenwinkel	44°		38°
Böschungswinkel v / h	43 / 54°		43 / 46°
Leermasse (DIN)	1800 kg	1900 kg	1700 kg
Zul. Gesamtgewicht	2300 kg	2400 kg	2200 kg
Höchstgeschwindigkeit	100 – 105 km/h (Wasser: 9 km/h)	95 km/h	105 km/h (Wasser: 10 km/h)
Kraftstofftank	60 L / hinten		60 L / Mitte
Stückzahl	ca. 15		3

Farmobil

Ab 1955 arbeitete Landmaschinenhersteller Dr. Wilfried Fahr in Gottmadingen am Bodensee an einem einfachen, leichten Universal-Fahrzeug für Gelände und Landwirtschaft für rund 500 kg Zuladung. Ob es zu diesem Zeitpunkt schon eine Kooperation mit BMW gab, ist bis heute heftig umstritten. Das zulässige Gesamtgewicht des Allzweckmobils sollte eine Tonne nicht überschreiten, der Radstand war mit 1800 mm und die Spurweite mit 1350 mm anvisiert. Die Fahrzeugbezeichnung »Farmobil« war eine Spielerei mit dem Firmennamen (Fahr AG) und dem Begriff Farmmobil.
Im Frühjahr 1956 war der erste Prototyp fertiggestellt. Vorder- und Hinterachsschwinge des Hecktrieblers waren miteinander verbunden. Zunächst kam ein Horex-Zweizylinder mit 20 PS aus dem Motorrad Imperator im Heck zum Einsatz. Statt des geplanten Fünf- wurde ein Vierganggetriebe quer eingesetzt. Die Höchstgeschwindigkeit soll bei kaum glaubhaften 80 km/h gelegen haben.
Weil sich das Fahrzeug bei den Testfahrten aber nicht bewährte, ging man zur Einzelradaufhängung durch Federbeine mit Schwingen aus gepresstem Blech (nach 2 CV-Muster vorn geschoben, hinten gezogen) über. Erneut kam ein, jetzt aber optimierter, Horex-Motor zum Einsatz. Gekoppelt war er mit einem von Getrag und Fahr gemeinschaftlich entwickelten, nunmehr längs installierten Selectromat-Fünfgang-Vorwählgetriebe.

Das futuristisch elegant gezeichnete Fahrzeug selbst basierte auf einem Rohrrahmen mit angeschweißten, längs gesickten Blechen. Durch eine Fronttür gelangte man in die zweisitzige Fahrerkabine. Zwischen den Achsen war eine Lademulde untergebracht. Neben der geschlossenen Ausführung stand auch eine preisgünstigere, offene Version bereit. Bei den Probefahrten, teilweise mit Interessenten, präsentierte sich das Farmobil als verblüffend geländegängig – aber ansonsten als völlig unausgereift.
Darum setzte Fahr 1958 auf einen Neuanfang und verbündete sich mit BMW in München. Hier bereicherte seit Ende 1957 der BMW 600 das Programm. Gerüchteweise soll die »große Isetta« Komponenten vom Farmobil übernommen haben. Gleichsam im Gegenzug dieses Techniktransfers erhielt der Pritschenwagen den Zweizylinder-Boxermotor und das Vierganggetriebe (einschließlich Motor-Getriebe-Aufhängung und Schaltung) des großen Kabinenfahrzeugs. Die Antriebseinheit saß weiterhin hinten, angetrieben wurden die Hinterräder. Das Fehlen eines Allradantriebs erwies sich allerdings künftig als Nachteil des sonst pfiffig gemachten Autos.
Das leichte selbstragende Fahrzeug war als Frontlenker ähnlich dem legendären Steyr Puch Haflinger ausgebildet. Seine zunächst weiterhin rundlich gezeichneter Front verfügte über eine steilstehende Frontscheibe vor der vorderen, einfachst gestalteten Sitzbank. Zwei abnehmbare, seitliche Türen sicherten den Zugang. Auch die Lademulde hatte zunächst zwei Türen. Im Innenraum selbst herrschte absolute Funktionalität, der Tank saß hinter den Sitzen. Über

Farmobil, frühe Ausführung mit rundlichem Design

den Frontbereich ließ sich ein Klappverdeck spannen, später gab es auch Ausführungen mit einem großen Verdeck (mit Verdeckgestell) über Fahrgastraum und Ladefläche.

Es blieb bei der Einzelradaufhängung. Aber statt für die Federbein-Schwingen-Konstruktion entschieden sich die Techniker für getrennte Schraubenfeder-Stoßdämpfer-Einheiten mit unteren Dreiecklenkern. Der Federweg wuchs auf 250 mm, was die Fahreigenschaften deutlich verbesserte. Statt der bisherigen Zahnstangen- kam nun eine ZF-Gemmerlenkung zum Einsatz. Die Umlenkpunkte für Schubstange und zwei Spurstangen waren so angeordnet, dass beim Einfedern keine ungewollten Lenkbewegungen entstanden.

Anfang Mai 1959 wurde das erste – vermutlich bei BMW in München – handgefertigte Farmobil 600 auf der deutschen Landwirtschaftsausstellung in Frankfurt/Main vorgestellt. Testfahrten vor interessiertem Publikum erfolgten nahe Hanau. Der brave 20-PS-Motor tat seinen Dienst, erwies sich aber nicht als Muster an Zugkraft. Und die selbsttragende Konstruktion in Verbindung mit dem Fahrwerk machte Schwierigkeiten. Auch das an den Prototypen via Zapfwelle angebaute Mähwerk konnte nicht überzeugen.

1960 löste das Farmobil 700 mit luftgekühltem 700-cm^3-BMW-Boxer den glücklosen Vorgänger ab, wobei aber die Serienfertigung immer noch nicht anlief. Motor und Getriebe stammten vom neuen BMW 700, auch Schaltung, Bremsen und Radaufhängung (5.20-12-Reifen, auf Wunsch Geländeprofil) kamen von der 30-PS-Limousine. Die Münchner, die aufgrund ihrer eigenen wirtschaftlichen Probleme nach jedem Strohhalm griffen, hofften auf die militärische Verwendbarkeit des kleinen Fahrzeugs – und unterstützten seine weitere Entwicklung.

Wiederum entstanden Versionen mit festmontierter Fahrerkabine sowie „nackte« Pritschenwagen mit abnehmbaren Halbtüren mit Steckscheiben und umklappbarer Frontscheibe. Im Fahrgastraum befand sich eine durchgehende Sitzbank für zwei bis drei Insassen, erstaunlicherweise war jetzt sogar eine Heizung (inklusive Defrosterdüsen) zu haben. Das nackte Blech im Innern wies lediglich Lenkrad und Einfach-Tacho auf, die Sekurit-Frontscheibe wurde von zwei Wischern gereinigt. Die Ladefläche (1650 x 1470 mm) war mit einer Vertiefung zur Aufnahme von Sitzen ausgestattet (mit Trittstufe) Die äußere Form des selbsttragend aufgebauten Fahrzeugs blieb zunächst nahezu unverändert, die Seitenwände waren glatt wie beim unmittelbaren Vorgänger.

Nach nur wenigen Exemplaren schwenkte man auf einen eckigen, billiger zu produzierenden Aufbau um. Verbessert wurde die Steifigkeit des Farmobils 700, Lenkung und Federung (Federweg vorn / hinten: 240 / 225 mm) erfuhren leichte Modifikationen. Für schwieriges Gelände war ein optionales, selbstsper-

Auch das Farmobil 700 ähnelte dem Steyr Puch Haflinger

rendes Differenzial sinnvoll: Die Sperrung erfolgte selbsttätig bei durch Schlupf verursachten Drehzahldifferenzen der Hinterräder.
In gedruckten Faltblättern lief das mittlerweile für 616 kg Nutzlast zugelassene Fahrzeug (Eigengewicht nur 584 kg) ab zirka 1961 als „BMW Farmobil«. Im Prospekt waren als Grundpreis 6.400 DM genannt. Es war in sechs Versionen lieferbar: als Pritschenlastwagen, als Planen-Lieferwagen, als Jagd- bzw. Personenwagen mit sechs Sitzen und als Feuerwehrfahrzeug. Endlich funktionierte auch die längst vorgesehene Zapfwelle mit vorderem und hinteren Abgang, sie ließ sich vom Fahrersitz aus aktivieren (Drehzahlregulierung direkt am Motor). Damit diente das Farmobil nun auch als Aggregateträger für Gewerbe und Landwirtschaft. Bisher waren aber nur insgesamt 15 Versuchsfahrzeuge fertiggestellt.
Vertrieben werden sollte das Auto über BMW-Händler. Doch dazu kam es nicht mehr, weil Fahr mit Klöckner-Humboldt-Deutz (KHD) einen Vertrag über den Bau von Deutz-Schleppern abschließen konnte, damit verbunden war eine teilweise Übernahme von Fahr durch KHD. Zwar wurden bis 1964 noch Traktoren in Gottmadingen montiert, aber die ursprünglich ins Auge gefassten Fertigungskapazitäten für das Farmobil gab es nicht mehr. Und bei BMW hatte man mehr als genug mit den neu anlaufenden Erfolgs-Pkw zu tun.
Es traf sich gut, dass gerade in Südosteuropa und Nordafrika ein großes Interesse an diesem Fahrzeug bestand. Das hatten Messepräsentationen 1961 in Thesaloniki, Zagreb und Damaskus bewiesen. Die in Thesaloniki ansässige Firma Farco des Jungunternehmers Peter Tzanetos Kondogouris – der zuvor bei Fahr gearbeitet hatte – übernahm den Lizenzbau des Halbtonners. Die Fertigung gestaltete sich denkbar einfach, es waren nur wenige spezielle Werkzeuge notwendig. 1962 wurden die ersten bei Farco in Griechenland produzierten Farmobile ausgeliefert.
1963 übernahm Chrysler die Firma Farco und damit die Farmobil-Fertigung. Die Amerikaner hofften, eine erkleckliche Anzahl der kleinen Allzweckmobile auch in den USA absetzen zu können, nachdem ein Versuchsfahrzeug erfolgreich im US-Bundesstatt Michigan getestet worden war. In insgesamt 14 Ländern wurde das Fahrzeug schließlich angeboten, darunter auch in Deutschland. In Frankreich lief der Verkauf ab 1964 über Chrysler-Simca, hier gab's das Fahrzeug auch mit Citroën-2 CV-Motor. Und in Großbritannien liefen Exemplare der Armee mit Hillman-Motoren. Vertrieben wurde das Farmobil auch in Südamerika und Afrika.
Insgesamt entstanden bis zur Produktionseinstellung 1966 fast 1.000 Farmobile. Heute existieren noch mindestens 100 Stück, die in Sammlerhänden in ganz Europa sind.

Technische Daten Farmobil

	Farmobil 700 1960 - 1966
Motor	BMW 427
Betriebsart	Otto (Viertakt)
Material Block / Kopf	Grauguss / Alu
Zylinderzahl / Einbaulage	2 (Boxer) / hinten längs
Bohrung x Hub	78 x 73 mm
Hubraum	697 cm³
Leistung in kW (PS)	24 (32) bei 5000/min
Drehmoment in Nm	50 bei 3200/min
Verdichtung	7,5 : 1
Gemischbereitung	1 Fallstromvergaser
Ventile pro Zylinder	2, V-förmig hängend,über Stoßstangen u. Kipphebel
Nockenwellen	1 zentral (Stirnräder)
Kurbelwellenlager	3
Kühlung	Luft (Gebläse)
Schmierung	Druckumlauf (1,25 L Öl), Ölkühler
Batterie	12 V (24 Ah)
Lichtmaschine	Noris Dynastart
Kraftübertragung	
Antrieb	Heckantrieb
Sperren	Selbstsperrendes Hinterachsdifferenzial
Kupplung	Einscheiben-Trocken
Schaltgetriebe	4 Gang (vollsynchron.), Knüppelschaltung
Übersetzungen	I. 3,64, II. 2,16, III. 1,37, IV. 0,912, R. 3,27, Achsantrieb: 7,2
Reduktionsgetriebe	–
Fahrwerk	
Vorderradaufhängung	Hydraulik-Stoßdämpfer, Schraubenfedern, geschobene Längsschwinge, Dreieckquerlenker unten
Hinterradaufhängung	Hydraulik-Stoßdämpfer, Schraubenfedern, gezogene Längsschwinge, Dreieckquerlenker unten
Lenkung	Gemmerlenkung ZF (Schnecke und Rolle)
Betriebsbremse	Hydraulisch (Einkreis), Trommeln (ø 200 mm) (Gesamtbremsfl. 584 cm²)
Allgemeine Daten	
Fahrzeugart (Türen/Sitze)	Plattformwagen offen od. geschlossen (0 od 2 / 2 – 6)
Aufbauform	Selbstragend (mittragende Seitenwände durch 2 Längsträger verstärkt und mit Bodenblech verschweißt)
Radstand	1760 mm
Spur vorn / hinten	1350 / 1350 mm
Länge x Breite x Höhe	3350 x 1595 x 1550 (1690 über Frontscheibe) mm
Reifen	5.20-12; a.W. 145 R 12 Geländereifen Spezial Multigrip
Räder	3.50 x 12 (Stahl)
Bodenfreiheit	230 mm
Wendekreisdurchmesser	9,8 m
Steigfähigkeit	42,3 % / 22,9°
Leermasse (DIN)	584 kg
Zul. Gesamtgewicht	1200 kg
Höchstgeschwindigkeit	76 km/h
Verbrauch in L/100 km	7,5 – 8,5
Kraftstofftank	35 L / hinter Beifahrersitz
Stückzahl	rund 1.000

Faun KraKa

Der ursprungliche Kraft-Karren – nichts anderes heißt Kraka – war als kleines Nutzfahrzeug gedacht. Es sollte in Forst- und Landwirtschaft, im Katastrophenschutz und bei anderen Hilfsdiensten zum Einsatz kommen. Ob für das Kleinstfahrzeug bereits von militärischer Seite ein Auftrag in Aussicht gestellt wurde, gilt heute als strittig – es wäre aber verwunderlich, wenn eine solche Entwicklung ohne die Belange militärischer Nutznießer vonstatten gegangen wäre.

Ein zentrales Querrohr mit integriertem Kraftstofftank verband Vorder- und Hinterwagen. Das Fahrgestell, ein Stahlrahmen mit an drei Punkten aufgehängtem Fahrwerk, ließ sich ohne Werkzeug per Hand zusammenklappen – das Fahrzeug schrumpfte dann auf 1,76 m Länge und 0,8 m Höhe (bei konstanter Breite). Im Verkaufsprospekt wurde gezeigt, wie relativ einfach sich dieses „Paket« auf der Ladefläche eines Lkw verstauen ließ

Den Antrieb besorgte ein 400-cm³-Zweitakter mit ursprünglich 20 PS vom Glas Goggomobil. Man bediente sich hier des Prinzips der Triebsatzschwinge (wie beim Motorroller): Vom Differenzial – integriert im kombinierten Motor-Getriebe-Gehäuse – führte je eine Kette zu den Hinterrädern, die an einer gekröpften Starrachse gelagert waren. Die archaische Kettenkonstruktion ermöglichte eine sehr große Bodenfreiheit, weil kein Differenzial zwischen den Rädern im Wege war. Über die Wahl der Kettenräder ergaben sich drei Endübersetzungen: je eine für 20, 35 und 40 km/h Höchstgeschwindigkeit.

Der Fahrer saß zentral in einem Muldensattel, die Füße zunächst nur geschützt durch Rohre und Träger des Vorderwagens (erst später kamen seitliche Beinschutzbleche). Für zwei Mitfahrer ließen sich auf der Ladefläche Sitzpolster heraus klappen. Gelenkt wurden nur die Vorderräder, aber der Wendekreis des Fahrzeugs war erfreulich gering. Die prinzipbedingt sehr großen Pendelbewegungen der Vorderachse beschränkte man mittels einfachen Fangseilen zum Lenkkopf. Von Anfang an bestückte man alle vier Räder mit extrem breiten Niederdruckpneus von Metzeler, die zunächst sogar Längsrillen erhielten. Nur bei einem frühen Versuchsträger für die Bundeswehr kamen versuchsweise 6.00-16er-Reifen zum Einsatz, wie sie der DKW Munga hatte.

Das Fahrzeug wog zunächst nur 400, dann 600 kg – war aber für eine Nutzlast von stolzen 800 kg ausgelegt! Die Grundkonstruktion des KraKa basierte auf einem dreirädrigen Geländefahrzeug. Erdacht hatte es der aus Ungarn stammende Konstrukteur Nicolas Straussler, hergestellt wurde es später in Belgien. Straussler entwickelte auch die besagten, charakteristischen Niederquerschnittreifen, die mit nur 0,8 bis 1,4 bar Innendruck gefahren wurden und eine extrem geringe Bodenpressung hatten – das war naturgemäß vorteilhaft bei weichem Untergrund. Und sie hatten die heute vielgelobten Notlaufeigenschaften: Rund 50 km Fahrtstrecke verkrafteten sie sogar gänzlich luftlos.

Der vierrädrige KraKa war eine Entwicklung der Zweirad Union in Nürnberg (dort waren bislang nur Fahrräder, Mopeds und Motorräder entstanden), damals Tochterunternehmen der Faun-Lastwagen-Werke in Lauf bei Nürnberg. Im Herbst 1962 wurde das vielfältig einsetzbare Fahrzeug erstmals vorgestellt. Doch es gab keinerlei Nachfrage nach diesem skurillen Gefährt, für das ein Preis von 5.000 Mark kalkuliert worden war. Erst 1964 begann die eigentlich „Serienfertigung« des weiter optimierten Fahrzeugs – es kostete nunmehr ab 5.500 Mark, dazu gab es eine ausführliche Zubehörliste gerade für kommunale Einsatzzwecke. Ganze zwei Dutzend Fahrzeuge gingen damals an private Kunden. Und einige auf 18 PS gedrosselte Exemplare gingen 1963 bis 1965 zur Erprobung an die Bundeswehr.

1966 übernahmen die Faun-Werke (Fahrzeugwerke Ansbach und Nürnberg) den KraKa unter ihre Fertigungsregie und versuchten, ihn weiterhin der Bundeswehr schmackhaft zu machen. Denn dort benötigte man von Flugzeugen abwurftaugliche Rüstsatzträger für die Luftlandetruppen. Beginnend im Jahr zuvor, wurden etwa 50 Exemplare fürs Militär beschafft, wobei sich der weiterhin verwendete 400-cm³-Zweitakter des Goggomobils aber als zu schwachbrüstig erwies – er war nun im Interesse einer längeren Haltbarkeit auf 15,5 PS gebracht worden. Im Armee-Einsatz hatte sich auch gezeigt, dass das Chassis zu schwach für die angegebenen 750 kg Nutzlast war.

Ab 1971 verwendeten die Faun-Werke den 700-cm³-Zweizylinder des BMW 700 (hier infolge geänderten Vergasers und Drehzahlbegrenzer leistungsreduziert von 34 auf 26 PS) und das entsprechende BMW-Vierganggetriebe. Glas – als Hersteller des Goggogmobil – existierte nicht mehr als eigenständige Firma, sondern gehörte nun zu BMW; der 400er-Motor war längst aus dem Programm gestrichen. Gleichzeitig, im Verbund mit dem neuen Triebwerk, wurde der Rahmen verstärkt; dazu kam eine zusätzliche Lage Blattfedern an die Vorderachse. Die Wattiefe blieb bei guten 50 cm. Die Abdeckbleche über den Vorderrädern wichen nun geschlossenen Staukästen, die Front des Autos wurde verändert (z.B. integrierte Scheinwerfer), die Instrumententafel neu gestaltet.

Die Ladefläche war 1400 x 1400 mm groß und eignete sich für die verschiedensten Einsatzzwecke (Funkfahrzeug, Krankentransportwagen, Waffenträger, Munitionstransporter). Allerdings war das Eigen-

Faun KraKa 540 mit Original-Anhänger während der Bundeswehr-Erprobung

gewicht nun auf 740 kg angewachsen, die Zuladung von 750 kg (oder sieben Soldaten) war aber nicht größer geworden. Erstmals öffentlich vorgestellt wurde die überarbeitete Version auf der IAA 1973. Bis zum Ende der Laufzeit erfuhr sie keine Modifikationen mehr.

Ein Jahr zuvor hatte sich eine leicht gepanzerte, zweisitzige KraKa-Version hinzugesellt. Das Prototypmuster wurde mit einer 20-mm-Bordkanone oder zwei Panzerabwehr-Lenkraketen ausgestattet. Das Fahrzeug ging jedoch nicht in Serie. Gleiches galt für eine 1976er-Version mit 602-cm³-Motor (29 PS) von Citroën. Erprobt worden sind übrigens auch KraKa-Versionen mit Deutz-Dieselmotoren.

In der Anfang der 70er vereinbarten Ausführung erhielten die Luftlandetruppen der Bundeswehr (Erste Luftlandedivision) in den Jahren 1974/75 insgesamt 862 Lkw 0,75 t gl „KraKa«. Ihr großer Vorteil: Die Kleinstfahrzeuge ließen sich tatsächlich per Fallschirm abwerfen und sofort einsetzen. Nachteil: Die Besatzungen waren ungeschützt. Bis Mitte der 90er-Jahre war der hier serienmäßig mit abnehmbarer Windschutzscheibe versehene KraKa bei der Bundeswehr im Einsatz, bevor er durch das leichte, gepanzerte Kettenfahrzeug Wiesel ersetzt wurde. Der 0,75 t gl verfügte übrigens stets über alle für den öffentlichen Straßenverkehr vorgeschriebenen Ausrüstungsteile.

Bei anderen NATO-Armeen kam das Fahrzeug nicht zum Einsatz. Fakt ist jedoch, dass Einzelexemplare auch ins Ausland gingen. Der Preis des KraKa Typ 640 war mittlerweile so gestiegen, dass Privatkunden kein Interesse mehr hatten. Wie viele KraKa insgesamt gebaut worden sind, auch darüber streiten die Experten. Insgesamt dürften etwa 1.000 Exemplare beider Serien entstanden sein, der überwiegende Teil mit BMW-Motor. Einige davon waren im Luft- und Katastrophenschutz eingesetzt. Heute existieren noch etwas über 100 Stück, die überwiegend in deutschen Sammlerhänden sind.

Früher Faun KraKa mit Goggo-Motor, Vorderachse ohne Halteseile

Faun KraKa 640, Ideal-Frontscheibe abgenommen

Technische Daten Faun Kraka

	Faun Kraka Typ 540 1962 – 1965	Faun Kraka Typ 640 1974 – 1975
Motor	Glas	BMW 427
Betriebsart	Otto (Zweitakt)	Otto (Viertakt)
Material Block / Kopf	Grauguss-Alu / Alu	Grauguss / Alu
Zylinderzahl / Einbaulage	2 (Reihe) / hinten quer	2 (Boxer) / hinten längs
Bohrung x Hub	67 x 56 mm	78 x 73 mm
Hubraum	395 cm³	697 cm³
Leistung in kW (PS)	15 (20) bei 5000/min, 1965: 11 (15,5) bei 3900/min	19 (26) bei 5000/min
Drehmoment in Nm	29 bei 3780/min	49 bei 3000/min
Verdichtung	6,0 : 1	7,5 : 1
Gemischbereitung	1 Schiebervergaser Bing 1/26/89	1 Gleichdruckvergaser Bing 64/32/163, Solex 32 KLP 11
Ventile pro Zylinder	–	2, V-förmig hängend, über Stoßstangen und Kipphebel
Nockenwellen (Antrieb)	–	1 zentral (Stirnräder)
Kurbelwellenlager	3	3
Kühlung	Luft (Gebläse)	Luft (Gebläse), Ölkühler (0,4 L) mit Elektrolüfter
Schmierung	Gemisch-Schmierung (1 : 20)	Druckumlauf (2,65 L Öl)
Batterie	12 V (24 Ah) / vorn	12 V (45 Ah) / vorn
Lichtmaschine	Dynastart 12 V (130 W)	
Kraftübertragung		
Antrieb	Heckantrieb, Differenzial in der Triebsatzschwinge, Endantrieb über je eine Kette	
Sperren	–	
Kupplung	Mehrscheiben-Ölbad	Einscheiben-Trocken (F & S)
Schaltgetriebe Übersetzungen	4 Gang (unsynchron.), Knüppelschaltung 40-km/h-Version: I. 51,25, II. 27,32, III. 16,93, IV. 12,61, R. 45,46	4 Gang (vollsynchron.), Knüppelschaltung I. 43,76, II. 23,91, III. 15,65, IV. 10,48, R. 42,53
Reduktionsgetriebe	–	
Fahrwerk		
Vorderradaufhängung	Pendelachse, zwei Halbelliptik-Querblattfedern, eine querl. Parabelfeder mit Gummihohlfedern	
Hinterradaufhängung	Starr-Schwingachse (gekröpft) im Schwingrahmen, Gummifedern	
Lenkung	Zahnstange	
Betriebsbremse	Hydraulisch (Einkreis), Trommeln	
Allgemeine Daten		
Fahrzeugart (Türen/Sitze)	Plattformwagen offen (0 / 3)	
Aufbauform	Stahlblech-Profilrahmen mit zentralem Querrohr	
Radstand	2058 mm	
Spur vorn / hinten	1138 / 1130 mm	
Länge x Breite x Höhe	2780 x 1510 x 1190 (Höhe über Lenkrad) bzw. 1280 (über Spiegel) mm, Länge zusammengeklappt 1850 mm	
Reifen	Lypsoid 22 x 12	Lypsoid 22 x 12 Typ 3
Überhang vorn / hinten	0 / 0 mm	
Bodenfreiheit	280 mm	
Wattiefe	500 mm	
Rampenwinkel	68°	
Böschungswinkel v / h	90 / 90°	
Wendekreisdurchmesser	8,5 m	
Steigfähigkeit	55 % / 29°	
Leermasse (DIN)	600 kg	740 kg
Zul. Gesamtgewicht	1400 kg	1610 kg
Zul. Anhängelast gebremst / ungebremst	970 / 350 kg	
Höchstgeschwindigkeit	40 km/h	55 km/h
Verbrauch in L/100 km	12	
Kraftstofftank / Position	24,5 L / zentrales Querrohr	
Preis (Anf. / Ende Laufz.)	5.000 / 5.500 DM	k. A.
Stückzahl	ca. 100	ca. 900

Fend G 600

Kleine Geländewagen für Erkundungsdienste standen immer auf der Wunschliste der Militärs. In den 50er- und 60er-Jahren ging man sogar noch weiter und wünschte sich Alleskönner, die schwimmen konnten und sich von Hubschraubern abwerfen ließen. Flugzeugingenieur Fritz Fend, Konstrukteur des Kabinenrollers und maßgebender Ingenieur bei Messerschmitt, entwickelte einen entsprechenden Prototypen – allerdings in viel kompakterem Format als alle damligen Wettbewerber.

Sein 1956 fertiggestellter Prototyp wog nur 500 kg. Es handelte sich um ein sehr kleines, schwimmfähiges Geländeauto für vier Personen. Seine extrem simple Konstruktion sollte das Militär überzeugen, sich für diese Lösung zu entscheiden. Denn das Auto war absolut symmetrisch aufgebaut – nur Lampen, Sitzstellung und Lenkradposition verrieten, wo vorn und hinten war. Selbst die 10-Liter-Kanister und die Ersatzreifen (Gelände-M-Profil) waren spiegelverkehrt auf den Tanks angebracht, die als Front- und Heckabschluss dienten. Dadurch ließen sich bei Bedarf zahlreiche Bauteile problemlos austauschen. Und wegen des geringen Gewichts schafften es zwei starke Männer, das im Sand steckende Fahrzeug aus eigener Kraft herauszuschieben.

Der Fend G 600 war selbsttragend konstruiert und hatte minimale Überhänge. Eine mittig geknickte Wanne war mit niedrigen Wannenwänen verschweißt, das Ganze bestand aus Stahlblech. Der Knick im vollkommen glattflächigen Boden ermöglichte überdies die Bewältigung steiler Kuppen. Und dank der Wannenkonstruktion und der wasserdicht verpackten Fahrwerksanbindungen ließ sich das Gefährt auch im Wasser betreiben – allerdings allein durch die paddelnde Rotation der Räder, eine Schraube gab es nicht.

Das Fahrzeug war oben so glattflächig gestaltet, dass sich bei Bedarf mehrere Exemplare hätten stapeln lassen (geringer Platzbedarf beim Transport). Entsprechende fotografische Darstellungen jener Zeit waren allerdings nur retuschiert, denn es gab nur ein einziges Versuchsfahrzeug. Erst nachdem Fend sich doch für eine Planenkonstruktion entschied, wurde auch eine Windschutzscheibe installiert. Sie ließ sich – wie bei diesen Militärfahrzeugen üblich und gefordert – nach vorn umklappen.

Den Antrieb besorgten zwei Zweitakt-Zweizylinder, je einer hinten und vorn – und beide mit eigenen Abgasanlagen versehen. Sie stammten von ILO und leiste-

Fend G 600 mit überraschend guter Offroad-Eignung

Vollendete Symmetrie beim Fend G 600

Fend G 600 mit Verdeck

ten je 14 PS, später wollte Fend auf 18 bis 20 PS starke Motoren umschwenken. Er hatte dabei sowohl ILO als auch Fichtel & Sachs im Blick, die beiden erfolgreichsten Lieferanten für Einbaumotoren. Aber keine der zwei Firmen hatte damals so ein Aggregat serienfertig. Wahlweise ließ sich das Auto mit Front-, Heck- oder Allradantrieb fahren – wobei die Motoren nicht via Kardanwelle gekoppelt wurden (dadurch tieferer Fahrzeugschwerpunkt möglich). Beim Einmotorbetrieb lief die Kupplung des ausgeschalteten Motors leer mit, getrennt oder gekoppelt wurden die beiden Motoren durch eine Mitnehmerklaue.
Das Zusammenspiel der Antriebe erfolgte rein mechanisch (Seil- und Gestängeübertragung). Es gab je ein Kupplungs-, Brems- und Gaspedal. Jeder Motor hatte seine eigene Kupplung und sein Getriebe – geschaltet wurde jedoch nur über einen einzigen Handschalthebel. Zuvor musste über einen Vorwählschalter rechts neben der Lenksäule festgelegt werden, welche Achse(n) anzutreiben waren: Hebel nach links: Front-, in Mitte: Allrad-, nach rechts: Heckantrieb. Das Zuschalten war sogar während der Fahrt möglich. Geländeuntersetzungen gab es beim Fend G 600 jedoch nicht.
Lenkbar war nur die Vorderachse. Alle Räder hingen separat an baugleichen doppelten Querlenkern – auch hier stand die Austauschbarkeit an erster Stelle. Bei morastigem Boden hatte der Erfinder noch eine Idee parat: Dann ließen sich die zwei Ersatzräder auf die Antriebsräder aufstecken und sorgten so für eine größere Aufstandsfläche. Der Kippwinkel des leichten Fahrzeugs betrug übrigens 45 Grad.
Immer wieder wurde Fend mit dem G 600 bei den Militär-Beschaffungsstellen vorstellig, hatte aber keinen Erfolg. So versuchte er schließlich sein Glück mit einer Kooperation mit MAN. Denn die Lkw-Firma beteiligte sich am Euro-Jeep-Projekt. Aber auch diese Initiative zerschlug sich. Der Fend-Prototyp soll 1974 verschrottet worden sein.

Technische Daten Fend G 600	Fend G 600 1956
Motor	2 x ILO
Betriebsart	Otto (Zweitakt)
Material Block / Kopf	Grauguss-Alu / Alu
Zylinderzahl / Einbaulage	2 x 2 (Reihe) / vorn längs vor VA
Bohrung x Hub	52 x 58 mm
Hubraum	246 cm³
Leistung in kW (PS)	10 (14) bei 5400/min
Drehmoment in Nm	20 bei 4400/min
Verdichtung	6,0 : 1
Gemischbereitung	je 1 Schiebervergaser Bing
Ventile pro Zylinder	–
Nockenwellen	–
Kurbelwellenlager	3
Kühlung	Luft (Gebläse)
Schmierung	Gemisch 1 : 20
Batterie	6 V
Lichtmaschine	Gleichstrom 130 W
Kraftübertragung	
Antrieb (Grundkraftverteilung)	Allradantrieb (50 : 50 %)
Kraftverteilung	über zwei Motoren
Sperren	–
Kupplung	Mehrscheiben-Trocken
Schaltgetriebe	4 Gang (unsynchron.), Wählhebel für Antriebsart und Handschalthebel
Reduktionsgetriebe	–
Fahrwerk	
Vorderradaufhängung	Einzelradaufh., zwei Querlenker, Teleskopstoßdämpfer
Hinterradaufhängung	Einzelradaufh., zwei Querlenker, Teleskopstoßdämpfer
Lenkung	Zahnstange
Betriebsbremse	Hydraulisch(Zweikeis), Trommeln
Allgemeine Daten	
Fahrzeugart (Türen/Sitze)	Kübelwagen offen, Faltverdeck (0 / 4)
Aufbauform	Selbsttragend, Ganzstahlkarosserie
Radstand	2000 mm
Spur vorn / hinten	1150 / 1150 mm
Länge x Breite x Höhe	3000 x 1300 x 1000 (bis Lenkradoberkante) mm
Überhang vorn / hinten	ca. 400 / 400 mm
Bodenfreiheit	230 – 350 mm
Wattiefe	schwimmfähig
Böschungswinkel	45 / 35°
Wendekreisdurchmesser	ca. 9 m
Steigfähigkeit	60 %
Leermasse (DIN)	500 kg
Zul. Gesamtgewicht	1000 kg
Zul. Anhängelast	–
Höchstgeschwindigkeit	70 – 95 km/h
Verbrauch in L/100 km	ca. 8 – 9
Kraftstofftank	2 x 25 (+ 2 x 10) L
Stückzahl	1

Ford Explorer I

Noch im Frühjahr 1992 meinten die deutschen Ford-Marketingstrategen, dass ein Einstieg ins Geländewagen-Segment nicht geplant sei: Nischenkäufer, die sich mit einem gewöhnlichen Pkw nicht anfreunden könnten, wolle man eher mit Vans bedienen. Doch nachdem Erzrivale Opel mit Frontera und Monterey vorgemacht hatte, dass man auch in Deutschland mit Geländewagen tatsächlich Geld verdienen konnte, zogen die Rheinländer nach. Im März 1993 präsentierte Ford auf der damaligen Offroad-Messe IOR einen Allradler – den Explorer. Ähnlich wie Opel beim Monterey mussten die Kölner dabei nicht die Entwicklungsabteilung bemühen: Man importierte einfach den in den USA überaus erfolgreichen Explorer – und brauchte noch nicht einmal andere Firmenlogos anzuschrauben: Ein Ford heißt überall auf der Welt Ford.

Für die Deutschlandversion musste der zur Kategorie der gestreckten Allradkombis gehörige Explorer kleinere Modifikationen über sich ergehen lassen, für die im Werk Louisville, Kentucky, eigens ein Modifikationszentrum eingerichtet wurde: Das Fahrwerk erhielt eine Neuabstimmung, Leuchten und Scheinwerfer wurden durch solche nach europäischer Bauart ersetzt, die Heckklappe durch eine mit größerer Nummernschildaussparung. In Deutschland angeboten wurde nur eine einzige Explorer-Variante: der Viertürer mit zuschaltbarem Allradantrieb, Geländeuntersetzung, Sechszylinder-Benziner und gehobener Innenausstattung. Von den zahlreichen in den USA lieferbaren Karosserieaußenausstattungen wählte man eine betont dezente Version ohne viel Chrom: Der Grill war wagenfarbig, die Stoßfänger silberfarbig lackiert.

Die technische Konzeption des in den USA 1990 eingeführten Explorer war einfach und ging noch auf dessen Vorgänger Bronco II zurück. Tragende Basis der Kombikarosserie war ein klassischer Leiterrahmen, die Hinterräder waren an einer blattgefederten Starrachse aufgehängt. Vorn kam eine sehr eigensinnige Radaufhängung zum Einsatz – eine Pendelachse mit gekreuzten Schräglenker-Achskörpern. An der linken Pendelachshälfte hing das Vorderachsdifferenzial, so dass ein einziges, mittiges Kreuzgelenk zum Ausgleich der Federbewegungen genügte. Die geometrisch unbefriedigende und für Spurhaltung und Reifenlebensdauer sehr ungünstige Konstruktion schränkte die Bodenfreiheit erheblich ein und hatte eigentlich nur zwei Vorteile: Sie war billig in der Herstellung und ungewöhnlich robust – weshalb sie schon seit 1980 auch in allen Ford-Kleinlastern aus den USA zum Einsatz kam.

Der Sechszylinder-Benziner stammte noch von den deutschen Ford-V6-Triebwerken der 60er-Jahre ab, wenngleich mit moderner Einspritz- und Zündanlage an die modernen Abgasvorschriften angepasst. Das inzwischen auf 4,0 Liter Hubraum gewachsene Triebwerk wurde auch für alle Explorer stets in Köln produziert; es gab seine 165 gutmütigen PS bei verhaltenen 4400 Touren ab. Die vierstufige Getriebeautomatik kam aus dem Ford-Getriebewerk Bordeaux. Sie verfügte über eine elektronische Steuerung und wurde mit dem in den USA üblichen Lenkradwählhebel bedient. Auf der Mittelkonsole war daher durchgehend Platz für große, praktische Ablagefächer;

Ford Explorer I – leicht modifiziert direkt aus den USA importiert

Verkaufszahlen Deutschland-Modell

	1994	1995	1996	1997	1998	1999	2000	2001
Ford Explorer I + II	2.145	2.697	2.590	2.778	2.811	2.594	1.814	1.177

denn die Feststellbremse funktionierte mit einem Pedal, das Verteilergetriebe mit elektrischen Druckknöpfen.

Im Straßeneinsatz trieb es nur die Hinterachse an; für rutschigen Untergrund konnte die Vorderachse starr zugeschaltet werden. Dank Synchronisierung konnte die Zuschaltung trotz der automatischen Freilaufnaben während der Fahrt (bis 80 km/h) erfolgen. Nur bei aktiviertem Allradantrieb funktionierte die über eine zweite Tipptaste einlegbare Geländeuntersetzung; das Ein- und Ausschalten konnte nur bei stehendem Fahrzeug und Getriebewählhebel auf N erfolgen – die Überwachungselektronik schloss versehentliches Umschalten während der Fahrt aus.

In seiner Gesamtkonzeption war der Explorer I das amerikanischste Auto, das je über deutsche Vertragshändler verkauft wurde. Was die Kunden beherzt zugreifen ließ, war vor allem das konkurrenzlos günstige Preis-Leistungs-Verhältnis: „Kraft und Raum zum Kampfpreis« titelte ein deutsches Allradmagazin. Denn auch bei den japanischen Importeuren bekam man für knapp über 50.000 Mark bei weitem keinen so geräumigen und komplett ausstaffierten Allradler mit so kräftigem Motor: Sogar die elektrisch verstellbare Sitze und die gut klingende Stereoanlage waren serienmäßig an Bord. Als einzige Extras standen Lederpolsterung und Klimaanlage in der Preisliste. Da störte es auch nicht, dass der Explorer im Gelände nur Unterdurchschnittliches leistete, ein bei Nässe recht gewöhnungsbedürftiges Fahrverhalten hatte und auf der Autobahn bei effektiv 173 km/h brüsk abgeregelt wurde. Ein langes Leben war dem Explorer I in Deutschland jedoch nicht beschieden: Schon 1995 wurde er vom grundlegend überarbeiteten Explorer II abgelöst.

Ford Explorer I mit Grill in Wagenfarbe

Ford Explorer I – geräumig, mit Vollausstattung

Cockpit des Ford Explorer I

Technische Daten Ford Explorer I

	Ford Explorer I 3/1994 – 1995
Motor	
Betriebsart	Otto (Viertakt)
Material Block / Kopf	Grauguss / Grauguss
Zylinderzahl / Einbaulage	6 (V 60°) / vorn längs vor VA
Bohrung x Hub	100,0 x 84,0 mm
Hubraum	3958 cm³
Leistung in kW (PS)	121 (165) bei 4400/min
Drehmoment in Nm	316 bei 2400/min
Verdichtung	9,0 : 1
Gemischbereitung	Saugrohreinspritzung (Multipoint)
Aufladung	–
Ladeluftkühlung	–
Ventile pro Zylinder	2, parallel hängend, über Stoßstangen u. Kipphebel
Nockenwellen (Antrieb)	1 zentral (Kette)
Kurbelwellenlager	4
Kühlung	Pumpe (8,0 L Wasser), Viskolüfter
Schmierung	Druckumlauf (5,0 L Öl)
Abgasreinigung	1 Dreiwege-Kats, 1 Lambda-Sonde
Batterie	12 V (72 Ah)
Lichtmaschine	Drehstrom (95 A)
Kraftübertragung	
Antrieb (Grundkraftverteilung)	Heckantrieb, Frontantrieb zuschaltbar (0:100 / 50:50)
Kraftverteilung	Starr
Sperren	Selbstsperrendes Hinterachsdifferenzial
Kupplung	Wandler mit Überbrückung
Schaltgetriebe	–
Automatik Übersetzungen	4 Stufen (Ford A4LDE) I. 2,474, II. 1,474, III. 1,00, IV. 0,750, R. 2,111, Achsantrieb 3,73
Reduktionsgetriebe	Straße 1,0; Gelände 2,48

Fahrwerk	
Vorderradaufhängung	Eingelenk-Pendelachse mit geschobenen Schräglenkern, Schraubenfedern, Gasdruckstoßdämpfer, Stabilisator
Hinterradaufhängung	Starrachse an Längsblattfedern, Gasdruckstoßdämpfer, Stabilisator
Lenkung	Kugelumlauf (17:1), Servo
Betriebsbremse	Scheiben vorn (belüftet), Trommeln hinten, ABS
Fahrdynamikregelung	–
Allgemeine Daten	
Fahrzeugart (Türen/Sitze)	Kombi (5 / 5)
Aufbauform	Leiterrahmen, aufgeschraubte Ganzstahlkarosserie
Radstand	2842 mm
Spur vorn/hinten	1481 / 1481 mm
Länge x Breite x Höhe	4681 x 1816 x 1796 mm
Gepäckraum	1206 / 2311 L
Reifen	225/70 R 15
Räder	7.0 x 15 (LM)
Bodenfreiheit	161 mm
Wattiefe	400 mm
Rampenwinkel	15°
Böschungswinkel v / h	31 / 26°
Wendekreisdurchmesser	11,3 m
Steigfähigkeit	88,7 % / 41,6°
Achsverschränkung	240 mm
Leermasse (DIN)	1899 kg
Zul. Gesamtgewicht	2459 kg
Zul. Anhängelast gebremst / ungebremst	2380 / 680 kg
Höchstgeschwindigkeit	170 km/h
Beschleun. 0–100 km/h	12,0 s
Verbrauch in L/100 km	12,9
Kraftstofftank	72 L / hinten
Preis (Anf. / Ende Laufz.)	53.470 DM / 55.140 DM
Stückzahl	ca. 3.500

Ford Explorer II

Im Januar 1995 wurde auf der Detroit Motor Show der grundlegend überarbeitete Explorer II präsentiert. Ab März war er auch in Deutschland im Angebot. Anders als beim schmucklosen Vorgänger war der chromblitzende neue Explorer sofort als US-Mobil erkennbar. Das selbstbewusste Auftreten mit neuer Nase und modifiziertem Heck täuschte geschickt darüber hinweg, dass der Karosseriekörper vom Vorgänger stammte. Allerdings hatte Ford den Innenraum runderneuert, ein neues Armaturenbrett entworfen und bei der Ausstattung einige Punkte auf der Kunden- und Autotester-Wunschliste abgehakt: zwei Airbags, Kopfstützen im Fond, Tempomat und Fernbedienung für die Zentralverriegelung.

Der Explorer II erhielt ein neues Fahrwerk; statt an der kuriosen Pendelachse hingen die Vorderräder nun an der üblichen Doppelquerlenker-Konstruktion mit Drehstabfedern. Das kam nicht nur dem Straßenfahrverhalten zugute, sondern durch die fast 5 cm vergrößerte Bodenfreiheit auch den Geländeeigenschaften. Hinten erhielt die Blattfeder-Starrachse Scheiben- statt Trommelbremsen. Ergänzt wurden die Fahrwerksmodifikationen durch 16-Zoll-Räder mit breiteren Reifen. Fahrverhalten und Fahrsicherheit gewannen durch das neue Fahrwerk erheblich; allerdings ging dies zu Lasten des Komforts: Ford stimmte das Fahrwerk drei Klassen straffer ab als beim Vorgänger.

Ein neues Zeitalter brach auch beim Antrieb an. Statt des simplen Zuschaltsystems erhielt der Explorer als weltweit erster Geländewagen einen permanent nutzbaren Allradantrieb mit elektronisch geregelter Lamellenkupplung. Bei dem vom US-Getriebehersteller Borg-Warner entwickelten System waren die Hinterräder starr angetrieben; bei Drehzahlunterschieden zwischen vorderer und hinterer Kardanwelle wurde die Lamellenkupplung kontinuierlich geschlossen und so mehr Kraft zur Vorderachse geleitet. Dazu bestand auch die – eher zweckfreie – Möglichkeit, das Allradsystem per Drehknopf ganz abzuschalten.

Motor und Automatikgetriebe wurden vom Vorgänger übernommen. Allerdings erhielt der V6 eine neue Abstimmung; das reduzierte die Leistung um in der Praxis unbedeutende 8 PS. Das Drehmoment ging um 11 Nm zurück und wurde erst 400 Umdrehungen später aufgebaut. Die Automatik erhielt eine neue elektronische Steuerung, die häufiger Gebrauch von der Wandlerüberbrückung machte. Das sorgte für reduzierten Verbrauch – obwohl die Normverbrauchswerte höher lagen als beim Explorer I. Die Fahrleistungen wurden dadurch merklich träger, die Höchstgeschwindigkeit blieb elektronisch begrenzt – diesmal auf echte 167 km/h.

Ab Ende 1996 stand – zunächst zusätzlich zur 157-PS-Version mit ohv-Triebwerk – eine 204 PS starke Variante zur Verfügung. Neue Leichmetall-Zylinderköpfe mit je einer oben liegenden Nockenwelle ermöglichten eine drehfreudigere Leistungscharakteristik. Es blieb aber bei zwei Ventilen pro Zylinder: Wenn Amerikaner etwas nicht ausstehen können, dann durchzugsschwache Vierventiler. Kombiniert wurde der ohc-Motor mit einer neuen Automatik. Ohne große mechanische Änderungen wurde aus dem Viergang-Automaten einer mit fünf Fahrstufen: Eine geänderte Ansteuerung der einzelnen Planetenradsätze zauberte die fünfte Stufe, deren Übersetzung zwischen den bisherigen Gängen 1 und 2 lag. Bedient wurde der Automat weiterhin per Lenkradwählhebel; und der wies auch weiterhin nur die Schaltstellungen 1-2-D aus, um die US-Kundschaft

Ford Explorer II – chromblitzend, selbstbewusst, aber Karosserie vom Vorgänger

Ford Explorer II mit neuem Allradsystem

nicht zu überfordern. In Verbindung mit der verfeinerten Automatik sorgte der stärkere Motor für ausgezeichnete Fahrleistungen; nur die Höchstgeschwindigkeit war weiterhin elektronisch limitiert – auf echte 171 km/h.

Geändert wurde auch die Steuerung des Verteilergetriebes; der Antrieb nannte sich nun „Control Track Plus«. Die zweckfreie Abschaltmöglichkeit des Vorderachsantriebs entfiel; dafür gab es nun die Möglichkeit, die Lamellenkupplung manuell ganz zu schließen, um einen starren Durchtrieb zu erhalten. Wie bisher legte die dritte Stellung des Antriebs-Wahlschalters die Geländeuntersetzung ein, die nur mit starrem Durchtrieb funktionierte.

So wurde der Explorer die kommenden drei Jahre angeboten. Die alte ohv-Version lief 1997 aus, es gab nun nur mehr die sohc-Variante. 1999 erfolgte eine letzte Überarbeitung, die dem Explorer außer Seitenairbags auch eine Aufhebung der für manche Fahrer lästigen elektronischen Tempobegrenzung bescherte: Er durfte nun 196 km/h laufen. Die Auslieferung der nochmals überarbeiteten Baureihe verzögerte sich allerdings immer wieder; interne Quellen sprachen von Lieferproblemen beim Hersteller der Sidebag-haltigen Vordersitze. So wurden 2000 nur noch wenige Explorer an deutsche Kunden ausgeliefert.

Das Nachfolgemodell Explorer III (auf der AAA 2000 in Berlin sowie auf der IAA 2001 vorgestellt) gelangte hierzulande letztlich gar nicht mehr in den Verkauf.

Nachfolgemodell Ford Explorer III

Der Explorer III kam nicht zum Händler

Technische Daten Ford Explorer II

	Ford Explorer II 03/1995 – 10/1997	Ford Explorer II sohc 09/1996 – 03/2001
Motor	4.0 V6 ohv	4.0 V6 sohc
Betriebsart	Otto (Viertakt)	Otto (Viertakt)
Material Block / Kopf	Grauguss / Grauguss	Grauguss / Alu
Zylinderzahl / Einbaulage	6 (V 60°) / vorn längs vor VA	6 (V 60°) / vorn längs vor VA
Bohrung x Hub	100,0 x 84,0 mm	100,4 x 84,4 mm
Hubraum	3958 cm³	4011 cm³
Leistung in kW (PS)	115 (157) bei 4200/min	150 (204) bei 5250/min
Drehmoment in Nm	305 bei 2800/min	339 bei 3250/min
Verdichtung	9,0 : 1	9,7 : 1
Gemischbereitung	Saugrohreinspritzung (Multipoint)	Saugrohreinspritzung (Multipoint)
Aufladung	–	–
Ladeluftkühlung	–	–
Ventile pro Zylinder	2, parallel hängend, über Stoßstangen u. Kipphebel	2, parallel hängend, über Tassenstößel
Nockenwellen (Antrieb)	1 zentral (Kette)	2 obenlieg. (Kette)
Kurbelwellenlager	4	4
Kühlung	Pumpe (8,0 L Wasser), Viskolüfter	Pumpe (7,4 L Wasser), Viskolüfter
Schmierung	Druckumlauf (5,0 L Öl)	Druckumlauf (4,7 L Öl)
Abgasreinigung	1 Dreiwege-Kat, 1 Lambda-Sonde	1 Dreiwege-Kat, 1 Lambda-Sonde
Batterie	12 V (72 Ah)	12 V (72 Ah)
Lichtmaschine	Drehstrom (95 A)	Drehstrom (95 A)
Kraftübertragung		
Antrieb (Grundkraftverteilung)	Allradantrieb permanent (100:0 / 50:50), Frontantrieb abschaltbar	Allradantrieb permanent (100:0 / 50:50)
Kraftverteilung	Zentrale Lamellenkupplung, elektronisch geregelt	Zentrale Lamellenkupplung, elektronisch geregelt, manuell sperrbar
Sperren	Selbstsperrendes Hinterachsdifferenzial	
Kupplung	Wandler mit Überbrückung	
Schaltgetriebe	–	
Automatik Übersetzungen	4 Stufen (Ford A4LDE) I. 2,474, II. 1,474, III. 1,00, IV. 0,750, R. 2,111, Achsantrieb 3,73	5 Stufen (Ford 5R55E) I. 2,47, II. 1,86, III. 1,47, III. 1,00, IV. 0,75, R. 2,111, Achsantrieb 3,73
Reduktionsgetriebe	Straße 1,00; Gelände 2,48	
Fahrwerk		
Vorderradaufhängung	Einzelradaufhängung, Doppel-Querlenker, Drehstabfedern, Gasdruckstoßdämpfer, Stabilisator	
Hinterradaufhängung	Starrachse an Längsblattfedern, Gasdruckstoßdämpfer, Stabilisator	
Lenkung	Zahnstange (17:1), Servo hydraul.	
Betriebsbremse	Scheiben vorn (belüftet), Scheiben hinten, ABS	
Fahrdynamikregelung	–	
Allgemeine Daten		
Fahrzeugart (Türen/Sitze)	Kombi (5 / 5)	
Aufbauform	Leiterrahmen, aufgeschraubte Ganzstahlkarosserie	
Radstand	2835 mm	
Spur vorn/hinten	1494 / 1488 mm	
Länge x Breite x Höhe	4789 x 1874 x 1835 mm	
Gepäckraum	1206 / 2311 L	
Reifen	255/70 R 16	
Räder	7.0 x 16	
Überhang vorn / hinten	860 / 1098 mm	
Bodenfreiheit	210 mm	
Wattiefe	500 mm	
Rampenwinkel	18°	
Böschungswinkel v / h	32 / 25°	
Wendekreisdurchmesser	11,8 m	
Steigfähigkeit	76,1 % / 37,3°	84,8 % / 40,3°
Achsverschränkung	225 mm	
Leermasse (DIN)	2001 kg	1993 kg
Zul. Gesamtgewicht	2522 kg	2513 kg
Zul. Anhängelast gebremst / ungebremst	2380 / 680 kg	2568 / 750 kg
Luftwiderstand (c_W x A)	0,43 x 3,06 m²	
Höchstgeschwindigkeit	167 km/h	171 km/h (ab 7/99: 196 km/h)
Beschleun. 0-100 km/h	12,7 s	10,9 s (ab 7/99: 10,0 s)
Verbrauch in L/100 km	13,0	13,7
Kraftstofftank	80 L / hinten	80 L / hinten
Preis (Anf. / Ende Laufz.)	59.890 DM / 61.400 DM	63.400 DM / 70.508 DM (36.050 €)
Stückzahl	ca. 15.100	

Ford Maverick I

Mitte 1993, gerade drei Monate nach dem komfortablen Explorer, stellte Ford sein zweites Geländewagenmodell für Westeuropa vor: den klassischen Mittelklasse-Offroader Maverick. Diesmal war es aber kein einfach aus den USA importiertes Auto – so »winzige« Allradler stellte Ford dort nicht her. Sondern der Maverick war das Ergebnis einer Kooperation mit Nissan. Je nach Betrachtungsweise kann man ihn als deutschen, japanischen, amerikanischen, spanischen oder auch italienischen Geländewagen sehen. Entwickelt wurde er unter Ford-Mitarbeit im europäischen Nissan-Entwicklungszentrum im britischen Cranfield. Der Entwurf der Karosserie stammte aus der Turiner Designschmiede IDEA. Und gebaut wurde der Maverick – einträchtig neben seinem Nissan-Schwestermodell Terrano II, von dem ihn wenig mehr als die Schriftzüge unterschieden – im neuen Werk von Nissan Iberica in Barcelona. Ein echter Europäer also.

Die Technik des Wagens, dessen Blechkleid zwar die klassischen Geländewagenproportionen aufwies, aber mit gefällig-glatten Flächen und einer ungewöhnlich flach stehenden Windschutzscheibe durchaus Anleihen beim Pkw-Styling nahm, verwies eindeutig auf Japan. Fahrgestell und Antriebsstrang waren vom Nissan-Geländewagen Terrano abgeleitet, der in die damalige Klasse der gestreckten, niedriger gebauten Allradkombis gehörte. Fundament des Ganzstahlaufbaus war ein klassischer Leiterrahmen, hinten mit einer Schraubenfeder-Starrachse, vorn mit einer drehstabgefederten Doppelquerlenker-Einzelradaufhängung versehen. Wie üblich, gab es neben der viertürigen Variante, die auf dem Originalradstand des Terrano aufbaute, auch einen kurzen Zweitürer mit um 20 cm gekürztem Radstand. Der Modellbaukasten bestand also aus vier Grundtypen – lang oder kurz, Benziner oder Diesel.

Für den Antrieb sorgten Vierzylindermotoren aus dem Nissan-Regal: Der konservativ gebaute Grauguss-Vierzylinder-Turbodiesel mit seitlich liegender Nockenwelle und 2,7 Liter Hubraum war eine geringfügige Abwandlung des gleichartigen Motors im japanischen Terrano. Er entwickelte 100 PS und wurde in Spanien hergestellt. Der 2,4-Liter-Vierzylinder-Benziner leistete 124 PS und wurde aus Japan importiert, wo er zuvor schon im Nissan-Van Prairie Pro und im Nissan Pickup in Erscheinung getreten war. Im Alu-Zylinderkopf betätigte eine obenliegende Nockenwelle drei Ventile pro Zylinder – zwei kleine für den Einlass, ein größeres für den Auslass.

Beide Motoren waren mit dem gleichen Fünfganggetriebe gekoppelt; sogar die Übersetzungsstufen der einzelnen Gänge, die Achsübersetzung und auch das Verteilergetriebe teilten sich alle vier Grundversionen. Nach Art des Hauses Nissan floss die Kraft im Straßenbetrieb nur zur Hinterachse; die Vorderachse konnte per Hebel zugeschaltet werden – und zwar trotz der automatischen Freilaufnaben auch während der Fahrt: eine Synchronisierung im Verteilergetriebe brachte beim Zuschalten erst den vorderen Antriebsstrang auf Touren, ehe die formschlüssige Verbindung im Verteilergetriebe und die Freilaufnaben schlossen. Nur im Stand schaltbar war die Geländeuntersetzung, die zusätzlich Kraft und niedrige Minimalgeschwindigkeiten für schwierige Geländepassagen bereit stellte. An der Hinterachse versuchte eine Reibungs-Differenzialbremse einseitiges Durchdrehen eines Rades zu verhindern.

Die Mischung aus konservativer Geländewagentechnik und dezentem Karosseriestyling kam gut bei den Kunden an. Zudem hatte der Maverick bzw. sein Bruder Terrano II auch seine sachlichen Vorzüge. Schon die kurze Version bot bei Außenabmessungen wie in der Golf-Klasse dank des relativ langen Radstandes in allen Richtungen genug Bewegungsfreiheit für vier Erwachsene. Und der lange Viertürer verfügte serienmäßig über eine klappbare dritte Sitzreihe, die allerdings Erwachsenen auf längeren Strecken kaum zugemutet werden konnte. Eine ungewöhnlich hohe Zuladung – je nach Version zwischen 570 und 830 kg – und klassengemäße Anhängelasten waren zusätzliche praktische Vorteile des zu reellen Preisen angebotenen Allradlers, der zudem problemlos zu bedienen und ausreichend komfortabel gefedert war. So mussten Umsteiger von Ford-Pkw-Modellen kaum Einschränkungen auf sich nehmen.

Im Frühjahr 1995 erhielt die Karosserie geringfügige Retuschen, etwa am Kühlergrill; 1996 erfolgte eine größere Überarbeitung. Neben einem Facelift für die Karosserie, die mit ungleich großen, runden Doppelscheinwerfern und Kotflügelverbreiterungen eine etwas markantere Erscheinung bewirkte, wurden vor allem die Motoren modifiziert. Beim Diesel stand ein Anhebung der zuvor recht betulichen Fahrleistungen im Vordergrund, bei den Benzinern die Anpassung an die neuen Abgasgrenzwerte. So erhielt der Diesel einen Ladeluftkühler und eine angepasste Einspritzanlage, was die Leistung und Drehmoment um 25 Prozent klettern ließ. Damit bot der Diesel-Maverick viel mehr Durchzugskraft und Fahrspaß als die alte 100-PS-Version, deren Motoren in der Praxis oft um bis zu 10 Prozent »nach unten streuten«. Das kräftigere Triebwerk erforderte ein verstärktes Getriebe und erlaubte den Einsatz einer längeren Endübersetzung.

Gerade umgekehrt war er beim Benziner: Hier brachte die Umstellung auf die neuen Euro-2-Mindestanforderungen leichte, wenn auch nicht wirklich spürbare Leistungseinbußen – und zwar beim Zweitürer

um 8, beim Viertürer nur um 6 PS. Offizielle Begründung: Der Viertürer verfügte über eine größere, weniger leistungshemmende Auspuffanlage. Beibehalten wurde bei beiden Benzinern die lästige, bisweilen gar gefährliche elektronische Begrenzung der Höchstgeschwindigkeit: Bei echten 158 km/h wurde dem Motor die Kraftstoffzufuhr brüsk abgedreht, erst wenn die Geschwindigkeit auf 154 km/h abgefallen war, setzte das Aggregat seinen Dienst fort.
Im Rahmen der Überarbeitung erhielten alle Modelle 235er-Breitreifen im 0,75er-Querschnitt, die schmalen 215er fielen weg. Auch die Bremsanlage wurde verbessert und verfügte nun auf Wunsch endlich über ein ABS.
1999 stellte Ford den Vertrieb des Maverick ein. Vorangegangen war ein Rückgang der Verkäufe: Immer weniger Kunden wollten solch einen Geländewagen beim Ford-Händler kaufen. Die erfolgreiche Baureihe wurde im spanischen Werk, mit weiteren Überarbeitungen, bis 2005 weiter produziert – aber nur noch unter dem Markennamen Nissan angeboten. Ford hatte sich inzwischen neu orientiert und setzte im 4x4-Segment verstärkt auf die Kooperation mit der Konzerntochter Mazda.

Verkaufszahlen Deutschland-Modell

	1993	1994	1995	1996	1997	1998	1999
Ford Maverick I	2.905	5.124	4.159	2.857	2.321	286	4

Ford Maverick I (1993) – in Spanien zusammen mit dem Nissan Terrano gebaut

Ford Maverick I Zwei- und Viertürer (1993)

Ford Maverick I Viertürer (1996, nach dem Facelift)

Ford Maverlck I Zweitürer (1996)

Ford Maverick I Cockpit (1996)

Technische Daten Ford Maverick I

	Ford Maverick I 1993 – 1996	Ford Maverick I 1993 – 1996	Ford Maverick I 1996 – 1999	Ford Maverick I 1996 – 1999
Motor	2.4i EFI ohc	2.7 TD	2.4i EFI ohc	2.7 TD
Betriebsart	Otto (Viertakt)	Diesel (Viertakt)	Otto (Viertakt)	Diesel (Viertakt)
Material Block / Kopf	Grauguss / Alu	Grauguss / Grauguss	Grauguss / Alu	Grauguss / Grauguss
Zylinderzahl / Einbaulage	4 / vorn längs auf VA	4 / vorn längs auf VA	4 / vorn längs auf VA	4 / vorn längs auf VA
Bohrung x Hub	89,9 x 96,0 mm	96,0 x 92,0 mm	89,9 x 96,0 mm	96,0 x 92,0 mm
Hubraum	2389 cm^3	2663 cm^3	2389 cm^3	2663 cm^3
Leistung in kW (PS)	91 (124) bei 5200/min	74 (100) bei 4000/min	kurz: 85 (116) bei 4800/min; lang: 87 (118) bei 4800/min	92 (125) bei 3600/min
Drehmoment in Nm	197 bei 4000/min	221 bei 2200/min	191 bei 3200/min	278 bei 2000/min
Verdichtung	8,6 : 1	21,9 : 1	8,6 : 1	21,9 : 1
Gemischbereitung, Elektronik	Saugrohreinspritzung (Multipoint)	Wirbelkammer einspritzung, mech. Verteilereinspritzpumpe	Saugrohreinspritzung (Multipoint)	Wirbelkammer-einspritzung, mech. Verteilereinspritzpumpe
Aufladung	–	1 Turbolader	–	1 Turbolader
Ladeluftkühlung	–	–	–	1 LLK (luftgekühlt)
Ventile pro Zylinder	3, V-förmig hängend	2, parallel hängend, über Stoßstangen u. Kipphebel	3, V-förmig hängend	2, parallel hängend, über Stoßstangen u. Kipphebel
Nockenwellen (Antrieb)	1 obenlieg. (Kette)	1 seitlich (Stirnräder)	1 obenlieg. (Kette)	1 seitlich (Stirnräder)
Kurbelwellenlager	5	5	5	5

Technische Daten Ford Maverick I

	Ford Maverick I 1993 – 1996	Ford Maverick I 1993 – 1996	Ford Maverick I 1996 – 1999	Ford Maverick I 1996 – 1999
Motor				
Kühlung	Pumpe (6,9 L Wasser), Viskolüfter	Pumpe (9,6 L Wasser), Viskolüfter	Pumpe (6,9 L Wasser), Viskolüfter	Pumpe (9,6 L Wasser), Viskolüfter
Schmierung	Druckumlauf (4,3 L Öl)	Druckumlauf (7,2 L Öl)	Druckumlauf (4,3 L Öl)	Druckumlauf (7,2 L Öl)
Abgasreinigung	1 Dreiwege-Kat, 1 Lambda-Sonde	Abgasrückführung (nur langer Radstand)	1 Dreiwege-Kat, 1 Lambda-Sonde	Abgasrückführung
Batterie	12 V (60 Ah)	12 V (80 Ah)	12 V (60 Ah)	12 V (80 Ah)
Lichtmaschine	Drehstrom (780 W)		Drehstrom (780 W)	
Kraftübertragung				
Antrieb (Grundkraftverteilung)	Heckantrieb, Frontantrieb zuschaltbar (0:100 / 50:50)		Heckantrieb, Frontantrieb zuschaltbar (0:100 / 50:50)	
Kraftverteilung	Starr		Starr	
Sperren	Selbstsperrendes Hinterachsdifferenzial		Selbstsperrendes Hinterachsdifferenzial	
Kupplung	Einscheiben, trocken		Einscheiben, trocken	
Schaltgetriebe Übersetzungen	5 Gang I. 3,59, II. 2,25, III. 1,42, IV. 1,00, V. 0,82, R. 3,66, Achsantrieb 4,63		5 Gang I. 3,59, II. 2,25, III. 1,42, IV. 1,00, V. 0,82, R. 3,66, Achsantrieb 4,63	I. 3,58, II. 2,08, III. 1,36, IV. 1,00, V. 0,81, R. 3,64, Achsantrieb 4,38
Automatik	–		–	
Reduktionsgetriebe	Straße 1,00; Gelände 2,02		Straße 1,00; Gelände 2,02	
Fahrwerk				
Vorderradaufhängung	Einzelradaufh., Doppel-Querlenker, Drehstabfedern, Gasdruckstoßdämpfer, Stabilisator		Einzelradaufh., Doppel-Querlenker, Drehstabfedern, Gasdruckstoßdämpfer, Stabilisator	
Hinterradaufhängung	Starrachse an 4 Längslenkern, Panhardstab, Gasdruckstoßdämpfer, Stabilisator		Starrachse an 4 Längslenkern, Panhardstab, Gasdruckstoßdämpfer, Stabilisator	
Lenkung	Kugelumlauf (17,1 : 1), Servo		Kugelumlauf (17,1 : 1), Servo	
Betriebsbremse	Scheiben vorn (belüftet), Trommeln hinten		Scheiben vorn (belüftet), Trommeln hinten, ABS	
Fahrdynamikregelung	–		–	
Allgemeine Daten				
Fahrzeugart (Türen/Sitze)	kurz: Kombi (3 / 5) lang: Kombi (5 / 7)		kurz: Kombi (3 / 5) lang: Kombi (5 / 7)	
Aufbauform	Leiterrahmen, aufgeschraubte Ganzstahlkarosserie		Leiterrahmen, aufgeschraubte Ganzstahlkarosserie	
Radstand	kurz: 2450 mm; lang: 2650 mm		kurz: 2450 mm; lang: 2650 mm	
Spur vorn/hinten	1455 / 1430 mm		1455 / 1430 mm	
Länge x Breite x Höhe	kurz: 4105 x 1735 x 1805 mm; lang: 4585 x 1735 x 1810 mm		kurz: 4185 x 1755 x 1830 mm; lang: 4665 x 1755 x 1850 mm	
Gepäckraum	kurz: 335 / 1650 L; lang: 115 / 1900 L		kurz: 335 / 1650 L; lang: 115 / 1900 L	
Reifen	215/80 R 15 oder 235/70 R 15		235/75 R 15	
Räder	6.0 x 15 (Stahl) oder 7.0 x 15 (LM) in Verb. m. Reifen 235/70 R15		7.0 x 15 (Stahl od. LM)	
Überhang vorn / hinten	kurz: 740 / 915 mm; lang: 740 / 1195 mm		kurz: 780 / 955 mm; lang: 780 / 1235 mm	
Bodenfreiheit	kurz: 215 mm; lang: 210 mm		kurz: 210 mm; lang: 205 mm	
Wattiefe	450 mm		450 mm	
Rampenwinkel	kurz: 28°; lang: 26°		kurz: 27°; lang: 25°	
Böschungswinkel v / h	kurz: 35 / 36,5°; lang: 25 / 26,5°		kurz: 35 / 35°; lang: 34,5 / 26°	
Wendekreisdurchmesser	kurz: 10,8 m; lang: 11,4 m		kurz: 10,8 m; lang: 11,4 m	
Steigfähigkeit	kurz: 85 % / 40,4°; lang: 75,8 % / 37,2°	kurz: 95,4 % / 43,6°; lang: 85 % / 40,4°	73,2 % / 36,2°	kurz: 100,4 % / 45,1°; lang: 97,7 % / 44,3°
Achsverschränkung	kurz: 225 mm; lang: 250 mm		kurz: 225 mm; lang: 250 mm	
Leermasse (DIN)	kurz: 1620 kg, lang: 1750 kg	kurz: 1730 kg, lang: 1850 kg	kurz: 1705 kg, lang: 1835 kg	kurz: 1820 kg, lang: 1950 kg
Zul. Gesamtgewicht	kurz: 2300 kg, lang: 2580 kg	kurz: 2300 kg, lang: 2580 kg	2510 kg	kurz: 2510 kg, lang: 2580 kg
Zul. Anhängelast gebremst / ungebremst	2800 / 750 kg		2800 / 750 kg	
Höchstgeschwindigkeit	160 km/h	145 km/h	kurz: 160 km/h; lang: 158 km/h	kurz: 160 km/h; lang: 158 km/h
Beschleun. 0-100 km/h	kurz: 13,2 s; lang: 14,0 s	kurz: 19,0 s; lang: 19,9 s	kurz: 13,7 s; lang: 14,3 s	kurz: 15,7 s; lang: 16,7 s
Verbrauch in L/100 km	kurz: 11,1; lang: 11,4	kurz: 9,8; lang: 10,1	kurz: 11,9; lang: 12,3	kurz: 10,1; lang: 10,5
Kraftstofftank	kurz: 72 L / hinten; lang: 80 L / hinten			
Preis (Anf. / Ende Laufz.)	kurz: 37.490 / 38.350 DM	kurz: 39.490 / 40.500 DM	kurz: 38.430 / 38.430 DM	kurz: 41.340 / 41.340 DM
	lang: 43.390 / 41340	lang: 45.390 / 43.490 DM	lang: 41.760 / 41.760 DM	lang: 44.760 / 44.760 DM
Stückzahl	41.340			

Ford Maverick II

Auf dem Genfer Salon im März 2000 präsentierte Ford den neuen Soft-Geländewagen Maverick II. Mit dem in Kooperation mit Nissan entwickelten und in Spanien gebauten Maverick der ersten Generation hatte er nicht das geringste gemein. Kein Wunder: hier handelte es sich, wie beim in den 90er-Jahren verkauften Explorer, um ein durch und durch amerikanisches Auto. Zuhause in den USA wurde der Neue unter dem Namen Escape angeboten; für Europa vertraute Ford hingegen – trotz gänzlich unterschiedlicher Technik und Ausrichtung – auf den eingeführten Namen Maverick Tatsächlich zu den Käufern gelangte der Wagen aber erst verzögert – ab Sommer 2001.
Mit dem Maverick II wollte Ford in der auch in Europa zunehmend populären Klasse der kompakten SUVs mitmischen. Der Begriff Sport Utility Vehicle ist aus den USA übernommen – wurde dort allerdings für alle mehr oder minder geländetauglichen Geländewagen für den privaten Gebrauch verwendet. Hierzulande wurde er zunehmend zur üblichen Bezeichnung für nur eingeschränkt geländetaugliche Allradfahrzeuge, die nicht über ein separates Untersetzungsgetriebe oder Differenzialsperren verfügten und überwiegend Pkw-nah konzipiert waren.
Dieser Philosophie folgte auch der Ford Explorer II, parallel und weitgehend baugleich auch als Mazda Tribute verkauft. Die zurückhaltend und dezent gestaltete, selbsttragende Karosserie verfügte rundum über Einzelradaufhängung und einen quer eingebauten Motor. Vorn waren die Räder an der im Pkw-Bau üblichen Konstruktion mit tragenden McPherson-Federbeinen und Querlenkern aufgehängt, hinten kam eine Mehrlenkerachse zum Einsatz. Im Vergleich zu zeitgenössischen Klassenkonkurrenten wie dem Toyota RAV4 – dem man zuschreiben kann, diese Fahrzeugklasse etabliert zu haben – war der Maverick ein halbe Klasse größer. Dementsprechend bot seine bequem ausstaffierte Karosserie auch ungewöhnlich viel Raum.
Der Motorisierung merkte man die Ausrichtung auf den amerikanischen Markt an: Obwohl in Deutschland nach der Jahrtausendwende die Nachfrage nach Dieselmotoren gerade in dieser Fahrzeugklasse wuchs, war der Maverick ausschließlich mit Benzin-Antrieb zu haben. Basismotor war ein 2,0-Liter-Vierzylidner mit 124 PS, der in ähnlicher Form auch in einer Reihe von Ford-Pkw verwendet wurde. Das Triebwerk entstammte der Zetec genannten Motorenbaureihe und konnte mit Vierventilkopf als zeitgemäße Konstruktion bezeichnet werden. Kombiniert wurde er ausschließlich mit einem Fünfgang-Schaltgetriebe mit Mittelschaltung. Damit sorgte er für ausreichende Fahrleistungen und zufrieden stellende Verbrauchswerte, wenngleich weder sportliches Temperament noch bulliger Durchzug vorhanden waren.
Beinahe amerikanisches Fahrgefühl vermittelte der 3,0-Liter-Sechszylinder. Auch er war quer im Bug eingebaut, aber grundsätzlich mit einer vierstufigen Automatik kombiniert, die mit einem Lenkrad-Wählhebel bedient wird. Der gewonnene Raum zwischen den Sitzen, nutzbar für praktische Ablagen, war den Amerikanern nach wie vor wichtiger als ein »sportlicher« Mittelwählhebel. Für den Allradantrieb gab es einen Drehknopf links am Armaturenbrett. Primär floss die Kraft zur Vorderachse; in Abhängigkeit vom Schlupf der Vorderräder teilte eine elektronisch gere-

Ford Maverick II (2000) – kein modifizierter Nissan, sondern ein echter Ford

Den Ford Maverick II (2000) gab es nur mit quer eingebauten Benzinmotoren

gelte Lamellenkupplung – am Hinterachsgetriebe angeordnet – den Hinterrädern mehr oder weniger Antriebsmoment zu. Mit dem erwähnten Drehschalter konnte man die Elektronik überbrücken und manuell starren Durchtrieb zur Hinterachse vorwählen: nützlich für Geländeeinsatz; denn das kurzzeitige Durchdrehen der Vorderräder bis zum Ansprechen der Elektronik konnte damit unterbunden werden.

Offroad-Einsatz war allerdings von Anfang an ebenso wenig das zentrale Thema beim Maverick II; davon zeugte neben der mageren Geländeausstattung auch die vergleichweise dürftige Anhängelast. Entsprechend seiner Original-Ausrichtung als praktisches, preiswertes Alltagsauto amerikanischer Hausfrauen (US-Basispreis: ab 18.000 Dollar) bestach der Wagen auch deutsche Käufer mit seiner betont problemlosen Bedienung und einem ausgeprägt attraktiven Preis-Leistungs-Verhältnis. Der günstige Anschaffungspreis und die komplette, wenngleich auch bei der besseren Highclass-Version und beim Sechszylinder nicht wirklich luxuriöse Ausstattung ließen auch das Fehlen einer Sprit sparenden Dieselversion vergessen: Der Maverick II verkaufte sich gut.

Im Sommer 2004 erhielt der Maverick II eine Überarbeitung. Außer Retuschen an der Karosserie betraf diese vor allem das Fahrwerk mit geänderter Abstimmung und Hinterachs-Scheibenbremsen statt der Trommeln. Aus Vereinheitlichungsgründen und um die größeren Bremsscheiben unterbringen zu können, rollten nun alle Maverick II auf 16-Zoll-Rädern mit schmäleren 215/70er-Reifen, die vorherige Unterscheidung in 15 Zoll beim Vier- und 16 Zoll beim Sechszylinder wurde aufgegeben. Überarbeitet war außerdem das Allradsystem: Eine geänderte Steuerung versorgte nun die Hinterachse nicht erst bei durchdrehenden Vorderrädern mit Kraft, sondern schon wenn Traktionsverlust drohte – etwa beim forcierten Gasgeben. Der Schalter fürs manuelle Sperren der Lamellenkupplung verschwand dafür.

Weggelassen wurde auch der bisherige 2,0-Liter-Einstiegsmotor. Das eher freudlose Aggregat wich einem Vierzylinder aus der neuen Ford-Duratec-Motorenbaureihe. Aus 2,3 Liter Hubraum schöpfte der Motor 21 Prozent mehr Leistung und 14 Prozent mehr Drehmoment. Eine Steuerkette statt des prinzipbedingt riskanten Zahnriemens für den Nockenwellenantrieb versprach längere Lebensdauer, zwei Ausgleichswellen im Motorblock sorgten für ungewöhnlich kultivierten Lauf. Kombiniert wurde das neue Triebwerk mit einem geänderten Schaltgetriebe, das mit längerer Endübersetzung den Verbrauch dämpfen sollte. Damit erreichte der Vierzylinder erheblich bessere Fahrleistungen. Nur geringe Änderungen wurden dem weiterhin angebotenen V6 zuteil. Leichte Überarbeitungen zur Verbrauchsreduzierung ließen die Nennleistung um drei Prozent steigen, das Drehmoment dafür um rund ein Prozent zurückgehen. Enttäuscht nahmen manche Käufer zur Kenntnis, dass weiterhin kein Dieselmotor lieferbar war – und auch für die Zukunft nicht in Planung war: Die Entwicklung lohne für die paar Käufer in Europa nicht, befand Ford.

Verkaufszahlen Deutschland-Modell

	2001	2001	2003	2004
Ford Maverick II	1.304	2.097	2.267	k.A.

Ford Maverick II (2004), nach dem Facelift

Ford Maverick II (2004), hinten mit Scheibenbremsen

Technische Daten Ford Maverick II

	Ford Maverick II 2.0i 6/2000 – 8/2004	Ford Maverick II 2.3i seit 8/2004	Ford Maverick II 3.0 V6 seit 6/2000
Motor	2.0l 16V Zetec-E	2.3 l Duratec	3,0 l 24V Duratec
Betriebsart	Otto (Viertakt)	Otto (Viertakt)	Otto (Viertakt)
Material Block / Kopf	Grauguss / Alu	Grauguss / Alu	Alu / Alu
Zylinderzahl / Einbaulage	4 / vorn quer	4 / vorn quer	V6 / vorn quer
Bohrung x Hub	84,8 x 88,0 mm	87,5 x 94,0 mm	89,0 x 79,5 mm
Hubraum	1989 cm³	2261 cm³	2967 cm³
Leistung in kW (PS)	91 (124) bei 5300/min	110 (150) bei 5700/min	145 (197) bei 6000/min
			ab 8/04: 149 (203) bei 6000/min
Drehmoment in Nm	175 bei 4500/min	200 bei 4000/min	265 bei 4750/min ab 8/04: 262 bei 4850/min
Verdichtung	9,6 : 1	9,7 : 1	10,0 : 1
Gemischbereitung	Saugrohreinspritzung (Multipoint)	Saugrohreinspritzung (Multipoint)	Saugrohreinspritzung (Multipoint)
Aufladung	–	–	–
Ladeluftkühlung	–	–	–
Ventile pro Zylinder	4, V-förmig hängend	4, V-förmig hängend	4, V-förmig hängend
Nockenwellen (Antrieb)	2 obenlieg. (Zahnriemen)	2 obenlieg. (Kette)	4 obenlieg. (Kette)
Kurbelwellenlager	5	5	4
Kühlung	Pumpe (6,6 L Wasser), Elektrolüfter	Pumpe (7,6 L Wasser), Elektrolüfter	Pumpe (10,0 L Wasser), Elektrolüfter
Schmierung	Druckumlauf (4,25 L Öl)	Druckumlauf (4,25 L Öl)	Druckumlauf (5,5 L, ab 8/04 5,7 L Öl)
Abgasreinigung	1 Dreiwege-Kat, 1 Lambda-Sonde	1 Dreiwege-Kat, 1 Lambda-Sonde	1 Dreiwege-Kat, 1 Lambda-Sonde
Batterie	12 V (52 Ah)	12 V (60 Ah)	12 V (60 Ah)
Lichtmaschine	Drehstrom 1320 W	Drehstrom 1440 W	Drehstrom 1320 W (ab 8/04: 1440 W)

Technische Daten Ford Maverick II

	Ford Maverick II 2.0i 6/2000 – 8/2004	Ford Maverick II 2.3i seit 8/2004	Ford Maverick II 3.0 V6 seit 6/2000
Kraftübertragung			
Antrieb (Grundkraftverteilung)	Allradantrieb permanent (variabel)		
Kraftverteilung	Zentrale Lamellenkupplung, elektron. geregelt, man. sperrbar	Zentrale Lamellenkupplung, elektron. geregelt	Zentrale Lamellenkupplung, elektron. geregelt, man. sperrbar (nur bis 8/2004)
Sperren	–		
Kupplung	Einscheiben-Trocken	Einscheiben-Trocken	Wandler m. Überbrückung
Schaltgetriebe Übersetzungen	5 Gang I. 3,67, II. 2,06, III. 1,31, IV. 1,03, V. 0,84, R. 3,45, Achsantrieb 4,59	5 Gang I. 3,50, II. 1,94, III. 1,26, IV. 0,95, V. 0,81, R. 3,37, Achsantrieb 4,43	–
Automatik Übersetzungen	–	–	4 Stufen (Ford CD4E) I. 2,89, II. 1,57, III. 1,00, IV. 0,70, R. 2,31, Achsantrieb 3,78
Reduktionsgetriebe	–		
Fahrwerk			
Vorderradaufhängung	Einzelradaufh., Querlenker, McPherson-Federbeine mit Schraubenfedern, Stabilisator, Gasdruckstoßdämpfer		
Hinterradaufhängung	Einzelradaufh., Doppel-Querlenker, Längslenker, Schraubenfedern, Stabilisator, Gasdruckstoßdämpfer		
Lenkung	Zahnstange, Servo hydraul.		
Betriebsbremse	Scheiben vorn (ø 278 mm, belüftet), Trommeln hinten (ø 229 mm), ABS	Scheiben vorn (ø 303 mm, belüftet), Scheiben hinten (ø 303 mm), ABS	Scheiben vorn (ø 278 mm, belüftet), Trommeln hinten (ø 229 mm), ABS; ab 8/04: Scheiben vorn (ø 303 mm, belüftet), Scheiben hinten (ø 303 mm), ABS
Fahrdynamikregelung	–		
Allgemeine Daten			
Fahrzeugart (Türen/Sitze)	Kombi (5 / 5)		
Aufbauform	selbsttragende Ganzstahlkarosserie		
Radstand	2620 mm		
Spur vorn/hinten	1550 / 1530 mm	1557 / 1548 mm	1550 / 1530 mm; ab 8/04: 1557 / 1548 mm
Länge x Breite x Höhe	4415 x 1825 x 1770 mm	4441 x 1825 x 1762 mm	4415 x 1825 x 1770 mm ab 8/04: 4441 x 1825 x 1762 mm
Gepäckraum	490 / 1830 L	470 / 1810 L	490 / 1830 L; ab 8/04: 470 / 1810 L
Reifen	225/70 R 15	215/70 R 16	235/70 R 16; ab 8/04: 215/70 R 16
Räder	6.50 x 15 (LM)	7 x 16 (LM)	
Bodenfreiheit	196 mm	211 mm	200 mm: ab 8/04: 211 mm
Wattiefe	600 mm		
Rampenwinkel	17,0°		
Böschungswinkel v / h	28 / 22°		
Wendekreisdurchmesser	10,8 m	11,2 m	
Steigfähigkeit	45,1 % / 24,3°	46,5 % / 24,9°	39,8 % / 21,7°; ab 8/04: 41,4 % / 22,5°
Achsverschränkung	175 mm		
Leermasse (DIN)	1440 kg	1524 kg	1530 kg; ab 8/04: 1580 kg
Zul. Gesamtgewicht	1970 kg	1978 kg	2075 kg; ab 8/04: 2050 kg
Zul. Anhängelast gebremst / ungebremst	1500 / 750 kg	1500 / 750 kg	1700 / 750 kg
Luftwiderstand (c_W x A)		0,397 x 2,69 m²	ab 8/04: 0,397 x 2,69 m²
Höchstgeschwindigkeit	166 km/h	171 km/h	181 km/h (el. abgereg.); ab 8/04: 188 km/h
Beschleun. 0–100 km/h	13,5 s	10,7 s	10,5 s
Verbrauch in L/100 km	9,8	9,9	12,8; ab 8/04: 11,6
Kraftstofftank	62 L / hinten		
Preis (Anf. / Ende Laufz.)	23.500 / 24.700 €	25.700 €	29375 €

Ford Ranger 4x4

1999 stieg auch Ford in den deutschen Pickup-Markt ein, der bislang von den japanischen Importeuren beherrscht und von Opel mit dem Campo eher lustlos bedient wurde. Ford, im Pickup-Mutterland USA seit Jahren Marktführer, importierte unter dem Modellnamen Ranger aber nicht etwa den in den USA als »Smallsize-Pickup« geltenden Ranger mit großvolumigem Sechszylinder-Benziner, sondern ein Modell, das in Amerika gar nicht zu haben war und auch technisch mit dem US-Ranger nichts zu tun hatte. Es handelte sich beim »deutschen« Ranger um ein Fahrzeug, das in Kooperation mit Konzerntochter Mazda entwickelt war und das auch im gemeinsam betriebenen Werk in Thailand – dem nach den USA weltweit zweitwichtigsten Pickup-Markt – gebaut wurde. Der Vorgänger des Wagens war als Mazda B2500 schon seit Anfang 1997 in Deutschland lieferbar gewesen.

Die von Ford (und weiterhin mit geringfügig abgemagerter Ausstattung auch von Mazda) ab 1999 lieferbare Version unterschied sich vom Vorgänger durch eine modernisierte Karosserie mit neuem Interieur. Die Technik übernahm er weitgehend vom früheren Mazda B2500; sie entsprach dem Standard fernöstlicher Pickups. Das Fahrwerk bestand aus dem üblichen Leiterrahmen, der hinten auf einer schlichten Blattfeder-Starrachse, vorn auf einer Doppelquerlenker-Einzelradaufhängung mit Drehstabfedern ruhte. Die aufgeschraubte, zweiteilige Stahlblechkarosserie – bestehend aus Fahrerhaus mit Vorderkotflügeln und Motorraum einerseits und der aus Tiefziehblechteilen geschweißten Ladewanne mit den hinteren Seitenteilen andererseits – gab es in den üblichen drei Varianten, die alle auf dem gleichen Radstand von exakt 3,0 m basierten: Die zweitürige Einzelkabinenversion hatte die längste Ladefläche; sie war mit Sparausstattung, fehlendem Allradantrieb und dünnen 14-Zoll-Rädern ausschließlich als Billiglieferwagen gedacht. Im verlängerten Fahrerhaus der ebenfalls zweitürigen »Extrakabine« fanden sich zwei zusätzliche, klappbare Notsitze, dahinter eine kürzere Ladefläche; die viertürige Doppelkabine beherbergte fünf Sitzplätze und ließ nur 1,53 m Ladelänge auf der Pritsche übrig. Sowohl Extra- als auch Doppelkabine waren ausschließlich mit 15-Zoll-Bereifung und Allradantrieb zu haben.

Für den Antrieb war der von Mazda entwickelte Vierzylinder-Diesel mit 2,5 Liter Hubraum zuständig. In der nicht aufgeladenen Version entwickelte das mit konventioneller, mechanischer Wirbelkammereinspritzung arbeitende ohc-Triebwerk, das als Besonderheit über zwei Einlass- und ein Auslassventil pro Zylinder und eine vibrationsmindernde Ausgleichswelle verfügte, 78 PS. Diese Motorisierung wurde (außer im 2WD-Modell) nur im ersten Modelljahr und nur in Verbindung mit der zweitürigen Extrakabine angeboten. Im Doppelkabiner verfügte der gleiche Motor bei zurückgenommener Grundverdichtung über Turbo und Ladeluftkühler, was die Leistung auf 109 PS anhob. Ab Anfang 2000 wurde, auf vielfachen Kundenwunsch, auch der Zweitürer nur noch mit dem Turbodiesel-Motor geliefert.

Die Kraftübertragung erfolgte in beiden Fällen über ein Fünfgang-Schaltgetriebe mit nachgeschaltetem Verteilergetriebe. Im Straßenbetrieb wurde nur die Hinterachse angetrieben; fürs Gelände konnte per Hebel der Vorderradantrieb zugeschaltet werden. Verstärkte Zugkraft bei verringertem Tempo stellte die Geländeuntersetzung zur Verfügung, die – wie üblich – nur in Verbindung mit zugeschaltetem Allradantrieb funktionierte.

Bei der Festlegung der genaueren Spezifikationen und der Ausstattung bewies Ford gutes Gespür für die Bedürfnisse und Wünsche deutscher Käufer. Von Anfang an waren bei den Allrad-Pickups elektrische Fensterheber, Zentralverriegelung und zwei Airbags serienmäßig an Bord. Für günstige Unterhaltskosten bürgte die Festlegung der Gewichte: Die Nutzlast betrug über eine Tonne, was für eine günstigere Versicherungseinstufung als bei einer Nutzlast unter dieser Schwelle sorgte; und das zulässige Gesamtgewicht von stets über 2,8 Tonnen erlaubte zweifelsfrei eine preisgünstige Besteuerung nach Gewicht – wohingegen Pickups mit mehr als zwei Sitzplätzen und weniger als 2, 8 Tonnen Gesamtgewicht schon seit einem Bundesfinanzhof-Urteil von 1997 von den Finanzämtern regelmäßig als Pkw eingestuft, also nach Hubraum besteuert wurden.

Auch optisch kam der Ranger den Käuferwünschen entgegen. Die 4x4-Pickups waren stets nur mit 235er Breitreifen und Kotflügelverbreiterungen zu haben und trugen einen üppig verchromten Kühlergrill. Ab Mitte 2000 wurde zusätzlich die opulentere Ausstattungsversion XLT eingeführt, die mit Leichtmetallfelgen und (ab Mitte 2002) Respekt gebietender 265er Bereifung noch stärker den bei der Kundschaft begehrten Macho-Auftritt des Kleinlasters unterstrich.

Diese geschickte Modellpolitik machte den Ranger von Anfang an zum Verkaufserfolg – obwohl er seinen Konkurrenten kaum echte technische Vorzüge voraus hatte. Schon im ersten Verkaufsjahr 1999 konnte Ford 1.537 Ranger 4x4 verkaufen und sich damit nicht nur weit vor den bewährten Opel Campo (611 Stück) setzen, sondern auch vor den technisch annähernd gleichen, aber billiger aussehenden Mazda B2500 (653 Stück). Im Folgejahr konnte der Ranger sogar auf Platz zwei der Statistik vorrücken – vor den seit Jahren erfolgreichen Nissan-Pickup.

Ford Ranger (1999) – in Kooperation mit Mazda entwickelt

Ford Ranger XLT (2000)

2002 wurde der Ford-Pickup einem Karosserie-Facelift unterzogen, das ihm einen noch imposanteren, größeren Chromgrill verschaffte; gleichzeitig wurde die Technik verbessert – unter anderem mit dem längst überfälligen und bei der Konkurrenz schon länger erhältlichen ABS – und die Spezifikationen leicht geändert: Statt der im Vergleich unterdurchschnittlichen bisherigen 2,2 Tonnen darf der Ranger seither die vom Marktführer Mitsubishi vorgegebenen 2,8 Tonnen maximale Anhängelast an den Haken nehmen.

Verkaufszahlen Deutschland-Modell

	1999	2000	2001	2002	2003
Stückzahl	1.537	1.960	1.788	1.221	1.119

Ford Ranger (2002, nach dem Facelift)

Technische Daten Ford Ranger 4x4

	Ranger 2.5 D 1999	Ranger 2.5 TD seit 1999
Motor		
Betriebsart	Diesel	
Material Block / Kopf	Grauguss / Grauguss	
Zylinderzahl / Einbaulage	4 (Reihe) / vorn längs	
Bohrung x Hub	93,0 x 92,0 mm	
Hubraum	$2498 cm^3$	
Leistung in kW (PS)	57 (78) bei 4100/min	80 (109) bei 3500/min
Drehmoment in Nm	168 bei 2500/min	266 bei 2000/min
Verdichtung	21,6 : 1	19,8 : 1
Gemischbereitung	Wirbelkammereinspritzung, mech. Verteilereinspritzpumpe	
Aufladung	–	1 Turbolader
Ladeluftkühlung	–	1 LLK (luftgekühlt)
Ventile pro Zylinder	3, V-förmig hängend	
Nockenwellen (Antrieb)	1 obenlieg. (Zahnriemen)	
Kurbelwellenlager	5	5
Kühlung	Pumpe, Wasser (9,4 L), Viskolüfter	
Schmierung	Druckumlauf (4,25 L Öl)	Druckumlauf (5,6 L Öl)
Abgasreinigung	Abgasrückführung, Oxi-Kat	
Batterie	12 V (95 Ah)	
Lichtmaschine	Drehstrom 12 V 75 A	
Kraftübertragung		
Antrieb (Grundkraftverteilung)	Heckantrieb, Frontantrieb zuschaltbar (0:100 / 50:50)	
Kraftverteilung	Starr	
Sperren	Selbstsperrendes Hinterachsdifferenzial	
Kupplung	Einscheiben-Trocken	
Schaltgetriebe Übersetzungen	5 Gang I. 4,250, II. 2,356, III. 1,428, IV. 1,00, V. 0,827, R. 3,656, Antrieb 4,78	I. 4,250, II. 2,356, III. 1,428, IV. 1,00, V. 0,827, R. 3,656, Antrieb 4,44
Automatik	–	–
Reduktionsgetriebe	Straße 1,00; Gelände 2,21	
Fahrwerk		
Vorderradaufhängung	Einzelradaufhängung an Doppelquerlenkern, Drehstabfedern; hydr. Stoßdämpfer, Stabilisator	
Hinterradaufhängung	Starrachse an Längsblattfedern, hydr. Stoßdämpfer	
Lenkung	Kugelumlauf, Servo hydraul.	
Betriebsbremse	Scheiben vorn (belüftet), hinten Trommeln; seit 7/2002: ABS	
Allgemeine Daten		
Fahrzeugart (Türen/Sitze)	Extrakabine (EK): 2/2+2	Extrakabine (EK; ab 1/2000): 2/2+2; Doppelkabine (DK): 4/5
Aufbauform	Leiterrahmen, aufgeschraubte zweiteilige Ganzstahl-Karosserie	
Radstand	3000 mm	
Überhang vorn / hinten	833 / 1165 mm	
Spur vorn / hinten	1450 / 1440 mm	
Länge x Breite x Höhe	EK: 4998 x 1750 x 1740 mm; DK: 4998 x 1750 x 1750 mm	
Gepäckraum	offene Ladepritsche 1536 mm breit; EK: 1753 mm lang, DK 1530 mm lang	
Reifen	235/75 R 15	235/75 R 15;ab 7/2002 auch 265/70 R 15
Räder	8,5 x 15 (Stahl) oder 8,5 x 15 (LM) ab 7/2002 in Verb. m. Reifen 265/70 R 15	
Überhang vorn / hinten	833 / 1165 mm	
Bodenfreiheit	208 mm	
Wattiefe	450 mm	
Rampenwinkel	24°	
Böschungswinkel v / h	35 / 28°	
Wendekreisdurchmesser	13,6 m	
Steigfähigkeit	73,3 % / 36,4°	EK: 108,4% / 47,3°; DK: 111,6% / 48,1°; Bereif. 265/70: 105,2% / 46,4
Leermasse (DIN)	EK: 1725 kg	EK: 1795 kg; DK: 1785 kg
Zul. Gesamtgewicht	2930 kg	EK: 2930 kg DK: 2825; ab 9/2002: 2845 kg
Zul. Anhängelast gebremst / ungebremst	2200 / 500 kg	2200 / 500 kg; ab 9/2002: 2800 / 750 kg
Höchstgeschwindigkeit	139 km/h	155 km/h
Beschleun. 0–100 km/h	24,4 s	15,0 s
Verbrauch in L/100 km	11,2	8,2
Kraftstofftank	70 L / Mitte	
Preis (Anf. / Ende Laufz.)	EK: 38.512,- DM / 38.512 DM	EK: 41.412,- DM; DK: 44.312,- DM

Goliath Jagdwagen

Seit 1931 gehörte das Bremer Goliath-Werk zu den Hansa-Lloyd-Werken von Carl F.W. Borgward. Hier wurden sowohl kleine Nutzfahrzeuge als auch kleinvolumige Personenkraftwagen hergestellt. Nach dem Zweiten Weltkrieg wurde die Goliath-Werk GmbH offiziell selbstständig, gehörte aber weiterhin zum Borgward-Imperium. 1960 ging das Gesamtunternehmen in Konkurs, das Hauptwerk wurde von Daimler-Benz übernommen.

Aufgrund einer Ausschreibung für die 1956 neugegründete Bundeswehr stellte Goliath den leichten, viersitzigen »Lkw 0,25 t gl« (so die militärische Bezeichnung) auf die Räder. Erste Vorarbeiten hatten aber bereits Anfang 1953 begonnen – weil unter der Hand bereits Informationen über die Ausschreibung durchgesickert waren. Die Firma hatte Anfang 1954 die ersten zwei Prototypen fertiggestellt, im Mai fand die erste offizielle Vorstellung in der Eifel statt. Dies alles geschah mit leichtem zeitlichen Verzug zur Auto Union, wo der lockende Großauftrag für nie dagewesene Aktivität gesorgt hatte. Porsche kam als dritter Mit-Wettbewerber erst später hinzu.

Starke stilistische Ähnlichkeiten zwischen Goliath- und DKW Geländewagen sind unübersehbar, von einer bloßen Kopie kann jedoch keine Rede sein. Die militärischen Mindestanforderungen gaben lediglich die Leistungsdaten vor. Andererseits mag es eine Rolle gespielt haben, dass der frühere DKW-Ingenieur Martin Fleischer nach kurzem Zwischenaufenthalt in einem Ingenieurbüro in Hude bei Oldenburg nach Bremen gewechselt war. Angeblich soll er Konstruktionsunterlagen mitgebracht haben.

Allrad-Erfahrungen hatte das Borgward-Unternehmen indes schon aus Kriegszeiten her. Entsprechend selbstbewusst ging man die Aufgabe an. Das offene, permanent allradgetriebene Auto hatte einen zweitaktenden 0,9-Liter-Zweizylinder mit 40 PS. Dabei handelte es sich bereits um einen im Hubraum vergrößerten Motor mit dirtekter Benzineinspritzung (abgeleitet vom Goliath GP 700 E, dann auch im GP 900) – eine Pioniertat des Unternehmens, die sich aber nie gerechnet hat. Warum nicht auf einen Viertakter aus dem hauseigenen Baukasten zurückgegriffen wurde, bleibt ein Rätsel. Von Anfang an schützte ein Stahlbodenblech den längs vor der Vorderachse installierten Motor von vorn und von unten.

Statt des im Pkw verwendeten Vier- kam ein bei Borgward entwickeltes und keineswegs befriedigendes, lautes Fünfganggetriebe (hinter der Vorderachse) zum Einsatz. Ähnlich wie beim Porsche Geländewagen wurde zunächst kein Reduktionsgetriebe eingebaut, sondern der erste Gang war extrem hoch untersetzt und diente so als Geländegang. Als niedrigste Offroad-Geschwindigkeit gab das Werk zunächst 2 km/h (später 3 km/h) an.

Ähnlich dem Auto Union/DKW Geländewagen nutzte das Bremer Auto einen Leiterrahmen. Nach der zunächst extrem abgeschrägten Frontpartie fand man 1955 zu einer Variante mit höhergezogenem Kühlergrill und genieteten Karosserieblechen. Die tief ausgeschnittene Seitenpartie ermöglichte einen schnellen Ein- und Ausstieg. Feste Türen waren für die wannenförmige Viersitzer-Militärausführung nicht vorgesehen. Erst ab 1959 wurden ab Werk vier stählerne Halbtüren eingebaut – wobei nicht nachvollziehbar ist, ob dies bei allen Exemplaren jenes Baujahrs erfolgte.

Die einteilige Frontscheibe ließ sich von Anfang an – wie in den NATO-Richtlinien gefordert – umlegen. Der Scheibenrahmen gab sich zunächst sehr filigran – und wich bald einer stärkeren Ausführung. Immerhin gehörte ein einfach und schnell zu handhabendes Planenverdeck zum Lieferumfang, an dem sich Wetterschutz-Türen befestigen ließen. Die großen, aufrecht stehenden Einzel-Scheinwerfer ähnelten denen des DKW. Das Fahrzeug lief auf grobstolligen 16-Zoll-Rädern, ein Ersatzrad war neben dem Kraftstoffkanister am Heck fixiert.

Während die Vorderachse über eine Einzelradaufhängung verfügte, kam hinten eine Starrachse zum Einsatz – keine schlechte Entscheidung, wie sich bei Fahrversuchen herausstellen sollte. Der Federungskomfort des Goliath war dem der Geländewagen von Auto Union und Porsche überlegen! Die Hinterachse wurde permanent angetrieben. Obwohl es selbst Werksprospekte anders beschrieben, konnte die einteilige Kardanwelle keineswegs entkoppelt werden: Vorder- und Hinterachse waren starr verbunden. Ein Zentraldifferenzial gab es jedoch nicht – was bei Straßenfahrt zu Spannungen im Kraftstrang führte. Im Gelände war dieser Umstand wegen der blitzschnell wechselnden Traktionsverhältnisse jedoch hinnehmbar. Einige Nutzer des Goliath Geländewagens haben später die Kardanwelle ausgebaut, um einen einwandfreien Straßenbetrieb zu gewährleisten – ebenfalls eine Parallele zum DKW-Geländewagen.

Gerade mal 15 Autos (plus einige Prototypen) entstanden bis 1956, einige davon gingen als Vergleichsautos an die Bonner Prüfungsbehörden. Bereits Anfang 1955 hatte es Tests gegeben, in denen sich ein Goliath-Geländewagen dem Auto Union / DKW stellte. Aber der Goliath konnte letztlich nicht überzeugen – genauso wenig wie das von Porsche gefertigte Konkurrenzfahrzeug: Die Bundeswehr optierte zugunsten des Auto Union / DKW Geländewagens aus dem bayerischen Ingolstadt. Eine umstrittene Entscheidung mit mutmaßlich politischem Hintergrund: Der seinerzeitige Verteidigungsminister war ein Bayer namens Strauß. Um so offensiver wurden

Goliath Typ 31 mit Zweitaktmotor

Goliath Typ 31 bei der Geländeerprobung

50 Goliath Typ 34 kamen zur Bundeswehr

Goliath Typ 34 mit kräftigem Viertakter

von der Auto Union Details einer Vergleichstests veröffentlicht – dass der Goliath-Wagen im Gelände wegen seiner ungünstigen Überhangwinkel hinten und vorn immer wieder aufsetzte, die Auspuffanlage verlor und sein Zweitakt-Einspritzmotor im Gelände an Dampfblasenbildung krankte.

Die Norddeutschen versuchten ihre Fahrzeuge auch anderen potenziellen Abnehmern schmackhaft zu machen – und offerierten sie der Polizei, aber auch ausländischen Entscheidungsträgern (beispielsweise dem liberianischen Verteidigungsminister und der französischen Besatzungsarmee). Zu Kaufabschlüssen kam es jedoch nicht. Gedacht war weiterhin an Forstverwaltungen, Landwirtschaftsbetriebe, Bauwirtschaft und den Export. 1957 orderte die Bundeswehr ab April nochmals 50 Goliath (und 50 Porsche 597) für interne Versuchszwecke. Es handelte sich nun schon um Viertaktautos mit 50-PS-Boxermotor – er stammte aus dem neuen Goliath 1100.

Allerdings war nun die Entscheidung für den Ingolstädter Wagen bereits gefallen, was die in wirtschaftliche Turbulenzen geratenden Bremer um ein lukratives Geschäft brachte. Im Abschlussbericht der Bonner Behörde vom Oktober 1958 hieß es: »Der Motor bietet eine ausreichende Leistungsreserve. Aber er ist nicht betriebssicher genug, empfindlich bei hoher Drehzahl, sehr störanfällig – bei der Sondererprobung fielen sämtliche fünf Fahrzeuge mit Motorschäden aus. Die Vergaserübergänge erschweren Beschleunigungsvorgänge. Straßen- und Kurvenlage sind nicht immer sicher, die direkte Lenkung erfordert eine hohe Konzentration des Fahrers (Ermüdung!)«

Sinnvollerweise schwenkte man bei Goliath Ende 1957 mit der Einführung des Viertakters (Typ 34) auch auf ein Vierganggetriebe von ZF um, das – wie beim DKW Geländewagen – eine Vorgelege-Untersetzung erhielt. So hatte man acht Vorwärts- und zwei Rückwärtsgänge zur Verfügung. Betätigt wurde die Reduktionsstufe über einen Umschalthebel mittig im Fußraum, bedarfsweise auch im Fahrbetrieb. Der Radstand wurde – zumindest bei einigen Fahrzeugen – von 2,15 auf 2,0 m verkürzt. Auch bei den Außen-

Goliath Typ 34 – als Kunden waren Militär und ziviler Markt angepeilt

abmessungen gab es Unterschiede, belegt sind Differenzen von 25 bis 34 cm in Längen- und Breitenangaben. Grund dafür waren zum einen die uneinheitlichen Messmethoden (z.B. Grundlänge oder Länge über alles) und zum anderen die tatsächlichen Abweichungen in der Produktion. Denn die Prototypenfertigung bei Goliath wurde immer wieder unterbrochen und neu begonnen – jeder Geländewagen war ein Unikat!

Gründlich geändert wurde die Frontpartie, weil der durchzugsfreudigere Viertakter einen höherbauenden Kühler benötigte. Zwar wiesen sowohl die Vier- als auch Zweitaktmotoren die gleiche Grundlänge (47 cm) auf, aber wegen des vorgelagerten Kühlers wurde der Vorderwagen nun um 10 cm länger. Das sorgte nicht zuletzt für unschöne Proportionen. Kürzer als beim bisherigen Zweitaktmodell war nunmehr die Länge der Motorhaube. Dazu kam eine höhere, jetzt geteilte Frontscheibe. Umgelegt ließ sie sich an der Motorhaube fixieren – so machten es auch die Wettbewerber Porsche und Auto Union / DKW.

Während von der Zweitaktvariante (Typ 31) kein einziges Exemplar auf dem zivilen Markt angeboten wurde, versuchte man den geländegängigen 50-PS-Goliath (Typ 34) in Deutschland ab 1958 als Jagdwagen für vier Insassen abzusetzen. Sehr stolze 10.075 Mark waren für die zivile 12-Volt-Ausführung hinzulegen, wobei unklar bleiben muss, wieviel Einheiten tatsächlich an private Kunden gingen. Zum Serienumfang gehörte auch die Bosch-Zusatzheizung. Nur die 12.250 Mark teure Militärversion erhielt eine über zwei 12-Volt-Batterien gespeiste 24-Volt-Anlage, um so beispielsweise den energieaufwendigen Funkeinsatz gewährleisten zu können. Der Innenraum des Autos war – wie auch die Bonner Hardthöhe in ihrem Prüfungsbericht hervorhob – gelungener als beim DKW-Geländewagen, allerdings sei der Aufbau nicht stabil genug.

Das Bremer Fahrzeug wurde immer wieder auch auf Auslandsmessen gezeigt (hier als »Goliath-Jeep« oder »Cross Country Car«, kurz: CCC, vermarktet), die Resonanz soll gut gewesen sein. Bei Testtagen für die Motorpresse wurde der Jagdwagen noch bis Ende 1958 vorgeführt. In den beiden letzten Fertigungsjahren wurden allerdings nur noch ganze acht Exemplare fertiggestellt, im Januar 1960 entstand das letzte Fahrzeug. Dann war das Unternehmen ohnehin pleite, die Fertigungseinrichtungen wurden verschrottet.

Insgesamt meldete die Produktionsstatistik 95 Fahrzeuge, dazu dürften noch einige Versuchsträger gekommen sein. Alle waren in Dunkelgrün lackiert. Überlebt haben nur ein gutes Dutzend der norddeutschen Geländewagen, die meisten davon Viertakter. Eines davon steht in der Fahrzeugsammlung des Bundesamtes für Wehrtechnik und Beschaffung in Koblenz.

Jahresproduktion

	1956	1957	1958	1959	1960
Goliath Jagdwagen	15	20 *	52	7	1

* Zwei- und Viertakter; Quelle: Oswald

Goliath Typ 34 mit Verdeck

Goliath Typ 34, liebevoll restaurierter Zustand

Technische Daten Goliath Jagdwagen (Lkw-0,25 t gl)

	Jagdwagen Typ 31 1956 – 1957	Jagdwagen Typ 34 1957 – 1959
Motor		
Betriebsart	Otto (Zweitakt)	Otto (Viertakt)
Material Block / Kopf	Grauguss / Alu	Alu / Alu
Zylinderzahl / Einbaulage	2 (Reihe) / vorn längs vor VA	4 (Boxer) / vorn längs vor VA
Bohrung x Hub	84 x 80 mm	74 x 64 mm
Hubraum	886 cm^3	1093 cm^3
Leistung in kW (PS)	29 (40) bei 4000/min	37 (50) bei 5000/min
Drehmoment in Nm	74 bei 2750/min	79 bei 4000/min
Verdichtung	7,7 : 1	7,9 : 1
Gemischbereitung	Direkt-Einspritzung (Bosch)	1 Doppel-Fallstromvergaser Zenith-Pallas 32 NDIX
Ventile pro Zylinder	–	2, V-förmig hängend, über Stoßstangen und Kipphebel
Nockenwellen (Antrieb)	–	1 zentral (Stirnräder)
Kurbelwellenlager	3	3
Kühlung	Pumpe (8,5 L Wasser)	Pumpe (10,0 L Wasser)
Schmierung	Frischölschmierung (Bosch-Kolbenpumpe)	Druckumlauf (3,0 L Öl)
Batterie	2 x 12 V (45 Ah) vorn	12 V (70 Ah) / vorn;Militär: 2 x 12 V (45 Ah)
Lichtmaschine	Gleichstrom 600 W	Gleichstrom 160 W, Militär: 600 W
Kraftübertragung		
Antrieb (Grundkraftverteilung)	Allradantrieb permanent (50 : 50 %)	
Kraftverteilung	Starr	
Sperren	Selbstsperrendes Hinterachs-Differenzial	
Kupplung	Einscheiben-Trocken	Einscheiben-Trocken F & S
Schaltgetriebe Übersetzungen	5 Gang Borgward (vollsynchron.), Knüppelschaltung G: 7,40, II. 4,45, III. 2,75, IV. 1,73, V. 1,07, R. 7,0, Achsantrieb 5,83	4 Gang ZF (vollsynchron.) , Knüppelschaltung I. 4,90, II. 2,70, III. 1,50, IV. 0,97, R. 4,54, Achsantrieb 6,33
Reduktionsgetriebe (Untersetzung)	–	Straße 1,0, Gelände 1,34
Fahrwerk		
Vorderradaufhängung	Einzelradaufh., Querblattfeder oben, Dreiecksquerlenker unten, Teleskopstoßdämpfer	
Hinterradaufhängung	Starrachse, Halbelliptik-Längsblattfedern, Teleskopstoßdämpfer	
Lenkung	Zahnstange ZF (17,2 : 1)	Zahnstange ZF (17,2 : 1)
Betriebsbremse	Hydraulisch, Trommeln (ø 230 mm) (Gesamtbremsfl. 736 cm^2)	Hydraulisch, Trommeln (ø 230 mm) (Gesamtbremsfl. 736 cm^2)
Allgemeine Daten		
Fahrzeugart (Türen/Sitze)	Kübelwagen offen, Faltverdeck mit Plane und Spriegel (0 / 4)	Kübelwagen offen, Faltverdeck mit Plane und Spriegel (0 / 4)
Aufbauform	Kastenrahmen mit Längs- und Querträgern, Ganzstahlkarosserie	Kastenrahmen mit Längs- und Querträgern, Ganzstahlkarosserie
Radstand	2150 mm	2000 bzw. 2150 mm
Spur vorn / hinten	13000 / 1300 mm	1320 / 1320 mm
Länge x Breite x Höhe	3530 x 1660 x 1600 mm (mit Verdeck); 3530 x 1660 x 1230 mm (ohne Verdeck, Scheibe abgeklappt)	3550 x 1650 x 1655 mm (mit Verdeck); 3550 x 1650 x 1275 mm (ohne Verdeck, Scheibe abgeklappt)
Reifen	200-16, 1957: 6.0-16 extra M	6.0-16 extra M
Räder	7.0 x 16, 1957: 5,5 x 16	5.0 x 16
Überhang vorn / hinten	670 / 580 mm	800 / 780 mm
Bodenfreiheit	235 mm	235 mm
Wattiefe	500 mm	500 mm
Böschungswinkel v / h	45 / 35°	45 / 35°
Wendekreisdurchmesser	12 m	12 m
Steigfähigkeit	57,2 % / 30°	50,5 % / 27° bis 55,4 % / 29°
Leermasse (DIN)	1150 kg	1195 kg
Zul. Gesamtgewicht	1600 kg	1700 – 1860 kg
Zul. Anhängelast gebremst / ungebremst	700 / 700 kg	
Höchstgeschwindigkeit	95 km/h	100 km/h
Verbrauch in L/100 km	12 – 16	12 – 15
Kraftstofftank	45 L / hinten	45 L / hinten
Preis (Anf. / Ende Laufzeit)	–	10.075 DM; Militär: 12.025 DM
Stückzahl	30	65

Mercedes G Baureihe 460

Am 1. Februar 1979 wurde lief im österreichischen Graz die Produktion der ersten Geländewagen-Baureihe von Mercedes nach dem Zweiten Weltkrieg an. Bei der Entwicklung des kantigen Gefährts stand zunächst weniger die Attraktivität für den Privatnutzer als vielmehr die Tauglichkeit für militärischen Einsatz im Vordergrund. Andererseits sollte sich diese Baureihe zur variantenreichsten und längsgebauten entwickeln, die je den Mercedes-Stern trug. Vorangegangen war die Gründung eines Gemeinschaftsunternehmens von Daimler-Benz und Steyr-Daimler-Puch: 1977 war der Gesellschaftsvertrag über die »GFG Geländefahrzeug-Gesellschaft mbH« geschlossen worden. Als Teil der Kooperation wurde auch die »Zweimarkenstrategie« festgeschrieben: In Österreich, der Schweiz und osteuropäischen Märkten sollte der Wagen als Puch laufen, in allen anderen als Mercedes-Benz. Als Fertigungsstandort war schon lange zuvor des Grazer Steyr-Daimler-Puch-Werk ins Auge gefasst worden; dort war zu dieser Zeit der kleine Zweizylinder-Geländewagen Steyr Puch Haflinger in Produktion.

Die Entwicklung des Geländewagens war schon Mitte der 70er-Jahre begonnen worden – noch unter der Ägide der Daimler-Benz-Legende Hans Scherenberg, von 1965 bis 1977 Vorstand des Bereichs Forschung und Entwicklung. Das erste lebensgroße Holzmodell war im Frühjahr 1973 fertiggestellt, erdacht von Konstrukteuren der Nutzfahrzeug-Sparte. Und der erste Prototyp aus Metall wurde 1974 im Grazer Steyr-Puch-Werk gebaut. Intern hieß das Projekt damals noch »H2« (für Haflinger 2). Zur Typbezeichnung G – als Anfangsbuchstaben der Gattungsbezeichnung Geländewagen – entschied man sich nach Abwägung verschiedener Namen erst weit später. Als Produktionsdauer des Modells waren rund zehn Jahre vorgesehen – viel zu kurz gegriffen, wie sich herausstellen sollte.

Der Einsatz für die Bundeswehr stand beim Anlauf des Projektes Geländewagen zunächst nicht wirklich im Vordergrund; denn das deutsche Verteidigungsministerium hatte ja langfristige Verträge mit VW über die Lieferung des Iltis als leichten Militärgeländewagen. Allerdings war ein Großauftrag des Schahs von Persien – der Daimler-Benz-Großaktionär hatte, nicht ganz uneigennützig, die Lieferung von sehr stolzen 20.000 Einheiten für die persischen Armee beauftragt – bei der Entscheidung zum Bau des Geländewagens und bei der Konzeption des Fahrzeugs von Ausschlag gebender Bedeutung. Faktisch kam es nie zur Abwicklung des attraktiven Geschäfts; die iranische Revolution im Februar 1979 kam ihr zuvor. So suchte man hektisch nach anderen Militär-Kunden; der erste eigentliche Militärauftrag kam schließlich von der argentinischen Armee; schon zuvor hatte allerdings der Bundesgrenzschutz Fahrzeuge geordert.

Technisch präsentierte sich der G von 1979 als traditionelles Geländefahrzeug mit nur geringen Zuge-

Egal ob für die zivile oder die militärische Nutzung – das Mercedes G Modell setzte überall Zeichen

Mercedes-G-Varianten: kurzer Radstand (Cabrio und Kombi), langer Radstand (Kastenwagen und Station-Wagon)

ständnissen an den bequemen und schnellen Betrieb auf der Straße. Die Karosserie bestand aus kantigen Blechen und war damit einfach zu fertigen und gut behelfsmäßig instand zu setzen; die tragende Basis bildete ein solider Leiterrahmen aus geschlossenen Kastenprofilen und Rohren. Das Fahrwerk bestand aus zwei Starrachse mit identischer Spurweite und vielen Gleichteilen im Inneren; die Achsen waren besonders robust und schwer gebaut, weil von Anfang an sowohl in der Hinter- als auch der Vorderachse manuell zu betätigende Differenzial-Vollsperren vorgesehen waren, die – um auch Fehlbedienung heil zu überstehen – insbesondere sehr stabile Achswellen erfordern. Das Problem der extrem großen ungefederten Massen wurde dem gegenüber als nachrangig eingestuft.

Die Rahmenbauweise sorgte nicht nur für gute Korrosionsbeständigkeit und hohe Festigkeit des Fahrgestells auch im rauen Geländeeinsatz; sie schaffte auch die Voraussetzungen für die Machbarkeit verschiedenster Aufbauversion und unterschiedlicher Radstände. Insgesamt wurden in den folgenden Jahren rund 40 unterschiedliche Aufbauvarianten für privaten, gewerblichen, kommunalen und militärischen Einsatz realisiert.

Die Basis- und zunächst meistgebaute Version war der klassische offene Geländewagen: ein offener Kombi mit fest stehender Frontscheibe, zwei Seitentüren, einer nach unten öffnenden Heckklappe und Stoffverdeck, der auf dem »kurzen« Radstand von 2400 mm basierte. 1985 wurde das recht umständlich auf- und abzubauende Planenverdeck mit starrem Spriegelgestell durch ein einfacher bedienbares Klappverdeck ersetzt. Auf dem gleichen Radstand basierte auch der zweitürige Kombi, von Anfang an mit dem amerikanischen Wort Station-Wagen bezeichnet. Dritte Grundversion war ein als »Stationwagen lang« klassifizierter Kombi mit vier Seitentüren, der auf dem auf 2850 mm verlängerten Radstand basierte.

Die offene Version und der kurze Kombi hatte vorne zwei Einzelsitze (aus dem Mercedes-Nutzfahrzeugbereich übernommen) und hinten eine am Stück falt- und umklappbare Bank für drei Personen; beim langen Kombi gab es wahlweise zusätzlich zwei klappbare Längssitzbänke im Laderaum, so dass hier maximal neun Insassen untergebracht werden konnten. Die gleichen, auf den hinteren Radkästen montierten Längssitzbänke waren auf Sonderwunsch auch bei kurzen Radstand zu haben – was hier für insgesamt sechs Sitzplätze sorgte.

Für Transportaufgaben kamen im Herbst 1980 die Kastenwagenversionen mit zwei Seitentüren und ohne Rücksitze und hintere Verglasung dazu. Wie beim Kombi gab es die Wahl zwischen kurzer und langer Ausführung; im Juni 1985 wurde die Produktion des kurzen Kastenwagens eingestellt. Bei allen geschlossenen Versionen bestand die Wahl zwischen einer einteiligen, links angeschlagenen Hecktür mit aufmontiertem Ersatzrad und einer Zweiflügeltür, bei der das fünfte Rad gegen Aufpreis wie bei der offenen Version an einem getrennten, nach rechts weg klappenden Träger befestigt war. Standardmäßig befand sich das Ersatzrad beim Kastenwagen hinter dem Fahrersitz im Laderaum.

Für den Militäreinsatz gab es zwei Varianten, jeweils mit der geforderten, klappbaren Windschutzscheibe

Alle frühen Mercedes G: Cabrio, Kombi, Station-Wagon und Kastenwagen

und jeweils mit offenem Aufbau und Planenverdeck. Egal ob mit langem oder kurzem Radstand – stets haben die Militärversionen nur zwei Seitentüren – meist ausgeführt als so genannten Halbtüren ohne oberen Türrahmen. Später kamen unzählige Sondertypen dazu – vom Krankentransportwagen mit Kofferaufbau bis hin zu bewaffneten und gepanzerten Fahrzeugen. Bei der deutschen Bundeswehr wurde der G erst viel später eingeführt: 1989 unter der Bezeichnung Wolf. Die deutschen Militär-G hatten stets runde Einheitsrückleuchten statt der rechteckigen Lampen des Zivilmodells; am Heck war neben dem Ersatzrad die Halterung für den im Friedenseinsatz nur leer mitzuführenden 20-Liter-Kraftstoffkanister angebracht.

Für die Motorisierung waren stets Aggregate aus dem Mercedes-Pkw-Programm zuständig –zwei Benziner und zwei Diesel. Basistriebwerk war der aus den W-123-Pkw bekannte 2,3-Liter-Vierzylinder M 115 mit Stromberg-Vergaser. In der für Superbenzin ausgelegten Version lieferte er 102 PS. Für Normalbenzinbetrieb oder Länder mit schlechter Kraftstoffqualität gab es einen niedriger verdichtende Variante, die nur 90 PS leistete. 1982 wurde der altbewährte Motor, der schon in den Pkw der so genannten /8-Baureihe W114 bekannt war, durch den neuen Vierzylinder M 102 E ersetzt, der mit Querstromzylinderkopf und mechanischer Konstanteinspritzung statt Vergaser arbeitete: Aus dem 230 G wurde der 230 GE mit zunächst 125 PS. Dieses Modell wurde für den Export ebenfalls in einer niedrig verdichtenden Version gebaut, die 105 PS an die Räder leitete. Für Sonderversionen und auf speziellen Wunsch gab es trotzdem weiterhin den guten alten Vergasermotor.

Ab 1986 wurde, speziell für Italien, die Zweiliter-Version des M 102 E in den G eingebaut. Denn in Italien wurden damals Benziner über 2,0 Liter Hubraum mit einer Sondersteuer belegt, so dass der 109 PS starke 200 GE eine – wenn auch kleine – Marktlücke schloss. Technisch muss diese Version dem 230 GE zugeordnet werden; denn er hatte im Prinzip den gleichen Motor – nur eben in der kleineren Hubraumversion; eine verkürzte Achsübersetzung sollte dem schwächeren Motor die Arbeit erleichtern. Für Deutschland und andere Märkte, in denen der Einbau eines Katalysator Steuervorteile versprach, gab es ab 1986 den 230 GE wahlweise mit G-Kat und Lambdasonde. Wunschweise war der Kat nicht eingebaut, sondern nur im Kofferraum beigepackt; das sollte einen Betrieb auch mit verbleitem Benzin erlauben – bleifreier Kraftstoff war damals noch nicht überall verfügbar.

Ebenfalls aus den Personenwagen der Baureihen W 123 und W 116 bekannt war der Sechszylinder des 280 G – der ab 1982 richtigerweise 280 GE hieß. Das Doppelnockenwellentriebwerk war ursprünglich mit 155 PS angegeben; die Leistung wurde aber schon bald auf 150 PS gesenkt, damit bleifreies Eurosuper gefahren werden konnte und weil die Kraftentfaltung im schweren Geländewagen nicht befriedigte. Weitere Modifikationen, vor allem an Nockenwelle und Zündung, sollten ab 1984 die immer noch nicht

Mercedes 230 G Cabrio (1979) – ein Ausbund an Geländetauglichkeit

wirklich zufrieden stellenden Durchzugskraft verbessern.
Dieselfreunde konnten zwischen zwei Triebwerken wählen. Im 240 GD kam der aus den Pkw und Transportern des Hauses bekannte Vierzylinder-Saugdiesel mit der Mercedes-typischen Vorkammereinspritzung zum Einsatz, der wegen seiner charakteristisch geformten Zylinderkopfhaube den inoffiziellen Beinamen Dom-Diesel trug. Das Triebwerk mobilisierte vergleichsweise bescheidene 72 PS – was für beschauliche Fortbewegung sorgte. Ab 1987 wurde der 240 GD auf dem deutschen Markt vom Fünfzylinder 250 GD ersetzt – der auch die späteren Bundeswehr-G-Modelle antreibt. Der modernere Diesel arbeitete immer noch mit Vorkammereinspritzung; aber er schwang sich immerhin zu einer Leistung von 84 PS auf, die zusammen mit einer anderen Übersetzung für erheblich bessere Fahrleistungen sorgte. Die insgesamt gefragteste Motorversion war der Fünfzylinder 300 GD. Sein Triebwerk – ebenfalls aus der Dom-Diesel-Generation stammend – leistete immerhin 88 PS und stellte damit leidlich harmonische Fahrleistungen bei erträglichem Verbrauch bereit.
Für die Kraftübertragung war standardmäßig in allen Versionen ein Viergang-Schaltgetriebe zuständig; die Benziner und der 300 GD konnten ab 1981 außerdem mit der Mercedes-Vierstufenautomatik mit Drehmomentwandler geliefert werden. Ab 1984 konnte wahlweise für die gleichen Modelle auch ein Fünfganggetriebe geordert werden – das in der Praxis zwar nicht für bessere Fahrleistungen, wohl aber für etwas moderateren Verbrauch bei Langstreckenfahrten auf der Straße sorgte. Dann der fünfte Gang war – bei gleicher Achsübersetzung – ins Schnelle übersetzt, also als Schongang ausgelegt: Er verringerte die Drehzahl um knapp 19%. Nur im 1987 eingeführten 250 GD war das Fünfganggetriebe serienmäßig eingebaut. Der fünfte war als vollwertiger Fahrgang ausgelegt, weil diese Modelle eine extrem kurze Achsübersetzung hatten.
Das Antriebssystem war schlicht und robust und für beste Geländetauglichkeit konzipiert. Auf der Straße fuhr man mit Hinterradantrieb; für weniger griffigen Untergrund konnte per zweitem Schalthebel der Vorderradantrieb dazu geschaltet werden. Das war bei jedem Tempo und ohne weitere Umstände möglich, weil man im Interesse maximaler Zuverlässigkeit auf Freilaufnaben an der Vorderachse verzichtet hatte. Auch die Geländeuntersetzung ließ sich während der Fahrt zu- und wieder abschalten: Eine Synchronisierungseinrichtung im als einziges Teil des Antriebsstrangs von Steyr-Puch hergestellten Verteilergetriebe machte es möglich. Schräg vor dem Verteilergetriebeschalthebel auf der Mittelkonsole saßen zwei Zugknöpfe: zur pneumatischen Betätigung der Differenzial-Vollsperren, die in Vorder- und Hinterachse für Vortrieb auch unter schwierigsten Bodenverhältnissen sorgten. Geliefert wurden sie in den Zivilmodellen allerdings zunächst nur gegen Aufpreis.
Mit diesen Sperren und der robusten Grundkonzeption erwarb sich der Mercedes G alsbald den Ruf außergewöhnlicher Geländetauglichkeit – deren ein-

ziges Handicap das beträchtliche Gewicht des schwäbischen Österreichers darstellte. Mercedes sprach bisweilen in Anlehnung an den hoch geländegängigen Unimog von Geländefähigkeiten, die das Maximum des mit einem Radfahrzeug Erreichbaren darstellten. Mit daran beteiligt war auch das Fahrwerk. Der Leiterrahmen trug vorn wie hinten betont robuste Starrachsen, sorgfältig, exakt und dennoch flexibel geführt an je zwei elastisch mit dem Achskörper verbundenen Längslenkern und einem Panhardstab, die sich an langhubigen Schraubenfedern abstützten. Das erlaubte eine gute Achsverschränkung – der sich nur vorne ein Querstabilisator widersetzte. Gleichzeitig sorgten sie auch für respektablen Federungskomfort und durchaus taugliche Straßenfahreigenschaften, die jene von vielen auch nur ähnlich geländetauglichen Konkurrenzfabrikaten in den Schatten stellten.

Besonders viel Aufwand betrieben die Techniker beim Aggregateschutz. Alle mechanischen Bauteile, auch die Auspuffanlage, wurden so geschickt angeordnet, dass nichts nach unten über die stabilen Rahmenlängsträger heraus stand. Zusätzlich beugten stabile Schutzplatten unter Motor und Tank Schäden bei Grundberührung vor. Die Entlüftungen aller Öl führenden Aggregate waren sorgfältig nach oben verlängert und an der Motorspritzwand zusammengefasst; der Motor bezog seine Verbrennungsluft aus dem – wie sich während der Erprobung herausgestellt hatte – gut schwallwassergeschützten Bereich hinter dem rechten Vorderrad; und nicht zuletzt sorgten die Starrachsen für eine unabhängig von der Belastung konstante Bodenfreiheit.

Die Ausstattung stand zunächst noch ganz im Zeichen nutzfahrzeuggemäßer Schlichtheit. Ein großes Zweispeichen-Tranporterlenkrad, Kurbelfenster, eine einfache, lackierte Armaturentafel aus Blech, eine simple und mäßig leistungsfähige Heizung – das war das Ambiente in den frühen G-Modellen, das der seinerzeitige Pressetext mit den Worten »eine sachliche, von der funktionellen Anordnung aller Bedienelemente beherrschte Atmosphäre« eher freundlich beschrieb. Das Armaturenbrett der überwiegend mit Dieselmotor gebauten Militärversionen unterschied sich dabei – bis auf den Tarnlichtschalter und die olivgrüne Lackierung – nicht wesentlich von den zivilen Modellvarianten.

Erste Zugeständnisse an das Komfortbedürfnis privater Käufer – die ja relativ viel Geld für den Mercedes-Geländewagen hinlegen mussten – erfolgten mit der ersten Modellpflege 1981: Das Angebot an Sonderausstattungen wurde erweitert; neben Nutzwert-Extras für den professionellen Einsatz – etwa einem Gewehrhalter, einer Seilwinde und zwei Zusatztanks waren nun auch Automatik und Klimaanlage und für die offene Version ein winterfesteres Hardtop mit heizbarer Heckscheibe zu haben. 1982 wuchs der Ausstattungsumfang weiter: Das Vierspeichenlenkrad aus der 123er Pkw-Baureihe war nun für alle Zivilmodelle serienmäßig, die Aufpreisliste wies Recaro-Sitze, Standheizung und Leichtmetallfelgen mit immerhin 235 mm messende »Breitreifen« im 70er Querschnitt statt der schmalen 205 R 16 aus. In jenem Jahr errang der G auch erstmals sportlichen Ruhm: Der belgische Ex-Formel-1-Fahrer Jacky Ickx und Copilot Claude Brasseur – im Hauptberuf Schauspieler – erkämpften auf einem leicht modifizierten 280 GE 1983 Rang 2 bei der berüchtigten Rallye Paris–Dakar.

Die Modellpflegemaßnahmen zielten in der Folgezeit immer deutlicher auf den Privatkäufer ab und machten den G repräsentativer und wohnlicher. 1983 waren erstmals Metalliclackierungen erhältlich; die Sitzverstellung wurde verbessert, der Instrumententräger erhielt beleuchtete Drehschalter für Gebläse und Licht. 1985 waren erstmals Sitzheizung, Zentralverriegelung und breite 255/75er Reifen auf 15-Zoll-Leichtmetallfelgen zu haben – in Verbindung mit Kotflügelverbreiterungen; serienmäßig gab es nun – neben den bislang aufpreispflichtigen Differenzialsperren – einen Drehzahlmesser, eine Beleuchtung für Ascher und Zigarrenanzünder, ein zweifarbig abgesetzt lackiertes Armaturenbrett und neue Karo-Stoffmuster für die Sitze. 1986 floss endlich auch die Servolenkung bei allen Versionen in die Serienausstattung ein; als Sonderaktion bestand für Besitzer von G-Modellen ohne Lenkhilfe die Möglichkeit, sie zum regulären Aufpreis nachrüsten zu lassen.

Parallel zu den auch in der Folgezeit immer wieder erweiterten Umfängen für Serien- und Sonderausstattung wurde auch das Modellprogramm stetig erweitert. Ab 1985 konnte man als Basis für Sonderaufbauten die Version Fahrgestell mit zweitürigem zweisitzigen Fahrerhaus kaufen; sie basierte auf dem langen Radstand von 2850 mm, ab 1987 kam eine verlängerte Version mit 3250 mm Radstand dazu. Dieses Jahr war in der Geschichte des Mercedes G aber von noch wesentlich weiter reichender Bedeutung: Es beginnt die Entwicklung der so genannten Komfort-Baureihe 463, die mit noblerem Interieur, permanentem Allradantrieb und ABS den Akzent noch viel eindeutiger auf den Privatkäufer legte und 1989 präsentiert wurde. Die bekannte Baureihe 460 wurde aber parallel noch weiter angeboten – stetig weiter verbessert und gekrönt vom Sondermodell 230 GE Classic mit besonders opulenter Ausstattung und Ledersitzen.

Von 1979 bis 1992 wurden insgesamt 69.979 Exemplare der Baureihe 460 fertiggestellt; davon entfielen nicht weniger als 51.691 auf die drei zivilen Versionen Station kurz, Station lang und Cabrio. Von den 18.288 übrigen Autos – die intern überwiegend

Mercedes 240 GD
Kombi (1979)

Mercedes G Station-
Wagon (1979)

Mercedes G Kasten-
wagen (1979)

Mercedes G Leiterrahmen-Fahrgestell

unter der »nicht-zvilen« Baureihenbezeichnung 461 gefertigt wurden – gingen die meisten an Militärkunden. Neben den eigentlichen Militärversionen – offen mit klappbarer Scheibe, davon wurden insgesamt 17.503 gebaut – fallen darunter auch mehrere Dutzend Exemplare der Aufbauversion »Fahrgestell mit Fahrerhaus«: Sie wurden in einigen Armeen als Basis für Krankentransportfahrzeuge verwendet. Außer der deutschen Bundeswehr kaufte das österreichische Bundesheer und die Armeen in der Schweiz, in den Niederlanden, in Norwegen, Schweden, Dänemark; ferner gingen Militär-G nach Algerien, Argentinien, Kanada, Malaysia, Singapur und weitere Länder. Alles in allem soll der G in über 60 Armeen weltweit im Einsatz sein; genaue Zahlen sind nicht zu ermitteln, weil in einigen Staaten auch gebraucht erworbene oder erbeutete Fahrzeuge Dienst tun. Endgültig eingestellt wurde die Baureihe 1992 – um kurz darauf als modifizierte »Nutzanwender-Baureihe« 461 einen neuen Start auf den Zivilmarkt zu unternehmen.
Eine Gesamtübersicht aller G-Varianten und der Ausstattungsvarianten sowie eine Zusammenstellung der Gesamtstückzahlen findet sich im nächsten Abschnitt (G 463).

Mercedes G frühes Cockpit

Mercedes G Cockpit (nach 1982)

Mercedes 240 GD Cabrio mit Hardtop (1982 – 1984)

Mercedes G Sonderversion Pickup mit 2+2Sitzer-Kabine

Puch 230 G (Militärausführung kurz = Bauausführung 7), bei der Bundeswehr fast baugleich als 250 GD

G-Sondermodell für den Papst

Die 1983er-Paris-Dakar-Sieger Ickx und Brasseur im 280 GE

Technische Daten Mercedes G 460 (Pkw-Versionen / Benziner)

	230 G 1979 – 1982	230 GE 1982 – 1991	280 G / 280 GE 1979 – 1991
Motor	M 115	M 102 E 23	M 110 E
Betriebsart	Otto (Viertakt)	Otto (Viertakt)	Otto (Viertakt)
Material Block / Kopf	Grauguss / Alu	Grauguss / Alu	Grauguss / Alu
Zylinderzahl / Einbaulage	4 (Reihe) / vorn längs	4 (Reihe) / vorn längs	6 (Reihe) / vorn längs
Bohrung x Hub	93,75 x 83,6 mm	95,5 x 80,25 mm	86 x 78,8 mm
Hubraum	2308 cm³	2298 cm³	2746 cm³
Leistung in kW (PS)	75 (102) bei 5250/min; Normalbenzinversion (N): 66 (90) bei 5000/min	92 (125) bei 5000/min; mit Kat: 89,5 (122) bei 5000/min	114 (155) bei 6300/min; ab 1982: 110,5 (150) bei 5250/min
Drehmoment in Nm	172 bei 3000/min; N: 167 bei 2500/min	192 bei 4000/min	220 bei 4280/min; ab 1982: 226 bei 4250/min
Verdichtung	9,1 : 1; N: 8,1 : 1	9,1 : 1	11,3 : 1
Gemischbereitung, Elektronik	Horizontalvergaser Stromberg 175 CDT	mech. Saugrohreinspritzung, Bosch K-Jetronic; ab 1986: mechan.-elektron. Saugrohreinspr. Bosch KE-Jetronic	mech. Saugrohreinspritzung, Bosch K-Jetronic
Aufladung		–	
Ladeluftkühlung		–	
Ventile pro Zylinder	2, V-förmig hängend	2, V-förmig hängend	2, V-förmig hängend
Nockenwellen (Antrieb)	1 obenlieg. (Kette)	1 obenlieg. (Kette)	2 obenlieg. (Kette)
Kurbelwellenlager	5	5	7
Kühlung	Pumpe (8,5 L), Viskolüfter	Pumpe (9,0 L Wasser), Viskolüfter	Pumpe (17,0 L Wasser), Viskolüfter
Schmierung	Druckumlauf (5,0 L)	Druckumlauf (6,0 L Öl)	Druckumlauf (7,5 L Öl)
Abgasreinigung	–	ab 1986 a.W.: 1 Dreiwege-Kat, 1 Lambda-Sonde	ab 1984: Abgasrückführung
Batterie	12 V (55 Ah) / vorn	12 V (66 Ah) / vorn	12 V (66 Ah) / vorn
Lichtmaschine	Drehstrom 770 W	Drehstrom 770 W	Drehstrom 770 W
Kraftübertragung			
Antrieb (Grundkraftverteilung)		Heckantrieb, Frontantrieb zuschaltbar (0:100 / 50:50)	
Kraftverteilung		Starr	
Sperren		a.W (ab 1985 Serie).: Differenzialsperre (100%) vorn u. hinten	
Kupplung		Schaltgetriebe: Einscheiben-Trocken, Automatik: Wandler ohne Überbrückung	
Schaltgetriebe Übersetzungen	4 Gang I. 4,628, II. 2,462, III. 1,473, IV. 1,00, R. 4,348, Achsantrieb 5,33	4 Gang; ab 1984 a.W. 5 Gang 4-Gang: I. 4,628, II. 2,462, III. 1,473, IV. 1,00, R. 4,348; 5-Gang: I. 3,822, II. 2,199, III. 1,398, IV. 1,00, V. 0,813, R. 3,705; Achsantrieb 4,90	4 Gang; ab 1984 a.W. 5 Gang 4-Gang: I. 4,043, II. 2,206, III. 1,381, IV. 1,00, R. 3,787; 5-Gang: I. 3,822, II. 2,199, III. 1,398, IV. 1,00, V. 0,813, R. 3,705; Achsantrieb 4,90
Automatik Übersetzungen	I. 4,007, II. 2,392, III. 1,463, IV. 1,00, R. 5,495, Achsantrieb 5,33	4 Stufen (ab 1981) I. 4,007, II. 2,392, III. 1,463, IV. 1,00, R. 5,495, Achsantrieb 4,90	I. 4,007, II. 2,392, III. 1,463, IV. 1,00, R. 5,495, Achsantrieb 4,90
Reduktionsgetriebe (Zwischenübersetzung)		Straße 1,0; Gelände 2,14	
Fahrwerk			
Vorderradaufhängung		Starrachse an 2 Längslenkern, Panhardstab, Schraubenfedern, Stabi	
Hinterradaufhängung		Starrachse an 2 Längslenkern, Panhardstab, Schraubenfedern	
Lenkung		Kugelumlauf, a.W.: Servo hydraul. (ab 1986: Serie)	
Betriebsbremse		Scheiben vorn (ø 303 mm), Trommeln hinten, mech. Bremskraftregler hinten	
Fahrdynamikregelung		–	
Allgemeine Daten			
Fahrzeugart (Türen/Sitze)		StK: Kombi (3 / 5); StL: Kombi (5 / 5, a.W. 5 / 9); Cab.: Kombi offen (3 / 5)	
Aufbauform		Leiterrahmen, aufgeschraubte Ganzstahlkarosserie (Cab.: mit Stoffverdeck)	
Radstand		StK u. Cab.: 2400 mm; StL: 2850 mm	
Spur vorn/hinten		1425 / 1425 mm	
Länge x Breite x Höhe		StK u. Cab.: 3945 x 1700 x 1975 mm; StL: 4595 x 1700 x 1985 mm	
Gepäckraum		StK u. Cab.: 745 / 1730 L; StL: 1340 / 2580 L	
Reifen		205 R 16; a.W. 215 R 16; 235/70 R 15: ab 9/85: a.W. 255/75 R 15	
Räder		5.5 J x 16 (Stahl); a.W. 6.0 J x 16 (LM); ab 9/85: a. W. 7.0 J x 15 (LM)	

Technische Daten Mercedes G 460 (Pkw-Versionen / Benziner)

	230 G 1979 – 1982	230 GE 1982 – 1991	280 G / 280 GE 1979 – 1991
Allgemeine Daten			
Überhang vorn / hinten	745 / 870 mm		
Bodenfreiheit	210 mm		
Wattiefe	500 mm		
Rampenwinkel	StK u. Cab.: 25°, StL: 23°		
Böschungswinkel v / h	38 / 31°		
Wendekreisdurchmesser	StK u. Cab.: 11,4 m; StL: 13,0 m		
Steigfähigkeit	StK u. Cab: 102,7 % / 45,8° (N: 99,7 % / 44,9°); StL: 91,7 % / 42,5° (N: 89 % / 41,7°)	4-Gang u. Cab.: 105,4 % / 46,5°; StL: 94,1 % / 43,3°; 5-Gang: StK u. Cabrio: 87 % / 41°; StL: 77,7 % / 37,9°; Automatik bei StK u. Cabrio: 91,3 % / 42,2°, bei StL: 81,5 % / 39,2°	4-Gang u. Cab.: 124,1 % / 51,1°; StL: 110,8 % / 47,9°; 5-Gang: StK u. Cabrio: 102,4 % / 45,7°; StL: 91,5 % / 42,5°; Automatik bei StK u. Cabrio: 107,4 % / 47°, bei StL: 95,9 % / 43,8°
Achsverschränkung	250 mm		
Leermasse (DIN)	StK: 1775 kg; StL: 1875 kg; Cab.: 1695 kg	StK: 1790 kg; StL: 1890 kg; Cab.: 1710 kg	StK: 1830 kg; StL: 1930 kg; Cab.: 1750 kg
Zul. Gesamtgewicht	StK u. Cab.: 2500 kg; StL: 2800 kg		
Zul. Anhängelast gebremst / ungebremst	StK u. Cab.: 2500 / 750 kg; StL: 2800 / 750 kg		
Höchstgeschwindigkeit	137 km/h; N: 128 km/h	143 km/h	155 km/h
Beschleun. 0–100 km/h	26,6 s; N: 28,5 s	17,4 s	14,6 s
Verbrauch in L/100 km	16,1; N: 16,5	14,7	17,6
Kraftstofftank	70 L / hinten	70 L (ab 1978: 81,5 L) / hinten	81,5 L / hinten
Preis (Anf. / Ende Laufz.)	32.600 / 36.800 DM	44.000 / 67.800 DM	38.800 / 63.200 DM
Stückzahl	5.205 (davon 4.138 zivil, 1.067 nichtzivil)	7.511 (davon .7.497 zivil /darunter 74 Stck. als 200 GE/, 17 nicht zivil)	9.989 (davon 9.945 zivil, 44 nichtzivil)

Technische Daten Mercedes G 460 (Pkw-Versionen / Diesel)

	240 GD 1979 – 1991	250 GD 1987 – 1992	300 GD 1979 – 1991
Motor	OM 616	OM 602	OM 617
Betriebsart	Diesel	Diesel	Diesel
Material Block / Kopf	Grauguss / Grauguss	Grauguss / Grauguss	Grauguss / Grauguss
Zylinderzahl / Einbaulage	4 (Reihe) / vorn längs	5 (Reihe) / vorn längs	5 (Reihe) / vorn längs
Bohrung x Hub	90,9 x 92,4 mm	87,0 x 84,0 mm	90,9 x 92,4 mm
Hubraum	2399 cm^3	2497 cm^3	2998 cm^3
Leistung in kW (PS)	53 (72) bei 4400/min	62 (84) bei 4600/min	64,5 (88) bei 4400/min
Drehmoment in Nm	137 bei 2400/min	154 bei 2200 – 2800/min	172 bei 2400/min
Verdichtung	22,0 : 1	22,0 : 1	21,0 : 1
Gemischbereitung	Vorkammereinspritzung, mech. Reiheneinspritzpumpe		
Aufladung	–		
Ladeluftkühlung	–		
Ventile pro Zylinder	2, parallel hängend	2, parallel hängend	2, parallel hängend
Nockenwellen (Antrieb)	1 obenlieg. (Kette)	1 obenlieg. (Kette)	1 obenlieg. (Kette)
Kurbelwellenlager	5	6	6
Kühlung	Pumpe (9,0 L Wasser), Viskolüfter	Pumpe (9,5 L Wasser), Viskolüfter	Pumpe (10,7 L Wasser), Viskolüfter
Schmierung	Druckumlauf (6,5 L Öl)	Druckumlauf (7,5 L Öl)	Druckumlauf (7,0 L Öl)
Abgasreinigung	–	–	–
Batterie	12 V (88 Ah), vorn	12 V (88 Ah), vorn	12 V (88 Ah), vorn
Lichtmaschine	Drehstrom 770 W	Drehstrom 770 W	Drehstrom 770 W

Technische Daten Mercedes G 460 (Pkw-Versionen / Diesel)

	240 GD 1979 – 1991	250 GD 1987 – 1992	300 GD 1979 – 1991
Kraftübertragung			
Antrieb (Grundkraftverteilung)	Heckantrieb, Frontantrieb zuschaltbar (0:100 / 50:50)		
Kraftverteilung	Starr		
Sperren	a.W. (ab 1985 Serie): Differenzialsperre (100%) vorn und hinten		
Kupplung	Schaltgetriebe: Einscheiben-Trocken, Automatik: Wandler ohne Überbrückung		
Schaltgetriebe Übersetzungen	4 Gang I. 4,628, II. 2,462, III. 1,473, IV. 1,00, R. 4,348, Achsantrieb 5,33	5 Gang I. 3,822, II. 2,199, III. 1,398, IV. 1,00, V. 0,813, R. 3,705; Achsantrieb 6,17	4 Gang; ab 1984 a.W. 5 Gang 4-Gang: I. 4,628, II. 2,462, III. 1,473, IV. 1,00, R. 4,348; 5-Gang: I. 3,822, II. 2,199, III. 1,398, IV. 1,00, V. 0,813, R. 3,705; Achsantrieb 4,90
Automatik Übersetzungen	–	4-Stufen (ab 1981) I. 4,007, II. 2,392, III. 1,463, IV. 1,00, R. 5,495, Achsantrieb 6,17	I. 4,007, II. 2,392, III. 1,463, IV. 1,00, R. 5,495, Achsantrieb 4,90
Reduktionsgetriebe (Zwischenübersetzung)	Straße 1,0; Gelände 2,14		
Fahrwerk			
Vorderradaufhängung	Starrachse an 2 Längslenkern, Panhardstab, Schraubenfedern, Stabi		
Hinterradaufhängung	Starrachse an 2 Längslenkern, Panhardstab, Schraubenfedern		
Lenkung	Kugelumlauf, a.W.: Servo hydraul. (ab 1986: Serie)		
Betriebsbremse	Scheiben vorn (ø 303 mm), Trommeln hinten, mech. Bremskraftregler hinten		
Fahrdynamikregelung	–		
Allgemeine Daten			
Fahrzeugart (Türen/Sitze)	StK: Kombi (3 / 5); StL: Kombi (5 / 5, a.W. 5 / 9); Cab.: Kombi offen (3 / 5)		
Aufbauform	Leiterrahmen, aufgeschraubte Ganzstahlkarosserie (Cab.: mit Stoffverdeck)		
Radstand	StK u. Cab.: 2400 mm; StL: 2850 mm		
Spur vorn/hinten	1425 / 1425 mm		
Länge x Breite x Höhe	StK u. Cab.: 3945 x 1700 x 1975 mm; StL: 4595 x 1700 x 1985 mm		
Gepäckraum	StK u. Cab.: 745 / 1730 L; StL: 1340 / 2580 L		
Reifen	205 R 16; a.W. 215 R 16; 235/70 R 15: ab 9/85: a.W. 255/75 R 15		
Räder	5.5 J x 16 (Stahl); a.W. 6.0 J x 16 (LM); ab 9/85: a. W. 7.0 J x 15 (LM)		
Überhang vorn / hinten	745 / 870 mm		
Bodenfreiheit	210 mm		
Wattiefe	500 mm		
Rampenwinkel	StK u. Cab.: 25°, StL: 23°		
Böschungswinkel v / h	38 / 31 °		
Wendekreisdurchmesser	StK und Cab: 11,4 m; StL: 13,0 m		
Steigfähigkeit	StK und Cab.: 81,8 % / 39,6°; StL: 73 % / 36,1°	5-Gang: StK u. Cab.: 87,9 % /41,3°; StL: 78,5 % / 38,1° Autom.: StK u. Cab.: 79,6 % /38,5°; StL: 71,1 % / 35,4°	4-Gang: StK u. Cab.: 94,4 %/43,3°; StL: 84,3 % / 40,1 ° 5-Gang: StK u. Cab.: 78 % /37,9°; StL: 69,6 % / 34,8 ° Aut.: StK u. Cab.: 81,7 % /39,3°; StL: 73 % / 36,1 °
Achsverschränkung	250 mm		
Leermasse (DIN)	StK: 1810 kg; StL: 1910 kg; Cab.: 1730 kg	StK: 1930 kg; StL: 2050 kg; Cab.: 1830 kg	StK: 1845 (1987: 1935) kg; StL: 1945 (1987: 2055 kg; Cab.: 1765 (1987: 1885 kg
Zul. Gesamtgewicht	StK u. Cab.: 2500 kg; StL: 2800 kg		
Zul. Anhängelast gebremst / ungebremst	StK u. Cab.: 2500 / 750 kg; StL: 2800 / 750 kg		
Höchstgeschwindigkeit	115 km/h	125 km/h	130 km/h
Beschleun. 0-100 km/h	32,5	27,3	26,5
Verbrauch in L/100 km	13,0	12,5	13,1
Kraftstofftank	70 L; ab 1978: 81,5 L / hinten	81,5 L / hinten	70 L; ab 1978: 81,5 L / hinten
Preis (Anf. / Ende Laufz.)	34.000 / 49.800 DM	60.200 / 67.400 DM	35.800 / 70.600 DM
Stückzahl	13.883 (davon 7.645 zivil, 6.238 nichtzivil)	12.464 (davon 2.051 zivil, 10.413 nichtzivil)	20.927 (davon 20.415 zivil, 512 nichtzivil)

Mercedes G Baureihe 463

Schon zu Jahresbeginn 1987 startete in Stuttgart und Graz die Planung für die Entwicklung einer höherwertigen Geländewagen-Baureihe auf Basis des inzwischen acht Jahre gebauten G-Modells. Die Verkaufzahlen der bisherigen Modelle hatten eindeutig gezeigt, dass sich immer weniger der zunächst anvisierten Nutzanwender den Mercedes-Geländewagen kauften. Vielmehr hatte die verstärkte Nachfrage nach den gut motorisierten und umfangreich ausgestatteten Versionen gezeigt, dass der Mercedes G zunehmend finanzstarke Privatkäufer anzog. Das war eine Kundenschicht, auf die schon seit 1970 der britische Luxus-Offroader Range Rover abzielte: Menschen, denen es weniger auf die Robustheit und einfache Technik ankam, sondern die den Geländewagen als Alternative zum konventionellen Pkw der gehobenen Preisklasse ansahen. Diese Kundschaft wollte daher auch nicht auf Komfort- und Sicherheitsmerkmale des Personenwagens verzichten. Die Universalbaureihe 460 – die Nutzanwender und Komfort suchende Privatkäufer gleichermaßen befriedigen sollte – musste einen immer größeren Spagat vollführen. So beschloss man, die Geländewagen-Baureihe aufzuteilen in eine betont schlichte Version für den professionellen Einsatz und eine komfortable für den betuchten Privatkunden.

Neben einer standesgemäßen Innenausstattung, die nicht mehr an das zweckgerichtete Nutzfahrzeuginterieur der bisherigen 460er-G erinnerte, stand dabei auch die aktive Fahrsicherheit ganz oben im Lastenheft. Zwei Dinge schienen besonders wichtig: Die Ausrüstung mit einem ABS-System – das im hochwertigen Pkw-Bereich Ende der 80er-Jahre immer mehr zur Selbstverständlichkeit wurde – und die Ausrüstung mit einem permanenten Allradantrieb. Denn der war einerseits die Voraussetzung für ein ordentlich funktionierendes ABS; andererseits stellte er ein nicht zu vernachlässigendes Verkaufsargument dar: Nur ein permanenter, auch auf der Straße ohne Einschränkung brauchbarer Allradantrieb sorgte für jenes Traktions- und Sicherheitsplus speziell im Winter, das die Käufer von einem teuren Komfort-Geländewagen erwarteten.

Erstmals dem Publikum präsentiert wurde die neue »Komfort-Baureihe« G 463 auf der IAA 1989 in Frankfurt. Die äußeren Unterschiede zum bisherigen Modell hielten sich in Grenzen, fast alle Blechteile der Karosserie stimmten mit denen des G 460 überein. Auch der neue Komfort-G verfügte über eine kantige

Mercedes G-Modell der Komfortbaureihe 463 im Gelände

Zweckform mit nahezu senkrecht stehenden, nicht gewölbten Scheiben. Nur der Kenner bemerkte etwa den vom Heck in die rechte Seitenwand verlegten und nun mit einer Klappe abgedeckten Tankverschluss, der ein bequemeres Betankten erlaubte; oder die aus Kunststoff bestehende und grundsätzlich in Wagenfarbe lackierte Frontmaske statt des generell mattschwarzen Blechgrills.
Weit augenfälliger waren die Änderungen im Innenraum. Sofort sprang das neue Armaturenbrett ins Auge, das serienmäßig mit Edelholzeinlagen (aus tropischen Zebrano, gegen Aufpreis auch mit Walnusswurzelholz) versehen war und sich im Design an die mittlere Mercedes-Pkw-Baureihe W 124 anlehnte. Der gesamte Innenraum war nun verkleidet, lackiertes Blech nirgends mehr sichtbar. Eine erhebliche Steigerung des Fahrkomforts brachten auch die neuen Sitzmöbel: sie stammten nicht mehr aus dem Nutzfahrzeugbereich; sondern es handelte sich vorne um breite, bequeme und neigungsverstellbare Sessel, die mit ihrer straffen Polsterung auch auf Langstrecken gute Körperabstützung boten. Auch die Rücksitzbank war neu. Sie bot selbst drei Erwachsenen bequemen Sitzkomfort und war in den kurzen Modellen mittig, im langen Stationwagen im Verhältnis 2 : 1 geteilt umzuklappen; vorn und hinten gab es Kopfstützen und Automatikgurte.
Auch technisch hatte sich viel getan. Die wesentlichste Änderung war natürlich das neue Verteilergetriebe mit dem internen Baukürzel VG 150, das über ein manuell sperrbares Zentraldifferenzial verfügte. Es verteilte die Kraft zu gleichen Teilen auf Vorder- und Hinterachse und erlaubte den Ausgleich der unterschiedlichen Wegstrecken bei Kurvenfahrt. So ermöglichte es – erstmals im Geländewagen – auch den Einbau eines Antiblockiersystems. Die Anlage stammte von Bosch; die weiterhin trommelgebremsten Hinterräder wurden gemeinsam geregelt, die Vorderräder einzeln. Bei der hinteren Trommelbremse war man nach Mercedes-Aussage unter anderem deshalb geblieben, weil die großen Trommeln eine bessere Wirkung der Handfeststellbremse ermöglichten als die kleinen Hilfstrommeln bei hinteren Scheibenbremsen. Ebenfalls beibehalten wurde der mechanische, lastabhängige Bremskraftregler für die Hinterachse. Er war die Voraussetzung dafür, dass man das ABS auf Knopfdruck abschalten konnte – was beim Bremsen im Gelände auf losem Untergrund für bessere Verzögerung sorgte.
Das Fahrgestell selbst zeigte sich nur geringfügig modifiziert. Weiterhin bildete ein stabiler Leiterrahmen aus geschlossenen Stahlprofilen die tragende Basis; Detailmodifikationen – etwa konstruktiv vorgesehene Sollknickstellen der Hauptträger – sorgten für ein verbessertes Crash-Verhalten und bildeten die Voraussetzung für die Aufnahme der neuen Aggregate. Für die Radaufhängung waren weiterhin zwei robuste Starrachsen mit Schraubenfedern zuständig, geführt an je zwei Längslenkern und einem Panhardstab. Allerdings sorgte eine neue Abstimmung von Federn und Dämpfern für mehr Fahrkomfort.

Mercedes G 463 frühes Cockpit

Erneuert präsentierte sich auch das Motorensortiment. Als neue Spitzenmotorisierung kam der aus den Pkw der E- und S-Klasse bekannte, hier 170 PS starke Dreiliter-ohc-Sechszylinder statt des bisherigen 2,8-Liter-Doppelnockenwellen-Triebwerks. Beibehalten, aber – in Deutschland – nur noch mit G-Kat lieferbar und nun mit 126 PS spezifiziert, wurde der 2,3-Liter-Vierzylinder-Benziner. Wiederum gab es davon speziell für Italien eine auf 2,0 Liter verkleinerte Version als 200 GE. Als kleinster Diesel war wie im 460er-G der 2,5-Liter-Fünfzylinder mit nun 94 PS zu haben. Darüber rangierte der um einen Zylinder »verlängerte« Dreiliter-Sechszylinder mit den gleichen Grundabmessungen, der 113 PS abgab. Alle Triebwerke bis auf den 250er Diesel waren wahlweise mit Fünfgang-Handschaltung oder der bewährten, rein hydraulisch gesteuerten Vierstufenautomatik zu haben. Mithin umfasste das Lieferprogramm insgesamt 21 Karosserie- und Antriebsgrundversionen.
1992 kam erstmals ein aufgeladenes Triebwerk dazu. Der 350 GD Turbodiesel verfügte über eine im Hubraum vergrößerte Version des »Oelmotors 603«, die mit einem Turbolader ausgerüstet war. So gab er eine Leistung von 136 PS sowie ein für G-Verhältnisse geradezu brachiales Drehmoment von 307 (später: 305) Nm ab. Diese Kräfte konnten den noch nie für ihre Standfestigkeit berühmten Mercedes-Schaltgetrieben nicht zugemutet werden. Doch man wollte nicht extra eines der Getrag-Sportgetriebe aus den leistungsstarken Mercedes-Pkw für den Einsatz im G

modifizieren; so fiel die in Kreisen der Hardcore-Offroader mit Stirnrunzeln aufgenommene Entscheidung, den 350 GD TD nicht mehr mit Handschaltung, sondern nur mit Automatik anzubieten.
Auch die Einführung eines Turbodieselmotors stieß nicht von Anfang an auf einhellige Zustimmung – hatten doch aufgeladene Triebwerke nicht den Rufe der unzerstörbaren Langlebigkeit, wie ihn die Mercedes-Selbstzünder seit den 60er-Jahren genossen. Die Skeptiker sollten zwar im Grunde Recht behalten – der 350er Turbodiesel fiel in den Folgejahren, jedenfalls bei flotten Fahrern, immer wieder durch vorzeitige Schäden an Zylinderkopf und Turbolader auf. Dessen ungeachtet lernten die Kunden die Zugkraft des 350er-Turbodiesel – der auch in der neuen S-Klasse W 140 lieferbar war – schätzen. Er entwickelte sich bald zur beliebtesten Variante, so dass der Saugdiesel 250 GD und zwei Jahre später auch der 300 GD getrost wegfallen konnten.
Das wichtigste Ereignis des Jahres 1993 für die G-Fans war zweifellos die Präsentation des 500 GE. Der erste Serien-G mit Achtzylindermotor wurde nur in einer limitierten Sonderserie von insgesamt 500 Exemplaren und nur als viertüriger Stationwagen in dunkler Lackierung (Amethystblau-Metallic) gebaut. Verwendet wurde aber nicht etwa der aktuellen Doppelnockenwellen-V8 der damaligen S-Klasse, sondern der alte sohc-Achtzylinder aus dem früheren 450 SE: Nur er passte in den relativ schmalen G-Motorraum. Der Grauguss-V8 bestach vor allem durch bulligen Drehmomentverlauf, der ihn ganz erheblich vom stets auf hohe Drehzahlen angewiesenen 300er abhob. Die effektiven Fahrleistungen waren freilich gar nicht so beeidruckend: Träume vom G, der Tempo 200 lief, entpuppten sich als Utopie; der mit breiter Sonderbereifung ausgerüstete 500 GE schaffte mit Mühe die 180-km/h-Schallmauer. Um ihn eindeutig als Boulevard-Offroader zu kennzeichnen – nicht gedacht für ernsthaften Geländeeinsatz –, fehlte ihm die vordere Differenzialsperre und die für die Anbringung einer Seilwinde nutzbare Abschlepp-Maulkupplung im vorderen Stoßfänger.
Ab Herbst 1993 wurde die Modellbezeichnung den neuen Gepflogenheiten der Mercedes-Pkw-Sparte angepasst: Die Kennzeichnung E für den inzwischen selbstverständlichen Einspritz-Benziner fiel weg; die Hubraumkennzeichnung wurde dem Baureihenkürzel nachgestellt. So wurde aus dem 300 GE der G 300, aus dem 350 GD Turbodiesel der G 350 Turbodiesel.
Die Ära der Saugdiesel-Motoren im Komfort-G war 1994 mit der intern als »zweite Modellpflege« bezeichneten Überarbeitung des G beendet: Nun wurde auch der kaum noch nachgefragte und zudem den neuen Abgasnormen nicht mehr entsprechende G 300 D eingestellt. Das Modellprogramm wurde überhaupt geändert und gestrafft. Der kaum noch begehrte Vierzylinder 230 GE fiel ebenfalls weg; und einmal mehr flossen bisherige Aufpreisextras in den Serienausstattungsumfang ein. Die wichtigste Ausstattungsneuerung aller Modelle war die Einführung eines Fahrerairbags; ein Beifahrerairbag war vorerst nicht zu haben – der G bestand nach Mercedes-Aussage die gängigen Belastungsgrenzwerte bei Crashversuche auch ohne den zweiten Luftsack. Neu war auch die Bereifung: Endlich wurde die mit dem stattlichen Gewicht des G bisweilen arg überforderte – und aus optischen Gründen nur noch von wenigen Käufern gewählte – 205er Basisbereifung ausgemustert. Der G stand nun serienmäßig auf zeitgemäßeren Niederquerschnittsreifen der Größe 255/65 R 16, aufgezogen auf 7,5 Zoll breiten Alurädern.
Im gleichen Modelljahr wurden auch die Anhängelasten erhöht. Während zuvor ein auflaufgebremster Anhänger hinter als Pkw zugelassenen Zugfahrzeugen generell nie schwerer sein durfte als deren zulässiges Gesamtgewicht, erlaubten die neuen EU-Richtlinien eine Anhängelast bis zum anderthalbfachen Gesamtgewicht des Zugfahrzeugs. Voraussetzung war, dass der »Pkw« als Geländewagen eingestuft war; das erforderte nebenbei, dass erstmals eine gesetzliche Definition dieser Fahrzeugklasse aufgestellt wurde. Jetzt durften die langen Stationwagen die als neues gesetzliche Maximum festgeschriebenen 3,5 Tonnen an den Haken nehmen, die kurzen Versionen 2710 kg.
Neu war der G 320. Er löste den bisherigen 300 GE ab und verfügte über den Doppelnockenwellen Sechszylinder der größeren Mercedes-Limousinen Obwohl nur acht Prozent hubraumstärker, sorgte der neue Reihensechser für einen Leistungszuschlag von immerhin 23,5 Prozent. So bestach das betont sportlich klingende und außerordentlich drehfreudige Aggregat mit Fahrleistungen nahe am Achtzylinder

Mercedes 350 GD Turbodiesel

Sondermodell 500 GE des Vorjahrs; der G 320 lief beinahe 180 km/h. Zudem kam der neue Reihensechser mit Normalbenzin aus – während der 300er schon mit Eurosuper zum Klingeln neigte und hartnäckige Vollgasfahrweise gern mit Ventil- und Zylinderkopfschäden quittiert hatte. Wie der 350 GD TD war der G 320 nur mit Automatikgetriebe zu haben – es gab mithin gar keinen G der Baureihe 463 mehr mit Handschaltung. Die höheren Fahrleistungen des G 320 waren einer der Gründe für die Einführung eines ungewöhnlichen Ausstattungsdetails der Cabrio-Version: Sie erhielt einen an die Blendschutzschuten der 50er-Jahre erinnernden Spoiler oberhalb der Windschutzscheibe, die das vor allem bei solch hohem Tempo infernalisch lauten Flattern und Schlagen der Verdeckplane ganz erheblich dämpfte.
Das Jahr 1995 brachte dem G-Modell vor allem verbesserte Bremsen. Vorn gab es jetzt innenbelüftete Bremsscheiben – gegen die sich vor allem das Grazer Fertigungswerk mit Hinweis auf Probleme im schweren Geländeeinsatz lange gesträubt hatte. Zudem

In limitierter Auflage – Mercedes 500 GE

Mercedes 500 GE

Mit einem Umbau auf Basis des Mercedes 500 GE kam das spanische Panama Jack Racing Team auf den neunten Gesamtrang bei der Rallye Paris-Dakar 1994

Mercedes G 320 (1994 – 1997) Nachfolger des 300 GE

Mercedes G 320 Station (1997 – 2005) mit V6

kam nun ein neues ABS mit Vierkanal-Regelung zum Einsatz. Die ursprünglich aus der S-Klasse stammenden Bremsen waren zuvor schon im 500 GE eingesetzt gewesen. Weitere Aufpreisextras flossen in die Serienausstattung ein, etwa die beheizbaren Außenspiegel.

1996 lief der G 350 Turbodiesel aus; er wurde ab September abgelöst vom G 300 Turbodiesel. Der hatte den neuen Vierventil-Motor, der schon zuvor im E-Klasse-Pkw als »Sportdiesel« für Aufsehen gesorgt hatte. Das 177 PS starke Triebwerk verfügte zwar weiterhin über die Mercedes-typische Vorkammereinspritzung, die für Drehfreude und weichen Motorlauf sorgte; aber die Reiheneinspritzpumpe war erstmals vollelektronisch gesteuert. Mit Abgasrückführung und Oxi-Kat trug der G 300 Turbodiesel den neuen Abgasbestimmungen Rechnung; als erster Mercedes G verfügte er über das neue, elektronisch gesteuerte Fünfgang-Automatikgetriebe mit Wandlerüberbrückungskupplung. Die Zentralelektronik für die Steuerung von Motor und Getriebe saß in einem Kunststoffbehälter im Motorraum – dort, wo vorher die Batterie untergebracht war. Die wurde nach hinten in einen geschlossenen Behälter im linken Hinterradkasten verlagert und war nach Abnehmen eines Deckels vom Kofferraum aus zugänglich.

Von vorn war der neue G 300 TD an den Lüftungsschlitzen im vorderen Stoßfänger und dem höher gesetzten Kennzeichen erkennbar; denn hinter der Stoßstange saß der Ladeluftkühler des neuen Turbodiesel (was das endgültige Aus für die Abschlepp-Maulkupplung in diesem Modell bedeutete). Sowohl G 300 TD als auch G 320 – der weiterhin mit der alten Vierstufen-Automatik versehen war – erhielten 1996 nun doch einen Beifahrerairbag.

1997 wurde der bisherige G 320 mit dem Reihenmotor M 104 abgelöst durch einen V-Motor. Er saß auch bei E, S- und der neuen M-Klasse unter der Haube. Das neue Triebwerk mit dem internen Kürzel M 112 war zusammen mit den konstruktiv eng verwandten Achtzylindern der Motorenbaureihe M 113 entwickelt worden; es verfügte über drei Ventile pro Zylinder und ein Schaltsaugrohr, das für fülligere Zugkraft bei niedrigen Drehzahlen sorgte. Auch der neue G 320 V6 besaß das neue Fünfgang-Automatikgetriebe.

1997 war auch ein wichtiges Jahr für Freunde des offenen Mercedes G: Das recht umständlich zu bedienende manuelle Klappverdeck wurde ersetzt von einer elektrohydraulisch klapp- und versenkbaren Konstruktion. Sie erforderte zwar die Einführung etwas gewöhnungsbedürftig aussehender, feststehender Blecheinsätze hinter der B-Säule; dennoch ließ das bequem auf Fingertipp nach hinten surrende Verdeck die Cabrio-Verkaufzahlen deutlich ansteigen: Gegenüber Preiserhöhungen erwies sich die G-Kundschaft einmal mehr als ungewöhnlich duldsam: Immerhin war der Preis des offenen G 320 von 100.682,50 DM im September 1996 auf 111.032,50 im März 1997 angestiegen; das Cabrio kostete nun 10.407,50 DM mehr als der kurze und 2.415 DM mehr als der lange Stationwagen – ohne deshalb etwa über einen abschließbaren Kofferraum zu verfügen.

Schon im Jahr darauf wurde eine neue Motorisierung eingeführt, die eigentlich eine neue Ära beim G-

Modell einleitete und vor allem für einen erheblichen Nachfrageanstieg aus dem Ausland sorgte. Präsentiert wurde der G 500 mit 296 PS starkem Achtzylinder-Benziner. Schon kurz nach seiner Präsentation wurde er meistverkaufte G-Version in Deutschland; es schien, als hätten viele nur auf diesen Kraft-Geländewagen gewartet. Der neue V8 sorgte nicht nur für jene Geräuschkulisse, die alle G-Fahrer entbehren mussten, die seinerzeit keines der weltweit 500 Sondermodelle des 500 GE erwischt hatten; er ermöglichte auch endlich die Fahrleistungen, von denen man jahre-, man kann gar sagen: jahrzehntelang geträumt hatte. In unter acht Sekunden stürmte er auf Tempo 100; und selbst die lange Zeit unerreichbare 200-km/h-Schallmauer konnte unter günstigen Umständen durchbrochen werden. Im Zaum gehalten wurde die verstärkte Kraft von einer nochmals verbesserten Bremsanlage mit größeren, innen belüfteten Bremsscheiben vorn und Scheibenbremsen auch an der Hinterachse.

Gegen diesen Kraft-Benziner erschien der weiterhin lieferbare G 320 als recht schwächlich, seine Verkaufzahlen sackten ab. Und auch der »temperamentvolle« G 300 Turbodiesel kam einem plötzlich schmalbrüstig vor. Das Jahr 2000 brachte dem G dann schließlich den zeitlebens ersehnten Drehmomentmotor: Der neu entwickelte Achtzylinder-Diesel mit vier Liter Hubraum fand den Weg in den Motorraum und machte den G 400 CDI mit und üppigen 560 Nm Drehmoment zum zugkräftigsten G-Modell bis dato. Das 250 PS starke Triebwerk arbeitete mit elektronisch gesteuerter Common-Rail-Direkteinspritzung und zwei Turboladern; es ermöglichte in der Praxis bessere Fahrleistungen als der seinerzeitige 500 GE – aber bei gut zehn Liter weniger Verbrauch auf 100 km. Da trauerte keiner dem zeitgleich eingestellten G 300 Turbodiesel mit Vorkammermotor mehr nach.

Gleichzeitig mit der Einführung des neuen Motors wartete der Komfort-G mit einer grundlegend neuen Innenausstattung auf. Augenfällig waren neben

Mercedes G 300 Turbodiesel (1996 – 2001)

Mercedes G 320 Cabrio mit elektrischem Verdeck (ab 1997)

Mercedes G Guard gab's seit 1979 – mittlerweile gepanzerte Ausführung in höchster Schutzklasse B7

neuen Vordersitzen, die etwas weiter zur Fahrzeugmitte gerückt waren und somit einige Millimeter mehr Ellenbogenfreiheit zur Tür hin erlaubten sowie der neue Instrumententräger. Auch der G verfügte nun über das Multifunktionsdisplay im neuen Kombiinstrument, das über Lenkradtasten gesteuert und programmiert werden konnte. Ebenfalls neu war die Heiz- und Klimaautomatik, die endlich die (trotz wiederholter Verbesserungen) seit neun Jahren andauernde Kritik an der mangelhaften Heizleistung der 463er G zum Verstummen brachte. Gleichfalls neu war die Einführung des bildschirmgestützten Bedien- und Anzeigesystems COMMAND. Serienmäßig war das System, das neben einem GPS-Navigationssystem mit Kartendarstellung gegen Aufpreis auch einen Fernsehempfänger enthielt, bei den beiden Achtzylindern; beim G 320 kostete es Aufpreis. Grundsätzlich neu war auch die Mittelkonsole. Dort ver-

Baureihen-Übersicht Mercedes G (insgesamt)

Baureihe	**460**	**461 (mil.)**	**461 (zivil)**	**462 (GR)**	**462 (F)**	**463**
Baureihentyp	Basis-Baureihe	Militär-Baureihe	Nutzanwender-Baureihe	CKD-Lizenz-Baureihe	Peugeot P4	Komfort-Baureihe
Zielgruppe	privat, gewerblich	gewerblich, kommunal, militärisch	privat, gewerblich, kommunal	militärisch	militärisch	privat
Versionen	230 G, 230 GE, 200 GE, 280 GE; 240 GD, 250 GD, 300 GD	230 G, 230 GE, 280 GE; 240 GD, 250 GD, 300 GD, 290 GD, 290 GD T, G 270 CDI	250 GD, 290 GD, 290 GD T	240 GD	Peugeot Diesel, 2,5 l, 70 PS; Peugeot Benziner, 2,0 l, 79 PS	230 GE, 200 GE, 300 GE/G 300, 500 GE, G 320, G 320 V6, G 500, G 55 AMG, Komp.; 250 GD, 300 GD, 350 GD T/G 350 TD, G 300 TD, G 270 CDI, G 400 CDI
Technik	Allrad zuschaltbar, kein ABS, kein ESP					Allrad permanent, ABS, ESP (ab 2002)
Gebaute Ausführung	1, 3, 4, 5, 6, 9	7, 10	3, 4, 5, 6, 9, 11,	7, 9, 10	7	1, 3, 6
Bauzeit	1979 – 1992	1981 – 2005	1992 – 2001	1984 – 1992	1987 – 1995	1990 – 2005

Jahresproduktion Mercedes G (insgesamt)

	1979	1980	1981	1982	1983	1984	1985	1986	1987	1988	1989	1990	1991
Mercedes G, alle Baureihen	2.811	7.533	6.950	7.049	6.156	7.326	8.685	8.047	8.103	7.888	6.560	12.103	11.540

	1992	1993	1994	1995	1996	1997	1998	1999	2000	2001	2002	2003
Mercedes G, alle Baureihen	8.528	7.114	5.342	6.860	5.859	3.791	4.594	4.274	5.466	6.143	9.072	2.121

Quelle: Breuninge

Ausführungs-Übersicht Mercedes G

Ausführung	Radstand (mm)	Aufbautyp	Bauzeit
1	2400	offen, Planen- oder Klappverdeck, feste Frontscheibe, 2 Türen	1979 – 2005
2	2400	Kastenwagen, 3 Türen	1980 – 1985
3	2400	Stationwagen, 3 Türen	1979 – 2005
4	2850	Kastenwagen, 3 Türen	1980 – 2005
5	2850	Pickup, 2 Türen	1985 – 1997
6	2850	Stationwagen, 5 Türen	1979 – 2005
7	2400	offen, Planenverdeck, klappbare Frontscheibe, 2 Türen	1981 – 2005
9	3120 oder 3400	Fahrgestell mit kurzen Fahrerhaus, 2 Türen	1987 – 2005
10	2850	offen, Planenverdeck, klappbare Frontscheibe, 2 oder 4 Türen	1984 – 2002
11	3120 oder 3400	Fahrgestell mit Doppelkabinen-Fahrerhaus, 4 Türen	1999 – 2001

Technische Daten Mercedes G 463 (frühe Benziner)

	230 GE 1991 – 1994	300 GE 1991 – 1994	500 GE 1993
Motor	M 102 E	M 103 E	M 117 E
Betriebsart	Otto (Viertakt)	Otto (Viertakt)	Otto (Viertakt)
Material Block / Kopf	Grauguss / Alu	Grauguss / Alu	Grauguss / Alu
Zylinderzahl / Einbaulage	4 (Reihe) / vorn längs	6 (Reihe) / vorn längs	8 (V 90°) vorne längs
Bohrung x Hub	95,5 x 80,2 mm	88,5 x 80,2 mm	96,5 x 85,0 mm
Hubraum	2298 cm³	2960 cm³	4973 cm³
Leistung in kW (PS)	93 (126) bei 5000/min	125 (170) bei 5500/min	177 (240) bei 5200
Drehmoment in Nm	190 bei 4000/min	235 bei 4500/min	375 bei 3750
Verdichtung	9,0 : 1	9,2 : 1	10,0 : 1
Gemischbereitung, Elektronik	Saugrohreinspritzung, Bosch KE-Jetronic		
Aufladung	–	–	–
Ladeluftkühlung	–	–	–
Ventile pro Zylinder	2, V-förmig hängend		
Nockenwellen (Antrieb)	1 obenlieg. (Kette)		2 x 1 obenlieg. (Kette)
Kurbelwellenlager	5	7	5
Kühlung	Pumpe (9,0 L Wasser)	Pumpe (10,5 L Wasser)	Pumpe (14,5 L Wasser)
Schmierung	Druckumlauf (6,0 L Öl)	Druckumlauf (8,0 L Öl)	Druckumlauf (8,5 L Öl)
Abgasreinigung	1 Dreiwege-Kat, 1 Lambda-Sonde		1 Dreiwege-Kat, 2 Lambda-Sonden
Batterie	12 V (66 Ah) / vorn		12 V (88 Ah) / vorn
Lichtmaschine	Drehstrom 770 W	Drehstrom 1120 W	
Kraftübertragung			
Antrieb (Grundkraftverteilung)	Allradantrieb permanent (50 :50 %)		
Kraftverteilung	Kegelrad-Zentraldifferenzial, manuell sperrbar		
Sperren	Differenzialsperre (100%) vorn u. hinten (500 GE: nur hinten)		
Kupplung	Schaltgetriebe: Einscheiben-Trocken; Automatik: Wandler ohne Überbrückung		
Schaltgetriebe Übersetzungen	5 Gang I. 3,86, II. 2,18, III. 1,37, IV. 1,0, V. 0,80, R. 4,22: Achsantrieb 5,29	5 Gang I. 3,86, II. 2,18, III. 1,37, IV. 1,0, V. 0,80, R. 4,22: Achsantrieb 4,86	–
Automatik Übersetzungen	4 Stufen I. 3,87, II. 2,25, III. 1,44, IV. 1,0, R. 3,39, Achsantrieb 4,86	4 Stufen I. 3,87, II. 2,25, III. 1,44, IV. 1,0, R. 3,39, Achsantrieb 4,375	4 Stufen I. 3,87, II. 2,25, III. 1,44, IV. 1,0, R. 3,39, Achsantrieb 4,375
Reduktionsgetriebe (Zwischenübersetzung)	Straße 1,05; Gelände 2,16		Straße 0,87; Gelände 2,16
Fahrwerk			
Vorderradaufhängung	Starrachse an 2 Längslenkern, Panhardstab, Schraubenfedern, Gasdruckdämpfer, Stabi		
Hinterradaufhängung	Starrachse an 2 Längslenkern, Panhardstab, Schraubenfedern, Gasdruckdämpfer, Stabi		
Lenkung	Kugelumlauf, Servo hydraul.		
Betriebsbremse	Scheiben vorn (ø 303 mm), Trommeln hinten, mech. Bremskraftregler hinten; ABS		
Fahrdynamikregelung	–		

Technische Daten Mercedes G 463 (frühe Benziner)

	230 GE 1991 – 1994	300 GE 1991 – 1994	500 GE 1993
Allgemeine Daten			
Fahrzeugart (Türen/Sitze)	StK: Kombi (3 / 5) StL: Kombi (5 / 5, a.W. 5 / 7) Cab.: Kombi offen (3 / 5)		StL: Kombi (5 / 5, a.W. 5 / 7)
Aufbauform		Leiterrahmen, aufgeschraubte Ganzstahlkarosserie (Cab.: mit Stoffverdeck)	
Radstand		StK u. Cab: 2400 mm, StL: 2850 mm	
Spur vorn/hinten	1425 / 1425 mm	1475 / 1475 mm	
Länge x Breite x Höhe		StK: 4230 x 1760 x 1931; StL: 4680 x 1760 x 1935; Cab.: 4275 x 1760 x 1940	
Gepäckraum		StK: 250 / 1580 L; StL: 480 / 2250 L; Cab.: 238 / 1580 L	
Reifen	205 R 16; a.W.: 225/75 R 16, 255/75 R 15		275 / 70 R 16
Räder	5.5 J x 16 (Stahl); a.W. 6.0 J x 16 (LM), 7.0 J x 15 (LM)		7.5 J x 16
Überhang vorn / hinten		StK u. StL: 783 / 1029; Cab.: 783 / 1074	
Bodenfreiheit		215 mm	
Wattiefe		500 mm	
Rampenwinkel		StK u. Cab.: 27°; StL: 23°	
Böschungswinkel v / h		36 / 32°	
Wendekreisdurchmesser		StK u. Cab.: 11,4 m; StL: 13,0 m	
Steigfähigkeit	5-Gang: StK u. Cab.: 90,4 % /42,1°; StL: 84,6 % / 40,2 ° Autom.: StK u. Cab.: 83,3 % /39,8 °; StL: 78,0 % / 37,9 °	5-Gg.: StK u. Cab.: 102,8 % /45,8°; StL: 96,2 % / 43,9 ° Aut.: StK u. Cab.: 92,8 % /42,8 °; StL: 86,8 % / 41,0 °	87,5 % / 41,2°
Achsverschränkung		StK u. Cab: 255 mm; StL: 275 mm	
Leermasse (DIN)	StK: 2060 kg; StL: 2195 kg Cab.: 2005 kg	StK: 2085 kg; StL: 2230 kg Cab.: 2030 kg	2430 kg
Zul. Gesamtgewicht	StK u. Cab.: 2620 kg StL: 28.00 kg	StK u. Cab.: 2620 kg StL: 2800 kg	3050 kg
Zul. Anhängelast gebremst / ungebremst		StK u. Cab.: 2500 kg; StL: 2950 kg	
Höchstgeschwindigkeit	145 km/h	165 km/h	180 km/h
Beschleun. 0–100 km/h	17,5 s	13,5 s	11,0 s
Verbrauch in L/100 km	16,5	18,2	22,6
Kraftstofftank		96 L / hinten	
Preis (Anf. / Ende Laufz.)	Cab.: 69.882 DM / 76.187 DM; Stk: 69.768 DM / 76.073 DM; StL: 77.064 DM / 83.778 DM	Cab.: 76.836 DM / 85.963 DM; Stk: 76.722 DM / 85.848 DM; StL: 83.790 DM / 85.848 DM	StL: 178.250 DM
Stückzahl	786 (davon 393 Stck. 200 GE)	4.895	489

Technische Daten Mercedes G 463 (frühe Diesel)

	250 GD 1991 – 1992	300 GD 1991 – 1994	350 GD Turbodiesel / G 350 Turbodiesel 1992 – 1996
Motor	OM 602	OM 603	OM 603 A
Betriebsart	Diesel	Diesel	Diesel
Material Block / Kopf	Grauguss / Grauguss	Grauguss / Grauguss	Grauguss / Grauguss
Zylinderzahl / Einbaulage	5 (Reihe) / vorn längs	6 (Reihe) / vorn längs	6 (Reihe) / vorn längs
Bohrung x Hub	87 x 84 mm	87 x 84 mm	89 x 92,4
Hubraum	2497 cm³	2996 cm³	3449 cm³
Leistung in kW (PS)	69 (94) bei 4600/min	83 (113) bei 4600/min	100 (136) bei 4000/min
Drehmoment in Nm	158 bei 2600 –3100/min	191 bei 2700-2900/min	307 bei 1800/min
Verdichtung	22,0 : 1	22,0 : 1	22,0 : 1
Gemischbereitung		Vorkammereinspritzung, mech. Reiheneinspritzpumpe	
Aufladung	–	–	1 Turbolader
Ladeluftkühlung	–	–	–
Ventile pro Zylinder		2, parallel hängend	
Nockenwellen (Antrieb)		1 obenlieg. (Kette)	
Kurbelwellenlager	6	7	7
Kühlung	Pumpe (9,5 L Wasser)	Pumpe (10,7 L Wasser)	Pumpe (10,7 L Wasser)
Schmierung	Druckumlauf (7,3 L Öl)	Druckumlauf (8,5 L Öl)	Druckumlauf (8,5 L Öl)
Abgasreinigung	1 Dreiwege-Kat, 1 Lambda-Sonde	–	–
Batterie	12 V (88 Ah) / vorn		12 V (88 Ah); G350 TD: (100 Ah) / vorn
Lichtmaschine	Drehstrom 770 W		Drehstrom 770 W; G 350 TD: 1260 W

Technische Daten Mercedes G 463 (frühe Diesel)

	250 GD 1991 – 1992	300 GD 1991 – 1994	350 GD Turbodiesel / G 350 Turbodiese 1992 –1996
Kraftübertragung			
Antrieb (Grundkraftverteilung)	Allradantrieb permanent (50 :50 %)		
Kraftverteilung	Kegelrad-Zentraldifferenzial, manuell sperrbar		
Sperren	Differenzialsperre (100%) vorn u. hinten		
Kupplung	Schaltgetriebe: Einscheiben-Trocken; Automatik: Wandler ohne Überbrückung		
Schaltgetriebe Übersetzungen	5 Gang I. 3,86, II. 2,18, III. 1,37, IV. 1,0, V. 0,80, R. 4,22: Achsantrieb 6,17	5 Gang I. 3,86, II. 2,18, III. 1,37, IV. 1,0, V. 0,80, R. 4,22: Achsantrieb 5,29	–
Automatik Übersetzungen	–	4 Stufen I. 3,87, II. 2,25, III. 1,44, IV. 1,0, R. 3,39, Achsantrieb 4,11	I. 3,87, II. 2,25, III. 1,44, IV. 1,0, R. 3,39, Achsantrieb 4,11
Reduktionsgetriebe (Zwischenübersetzung)	Straße 1,05; Gelände 2,16		Straße 0,87; Gelände 2,16
Fahrwerk			
Vorderradaufhängung	Starrachse an 2 Längslenkern, Panhardstab, Schraubenfedern, Gasdruckdämpfer, Stabi		
Hinterradaufhängung	Starrachse an 2 Längslenkern, Panhardstab, Schraubenfedern, Gasdruckdämpfer, Stabi		
Lenkung	Kugelumlauf, Servo hydraul.		
Betriebsbremse	Scheiben vorn (ø 303 mm), Trommeln hinten, mech. Bremskraftregler hinten; ABS		
Fahrdynamikregelung	–		
Allgemeine Daten			
Fahrzeugart (Türen/Sitze)	StK: Kombi (3 / 5) StL: Kombi (5 / 5, a.W. 5 / 7) Cab.: Kombi offen (3 / 5)		
Aufbauform	Leiterrahmen, aufgeschraubte Ganzstahlkarosserie (Cab.: mit Stoffverdeck)		
Radstand	StK u. Cab.: 2400 mm, StL: 2850 mm		
Spur vorn/hinten	1425 / 1425 mm	1425 / 1425 mm	1425 / 1425 mm; ab 7/94: 1475 / 1475
Länge x Breite x Höhe	StK: 4230 x 1760 x 1931; StL: 4680 x 1760 x 1935; Cab.: 4275 x 1760 x 1940		
Gepäckraum	StK: 250 / 1580 L; StL: 480 / 2250 L; Cab.: 238 / 1580 L		
Reifen	205 R 16; a.W.: 225/75 R 16, 255/75 R 15	205 R 16; a.W.: 225/75 R 16, 255/75 R 15	205 R 16; a.W.: 225/75 R 16, 255/75 R 15; ab 7/94: 255/65 R 16
Räder	5.5 J x 16 (Stahl); a.W. 6,0 J x 16 (LM), 7.0 J x 15 (LM)	5.5 J x 16 (Stahl); a.W. 6,0 J x 16 (LM), 7.0 J x 15 (LM)	5.5 J x 16 (Stahl); a.W. 6,0 J x 16 (LM), 7.0 J x 15 (LM); ab 7/94: 7.5 J x 16
Überhang vorn / hinten	StK u. StL: 783 / 1029; Cab.: 783 / 1074		
Bodenfreiheit	215 mm		
Wattiefe	500 mm		
Rampenwinkel	StK u. Cab.: 27°; StL: 23°		
Böschungswinkel v / h	36 / 32°		
Wendekreisdurchmesser	StK u. Cab.: 11,4 m; StL: 13,0 m		
Steigfähigkeit	StK u. Cab.: 87,7 % / 41,3°; StL: 82,1 % / 39,4	5-Gang: StK u. Cab.: 90,9 % /42,3°; StL: 85,1 % / 40,4 ° Autom.: StK u. Cab.: 70,8 % /35,5°; StL: 66,3 % / 33,5 °	StK u. Cab.: 114,7 % / 48,9 °; StL: 101,1 % / 45,3 ° ab 7/94: StK u. Cab.: 115,4 % / 49,1 °; StL: 101,8 % / 45,5 °
Achsverschränkung	StK u. Cab.: 255 mm; StL: 275 mm		
Leermasse (DIN)	StK: 2060 kg; StL: 2195 kg; Cab.: 2005 kg	StK: 2090 kg; StL: 2225 kg; Cab.: 2035 kg	StK: 2090 kg; StL: 2225 kg; Cab.: 2035 kg
Zul. Gesamtgewicht	StK u. Cab.: 2620 kg; StL: 2800 kg	StK u. Cab.: 2620 kg; StL: 2800 kg	StK u. Cab: 2600 kg StL: 2950 kg
Zul. Anhängelast gebremst / ungebremst	StK u. Cab.: 2500 kg StL: 2950 kg		StK u. Cab.: 2500 kg; StL: 2950 kg.; ab 1994: StK u. Cab.: 2710 kg, StL: 3500 kg
Höchstgeschwindigkeit	125 km/h	138 km/h	150 km/h
Beschleun. 0–100 km/h	29,8 s	21,7 s	18,1 s
Verbrauch in L/100 km	13,5 (13,8)	14,7	13,5 L
Kraftstofftank	96 L / hinten		
Preis (Anf. / Ende Laufzeit)	Cab: 69.483 DM; Stk: 69.369 DM; StL: 76.665 DM	Cab: 70.680 DM / 79.235 DM; Stk: 70.566 DM / 79.120 DM; StL: 77.634 DM / 86.825 DM	Cab: 86.526 DM / 100.683 DM; Stk: 86.412 DM / 99.107 DM; StL: 93.936 DM / 107.008 DM
Stückzahl	272	4.163	4.292

Mercedes 400 CDI (2000 – 2005)

Mercedes G 463 Cockpit (2000 – 2005)

schwand zugunsten eines geräumigen Staukastens der Verteilergetriebeschalthebel; die Geländeuntersetzung wurde nun per Knopfdruck aktiviert.

Was sich dem Käufer nur als grundrenovierter Innenraum präsentierte, erforderte in Wahrheit recht tiefgreifende Änderungen der Technik. Voraussetzung für den Wegfall des zweiten Schalthebels war die Einführung einer neuen Verteilergetriebeversion mit elektrohydraulischer Betätigung der Untersetzung; das neue Armaturenbrett mit der neuen Heiz- und Klimaanlage bedingte konstruktive Änderungen an der Spritzwand zwischen Motor- und Innenraum; und die optionale Einbaumöglichkeit eines CD-Wechslers für die Audioanlage machte einen erneuten Umzug der Fahrzeugbatterie erforderlich. Die musste ihren Platz im linken Hinterradkasten räumen, weil dort der CD-Wechsler einzog; fortan saß sie im Fahrzeugboden mittig unter dem Fond-Fußraum, was natürlich neue Blechteile für den Karosserieboden nötig machte.

Einer der Gründe für diesen Weiterentwicklungs-Kraftakt war, dass Mercedes – nun, wo mit dem 5-Liter-V8 endlich das geeignete Triebwerk verfügbar war – den G tauglich für den US-Zivilmarkt machen wollte. Die ersten 23 Jahre seine Lebens gelangten

Technische Daten Mercedes G 463 (späte Benziner)

	G 320 7/1994 – 9/1997
Motor	M 104 E
Betriebsart	Otto (Viertakt)
Material Block / Kopf	Grauguss / Alu
Zylinderzahl / Einbaulage	6 (Reihe) / vorn längs
Bohrung x Hub	89,9 x 84,0 mm
Hubraum	3199 cm³
Leistung in kW (PS)	155 (210) bei 5500/min
Drehmoment in Nm	300 bei 3750/min
Verdichtung	9,2 : 1
Gemischbereitung, Elektronik	Saugrohreinspritzung, HFM
Aufladung	–
Ladeluftkühlung	–
Ventile pro Zylinder	4, V-förmig hängend
Nockenwellen (Antrieb)	2 obenlieg. (Kette)
Kurbelwellenlager	7
Kühlung	Pumpe (10,7 L Wasser)
Schmierung	Druckumlauf (7,5 L Öl)
Abgasreinigung	1 Dreiwege-Kat, 1 Lambda-Sonde
Batterie	12 V (100 Ah) / vorne
Lichtmaschine	Drehstrom 1260 W
Kraftübertragung	
Antrieb (Grundkraftverteilung)	
Kraftverteilung	
Sperren	
Kupplung	Wandler ohne Überbrückung
Schaltgetriebe	
Automatik Übersetzungen	4 Stufen I. 3,87, II. 2,25, III. 1,44, IV. 1,0, R. 5,59, Achsantrieb 4,38
Reduktionsgetriebe	
Fahrwerk	
Vorderradaufhängung	
Hinterradaufhängung	
Lenkung	
Betriebsbremse	Scheiben vorn (ø 303 mm), Trommeln hinten, mech. Bremskraftregler hinten; ABS
Fahrdynamikregelung	–
Allgemeine Daten	
Fahrzeugart (Türen/Sitze)	StK: Kombi (3 / 5); StL: Kombi (5 / 5, a.W. 5 / 7); Cab.: Kombi offen (3 / 5)
Aufbauform	
Radstand	StK u. Cab.: 2400 mm; StL: 2850 mm
Spur vorn/hinten	1475 / 1475 mm
Länge x Breite x Höhe	StK: 4230 x 1760 x 1931 mm; StL: 4680 x 1760 x 1935 mm; Cab.: 4275 x 1760 x 1940 mm
Gepäckraum	StK: 250 / 1580 L; StL: 480 / 2250 L; Cab.: 238 / 1580 L

G 320 V6 9/1997 – 2005	G 500 1998 – 2005	G 55 AMG 2001 – 2004	G 55 AMG Kompressor 2004 – 2005
M 112 E	M 113 E	M 113 E	M 113 E K
Otto (Viertakt)	Otto (Viertakt)	Otto (Viertakt)	Otto (Viertakt)
Grauguss / Alu	Grauguss / Alu	Grauguss / Alu	Grauguss / Alu
6 (V 90 °) / vorn längs	8 (V 90 °) / vorn längs	8 (V 90 °) / vorn längs	8 (V 90 °) / vorn längs
89,9 x 84,0 mm	97,0 x 84,0 mm	97,0 x 92,0 mm	97,0 x 92,0 mm
3199 cm³	4966 cm³	5439 cm³	5439 cm³
156 (215) bei 5500	218 (296) bei 5500/min	260 (354) bei 5500/min	350 (476) bei 6100/min
300 bei 2800 - 4800/min	456 bei 2800 - 4000/min	525 bei 3000/min	700 bei 2650-4500/min
10,0 : 1	10,0 : 1	10,5 : 1	9,0 : 1
Saugrohreinspritzung, HFM	Saugrohreinspritzung, HFM	Saugrohreinspritzung, HFM	Saugrohreinspritzung, HFM
–	–	–	1 Kompressor
–	–	–	2 LLK (luftgekühlt)
3, V-förmig hängend	3, V-förmig hängend	3, V-förmig hängend	3, V-förmig hängend
2 x 1 obenlieg. (Kette)	2 x 1 obenlieg. (Kette)	2 x 1 obenlieg. (Kette)	2 x 1 obenlieg. (Kette)
4	5	5	5
Pumpe (11,3 L Wasser), Viskolüfter	Pumpe(12,0 L Wasser), Viskolüfter	Pumpe, (12,0 L Wasser), Viskolüfter	Pumpe (12,0 L Wasser), Viskolüfter
Druckumlauf (7,5 L Öl)	Druckumlauf (8,0 L Öl)	Druckumlauf (8,5 L Öl)	Druckumlauf (8,5 L Öl)
1 Dreiwege-Kat, 2 Lambda-Sonden	1 Dreiwege-Kat, 2 Lambda-Sonde	2 Dreiwege-Kats, 2 Lambda-Sonden	2 Dreiwege-Kats, 2 Lambda-Sonden
12 V (100 Ah) / hinten; ab 2002: Mitte	12 V (100 Ah) / hinten; ab 2002: Mitte	12 V (90 Ah) / Mitte	12 V (90 Ah) / Mitte
Drehstrom 1610 W	Drehstrom 2100 W	Drehstrom 2100 W	
Allradantrieb permanent (50 :50 %)			
Kegelrad-Zentraldifferenzial, manuell sperrbar			
erenzialsperre (100%) vorn u. hinten; ab 2002: zusätzlich elektron. Schlupfregelung m. Bremseneingriff			
Wandler mit Überbrückung	Wandler mit Überbrückung	Wandler mit Überbrückung	Wandler mit Überbrückung
	–		
5 Stufen I. 3,93, II. 2,41, III. 1,49, IV. 1,00, V. 0,83, R. 3,10, Achsantrieb 4,857	I. 3,93, II. 2,19, III. 1,41, IV. 1,00, V. 0,83, R. 3,16, Achsantrieb 4,38	I. 3,59, II. 2,19, III. 1,41, IV. 1,00, V. 0,83, R. 5,59, Achsantrieb 4,38	I. 3,59, II. 2,19, III. 1,41, IV. 1,00, V. 0,83, R. 3,17, Achsantrieb 4,38
	Straße 0,87; Gelände 2,16		
Starrachse an 2 Längslenkern, Panhardstab, Schraubenfedern, Gasdruckdämpfer, Stabi			
Starrachse an 2 Längslenkern, Panhardstab, Schraubenfedern, Gasdruckdämpfer, Stabi			
Kugelumlauf, Servo hydraul.			
Scheiben vorn (belüft., ø 303 mm) / hinten (ø 276 mm); Ab 2002: Scheiben vorn (belüft., ø 315 mm) /hinten (ø 272 mm), ABS, EBV, Bremsassistent	Scheiben vorn (belüft., ø 315 mm) / hinten (ø 272 mm), ABS, EBV, Bremsassistent	Scheiben vorn (belüft., ø 315 mm) / hinten (ø 272 mm), ABS, EBV, Bremsassistent	Scheiben belüft., vorn (ø 350 mm) / hinten (ø 330 mm), ABS, EBV, Bremsassistent
ab 2002: ESP	ab 2002: ESP	ESP	ESP
StK: Kombi (3 / 5); StL: Kombi (5 / 5, a.W. 5 / 7); Cab.: Kombi offen (3 / 5)	StK: Kombi (3 / 5); StL: Kombi (5 / 5, a.W. 5 / 7); Cab.: Kombi offen (3 / 5)	Kombi (5 / 5, a.W. 7)	Kombi (5 / 5, a.W. 7)
errahmen, aufgeschraubte Ganzstahlkarosserie (Cab.: mit Stoffverdeck; ab 1997: elektr. Stoffverdeck)			
StK u. Cab.: 2400 mm; StL: 2850 mm	StK u. Cab.: 2400 mm; StL: 2850 mm	2850 mm	2850 mm
1475 / 1475 mm	1475 / 1475 mm	1475 / 1475 mm	1501 / 1501 mm
StK: 4230 x 1760 x 1931 mm; StL: 4680 x 1760 x 1935 mm; Cab.: 4275 x 1760 x 1940 mm	StK: 4230 x 1760 x 1931 mm; StL: 4680 x 1760 x 1935 mm; Cab.: 4275 x 1760 x 1940 mm	4662 x 1760 x 1936 mm	4662 x 1864 x 1931 mm
StK: 250 / 1580 L; StL: 480 / 2250 L; Cab.: 238 / 1580 L	StK: 250 / 1580 L; StL: 480 / 2250 L; Cab.: 238 / 1580 L	480 / 2250 L	480 / 2250 L

die zivilen G-Modelle nur stückweise über einen Privatimporteur in die USA; mit dem immer stärkeren Geländewagenboom in den USA schien aber ein offizieller Export der deutschen Geländewagen-Legende in die Staaten Erfolg versprechender als je zuvor – nicht nur aus Prestigegründen. Voraussetzung dafür war freilich, dass der gute alte G ein elektronisches Fahrstabilitätssystem erhielt; denn das Risiko teurer Produkthaftungsprozesse in den USA – angestrengt von unbeholfenen Fahrern, die es womöglich schaffen konnten, den G mit seinem hohen Schwerpunkt in Kurven umzuwerfen – wollte DaimlerChrysler nicht eingehen. Die Einbindung des Bosch-ESP und seine Abstimmung übernahmen die Versuchsingenieure bei Magna-Steyr in Graz. Quasi als Nebeneffekt erhielt der G ab Modelljahr 2002 weitere elektronische Hilfssysteme, weil diese die gleiche Sensorik und Aktuatorik nutzten wie das ESP: die ETS-4 genannte Schlupfregelung mit Bremseneingriff; den Bremsassistenten; die Bergabfahr- und Berganfahrhilfe.

Diese neuen Details kamen ab Modelljahr 2002 allen Modellversionen zugute. Auch dem neuen G 270 CDI, der das Programm ab Herbst 2001 nach unten abrundete. Unter seiner Haube arbeitete der Fünfzylinder-Common-Rail-Turbodiesel mit 156 PS, bekannt aus der M-Klasse, der E-Klasse und dem Transporter Sprinter. Wiederum kombiniert mit der modernen Fünfgang-Automatik, sorgte der 2,7-Liter-Diesel für durchaus ansprechende Fahrleistungen. Ursprünglich als preiswerte Einfach-Variante und Ersatz für die ausgelaufene Nutzanwender-Baureihe 461 gedacht, stieß der G 270 CDI dann aber trotz reduzierter Serienausstattung in die gleiche Oberklasse-Liga vor wie die anderen G-Versionen: Mit über 50.000 Euro Einstandpreis – nach alter Währung über 100.000 Mark – war er auch kein wirklich preiswertes Auto. Erhältlich war er nur in den beiden Station-Versionen, nicht als Cabrio: Wer sich den Luxus eines offenen G leisten wollte, sollte gefälligst einen der Benziner oder den großen G 400 CDI nehmen.

Am anderen Ende der Leistungsskala tat sich ein Jahr später etwas. Zum Modelljahr 2003 präsentierte die Mercedes-Tuning-Tochterfirma AMG in Gestalt des G 55 AMG eine noch stärkere Motorvariante des G – allerdings nicht in allen drei Karosserieversionen, sondern nur als langen Stationwagen. Der durch einen verlängerten Hub auf 5,5 Liter vergrößerte, höher verdichtete und klassisch getunte V8 brachte 354 PS auf die Räder; damit war sicher gestellt, dass die 200-km/h-Marke keine unüberwindliche Schwelle mehr war. Werksseitig war die Höchstgeschwindigkeit mit 210 km/h angegeben – ein Wert, der wegen der erstmals im G nötigen elektronischen Abregelung auch bergab nicht überschritten werden konnte.

Zum 25. Geburtstag der G-Klasse setzte AMG noch eins drauf. Zwar kam nicht der von manchen erwartete Zwölfzylinder-G; ein solcher »G 600« mit 580 Nm und 408 PS war 1997 als Einzelstück im Kundenauftrag vom G-Spezialisten ORC aus Ostfildern aufgebaut worden. Dafür versah AMG den G 55 mit Kompressoraufladung, was die Leistung des frisierten Achtzylinders auf glatte 300 kW – entsprechend 476 PS – ansteigen ließ und für ein brachiales Drehmoment von glatten 700 Nm sorgte. Möglicher Hintergrund dieser Leistungskur: Mercedes wollte es nicht auf sich sitzen lassen, dass Porsche mit dem Cayenne Turbo den beschleunigungsschnellsten Seriengeländewagen im Programm hatte. Und tatsächlich nahm der akustisch an amerikanische Dragster erinnernde Bolide dem Porsche beim Sprint auf 100 einige Zehntelsekunden ab.

Der wieder nur als langer Station lieferbare G 55 AMG Kompressor war aber dennoch nicht der ultimative Kraft-G – sofern man die Produkte des Bottroper Mercedes-Tuners Brabus berücksichtigt. Brabus-Chef Bodo Buschmann, von Anfang an rege auch um das G-Modell bemüht, ließ in seiner Edelschmiede unabhängig vom Mercedes-Mutterhaus sein eigenes Jubiläumsmodell entwickeln. Der Brabus GV12 durfte zwar offiziell keinen Mercedes-Stern tragen; dafür stellten seine Leistungsdaten selbst diejenigen des G 55 AMG Kompressor in den Schatten: Der im

Technische Daten Mercedes G 463 (späte Benziner)

	G 320 7/1994 – 9/1997
Allgemeine Daten	
Reifen	255/65 R 16
Räder	7.5 J x 16
Überhang vorn / hinten	
Bodenfreiheit	
Wattiefe	
Rampenwinkel	
Böschungswinkel v / h	
Wendekreisdurchmesser	
Steigfähigkeit	StK u. Cab: 111,2 % / 48,0 °; StL: 102,5 % / 45,7 °
Achsverschränkung	
Leermasse (DIN)	StK: 2225 kg; StL: 2320 kg; Cab.: 2210 kg
Zul. Gesamtgewicht	StK u. Cab.: 2810 kg; StL: 3050 kg
Zul. Anhängelast gebremst / ungebremst	
Höchstgeschwindigkeit	178 km/h
Beschleun. 0-100 km/h	12,1 s
Verbrauch in L/100 km	16,4
Kraftstofftank	
Preis (Anf. / Ende Laufzeit)	Cab.: 94.300 DM / 100.683 DM (mech.) oder 111.033 (el.); Stk: 94.185 DM / 100.625 DM; StL: 101.775 DM / 108.618 DM
Stückzahl (bis 2003)	3.781

	G 320 V6 9/1997 – 2005	G 500 1998 – 2005	G 55 AMG 2001 – 2004	G 55 AMG Kompressor 2004 – 2005
	255/65 R 16	265/60 R 18	265/60 R 18	285/55 R 18
	7.5 J x 16	7.5 J x 18	7.5 J x 18	9.5 J x 18
	StK u. StL: 783 / 1029; Cab.: 783 / 1074 mm			
	210 mm			
	500 mm			
	StK u. Cab.: 26°; StL: 22°			
	36 / 32°			
	StK u. Cab.: 11,3 m; StL: 13,3 m			
	StK u. Cab.: 125,3 % / 51,4°; StL: 113,6 % / 48,6°	StK u. Cab.: 163,4 % / 58,5°; StL: 148,2 % / 56,0°	150,9 % / 56,5°	202,4 % / 63,7°
	StK u. Cab.: 245 mm; StL: 270 mm			
	StK: 2180 kg; StL: 2275 kg; Cab.: 2165 kg	StK: 2365 kg; StL: 2460 kg; Cab.: 2350 kg	2425 kg	2485 kg
	StK u. Cab.: 2810 kg; StL: 3500 kg	3200 kg	3200 kg	3200 kg
		StK u. Cab.: 2710 kg StL: 3500 kg		
	173 km/h	195 km/h	210 km/h	210 km/h (el. begrenzt)
	StK u. Cab.: 10,9; StL: 11,3	StK u. Cab.: 7,3; StL: 7,7	7,4 s	5,6 s
	15,3	16,7	16,2	16,3
		96 L / hinten		
	Cab.: 111.033 DM / 66.004 €; Stk: 100.625 DM / 60.206 €; StL: 108.618 DM / 64.844 €	Cab.: 138.852 DM / 81.664 €; Stk: 128.180 DM / 75.980 €; StL: 136.416 DM / 80.388 €	StL: 101.152 €	StL: 108.228 €
	2.846	16.162	861	5

Hubraum von 5,5 auf 6,3 Liter vergrößerte Biturbo-Zwölfzylinder entwickelte 610 PS und ließ ein Maximaldrehmoment von 1006 Nm auf die Räder los. Den Sprint auf 100 km/h bewältigte der ganz in Schwarz gehaltene und ohne Ersatzrad am Heck gelieferte Wagen in rund fünf Sekunden, die Höchstgeschwindigkeit war elektronisch auf 230 km/h begrenzt.

Insgesamt wurden vom Mercedes G der Baureihe 463 bis einschließlich 2003 rund 32.281 Stück hergestellt (das sind knapp ein Fünftel aller je gebauten G), bis zum voraussichtlich endgültigen Auslaufen der Baureihe im Jahr 2005 dürften es rund 40.000 Exemplare werden. Einen eigenständigen Nachfolger wird der G nicht erhalten. Vielmehr soll eine stärker auf optimierte Geländetauglichkeit ausgerichtete Ableitung der künftigen M-Klasse ab 2005 diejenigen Kunden befriedigen, die von sich sagen wollen, das geländetauglichste Serienautomobil der Welt zu fahren.

Mercedes G 55 AMG

Mercedes G 500 AMG Stretchversion

Mercedes Brabus GV12

Technische Daten Mercedes G 463 (späte Diesel)

	G 300 Turbodiesel 9/1996 – 2001	G 270 CDI 2002 – 2005	G 400 CDI 2001 – 2005
Motor	OM 606 LA	OM 612	OM 628
Betriebsart	Diesel	Diesel	Diesel
Material Block / Kopf	Grauguss / Alu	Grauguss / Alu	Alu / Alu
Zylinderzahl / Einbaulage	6 (Reihe) / vorn längs	5 (Reihe) / vorn längs	8 (V 90 °) / vorn längs
Bohrung x Hub	87,0 x 84,0 mm	88,0 x 88,4	86 x 86 mm
Hubraum	2996 cm³	2688 cm³	3996 cm³
Leistung in kW (PS)	130 (177) bei 4400/min	115 (156) bei 3800/min	184 (250) bei 4400/min
Drehmoment in Nm	330 bei 1600-3600/min	400 bei 1800-2600	560 bei 1700-2600/min
Verdichtung	22,0 : 1	18,0	18,0 : 1
Gemischbereitung, Elektronik	Vorkammereinspritzung, elektron. gereg. Reiheneinspritzpumpe	Common-Rail-Direktspritzung, elektron geregelt	
Aufladung	1 Turbolader		2 Turbolader
Ladeluftkühlung	1 LLK (luftgekühlt)		
Ventile pro Zylinder	4, V-förmig hängend		
Nockenwellen (Antrieb)	2 obenlieg. (Kette)	2 obenlieg. (Kette)	2 x 2 obenlieg. (Kette)
Kurbelwellenlager	7	6	5
Kühlung	Pumpe, (10,5 L Wasser) Viskolüfter	Pumpe, (12,0 L Wasser) Viskolüfter	Pumpe, (14,7 L Wasser) Viskolüfter

Technische Daten Mercedes G 463 (späte Diesel)

	G 300 Turbodiesel 9/1996 – 2001	G 270 CDI 2002 – 2005	G 400 CDI 2001 – 2005
Motor	OM 606 LA	OM 612	OM 628
Schmierung	Druckumlauf (7,0 L Öl)	Druckumlauf (7,0 L Öl)	Druckumlauf (12 L Öl)
Abgasreinigung	Abgasrückführung, Oxi-Kat		Abgasrückführung, 2 Oxi-Kats,
Batterie	12 V (100 Ah) / hinten	12 V (100 Ah) / Mitte	12 V (90 Ah) / Mitte
Lichtmaschine	Drehstrom 1260 W	Drehstrom 1610 W	Drehstrom 2660 W
Kraftübertragung			
Antrieb (Grundkraftverteilung)	Allradantrieb permanent (50 :50 %)		
Kraftverteilung	Kegelrad-Zentraldifferenzial, manuell sperrbar		
Sperren	Differenzialsperre (100%) vorn u. hinten; ab 2002: zusätzlich elektron. Schlupfregelung m. Bremseneingriff		
Kupplung	Wandler mit Überbrückung	Wandler mit Überbrückung	Wandler mit Überbrückung
Schaltgetriebe	–		
Automatik Übersetzungen	5 Stufen I. 3,93, II. 2,41, III. 1,49, IV. 1,00, V. 0,83, R. 3,10 Achsantrieb 4,86	I. 3,93, II. 2,41, III. 1,49, IV. 1,00, V. 0,83, R. 3,10 Achsantrieb 4,375	I. 3,59, II. 2,17, III. 1,41, IV. 1,00, V. 0,83, R. 3,17, Achsantrieb 4,11
Reduktionsgetriebe	Straße 0,87; Gelände 2,16		
Fahrwerk			
Vorderradaufhängung	Starrachse an 2 Längslenkern, Panhardstab, Schraubenfedern, Gasdruckdämpfer, Stabi		
Hinterradaufhängung	Starrachse an 2 Längslenkern, Panhardstab, Schraubenfedern, Gasdruckdämpfer, Stabi		
Lenkung	Kugelumlauf, Servo hydraul.		
Betriebsbremse	Scheiben vorn (belüft., ø 303 mm) / hinten (ø 276 mm), ABS	Scheiben vorn (belüft., ø 315 mm) / hinten (ø 272 mm), ABS, EBV, Bremsassistent	Scheiben vorn (belüft., ø 315 mm) / hinten (ø 272 mm), ABS, EBV, Bremsassistent
Fahrdynamikregelung	–	ESP	
Allgemeine Daten			
Fahrzeugart (Türen/Sitze)	StK: Kombi (3 / 5) StL: Kombi (5 / 5, a.W. 5 / 7) Cab.: Kombi offen (3 / 5)	StK: Kombi (3 / 5) StL: Kombi (5 / 5, a.W. 5 /7)	StK: Kombi (3 / 5) StL: Kombi (5 / 5, a.W. 5 / 7) Cab.: Kombi offen (3 / 5)
Aufbauform	Leiterrahmen, aufgeschraubte Ganzstahlkarosserie (Cab.: mit Stoffverdeck; ab 1997: el. Stoffverdeck)		
Radstand	StK u. Cab.: 2400 mm StL: 2850 mm		
Spur vorn/hinten	1475 / 1475 mm		
Länge x Breite x Höhe	StK: 4230 x 1760 x 1931 mm; StL: 4680 x 1760 x 1935 mm; Cab.: 4275 x 1760 x 1940 mm		
Gepäckraum	StK: 250 / 1580 L; StL: 480 / 2250 L; Cab.: 238 / 1580 L		
Reifen	255/65 R 16	265/70 R 16	265/60 R 18
Räder	7.5 J x 16	7.5 J x 16	7.5 J x 18
Überhang vorn / hinten	StK u. StL: 783 / 1029 mm; Cab.: 783 / 1074 mm		
Bodenfreiheit	210 mm		
Wattiefe	500 mm		
Rampenwinkel	StK u. Cab.: 26; StL: 22°		
Böschungswinkel v / h	36 / 32°		
Wendekreisdurchmesser	StK u. Cab.: 11,3 m; StL: 13,3 m		
Steigfähigkeit	StK u. Cab.: 137,9 % / 54,0°; StL: 125,0 % / 51,3°	StK: 140,8 % / 54,6°; StL: 125,4 % / 51,4°	StK u. Cab.: 169,6 % / 59,5°; StL: 151,1 % / 56,5°
Achsverschränkung	StK u. Cab: 245 mm; StL: 270 mm		
Leermasse (DIN)	StK: 2245 kg; StL: 2350 kg; Cab.: 2220 kg	StK: 2275 kg; StL: 2410 kg	StK: 2490 kg; StL: 2585 kg; Cab.: 2475 kg
Zul. Gesamtgewicht	StK u. Cab.: 2705 od. 2810 kg; StL: 3100 kg	StK: 2850 kg; StL: 3200 kg	StK u. Cab.: 2850 kg; StL: 3200 kg
Zul. Anhängelast gebremst / ungebremst	StK u. Cab.: 2710 kg; StL: 3500 kg		
Höchstgeschwindigkeit	164 km/h	157 km/h	180 km/h
Beschleun. 0-100 km/h	StK und Cab.: 14,2 s; StL: 15,7 s	StK: 13,2 s; StL: 13,7 s	10,3 s
Verbrauch in L/100 km	12,1	10,9	12,8
Kraftstofftank	96 L / hinten		
Preis (Anf. / Ende Laufzeit)	Cab.: 101.488 DM / 119.946 DM; Stk: 99.912 DM / 108.990 DM; StL: 107.813 DM / 117.427 DM	Stk: 50.228 € / 52.316 €; StL: 54.520 € / 56.724 €	Cab: 77.488 € / 81.664 €; Stk: 7.1920 € / 75.980 €; StL: 76.212 € / 80.388 €
Stückzahl (bis 2003)	2.956	1.952	3.718

Mercedes G 400 CDI – nicht nur im Gelände, sondern längst auch in der City zuhause

Mercedes G Baureihe 461/462

Eigentlich ist es falsch, von »der« Baureihe 461 zu sprechen. Denn die interne Baureihenbezeichnung 461 wurde für zwei unterschiedliche Arten von Mercedes-/Puch-Geländewagen verwendet. Zum einen waren intern schon seit 1981 alle Militärversionen des Mercedes G mit dem Kürzel 461 bezeichnet; zum anderen steht diese Zahl auch für die zivilen G-Modelle mit zuschaltbarem Allradantrieb der so genannten Komfort-Baureihe G 463. Hier soll es in erster Linie um diese zivilen 461er gehen.

Die Markteinführung der schon 1989 erstmals in der Öffentlichkeit gezeigten Baureihe 463 im Jahr 1990 hatte unverzüglich zu einem dramatischen Einbruch bei den Verkäufen der ersten G-Baureihe 460 geführt. Die deutlich höheren Preise des Komfort-G hielten die Käufer nicht davon ab, statt des spartanischen Ur-G lieber die nobleren und repräsentativeren Modelle mit permanentem Allradantrieb zu nehmen. Ausschließlich die Baureihe 463 hatte dieses auch auf der Straße nutzbare Traktions-System.

So wurde die Baureihe 460 im Jahr offiziell eingestellt – wenngleich einzelne Exemplare noch bis März 1992 montiert wurden. Im gleichen Monat wurde auf der Geländewagenausstellung IOR in Köln der eigentliche Nachfolger des Mercedes-Geländewagens für den harten Arbeitseinsatz vorgestellt: Die nun als Nutzanwender-Baureihe 461 apostrophierten G mit dem altbewährten zuschaltbaren Allradantrieb. Grund für die Wiedergeburt: Mercedes wollte diejenigen Käufer, die den neuzeitlichen Technik-Segnungen der »Komfort-Baureihe« 463 und deren bequemer Ausstattung nicht nur aus Preisgründen skeptisch gegenüberstanden und einfach nur einen robusten Geländewagen für den Arbeitseinsatz suchten, nicht im Regen stehen lassen.

Dementsprechend folgte man bei der Auslegung des Modells auch ganz deren Bedürfnissen. Die augenfälligsten Unterschiede zwischen eingestellter 460er- und neuer 461er-Baureihe fanden sich im Innenraum. All die Komfort-Zutaten, die im Laufe der Jahre Einzug gehalten hatten, wurden wieder des Raumes verwiesen; statt Teppichboden gab es schlichte Gummimatten; Komfort-Extras wie elektrische Fensterheber war nicht lieferbar. Die Sitze im schlichten, schwarzweißen Karo-Design, einfache Türverkleidungen mit Kunststoffbezug und kleinen Armlehnen ließen keinen Zweifel, dass man es hier nicht mit einem bequemen Personenwagen im Geländewagengewand zu tun hatte, sondern mit einem durch und durch ernsthaften Arbeitsgerät.

Darauf deutet auch schon das aufs Nötigste reduzierte Motorenprogramm hin. Der 230 GE bildete die Basis. Der Einspritzmotor wurde weitgehend unverändert aus der 460er Baureihe übernommen, er war für Deutschland serienmäßig mit Lambdasonde und Dreiwege-Kat ausgerüstet; Exportversionen wurden aber auch ohne Kat hergestellt. Serienmäßig war hier das Fünfgang-Schaltgetriebe – kürzer übersetzt als beim Vorgänger, so dass der Fünfte zumindest mit der kleinen Basisbereifung 205 R 16 ein Fahr-, kein Schongang war. Letztlich griffen aber angesichts steigender Benzinpreise nur rund zwei Prozent der Käufer von G-Modellen der Baureihe 461 zum Benzinmotor. Darum wurde der 230 GE im Jahr 1996 aus dem deutschen Vertriebsprogramm gestrichen.

Auch der Diesel hatte serienmäßig fünf Gänge. Es handelte sich im dabei um eine 2,9-Liter-Variante des 1987 eingeführten Fünfzylindermotors mit Vorkammereinspritzung; allerdings war er in Bohrung und Hub vergrößert worden. Das nicht aufgeladene Triebwerk stammte in dieser Version aus den Mercedes-Transportern und brachte eine Leistung von 95 PS. Kurzzeitig bestand bis Mai 1992 daneben die Möglichkeit, statt des 2,9-Liters den alten 2,5-Liter-Diesel zu bestellen; es wurden aber nur eine Handvoll Fahrzeuge an Zivilkunden ausgeliefert. Böse Zungen behaupteten, es habe sich dabei um Restbestände alter 460er gehandelt, die lediglich auf 461er-Baustand nachgerüstet worden waren. Nicht mehr lieferbar waren der alte Fünfzylinder-Dom-Diesel 300 GD, ebenso wenig der Sechszylinder-Benziner. Ebenfalls nicht zu haben war das Automatikgetriebe: Komfort suchende sollten eben den 463 kaufen.

Auch Frischluftfreunde wurden mit dem 461 nicht mehr bedient – es gab keine Cabrioversion. Das Aufbauprogramm der Pkw-Ausführungen bestand also nur aus den beiden Stationwagen mit kurzem und langem Radstand. Dafür wurden die Nutzfahrzeugversionen zahlreicher: Zum zweitürigen Kastenwagen mit 2850 mm Radstand gesellte sich ein Pickup mit integrierter Ladefläche auf dem gleichen Radstand; zum Fahrgestell mit Fahrerhaus auf 3120 mm Radstand ab 1993 eine extralange, nur mit der hohen Leichtlastwagen-Bereifung 235/75 R 17,5 lieferbare Version mit 3400 mm Achsabstand. Sie bot sich Privatkäufern primär als Basisfahrzeug für größere Wohn- und Expeditionsaufbau an.

Für gewerbliche und kommunale Kunden entstanden auf den beiden Fahrgestell-Versionen unterschiedlichsten Sonderaufbauten: vom Abschleppfahrzeug über unterschiedliche Feuerwehrwagen bis hin zur fahrbaren Arbeitsbühne. Auf Sonderwunsch entstand sogar eine Sattelzugmaschine, die einen Show-Truck-Auflieger hinter sich her zog. Ausgerüstet war dieses Fahrzeug mit dem 3,5 Liter großen Motor aus der 463er Baureihe: Kennzeichnend für die »Modellpolitik« bei der Baureihe 463: Auch was nicht in der Preisliste stand, war auf Sonderwunsch durchaus machbar! Nur einzelne Exemplare – die Produktions-

Mercedes G 461 Stationwagen viertürig

statistik weist insgesamt neun gebaute Fahrzeuge aus – wurden von dem prinzipiell in 3120 und 3400 mm Radstandlänge lieferbaren Fahrgestell mit viertürigem Doppelkabiner-Fahrerhaus gefertigt.

Ab 1996 machte auch der Nutzanwender-G zaghafte Zugeständnisse an das gestiegene Sicherheitsbedürfnis der Kunden: Gegen Aufpreis war nun ein Fahrerairbag zu haben. Ab 1997 gab es zusätzlich sogar einen Beifahrerairbag und außerdem doch wieder die elektrischen Fensterheber (natürlich getrennt zu bestellen für vorn und hinten). 1998 erlebt die Nutzanwender-Baureihe ihre einzige grundlegende Überarbeitung: Nachdem sich die Kunden zunehmend über die arg beschaulichen Fahrleistungen beklagt hatten und eine Reihe von Verkaufsniederlassungen 290er-Kunden zum Sondertarif Turboladeranlagen von TSH nachgerüstet hatten, reagierte das Werk und baute serienmäßig einen aufgeladenen Selbstzünder ein. Nicht alle Käufer begrüßten das; denn das aus dem Transporter Sprinter übernommene Triebwerk verfügte über eine voll elektronisch gesteuerte Direkteinspritzung. Aber: Mitten in der Wüste, fern des Werkstattnetzes, mit defektem Gaspedalpotentiometer oder ausgefallener Zentralelektronik liegen zu bleiben, gehört zu den Alpträumen des Fernreisenden.

Bei der Kraftübertragung agierte weiterhin handfeste Mechanik und Hydraulik. Der neue Motor brachte allerdings mit 280 Nm mehr Drehmoment, als man dem Schaltgetriebe – noch nie eine Stärke des Mercedes G – zumuten wollte. Deshalb gab es den 290 GD Turbodiesel, wie der letzte 461er hieß, ausschließlich mit Automatik. Nicht mir dem elektronisch gesteuerten Fünfstufenautomaten, wie er ein Jahr zuvor im 463er-Komfort-G Einzug gehalten hatte; sondern mit dem rein hydraulisch gesteuerten Vierstufen-Automatikgetriebe, das prinzipiell seit 1981 im G verfügbar war.

Fahrwerkstechnisch entsprach der 461er G von Anfang bis Ende im Wesentlichen den früheren 460ern. Es wurden lediglich am Rahmen die Querrohre hinter den Vorderrädern schräg statt quer abgeschnitten, um auch mit großer Sonderbereifung die Verwendung von Schneeketten an der Vorderachse zu ermöglichen. Achsen und Bremsen – vorn Scheiben ohne Innenbelüftung, hinten Trommeln – waren noch vom 460er übernommen; ebenso das gesamte Antriebssystem mit starr zuschaltbarer Vorderachse und pneumatisch per Zugknöpfen zu bedienenden Achsdifferenzial-Vollsperren. Das war allein schon deshalb von Vorteil, weil beim 461 die Militärversionen einen höheren Stellenwert hatten als bei den einstigen 460. Man konnte als möglichst viele Gleichteile einsetzen, ohne die Kunden zu verärgern. Erst die letzten zivilen 461er, die 290 GD Turbodiesel ab 2001, besaßen die Bremsanlage der neueren 463 mit Scheiben auch hinten.

Eine Militärversion besonderer Art, die eigentlich weder zur Baureihe 460 noch zur Baureihe 461 zu zählen ist, war von 1984 bis 1992 im Programm. Unter dem Kürzel G 462 wurden in Graz G-Modelle Teilesätze ohne Getriebe, Interieur und eine Reihe Klein- und Anbauteile zusammengestellt, die zur Endmontage nach Frankreich transportiert wurden und dort unter der Bezeichnung Peugeot P4 von den Bänder rollten. Grundlage für die Teil-Lizenzfertigung war ein Kooperationsabkommen zwischen Mercedes-Benz und Peugeot, das schon bald nach Produktionsbeginn des 460er-G geschlossen worden war. Man hatte in Stuttgart und Graz, nachdem der Großauftrag des Schahs von Persien geplatzt war, ja eifrig nach neuen Militärkunden gesucht und auch bei der französischen Armee angeklopft. Und die hatte, nachdem verschiedene angedachte Kooperationen – etwa die französische Produktion eines Fiat Campagnola mit Renault-Motor – nicht zustande gekommen waren und sich der behelfsweise als leichter Armeewagen eingesetzte Citroën Méhari als wenig geeignet erwiesen hatte, Interesse bekundet.

Voraussetzung war freilich, dass auch lokale Komponenten in dem Wagen verwendet wurden. So wurde vereinbart, dass nur 50 Prozent der Bauteile von Mercedes, die andere Hälfte von Peugeot oder französischen Zulieferern beizusteuern war. Unter der Haube des Franzosen-G arbeiteten daher Motoren aus dem ehemaligen Peugeot 504; das Getriebe stammte ebenfalls von Peugeot – und zwar vom letzten Hecktriebler-Pkw 604 (gebaut 1975 bis 1985). Ausbedungen hatte sich Mercedes im Kooperationsvertrag außerdem, dass Peugeot weder eine Zivilversion anbieten noch den Wagen in afrikanische Länder exportieren durfte, mit denen Frankreich Verteidigungsabkommen unterhielt.
Sonderlich attraktiv dürfte der Wagen auch nicht gewesen sein – jedenfalls nicht für Privatkäufer; denn die Motoren – ein 79 PS starker Vierzylinder-Benziner und ein nur 70 PS leistender 2,5-Liter-Diesel waren noch verbrauchsintensiver und müder als die Mercedes-Aggregate; und die Ausstattung war noch einfacher. Die vordere Differenzialsperre war nicht eingebaut; das simple Dreispeichenlenkrad gab den Blick frei auf eine frugale Blech-Armaturentafel mit zwei Rundinstrumenten und Zusatzanzeigen auf der Mittelkonsole. Die Soldaten der französischen Armee und der bewaffneten Organe der afrikanischen Partnerländer hatten freilich keine Wahl; und so ist der Peugeot P4 zwar in Deutschland ein Exote – nicht aber weltweit gesehen. Insgesamt liefen in Peugeot-Stammwerk von 1981 bis 1985 nicht weniger als 7.500 Exemplare vom Band; danach wurde die Fertigung zum Peugeot-Tochterunternehmen Panhard verlagert, wo nochmals 6.000 Exemplare montiert wurden.
Zwei Aufbauversionen gab es: die der Bauausführung 7 (offen, Radstand 2400 mm, klappbare Windschutzscheibe) ähnliche Basisvariante, die aber lediglich aushängbare Stofftüren besaß; dazu eine ebenfalls offene Variante mit langem Radstand; und eine Fahrgestellversion mit 3120 mm Radstand, die vor allem als Sanitätskraftwagen, aber auch als Trägerfahrzeug für Flugabwehrwaffen eingesetzt wurde. Dazu kamen Sonderversionen für spezielle Einsatzzwecke – auch mit schusssicherer Panzerung. In den Genuss der im Stammwerk vorgenommenen Weiterentwicklungs- und Modellpflegemaßnahmen des Mercedes G kam der Peugeot P4 nicht; 1992 wurden die letzten der insgesamt 13.500 Exemplare fertig gestellt.
Unter dem gleichen Modellkürzel 462 gab es noch eine weitere Lizenzausgabe des Mercedes G. 1991 startete in Graz die Vorbereitung zur Produktion kompletter Teilesätze als CKD-Bausätze (Completely Knocked Down), die bei ELBO im nordgriechischen Thessaloniki ab 1992 montiert wurden. Auch hier war keine Zivilversion vorgesehen; montiert wurden hier bis 1995 insgesamt 4.721 Exemplare – alle ausgerüstet mit dem alten 240er-Dom-Diesel mit 72 PS. Ab den 90er-Jahren akquiriert Mercedes keine neuen Militärkunden mehr. Ein Insider begründete das einleuchtend: Bei vielen Militäraufträgen ging der Lieferant die Verpflichtung ein, bis zu 20 Jahre nach Abschluss des Geschäftes noch Ersatzteile und Möglichkeiten zur Grundinstandsetzung vorzuhalten. Das bedeutete de facto, dass entweder ein großer Bauteilvorrat angelegt werden musste oder aber viele Fertigungseinrichtungen – darunter teure und sperrige, etwa für den Rahmen – auch nach Einstellung der laufenden Produktion betriebsfähig vorgehalten werden müssten. Dennoch wurden auch nach 1990 weiterhin noch zahlreiche Militäraufträge angenommen, auf Sonderwunsch auch spezielle Aufbauten und Ausführungen entwickelt – je nach Spezifikation der jeweiligen Armee. Sogar die USA kaufte ab 1999 – fast überraschend – Militär-G-Modelle: Beim US Marine Corps (USMC) wurden, vor allem für Auslandseinsätze in Europe, als IFAV (Interim Fast Attac Vehicle – Übergangsfahrzeug für schnellen taktischen Einsatz) angeschafft. Denn den USMC war aufgefallen, dass die überbreiten HMMWV-Geländewagen der US-Armee fürs enge Europa nicht geeignet waren. Dabei wurden auf Sonderwunsch die seitlichen Scheuerleisten weg gelassen – dann passten nämlich haarscharf zwei 290 GD nebeneinander in die US-Transportflugzeuge.
Die zivile Baureihe 461 lief 2001 endgültig aus. Trotz der Modernisierung im Jahr 1999 war der Absatz immer weiter zurück gegangen; die Zeit der einfach konzipierten Nutz-Geländewagen für Privatanbieter war vorbei. Insgesamt waren in den neun Jahren seiner Bauzeit 6.414 Exemplare der als Pkw eingestuften Zivilmodelle mit kurzem oder langem Kombi-Aufbau hergestellt worden; dem standen immerhin 8.746 militärische 461 im gleichen Zeitraum gegenüber – bei denen freilich auch einige Dutzend an zivile öffentliche Einrichtungen oder Privatleute gebaute Nutzfahrzeugversionen inbegriffen sind, die sich nicht getrennt ausweisen lassen. So trifft für die 461er-Baureihe zu, was fälschlich gern von allen Mercedes bzw. Puch G gesagt wird: dass es eigentlich primär ein Militärfahrzeug sei, das nebenher auch an Privatkäufer geliefert wird.
Als neues Modell für den kostenbewussten G-Käufer wurde statt dessen das neue Basismodell der Komfort-Baureihe 463 eingeführt, der G 270 CDI mit dem kernigen 2,7-Liter-Fünfzylinder-Dieselmotor. Erst jetzt hatte der »neue G« den »alten G« im Zivilmarkt endgültig abgelöst. Die nicht-zivilen Version des 461 – ab 2002 sogar ebenfalls mit dem neuen 2,7-Liter-Common-Rail-Dieselmotor – werden voraussichtlich noch bis zum endgültigen Auslaufen der Baureihe G im Jahr 2005 in wechselnden Stückzahlen weiter gebaut.

Mercedes 290 GD mit Doppelkabine und Leichtpritsche (Radstand 3400 mm)

Mercedes G mit Pickup-Aufbau

Mercedes G 230 / 290 »Wolf« für die Bundeswehr

Peugeot P4 VLTT mit kurzem Radstand und Planensteckverdeck

Mercedes 290 GD mit Bimobil-Wohnmobilaufbau (Radstand 3200 mm)

Mercedes G Abschleppfahrzeug

Mercedes G als offenes Pritschenfahrzeug

Technische Daten Mercedes G 461 (Zivilversion)	230 GE 1992 – 1996	290 GD 1992 – 1997	290 GD Turbodiesel 1998 – 2001
Motor	M 102 E 23	OM 602	OM 602 LA
Betriebsart	Otto (Viertakt)	Diesel	Diesel
Material Block / Kopf	Grauguss / Alu	Grauguss / Grauguss	Grauguss / Grauguss
Zylinderzahl / Einbaulage	4 (Reihe) / vorn längs	5 (Reihe) / vorn längs	5 (Reihe) / vorn längs
Bohrung x Hub	95,5 x 80,25 mm	89,0 x 92,4 mm	89,0 x 92,4 mm
Hubraum	2298 cm³	2874 cm³	2874 cm³
Leistung in kW (PS)	93 (126) bei 5000/min	70 (95) bei 4000/min	88 (122) bei 3800/min
Drehmoment in Nm	190 bei 4000/min	192 bei 2300/min	280 bei 1900 - 2300/min
Verdichtung	9,1 : 1	22,0 : 1	19,5 : 1
Gemischbereitung, Elektronik	mechan.-elektron. Saugrohreinspritzung Bosch KE-Jetronic	Vorkammereinspritzung, mechan. Reiheneinspritzpumpe	Direkteinspritzung, elektron. gesteuerte Reiheneinspritzpumpe
Aufladung	–	1 Turbolader	
Ladeluftkühlung	–	1 LLK (luftgekühlt)	
Ventile pro Zylinder	2, V-förmig hängend	2, parallel hängend	2, parallel hängend
Nockenwellen (Antrieb)	1 obenlieg. (Kette)	1 obenlieg. (Kette)	1 obenlieg. (Kette)
Kurbelwellenlager	5	6	6

Technische Daten Mercedes G 461 (Zivilversion)

	230 GE 1992 – 1996	290 GD 1992 – 1997	290 GD Turbodiesel 1998 – 2001
Motor	M 102 E 23	OM 602	OM 602 LA
Kühlung	Pumpe (9,0 L Wasser), Viskolüfter	Pumpe (9,5 L Wasser), Viskolüfter	Pumpe (10,7 L Wasser), Viskolüfter
Schmierung	Druckumlauf (6,0 L Öl)	Druckumlauf (7,5 L Öl)	Druckumlauf (7,0 L Öl)
Abgasreinigung	1 Dreiwege-Kat, 1 Lambda-Sonde	–	–
Batterie	12 V (72 Ah) / vorn	12 V (72 Ah) / vorn	12 V (88 Ah) / vorn
Lichtmaschine	Drehstrom 770 W	Drehstrom 770 W	Drehstrom 770 W
Kraftübertragung			
Antrieb (Grundkraftverteilung)	Heckantrieb, Frontantrieb zuschaltbar (0:100 / 50:50)		
Kraftverteilung	Starr		
Sperren	Differenzialsperre (100 %) vorn und hinten		
Kupplung	Schaltgetriebe: Einscheiben-Trocken; Automatik: Wandler ohne Überbrückung		
Schaltgetriebe Übersetzungen	5-Gang I. 3,822, II. 2,199, III. 1,398, IV. 1,00, V. 0,813, R. 3,705; Achsantrieb 4,875	5-Gang I. 3,856, II. 2,138, III. 1,376, IV. 1,00, V: 0,799, R. 3,705, Achsantrieb 4,875	–
Automatik Übersetzungen	–	–	4 Stufen I. 3,87, II. 2,25, III. 1,44, IV. 1,00, R. 5,59, Achsantrieb 3,72
Reduktionsgetriebe (Zwischenübersetzung)	Straße 1,0; Gelände 2,14		
Fahrwerk			
Vorderradaufhängung	Starrachse an 2 Längslenkern, Panhardstab, Schraubenfedern, Stabilisator		
Hinterradaufhängung	Starrachse an 2 Längslenkern, Panhardstab, Schraubenfedern		
Lenkung	Kugelumlauf, a.W.: Servo hydraul. (ab 1986 Serie)		
Betriebsbremse	Scheiben vorn (ø 303 mm), Trommeln hinten, mech. Bremskraftregler hinten		
Fahrdynamikregelung	–		
Allgemeine Daten			
Fahrzeugart (Türen/Sitze)	StK: Kombi (3 / 5); StL: Kombi (5 / 5, a.W. 5 / 9)		
Aufbauform	Leiterrahmen, aufgeschraubte Ganzstahlkarosserie (Cab: mit Stoffverdeck)		
Radstand	StK: 2400 mm; StL: 2850 mm		
Spur vorn/hinten	1425 / 1425 mm		
Länge x Breite x Höhe	StK: 4130 x 1700 x 1940 mm; StL: 4590 x 1700 x 1945 mm		
Gepäckraum	StK: 745 / 1730 L; StL: 1340 / 2580 L		
Reifen	205 R 16; a.W. 225/75 R 16, 255/75 R 15		
Räder	5.5 J x 16 (Stahl); a. W. 7.0 J x 15 (LM)		
Überhang vorn / hinten	745 / 870 mm		
Bodenfreiheit	210 mm		
Wattiefe	500 mm		
Rampenwinkel	StK: 25°; StL: 23°		
Böschungswinkel v / h	38 / 31°		
Wendekreisdurchmesser	StK: 11,4 m; StL: 13,0 m		
Steigfähigkeit (jeweils mit Basisbereifung)	StK: 82,4 % / 39,5°; StL: 73,9 % / 36,5°	StK: 84 % / 40°; StL: 75,3 % / 37°	StK: 93,8 % / 43,2°; StL: 84,1 % / 40,1°
Achsverschränkung	250 mm		
Leermasse (DIN)	StK: 1810 kg; StL: 1910 kg	StK: 1980 kg; StL: 2105 kg	StK: 1845 (1987: 1935) kg; StL: 1945 (1987: 2055 kg
Zul. Gesamtgewicht	StK: 2600 kg; StL: 2900 kg		
Zul. Anhängelast gebremst / ungebremst	StK: 2600 / 750 kg; StL: 3500 / 750 kg		
Höchstgeschwindigkeit	155 km/h	132 km/h	137 km/h
Beschleun. 0–100 km/h	14,6 s	23,0	20,0
Verbrauch in L/100 km	15,6	12,6	11,1
Kraftstofftank	81,5 L / hinten	81,5 L / hinten	81,5 L / hinten
Preis (Anf. / Ende Laufzeit)	StK: 69.173 DM / 70.898 DM; StL: 76.418 DM / 78.315 DM	StK: 67.965 DM / 71.990 DM; StL: 75.210 DM / 79.695 DM	StK: 75.555 DM / 78.726 DM; StL: 83.720 DM / 87.120 DM
Stückzahl	331 (davon 215 zivil, 116 nicht zivil)	12.035 (davon 4.654 zivil, 7.381 nicht zivil)	2.794 (davon 1.545 zivil, 1.249 nicht zivil)

Mercedes M-Klasse I (W 163)

Im Sommer 1997 stellte Mercedes der Öffentlichkeit ein neues Modell vor, das den Allradmarkt gravierender beeinflussen sollte als jeder andere Geländewagen zuvor. Angekündigt hatte sich der geheimnisumwitterte Wagen schon über ein Jahr zuvor: Bei der Detroit Auto Show im Januar jenen Jahres hatte das als Studie AAV (All Activity Vehicle) titulierte Show-Car debütiert – mit dicken Reifen, deren Profil kleine Mercedessterne bildeten. Im Frühjahr kursierten erste Erlkönig-Fotos des bedeutend schlichter einher rollenden Serienfahrzeugs. Kurz vor Serienstart war das Auto in modifizierter Form bereits im Steven-Spielberg-Film »Jurassic Park« zu sehen. Im Herbst stand die neue M-Klasse schließlich auf der IAA in Frankfurt. Die Typenbezeichnung musste in ML geändert werden, weil BMW den Buchstaben M für eigene Modelle beansprucht. Gänzlich anders konzipiert als das betont konservative G-Modell, wandte sich die M-Klasse von Anfang an nur an den privaten Käufer. Robuste Technik für den schweren Geländeeinsatz war nur noch eingeschränkt an Bord; und auch das Karosseriedesign orientierte sich mit fließenden Linien und relativ flach stehender Frontscheibe eher am Pkw – keine Spur von den aufrechten, kantigen Nutzfahrzeugstyling des betagten G-Modells.

Ausgerichtet war der Wagen von vornherein primär am US-Markt. Dort hatte längst der große Run auf die SUV genannten Geländewagen begonnen; die Allradler – dort unabhängig von technischen Details als Sport Utility Vehicles bezeichnet – hatten nicht nur dem konventionellen Pkw-Kombi, sondern auch dem Minivan den Rang als beliebte Alltags- und vor allem Zweitwagen abgelaufen. Die Frage der ernsthaften Geländetauglichkeit stellte in den USA längst niemand mehr; man kaufte ein SUV, weil es etwas her macht, weil es praktisch und geräumig ist, weil es robust, handfest wirkt. In Deutschland hatten Geländewagen zwar schon seit Beginn der 90er-Jahre den einstigen Charakter des raubeinigen Nutzgeräts für Jäger und Bergbauern abgestreift. Aber so richtig als selbstverständliche Alternative zum normalen Straßen-Pkw wurden sie noch nicht gesehen.

Das sollte sich mit der Mercedes-M-Klasse nachhaltig ändern. Konsequenter als die den Markt dominierenden Importfabrikate, vor allem aus Fernost, hatten die Ingenieure daran gearbeitet, die geländewagenspezifischen Nachteile gegenüber einen reinen Straßen-Pkw zu minimieren: die vergleichsweise trägen Fahreigenschaften, den eingeschränkten Fahrkomfort. Zwar basierte der Aufbau der M-Klasse noch auf einem von der Karosserie getrennten Leiterrahmen; dieses Symbol der Robustheit wurde aber in Wahrheit nur auf Anraten der Marketingexperten vom klassischen Geländewagen übernommen. Eine technische Notwendigkeit für die teure Rahmenbauweise bestand nicht. Das Fahrwerk orientierte sich eindeutig an gängigen Pkw-Normen: Starrachsen existierten weder vorn noch hinten; alle vier Räder waren einzeln an Doppelquerlenker-Aufhängungen gelagert, die sich vorn über Drehstab-, hinten über Schraubenfedern am Rahmen abstützten.

Der Innenraum war betont variabel ausgelegt. Eine multifunktional verstell- und klappbare Rückbank gab dem Wagen beinahe die Nutzwertigkeit eines Minivans; unterstrichen wurde dies durch die optional lieferbare, aber letztlich nur von wenigen Käufern georderte dritte Sitzreihe, die im ungewöhnlich geräumigen Kofferraum aufgebaut werden konnte. Den angestrebten Lifestyle-Aspekt betonte man mit einem entsprechenden Zubehörprogramm – etwa Mountainbike-Halterungen für den Laderaum. Ein konventionelles Ersatzrad war in der ganz auf Raumausnutzung abzielenden Karosserie nicht unterzubringen: Es gab nur ein schäbiges Notrad; lediglich gegen Aufpreis erhielt man ein vollwertiges Reserverad, montiert an einem peinlich klotzigen Träger am Heck, den indes kaum jemand bestellte.

Auch die Antriebstechnik rückte weit ab von konventionellen Konzept des Mercedes G mit seinen manuellen Vollsperren für Zentral-, Hinter- und Vorderachsdifferenzial: Es gab überhaupt keine Sperren mehr; erstmals in einem (auch) fürs Gelände gedachten Auto überließ man die Kraftverteilung letztlich der Elektronik und den Fahrzeugbremsen. Fast genau wie schon Jahre zuvor der längst vergessene Ford-Pkw Mondeo 4x4 und die 4matic-Ausführung der aktuellen Mercedes E-Klasse, besaß der Wagen nur drei simple, nicht sperrbare Kegelraddifferenziale. Eines war für die Aufteilung des Kraftflusses zwischen Vorder- und Hinterachse zuständig, je ein weiteres saß in Vorder- und Hinterachse. Drehmoment und Drehzahlen der Räder konnten sich also frei ausgleichen. Drehte im Gelände oder auf rutschigem Boden ein Rad durch, wurde es über die normalen Radbremsen wieder auf die Drehzahl der übrigen abgebremst. So wurde dem »Entweichen« der Antriebskraft vorgebeugt, die Kraft auf die noch gut greifenden Räder umgeleitet. Für den Fahrer bedeutete das umzulernen. Galt es bisher im Gelände stets, durchdrehenden Räder durch vorsichtiges Gasgeben oder durch vorbeugendes Hemmen oder Sperren der Differenziale zu vermeiden, war nun das Gegenteil angesagt: Erst wenn der Fahrer genug Gas gab, um ein Rad zum ausreichend kräftigen Durchdrehen zu bewegen, wurde die Elektronik aktiv, die Schlupfregelung konnte nun ihre Arbeit durch Bremseneingriff aufnehmen.

Ein Untersetzungsgetriebe für den ernsthaften Gelände- oder Zugfahrzeugeinsatz gab es aber. Doch ver-

Studie Mercedes AAV (1997)

Mercedes ML im Steven-Spielberg-Film »Jurassic Park«

glichen mit dem G-Modell, wo stets das Postulat galt, dass die Reduktion während der Fahrt ein- und auch wieder ausgeschaltet werden konnte, war das vom US-Getriebehersteller Borg Warner zugekaufte Aggregat eine schlichte Konstruktion. Das zweigängige Zweiwellen-Stirnradgetriebe hatte keine Synchronisation, konnte also nur bei stillstehendem Fahrzeug bedient werden. Dies geschah nicht etwa mit einem manuellen Hebel, der dem Experten am Lenkrad gefühlvolles Hantieren erlaubt hätte; sondern mit einem simplen Elektrodruckknopf. Dieser mit »Low Range« bezeichnete Druckknopf war die einzige Eingriffmöglichkeit in den Antriebsstrang – alles andere geschah automatisch: Altgediente Geländewagen-Recken waren vergrätzt. Doch die M-Klasse sollte sich ja auch nicht an den passionierten oder professionellen Geländefahrer richten; er wollte ein Geländewagen für den Pkw-Fahrer sein. Und er sollte auch dem amerikanischen Käufer möglichst keine Möglichkeit zur Fehlbedienung geben, um kostspieligen Produkthaftungsklagen vorzubeugen. Schließlich war die M-Klasse primär ein für den US-Markt gedachtes Auto, das auch vor Ort produziert wurde: Mercedes hatte in Tuscaloosa im strukturschwachen US-Bundesstaat Alabama eigens – mit Unterstützung der öffentlichen Hand – ein Werk zur Produktion der M-Klasse errichtet.

Die Motorisierung bestand zu Anfang aus zwei Benzinmotoren aus dem Mercedes-Pkw-Regal. Für den Heimatmarkt USA gab es den 218 PS starken Sechszylinder mit 3,2 Liter Hubraum. Das der neue V-Motorenbaureihe entstammende Leichtmetalltriebwerk mit drei Ventilen pro Zylinder und zweistufigem Schaltsaugrohr wurde ausschließlich in Kombination mit dem ebenfalls recht neuen Fünfgang-Automatikgetriebe von Mercedes kombiniert. Im Sinne der

Vereinheitlichung hatte auch der V6 einen Zylindergabelwinkel von 90°; Schwingungen eliminierte eine Ausgleichswelle. Als preiswerte, kleine Basismotorisierung für die europäischen Märkte kam daneben der ebenfalls aus den E-Klasse-Pkw bekannte 2,3-Liter-Vierzylinder mit 150 PS; er war ausschließlich mit Fünfgang-Schaltgetriebe zu haben.
Zum Modelljahr 1999 gab es Zuwachs: Nun wurde der als bevorzugtes Aggregat der Amerikaner eingeführte 4,3-Liter-Achtzylinder auch in Deutschland angeboten. Der mit den Grundabmessungen des 320er Sechszylinders aufgebaute V8 brachte nicht nur den in Amerika für den erfolgreichen Verkauf eines SUV unabdingbaren Achtzylinder-Klang; seine 272 PS machten den ML 430 auch zum schnellsten Geländewagen des Marktes – in Beschleunigung wie Höchstgeschwindigkeit. Das heizte die Nachfrage nach dem amerikanischen Schwaben nochmals an: Die in Unterschätzung des Verkaufserfolges eher knapp kalkulierten Fertigungskapazitäten (prognostiziert 65.000, unmittelbar nach dem Modellstart auf 80.000 erweitert) waren längst überlastet; schon kurz nach Anlauf der Serienproduktion mussten Ausbau- und Erweiterungsmaßnahmen in Angriff genommen werden.
Vielleicht lag es an den ohnehin langen Lieferzeiten für die M-Klasse, dass ein weiteres Jahr verging, ehe endlich der längst geplante Diesel lieferbar war: Erst zum Modelljahr 2000 wurde der 2,7 Liter große Fünfzylinder-Turbodiesel mit Common-Rail-Direkteinspritzung in der M-Klasse eingeführt, der schon ein Jahr zuvor in den E-Klasse die letzte Generation der alten Mercedes-Vorkammerdiesel verdrängt hatte. Die 163 PS des Fünfzylinders reichten zur angemessenen Fortbewegung und ließen sich mit relativ wenig Dieselöl abspeisen. Der ML 270 CDI entwickelte sich unverzüglich zum gefragtesten Modell der Baureihe. So gab Daimler-Benz – parallel zur ausgebauten Produktion in den USA – bei dem bewährten Kooperationspartner Steyr-Puch (Magna Graz) in Österreich die Fertigung des ML 270 in Auftrag, um der langen Lieferzeiten Herr zu werden.
Ein halbes Jahr nach Einführung des Dieselmodells tat sich auch am anderen Ende der Leistungsskala etwas. Als Tuningversion ab Werk wurde der ML 55 AMG eingeführt. Das optisch undezent mit Spoilern, funktionslosen »Potenzbuckeln« auf der Motorhaube, wulstigen Kotflügelverbreiterungen und 18-Zoll-Rädern aufgeputzte und mit einem 15 mm tiefer gelegten Sportfahrwerk versehene Spitzenmodell der Baureihe sollte mit 347 PS aus dem auf 5,5 Liter vergrößerten V8 vor allem dem zwischenzeitlich präsentierten BMW X5 paroli bieten. Denn der hatte die Fahrleistungsführerschaft bei den deutschen Nobel-Allradlern übernommen. Ein Ersatzrad hatte der ML 55 AMG übrigens gar nicht mehr, den Raum füllte der um 17 auf 93 Liter vergrößerte Tank.

Kontinuierlich wurde an der Fertigungsqualität gefeilt. Gerade durch die in Graz merklich sorgfältiger produzierten M-Modelle war umso mehr aufgefallen, dass die Verarbeitung der Tuscaloosa-M-Klassen nach wie vor nicht dem Standard der Marke Mercedes entsprach. Kundenreklamationen, die mit zunehmender Verbreitung des Wagens naturgemäß zahlreicher wurden, führten zu einer Reihe von Nachbesserungen und Rückrufen. Dem Korrosionsschutz wurde mehr Aufmerksamkeit gewidmet, und die arg enttäuschende Materialqualität im Innenraum wurde angehoben. Auch die an technischen Details geübte Kritik wurde lauter. Zwar zeigten die auf die gleiche spektakuläre Wirkung wie beim A-Klasse-Debakel von 1997/98 abzielenden Berichte aus den USA über angebliche technische Mängel nicht den gleichen Effekt wie bei dem Mercedes-Kleinwagen.
Doch immerhin sah sich Mercedes bemüßigt, das elektronische Antriebsschlupfregelungssystem und das 1999 eingeführte ESP bei Allradspezialist Steyr-Puch einer Neuabstimmung unterziehen zu lassen. Im Zuge der Weiterentwicklung, die zu einer deutlichen Verbesserung der zuvor gelegentlich gerügten Geländefähigkeiten führte, erhielt das Schlupfregelsystem auch die Zusatzfunktion der Bergabfahrhilfe: Automatischer Bremseneingriff verhinderte bei langsamem Bergabkriechen in der Geländeuntersetzung ein unbeabsichtigtes Beschleunigen, wenn etwa aufgrund abhebender Räder die Motorbremswirkung vorübergehend ausfiel. Ab Anfang 2002 rollten die überarbeiteten M-Klassen von den Bändern in den USA und Österreich.
Doch das war nur ein Vorgriff auf das große Facelift, das Mercedes der immerhin vier Jahre alten M-Klasse-Karosserie im Sommer des gleichen Jahren angedeihen ließ. Die Blechteile blieben zwar ausnahmslos unverändert; aber neue Frontscheinwerfer (optional mit Xenon-Licht) und andere Schürzen vorn wie hinten ließen das Fahrzeug bulliger und weniger hochbeinig aussehen. Der Heckstoßfänger war zudem von unten geschlossen und schaufelte sich nicht so voll Schnee und Sand wie bei der ersten Modellgeneration; dahinter verbarg sich der von 70 auf immerhin 83 Liter vergrößerte Tank.
Mehr tat sich im Innenraum. Eine modifiziertes Cockpit mit einer endlich klassengemäßen Klimaautomatik und separaten Ausströmern im Fond dokumentierte den Klassen-Aufstieg der M-Klasse: Vom Geländewagen mit günstigem Preis-Leistungsverhältnis zum noblen Lifestyle-SUV primär für Betuchte. Geringfügig umgekrempelt und erweitert wurde auch die Motorenpalette: Der 272 PS starke ML 430 wurde vom 292 PS leistenden ML 500 abgelöst. Neu ins Sortiment kam ein wirklich bärenstarker Diesel, der die M-Klasse zum kräftigsten und schnellsten Dieselallradler des Marktes machte: Der vier Liter große

Mercedes ML 320 als Zugfahrzeug

Mercedes ML 270 CDI

Achtzylinder-Common-Rail-Motor ließ 250 PS und 560 Nm Drehmoment auf die Antriebsräder los. Gebaut wurde der ML 400 CDI nur in Graz.
Technisch gab es Detailverbesserungen: Die bislang den Achtzylindermodellen vorbehaltenen vergrößerten Bremsen flossen in die Serienausstattung ein; mehr Airbags schützten die Insassen bei einem Seitenaufprall. Optional war nun die COMMAND genannte Navigations- und Multimediaanlage erhältlich; die Arbeit, das aus anderen Mercedes-Modellen

Jahresproduktion

	1997	1998	1999	2000	2001	2002	2003	2004
Mercedes ML	18.403	68.724	91.157	106.894	104.000	100.500	84.100	73.500

Mercedes ML Interieur

bekannte Bordrechnersystem nebst Multifunktionslenkrad noch in die »alte« M-Klasse zu integrieren, machte sich Mercedes aber nicht mehr.
In dieser letzten Version wurde die M-Klasse ohne größere weitere Modifikationen bis 2005 gebaut. Erwähnenswert ist allenfalls die Ablösung des in Deutschland nur noch zögerlich nachgefragten ML 320 durch den ML 350 Anfang 2003, dessen Sechszylinder nun über die Bohrungs- und Hubmaße des ML 500 verfügte und so in Wahrheit 3,7 Liter Hubraum hatte. Die 16 PS Mehrleistung und der kräftigere Durchzug sorgten für merklich verbesserte Fahrleistungen; einen Nachfrageschub für den Sechszylinder-Benziner löste der Modellwechsel aber nicht aus: Leistungsfanatiker kauften weiterhin den Achtzylinder ML 500 oder gleich den ML 55 AMG (den es – wie alle anderen G-Modelle auch - für bestimmte Märkte sogar in gepanzerter Ausführung gab), ganz Eilige nutzten die Möglichkeit, beispielsweise bei Brabus noch stärkere Varianten zu ordern. Der Edeltuner aus Bottropp bot sogar eine V12-Version. Die Mehrzahl der deutschen Käufer griff allerdings zu einem der beiden Diesel. Im siebten Jahr seiner Lebenszyklus hatte die Karrierekurve der M-Klasse ihren Höhepunkt überschritten. Die mächtige Konkurrenz aus Wolfsburg, der VW Touareg, knabberte nachdrücklicher als der BMW X5 an den M-Klasse-Verkaufzahlen; auch die sieben Jahre zuvor wegweisende Technik wirkte gegen die durchwegs jüngere Konkurrenz inzwischen leicht angestaubt. Mit dem Nachfolger, bei uns fürs zweite Halbjahr 2005 angekündigt, sollte alles besser werden.

Technische Daten Mercedes M-Klasse (I)

	ML 230 1997 – 2000	**ML 320 1997 – 2002**	**ML 350 2003 – 2005**
Motor	M 111	M112	M112
Betriebsart	Otto (Viertakt)	Otto (Viertakt)	Otto (Viertakt)
Material Block / Kopf	Grauguss / Alu	Grauguss / Alu	Alu / Alu
Zylinderzahl / Einbaulage	4 (Reihe) / vorn längs	6 (V 90 °) / vorn längs	6 (V 90 °) / vorn längs
Bohrung x Hub	90,9 x 88,4 mm	89,9 x 84,0 mm	97 x 84 mm
Hubraum	2295 cm³	3199 cm³	3724 cm³
Leistung in kW (PS)	110 (150) bei 5400/min	160 (218) bei 5600/min	172 (234) bei 5650/min
Drehmoment in Nm	220 bei 3800/min	310 bei 3000/min	346 bei 3000 - 4800/min
Verdichtung	10,4 : 1	10,0 : 1	10,0 : 1
Gemischbereitung, Elektronik	Saugrohreinspritzung, HFM	Saugrohreinspritzung, HFM	Saugrohreinspritzung, HFM
Aufladung	–	–	–
Ladeluftkühlung	–	–	–
Ventile pro Zylinder	4, V-förmig hängend	3, V-förmig hängend	3, V-förmig hängend
Nockenwellen (Antrieb)	2 obenlieg. (Kette)	2 x 1 obenlieg. (Kette)	2 x 1 obenlieg. (Kette)
Kurbelwellenlager	5	4	4
Kühlung	Pumpe (9,0 L), Viskolüfter	Pumpe (9,5 L), Viskolüfter	Pumpe (9,5 L Wasser)

Technische Daten Mercedes M-Klasse (I)

	ML 230 1997 – 2000	ML 320 1997 – 2002	ML 350 2003 – 2005
Motor	M 111	M112	M112
Abgasreinigung	Dreiwege-Kat, Lambda-Sonde	Dreiwege-Kat, Lambda-Sonde	Dreiwege-Kat, Lambda-Sonde
Batterie	12 V (62 Ah) / vorn	12 V (74 Ah) / vorn	12 V (74 Ah) / vorn
Lichtmaschine	Drehstrom 1260 W	Drehstrom 1260 W	Drehstrom 1610 W
Kraftübertragung			
Antrieb (Grundkraftverteilung)		Allradantrieb permanent (48 :52 %)	
Kraftverteilung		Kegelrad-Zentraldifferenzial	
Sperren		Elektron. Schlupfregelung mit Bremseneingriff	
Kupplung	Einscheiben-Trocken	Wandler mit Überbrückung	
Schaltgetriebe Übersetzungen	5 Gang (vollsynchron) I. 3,86, II. 2,18, III. 1,38, IV. 1,00, V. 0,80, R. 4,22, Achsantrieb 4,73	–	–
Automatik Übersetzungen	–	5 Stufen I. 3,93, II. 2,41, III. 1,49, IV. 1,00, V. 0,83, R. 3,10, Achsantrieb 3,70	5 Stufen I. 3,60, II. 2,19, III. 1,41, IV. 1,00, V. 0,83, R. 3,17, Achsantrieb 3,70
Reduktionsgetriebe		Straße 1,0; Gelände 2,64	
Fahrwerk			
Vorderradaufhängung		Einzelradaufhängung, Doppelquerlenker, Drehstabfedern, Gasdruckstoßdämpfer, Stabi	
Hinterradaufhängung		Einzelradaufhängung, Doppelquerlenker, Schraubenfedern, Gasdruckstoßdämpfer, Stabi	
Lenkung		Zahnstange, Servo	
Betriebsbremse		Scheiben vorn (ø 301 mm, belüftet) und hinten (ø 285 mm), ab 2002: belüftet vorn (ø 331 mm) u. hinten (ø 345 mm), Servo, ABS, EBV, Bremsassistent; ab 3/2001: Bergabfahrhilfe	
Fahrdynamikregelung	–	ab 1999: ESP	ESP
Allgemeine Daten			
Fahrzeugart (Türen/Sitze)		Kombi (5 / 5; a.W. 5 / 7)	
Aufbauform		Leiterrahmen, aufgeschraubte Ganzstahlkarosserie	
Radstand		2820 mm	
Spur vorn/hinten		1565 / 1465 mm, 2002: 1555 / 1555 mm	
Länge x Breite x Höhe	4587 x 1833 x 1776 mm; ab 1999: 4587 x 2190 x 1820 mm	4587 x 1833 x 1776 mm; ab 1999: 4587 x 2190 x 1820 mm; ab 9/2001: 4638 x 2126 x 1820 mm; ab 9/2002: 4638 x 1840 x 1820 mm	4638 x 1840 x 1820 mm
Gepäckraum		633 / 2020 L	
Reifen	225/75 R 16	225/75 R 16; ab 9/2002: 255/60 R 17	255/60 R 17
Räder	6.5 J x 17	6.5 J x 17	8,0 J x 17
Überhang vorn / hinten	854 / 961 mm	854 / 961 mm	854 / 961 mm
Bodenfreiheit	205 mm	205 mm	205 mm
Wattiefe	500 mm	500 mm	500 mm
Rampenwinkel	20°	20°	20°
Böschungswinkel v / h	30 / 31°	30 / 31°	30 / 31°
Wendekreisdurchmesser	11,9 m	11,6 m	11,9 m
Steigfähigkeit	113 % / 48,5°	126,8 % / 51,7°; ab 3/2001: 122,2 % / 50,7°; ab 9/2001: 118 % / 49,7°	131,7 % / 52,8°
Achsverschränkung	185 mm	185 mm	185 mm
Leermasse (DIN)	1930 kg	1990 kg; ab 9/2001: 2100 kg	2185 kg
Zul. Gesamtgewicht	2650 kg	2650 kg; ab 3/2001: 2750 kg; ab 9/2001: 2870 kg	2870 kg
Zul. Anhängelast gebremst / ungebremst	2650 / 750 kg	2650 / 750 kg; ab 1999: 3500 / 750 kg	3500 / 750 kg
Luftwiderstand (c_W x A)	0,39 x 2,72 m²	0,39 x 2,72 m²	0,39 x 2,72 m²
Höchstgeschwindigkeit	180 km/h	180 km/h; ab 1999: 195 km/h	205 km/h,
Beschleun. 0–100 km/h	12,3 s	9,5 s	8,8 s
Verbrauch in L/100 km	12,7	13,5	13,4
Kraftstofftank	70 L / hinten	70 L, ab 2001: 83 L / hinten	83 L / hinten
Preis (Anf. / Ende Laufzeit)	61.480 DM / 27.635 €	76.560 DM / 43.500 €	44.428 € / 45.300 €

Mercedes ML Roentgenbild

Mercedes ML 230 – schwacher Einstieg

Technische Daten Mercedes M-Klasse (II)	ML 430 1999 – 2001
Motor	M 113
Betriebsart	Otto (Viertakt)
Material Block / Kopf	Alu / Alu
Zylinderzahl / Einbaulage	8 (V 90°) / vorn längs
Bohrung x Hub	89,9 x 84,0 mm
Hubraum	4266 cm³
Leistung in kW (PS)	200 (272) bei 5750/min
Drehmoment in Nm	390 bei 3000 – 4500/min
Verdichtung	10,0 : 1
Gemischbereitung, Elektronik	Saugrohreinspritzung, HFM
Aufladung	–
Ladeluftkühlung	–
Ventile pro Zylinder	3, V-förmig hängend
Nockenwellen (Antrieb)	2 x 1 obenlieg. (Kette)
Kurbelwellenlager	5
Kühlung	Pumpe (15,0 L Wasser)
Schmierung	Druckumlauf (10,5 L Öl)
Abgasreinigung	Dreiwege-Kat, Lambda-Sonde
Batterie	12 V 74 Ah / vorn
Lichtmaschine	Drehstrom 1260 W

Mercedes ML 55 AMG (2002) – starke Leistung

ML 500 2001 – 2005	ML 55 AMG 2000 – 2005	ML 270 CDI 2000 – 2005	ML 400 CDI 2002 – 2005
M113	M 113	OM 612	OM 628
Otto (Viertakt)	Otto (Viertakt)	Diesel	Diesel
Alu / Alu	Alu / Alu	Grauguss / Alu	Grauguss / Alu
8 (V 90°) / vorn längs	8 (V 90°) / vorn längs	5 (Reihe) / vorn längs	8 (V 90°) / vorn längs
97,0 x 84,0 mm	97,0 x 92,0 mm	88,0 x 88,4 mm	86,0 x 86,0 mm
4966 cm³	5439 cm³	2688 cm³	.3996 cm³
215 (292) bei 5600/min	255 (347) bei 5500/min	120 (163) bei 4200/min	184 (250) bei 4000/min
440 bei 2700 – 4250/min	510 bei 2800 – 4500/min	Schaltgetr.: 370 bei 1600 – 2800/min; Autom.: 400 bei 1800 – 2600/min	560 bei 1700 – 2600/min
10,0 : 1	10,5 : 1	18,0 : 1	18,0 : 1
Saugrohreinspritzung, HFM	Saugrohreinspritzung, HFM	Common-Rail-Direkteinspritzung	Common-Rail-Direkteinspritzung
–	–	1 Turbolader	2 Turbolader
–	–	1 LLK (luftgekühlt)	1 LLK (luftgekühlt)
3, V-förmig hängend	3, V-förmig hängend	4, parallel hängend	4, parallel hängend
2 x 1 obenlieg. (Kette)	2 x 1 obenlieg. (Kette)	2 obenlieg. (Kette)	2 x 2 obenlieg. (Kette)
5	5	6	5
Pumpe (15,0 L Wasser)	Pumpe (15,0 L Wasser), Ölkühler	Pumpe (12,0 L Wasser)	Pumpe (15,3 L Wasser)
Druckumlauf (10,5 L Öl)	Druckumlauf (12,0 L Öl)	Druckumlauf (12,0 L Öl)	Druckumlauf (12,0 L Öl)
Dreiwege-Kat, Lambda-Sonde	Dreiwege-Kat, Lambda-Sonde	1 Oxi-Kat, Abgasrückführung	2 Oxi-Kats, Abgasrückführung
12 V 74 Ah / vorn	12 V 100 Ah / vorn	12 V 100 Ah / vorn	12 V 100 Ah / vorn
Drehstrom 2070 W	Drehstrom 2070 W	Drehstrom 1610 W	Drehstrom 1610 W

Mercedes ML 500 (2002)

Mercedes ML 350 (2003)

Mercedes M Brabus V12

Technische Daten Mercedes M-Klasse (II)

	ML 430 1999 – 2001
Kraftübertragung	
Antrieb (Grundkraftverteilung)	
Kraftverteilung	
Sperren	
Kupplung	Wandler mit Überbrückung
Schaltgetriebe Übersetzungen	–
Automatik Übersetzungen	I. 3,59, II. 2,19, III. 1,41, IV. 1,00, V. 0,83, R. 1,93, Achsantrieb 3,46
Reduktionsgetriebe (Zwischenübersetzung)	
Fahrwerk	
Vorderradaufhängung	
Hinterradaufhängung	
Lenkung	
Betriebsbremse	
Fahrdynamikregelung	
Allgemeine Daten	
Fahrzeugart (Türen/Sitze)	
Aufbauform	
Radstand	
Spur vorn/hinten	
Länge x Breite x Höhe	4587 x 1833 x 1776 mm; ab 1999: 4587 x 2190 x 1820 mm
Gepäckraum	
Reifen	275/55 R 17
Räder	8.5 J x 17
Überhang vorn / hinten	854 / 961 mm
Bodenfreiheit	205 mm
Wattiefe	500 mm
Rampenwinkel	20°
Böschungswinkel v / h	30 / 31°
Wendekreisdurchmesser	
Steigfähigkeit	138 % / 54,1°; ab 3/2001: 130,6 % / 52,6°
Achsverschränkung	185 mm
Leermasse (DIN)	2090 kg; ab 3/2001: 2105
Zul. Gesamtgewicht	2650 kg; ab 3/2001: 2800
Zul. Anhängelast gebremst / ungebremst	2650 / 750 kg
Luftwiderstand (c_W x A)	0,39 x 2,72 m²
Höchstgeschwindigkeit	210 km/h
Beschleun. 0–100 km/h	8,4 s
Verbrauch in L/100 km	13,9
Kraftstofftank	70 L / hinten
Preis (Anf. / Ende Laufzeit)	106.720 DM / 108.901 DM

ML 500 2001 – 2005	ML 55 AMG 2000 – 2005	ML 270 CDI 2000 – 2005	ML 400 CDI 2002 – 2005
Allradantrieb permanent (48 :52 %)			
Kegelrad-Zentraldifferenzial			
Elektron. Schlupfregelung mit Bremseneingriff			
		Einscheiben-Trocken	Wandler mit Überbrückung
–	–	6-Gang I. 5,01, II. 2,83, III. 1,79, IV. 1,26, V. 1,00, VI. 0,83, R. 4,57, Achsantrieb 3,46	– –
I. 3,60, II. 2,19, III. 1,41, IV. 1,00, V. 0,83, R. 3,17, Achsantrieb 3,70	5 Stufen I. 3,59, II. 2,19, III. 1,41, IV. 1,00, V. 0,83, R. 1,93, (ab 9/2001: I. 3,60, R. 3,17) Achsantrieb 3,46	I. 3,60, II. 2,19, III. 1,41, IV. 1,00, V. 0,83, R. 3,17, Achsantrieb 3,46	I. 3,60, II. 2,19, III. 1,41, IV. 1,00, V. 0,83, R. 3,17, Achsantrieb 3,09
Straße 1,0; Gelände 2,64			
Einzelradaufhängung, Doppelquerlenker, Drehstabfedern, Gasdruckstoßdämpfer, Stabi			
Einzelradaufhängung, Doppelquerlenker, Schraubenfedern, Gasdruckstoßdämpfer, Stabi			
Zahnstange Servo			
iben (belüft.) vorn (ø 345 mm) u. hinten (ø 331 mm), nur 270 CDI bis 2002: vorn (ø 301 mm, belüft.) und hinten (ø 285 mm); ABS, EBV, Bremsassistent, ab 3/2001: Bergabfahrhilfe			
ESP			
Kombi (5 / 5; a.W. 5 / 7)			
Leiterrahmen, aufgeschraubte Ganzstahlkarosserie			
2820 mm			
1555 / 1555 mm (nur 270 CDI bis 2002: 1565 / 1565 mm)			
4638 x 2126 x 1820 mm; ab 9/2002: 4638 x 1840 x 1820 mm	4635 x 2190 x 1760 mm; ab 9/2001: 4635 x 2126 x 1804 mm; ab 9/2002: 4635 x 1895 x 1804 mm	4587 x 2190 x 1776 mm; ab 9/2001: 4638 x 2126 x 1820 mm; ab 9/2002: 4635 x 1840 x 1820 mm	4638 x 2126 x 1820 mm; ab 9/2002: 4638 x 1840 x 1820 mm
633 / 2020 L			
275/55 R 17	285/50 R 18	225/75 R 16; ab 9/2001: 255/60 R 17	275/55 R 17
8.5 J x 17	9 J x 18	6.5 J x 16; ab 9/2001: 8 J x 17	8.5 J x 17
854 / 961 mm	854 / 961 mm	854 / 961 mm	854 / 961 mm
205 mm	190 mm	205 mm	205 mm
500 mm	480 mm	500 mm	500 mm
20°	19°	20°	20°
30 / 31°	29 / 30°	30 / 31°	30 / 31°
11,9 m			
154,2 % / 57,0°	172,1 % / 59,8°; ab 9/2001: 165,3 % / 58,8°	Schaltg.: 173,8 % / 60,1 °, ab 9/2001: 167,9 % / 59,2°; Autom: 135 % / 53,5 °, ab 9/2001: 130,4 % / 52,5 °	163,9 % / 58,6°
185 mm	175 mm	185 mm	185 mm
2210 kg	2180 kg (ab 9/2001: 2300 kg)	2045 kg (ab 09/2001: 2175 kg	2335 kg
2870 kg	2750 kg (ab 9/2001: 2870 kg)	2750 kg (ab 9/2001: 2870 kg)	2870 kg
3500 / 750 kg	3500 / 750 kg	3500 / 750 kg	3500 / 750 kg
0,39 x 2,72 m²	0,40 x 2,75 m²	0,39 x 2,72 m²	0,39 x 2,72 m²
222 km/h	232 km/h	185 (186) km/h	213km/h
7,7 s	6,9 s	11,9 (11,4) s	8,1 s
14,6	14,8	Schalt: 9,4; Aut: 9,5	13,5 (13,8)
83 L / hinten	93 L / hinten	70 L (ab9/2001: 83 L) / hinten	83 L / hinten
113.438 DM / 61.310 €	139.873 DM / 75.632 €	69.948 DM / 41.180 €	113.438 DM / 61.310 €

Mercedes M-Klasse II (W 164)

Die Um- und Ausbauarbeiten im amerikanischen Mercedes-Werk Tuscaloosa hatten schon 2001 begonnen; am 14. Dezember 2004 lief das erste Serienexemplar der neuen M-Klasse (Baureihe W 164) vom Band. Fünf Tage zuvor hatte das letzte Exemplar der M-Klasse der ersten Generation das Werk verlassen. Die neue M-Klasse ist nicht nur einfach ein neues Modell; sie ist der erste Vertreter einer neuen Familie aus drei Einzelmodellen, die allesamt in den USA produziert werden – weil dort auch der Großteil der Käufer sitzt: Neben der M-Klasse werden auch die im Sommer 2005 erwartete R-Klasse (GST) sowie der G-Klasse-Nachfolger von amerikanischen Werkern montiert; und sie werden sich viele Komponenten und Baugruppen teilen.
Auch innerhalb der M-Klasse gibt es erheblich mehr technische Varianten als bisher. Die erste M-Klasse wurde quasi nur als Einheitstyp hergestellt und orientierte sich in vielen Details am klassischen Geländewagen: Leiterrahmen mit Schraubenfedern rundum sowie Verteilergetriebe mit Geländeuntersetzung waren allen der knapp 650.000 Fahrzeuge der Baureihe W 163 gemein. Beim Nachfolger wurde alles anders. Motiviert vom großen Markterfolg der nur stark eingeschränkt geländefähigen SUV der Konkurrenz, vor allem dem BMW X5, sparte Mercedes die teure Geländetechnik ein – jedenfalls in der Grundversion. Alle neuen M-Klasse-Modelle haben eine selbsttragende Karosserie; das Untersetzungsgetriebe gibt es nur noch gegen Aufpreis.
Äußerlich passte Mercedes die neue M-Klasse ebenfalls der Konkurrenz an. Die Proportionen veränderten sich; die um sechs Zentimeter breitere und 15 cm längere Karosserie lässt den Wagen bulliger und gleichzeitig gestreckter erscheinen. Viel Aufwand steckte man in ein liebevolleres Interieur. Insbesondere der neue Instrumententräger – der Anleihen bei den Roadstern des Hauses nimmt – wirkt bedeutend nobler. Zudem bietet der Innenraum in allen Richtungen mehr Platz: Die gewachsene Innenraumhöhe konnte durch die Abkehr vom Leiterrahmen erreicht werden, ohne die Außenhöhe zu vergrößern. Der Kofferraum setzt eine neue Bestmarke in der Fahrzeugklasse, was speziell gegenüber den in dieser Hinsicht eher eingeschränkten Möglichkeiten von BMW X5 und Porsche Cayenne von Vorteil ist.
Wenngleich das Exterieur-Design gegenüber der ersten M-Klasse keine Revolution, sondern eine Fortentwicklung darstellt – technisch bietet der W 164 manch bislang Ungekanntes. Gänzlich neu sind die beiden Dieselmotoren. Einmal mehr rückt Mercedes vom Grundsatz ab, dass die dreistellige Zahl in der Modellbezeichnung tatsächlich ein Kürzel für den Hubraum ist. ML 280 CDI und ML 320 CDI haben beide den prinzipiell gleichen Sechszylinder-Diesel mit Common-Rail-Einspritzung und 3,0 Liter Hubraum; die unterschiedliche Motorabstimmung bewirkt aber, dass in einem Fall 190, im anderen 224 PS abgegeben werden. Besonderheit des neuen Dieselmotors sind die im ungewöhnlichen V-Winkel von 72° stehenden Zylinder (vorher Reihenmotor), wobei der Leichtmetall-Motorblock über eingegossene Graugusslaufbuchsen verfügt. Ab Sommer wird auch wieder ein 4,0-Liter-Achtzylinder-Diesel lieferbar sein, allerdings stark modifiziert und auf über 300 PS erstarkt. Er wird ebenfalls mit einem Rußpartikelfilter ausgerüstet sein – wie die V6-Diesel auch.
Der 272 PS starke Sechszylinder-Benziner des ML 350 entstammt der neuen Generation der Mercedes-V-Motoren. Beibehalten wurde der Zylinderwinkel von 90° auch beim V6; aber die Zylinderköpfe sind neu. Sie haben jetzt zwei obenliegende Nockenwellen pro Zylinderreihe und vier Ventile pro Zylinder – eine Vorbereitung für die Benzindirekteinspritzung, die mit der Dreiventil-Konfiguration des Vorgänger-Triebwerks nicht ohne weiteres zu realisieren wäre. Der Fünfliter-V8 des ML 500 basiert auf dem des Vorgängers, er hat noch die Dreiventil-Zylinderköpfe, leistet aber nach einer Überarbeitung nun 306 PS. Erst für 2006 ist die Einführung des ML 55 AMG mit über 400 PS starkem V8-Motor vorgesehen.
Neu sind auch die Getriebe. Alle Motorversionen werden mit dem 7G-Tronic genannten Automatikgetriebe mit sieben Vorwärts- und zwei Rückwärts-Fahrstufen ausgerüstet; ein Schaltgetriebe ist nicht mehr lieferbar. Bedient wird der Automat nicht mehr mit dem gewohnten Mittelwählhebel; statt dessen wählt ein kleiner Lenkstockhebel, auf den ersten Blick mit einen Scheibenwischerschalter zu verwechseln, die Fahrstufen an.
Die Kraftübertragung erfolgt natürlich permanent auf alle vier Räder. Doch obwohl Mercedes das Antriebssystem der neuen M-Klasse lediglich als »weiterentwickeltes 4-ETS-System« bezeichnet, ist die Technik völlig neu. Das Verteilergetriebe, entwickelt bei Allradspezialist Magna-Steyr in Österreich, ist quasi in zwei Ausbaustufen zu haben. In der Basisversion besteht es aus einem Kelgelrad-Zentraldifferenzial, das die Antriebskraft zu gleichen Teile auf Vorder- und Hinterachse verteilt. Bei Durchdrehen einzelner wird das Antriebsmoment durch selektiven Eingriff der Radbremsen umverteilt. Auf Knopfdruck wird diese elektronische Schlupfregelung auf eine andere Regelcharakteristik für Geländeeinsatz umgestellt, gleichzeitig beeinflusst der »Offroad-Schalter« auch das Ansprechverhalten des Gaspedals, das Schaltverhalten der Automatik und den Regelcharakter des ABS, das unterhalb 30 km/h in einen speziellen Offroad-Modus geht.

Mercedes ML 350 als Benziner-Einsteigermodell

Mercedes ML 350 mit neuem V6-Motor

Bei der zweiten Version, die im aufpreispflichtigen, so genannten Offraod-Pro-Technikpaket enthalten ist, gibt es zusätzlich eine elektronisch geregelte und per Elektro-Stellmotor aktivierte Lamellenbremse, die stufenlos bis zur maximal möglichen Vollsperrung aktiv wird. Enthalten ist außerdem ein Untersetzungsgetriebe. Es ist als Planetenradsatz ausgeführt und quasi über das Zentraldifferenzial gestülpt, was eine besonders kompakte Bauweise ermöglicht. Bei dieser Ausführung gibt es am Armaturenbrett einen Drehschalter, mit dem die Sperrung der Lamellenbremse manuell eingestellt werden kann: damit nicht erst Schlupf an den Rädern auftreten muss, ehe gesperrt wird. Der gleiche Regler aktiviert auch die Hinterachs-Differenzialsperre; auch sie ist hier ein Novum. Ergänzt wird dieses aktive System zur Kraftverteilung durch die reaktive Schlupfregelung durch gezielten Bremseneingriff an allen Rädern. Gekoppelt ist die Schlupfregelung mit einem elektronischen Fahrassistenzpaket, das ESP mit einer Bergabfahr- und Berganfahrhilfe kombiniert.

Wie andere Fahrzeugen dieser Klasse hat auch die neue M-Klasse gegen Aufpreis eine Luftfederung an Bord. Die Airmatic ist wiederum in zwei Ausbaustufen zu haben: Die Straßenversion dient in erster Linie der Verbesserung des Fahrkomforts; die im Offroad-Paket enthaltene Variante verfügt überdies über eine Höhenverstellung, die ein Variieren der Bodenfreiheit zwischen 110 und 291 mm erlaubt. In beiden Fällen kommen elektrisch verstellbare Stoßdämpfer zum Einsatz, die ihre Dämpfungswirkung je nach Fahrsituation automatisch verändern.

Die aufwendigere Fahrwerks- und Antriebstechnik der Variante mit Offroad-Paket soll die beim Vorgänger bisweilen kritisierten Geländefähigkeiten auf die eines vollwertigen Geländewagens bringen. Hauptvorteil der neuen M-Klasse werden aber nach Mercedes-Aussage vor allem die erheblich verbesserten Straßenfahreigenschaften und der höhere Fahrkomfort sein. Als Vorteil gegenüber der Konkurrenz sieht man außerdem das optional erhältliche Insassenschutzsystem PreSafe: Wenn das System glaubt, eine Kollision oder ein Überschlag sei unvermeidbar, strafft es schon vor dem Aufprall die Sicherheitsgurte, schließt das Schiebedach und verstellt den Beifahrersitz so, dass eine günstigere Lage gegenüber den Airbags erreicht wird. Klassenstandard sind hingegen die Komfortsysteme wie eine Mehrzonen-Klimaautomatik, Xenon-Scheinwerfer mit Kurvenlicht oder das Infotainment-System mit DVD-Navigation. All diese Helfer gibt es freilich nur gegen Aufpreis; nur so ließen sich Basispreise auf dem Niveau der Vorgänger-Modelle erreichen.

Mercedes ML – dynamischer und erwachsener als der Vorgänger

Mercedes ML mit Xenon-Licht

Mercedes ML Cockpit

Technische Daten Mercedes M-Klasse II

	ML 280 CDI / ML 320 CDI seit 2005	ML 350 seit 2005	ML 500 seit 2005
Motor	OM 642	M 272	M 113
Betriebsart	Diesel	Otto (Viertakt)	
Material Block / Kopf	Alu / Alu		
Zylinderzahl / Einbaulage	6 (V 72 °) / vorn längs	6 (V 90 °) / vorn längs	8 (V 90 °) / vorn längs
Bohrung / Hub	83 x 92 mm	92,9 x 86 mm	94 x 84 mm
Hubraum	2987 cm³	3498 cm³	4966 cm³
Leistung in kW (PS)	280 CDI: 140 (190) bei 4000/min; 320 CDI: 165 (224) bei 3800/min	200 (272) bei 6000/min	225 (306) bei 5000/min
Drehmoment in Nm	280 CDI: 440 bei 1400–2800 /min; 320 CDI: 510 bei 1600–2800/min	350 bei 2400–5000/min	460 bei 2700–4750/min

Technische Daten Mercedes M-Klasse II

	ML 280 CDI / ML 320 CDI seit 2005	ML 350 seit 2005	ML 500 seit 2005
Motor	OM 642	M 272	M 113
Verdichtung	18,0 : 1	10,7 : 1	10 : 1
Gemischbereitung, Elektronik	Common-Rail-Direkteinspritzung, Bosch EDC	Saugrohreinspritzung, HFM	
Ventile pro Zylinder	4, parallel hängend	4, V-förmig hängend	3, V-förmig hängend
Nockenwellen (Antrieb)	2 x 2 obenlieg. (Kette)	2 x 2 obenlieg. (Kette)	2 x 1 obenlieg. (Kette)
Aufladung	1 Turbolader	–	–
Ladeluftkühlung	1 LLK	–	–
Kühlung	Pumpe (9,5 l Wasser)	Pumpe (9,5 l Wasser)	Pumpe (10,0 l Wasser)
Schmierung		Druckumlauf	
Angasreinigung	2 Oxi-Kats, Abgasrückführung, Partikelfilter	2 Dreiwege-Kat, 2 Lambda-Sonden	
Kraftübertragung			
Antrieb		Allradantrieb permanent (50 :50 %)	
Kraftverteilung		Kegelrad-Zentraldifferenzial m. elektron. geregelter Lamellenbremse (bei Offroad-Paket: manuell voll sperrbar)	
Sperren		Elekron. Schlupfregelung mit Bremseneingriff; (bei Offroad-Paket: zusätzlich Hinterachsdifferenzial mit elektron. geregelter Lamellenbremse, manuell sperrbar)	
Kupplung		Wandler mit Überbrückung	
Schaltgetriebe		–	
Automatik Übersetzungen	I. 4,377, II. 2,859, III. 1,921, IV. 1,368, V. 1,0, VI. 0,82, VII. 0,728, R. 3,416/2,231 Achsantrieb 3,45	7 Stufen I. 4,377, II. 2,859, III.1,921, IV. 1,368, V. 1,0, VI. 0,82, VII. 0,728, R. 3,416/2,231 Achsantrieb 3,90	I. 4,377, II. 2,859, III. 1,921, IV. 1,368, V. 1,0, VI. 0,82, VII. 0,728, R. 3,416/2,231 Achsantrieb 3,70
Reduktionsgetriebe		nur bei Offroad-Paket: Straße 1,0; Gelände 2,93	
Fahrwerk			
Vorderradaufhängung		Einzelradaufhängung, Doppelquerlenker, Schraubenfedern; a.W. Luftfedern, Stabilisator	
Hinterradaufhängung		Einzelradaufhängung, Doppelquerlenker, Längslenker, Schraubenfedern; a.W. Luftfedern, Stabi	
Lenkung		Zahnstange, Servo	
Betriebsbremse		Scheiben vorn (belüft.) und hinten, Servo, ABS, EBV, Bremsassistent, Bergabfahrhilfe, Berganfahrhilfe	
Fahrdynamikregelung		ESP	
Allgemeine Daten			
Fahrzeugart (Türen/Sitze)		Kombi (5 / 5)	
Aufbauform		Selbsttragend	
Radstand		2915 mm	
Spur vorn/hinten		1627 / 1629 mm	
Länge x Breite x Höhe		4780 x 1911 x 1815 mm	
Gepäckraum		551 / 2050 L	
Reifen	235/65 R 17	235/65 R 17	255/55 R 18
Räder	7,5 J x 17	7,5 J x 17	8 J x 18
Bodenfreiheit		210 mm (mit Luftfederung u. Offroad-Paket: 291 mm)	
Wattiefe		500 mm (mit Luftfederung u. Offroad-Paket: 600 mm)	
Rampenwinkel		17° (mit Luftfederung u. Offroad-Paket 14° – 23°)	
Böschungswinkel v / h		27° / 26° (mit Luftfederung u. Offroad-Paket 25° – 33° / 24° – 30°)	
Wendekreisdurchmesser		11,6 m	
Steigfähigkeit	ML 280 CDI: 194,1 % / 62,7°; ML 320 CDI: 225 % / 66°	174,6 % / 60,2°	217,6 % / 65,3°
Leermasse (DIN)	2110 kg	2060 kg	2100 kg
Zul. Gesamtgewicht		2830 kg	
Zul. Anhängelast		3500 / 750 kg	
Luftwiderstand cW x A		0,34 x 2,81 m²	
Höchstgeschwindigkeit	280 CDI: 200 km/h; 320 CDI: 210 km/h	215 km/h	235 km/h
Beschleun. 0-100 km/h	280 CDI: 10,4 s; 320 CDI: 9,4 s	8,4 s	6,9 s
Verbrauch in L/100 km	9,4	11,5	13,1
Kraftstofftank		95 L / hinten	
Preis (Anf. / Ende Laufzeit)	ML 280 CDI: 46.342 € ML 320 CDI: 48.662 €	47.966 €	63.220 €

Hauptabsatzmarkt der neuen M-Klasse – hier der ML 500 – ist die USA

California
4UNS409

Mercedes Vision GST (R-Klasse)

Auf der Detroit Auto Show im Januar 2002 präsentierte Mercedes eine erste Studie eines Autos, das erst drei Jahre später in Serie gehen sollte. Das als »Vision GST« bezeichnete Concept Car sollte als »Vision eines Grand Sports Tourer« ein neues Marktsegment etablieren und ein »Innovatives Konzept für erlebnisreiches und genussvolles Reisen« darstellen. Eingeordnet werden konnte das Fahrzeug als konsequenteste Umsetzung des Cross-Over-Automobils, das bislang von einem deutschen Autohersteller kam. Der stattliche GST – mit 5,15 m Außenlänge so groß wie die Langversion der S-Klasse – vereinigte auf 3,22 m Radstand die Merkmale eines Sportwagens – etwa die gestreckte Linienführung mit dem leicht kuppelförmigen Dach – und die höchst edle Innenausstattung einer luxuriösen Limousine mit der Variabilität eines Vans und der Allrad-Antriebstechnik eines SUV. Dieses »völlig neuartige Fahrzeugkonzept« sollte den »veränderten Ansprüchen und Wünschen moderner Menschen« entsprechen.

Charakteristisches Merkmal war die ungewöhnliche Sitzanordnung des Sechssitzers in drei Reihen. Alle sechs Sitze waren als bequem ausgeformte Einzelsitze ausgeführt, so dass zumindest die Passagiere der zweiten genauso komfortabel saßen wie Fahrer und Beifahrer. Nicht einmal auf elektrische Sitzverstellung und -heizung brauchten sie zu verzichten. Etwas weniger nobel waren die Plätze in der dritten Reihe ausgelegt; aber dennoch erlaubten sie durch die großzügigen Abmessungen auch Erwachsenen ausreichend Bewegungsfreiheit. Hingucker-Merkmale waren das vollflächig verglaste Dach und die »Schmetterlingstüren« ohne B-Säule: sie ermöglichten auf dem Messestand ungehinderten Einblick ins aufwendig gemachte Interieur.

Aus der Studie, die bei den Messebesuchern auf großes Interesse stieß, wurde in den folgenden Jahren ein seriennahes Automobil entwickelt. Einige der Gags der Studie wurden durch bodenständigere Konstruktionen ersetzt; so die spektakulären Schmetterlingstüren, die vier konventionelle Klapptüren wichen, oder die elektrische Sitzverstellung im Fond, die einer manuellen Klapp- und Verstellmechanik Platz machte. Konventioneller gab sich auch das Cockpit; beibehalten wurde das Dach mit der Verglasung aus elektrochromatischen Glas, dessen wärmedämmende Tönung automatisch oder manuell der Sonneneinstrahlung angepasst werden kann. Noch immer als Studie deklariert, debütierte das Fahrzeug so auf der Detroit Auto Show im Januar 2004.

Auf dem Pariser Autosalon im September des gleichen Jahres zeigte man schließlich die »europäische« Version, die als R-Klasse voraussichtlich im Sommer 2005 zu den Händlern gelangen wird. Gegenüber dem US-Prototypen wurde der Radstand von 3,22 m auf 2,98 m verkürzt. Auch die Motorisierung der Studie zeigte mehr Augenmaß für die Wünsche der europäischen Kunden: Die ersten Versionen waren noch ausschließlich mit einem bärenstarken, aber auch büffeldurstigen Achtzylinder-Benziner ausgerüstet; dabei kam das stärkste V8-Pferd im Mercedes-Stall zum Einsatz – der 360 PS starke 5,5-Liter von AMG. Der in Paris gezeigte Europa-GST hatte hingegen den neuen V6-Turbodiesel mit drei Liter Hubraum und 224 PS unter der Haube, der auch die neue M-Klasse antreibt. Für das Serienauto wird es ein oder zwei Benzinmotorisierungen geben: den neuen 3,7-Liter-V6 und den 5,0-Liter-V8 mit 306 PS.

Mithin entspricht das Motorenprogramm annähernd der neuen M-Klasse – was nicht zuletzt logistische Vorteile hat. Denn die R-Klasse wird wie die M-Klasse im amerikanischen Mercedes-Werk Tuscaloosa im strukturschwachen Bundesstaat Alabama gebaut.

Mercedes GST Studie (langer Radstand) mit Prof. Jürgen Hubbert (2002)

Mercedes R-Klasse, Europaversion mit kurzem Radstand (2004)

Mercedes R-Klasse, Europaversion mit kurzem Radstand (2004)

Auf einer Händlerkonferenz in Kanada wurde das im August 2004 offiziell bekannt gegeben; beschlossen war dieser Produktionsstandort freilich schon länger gewesen: Die Umbau- und Erweiterungsarbeiten am Werk (genaugenommen handelt es sich um eine Verdopplung des Gebäudebestands) waren schon über ein Jahr zuvor im Gange – zusammen mit den Vorbereitungen für die Produktion der neuen M-Klasse, die sich viele Komponenten mit dem GST teilt. Dazu gehört auch das adaptive Luftfederungssystem Airmatic, das eine Niveauregulierung und eine automatische Verstellung der Dämpferhärte enthält.

Für die Kraftübertragung wird die gleiche Technik verwendet wie in der neuen M-Klasse ohne Offroad-Paket. Die Übersetzungsanpassung übernimmt das neue, hauseigene Automatikgetriebe mit sieben Fahrstufen. Das Verteilergetriebe des permanenten Allradantriebs besteht aus einem Zentraldifferenzial mit symmetrischer Kraftverteilung auf die beiden Antriebsachsen, das über eine elektronisch geregelte Lamellenkupplung automatisch teilweise oder auch bis 100 % gesperrt werden kann.

Eine Untersetzungsgetriebe ist nicht vorgesehen, obwohl es in das modular konzipierte Verteilergetriebe theoretisch integriert werden könnte. Auch Achsdifferenzialsperren sind nicht geplant; ersatzweise übernimmt die elektronische Schlupfregelung 4-ETS das Einbremsen durchdrehender Räder. Gekoppelt ist das System mit den Bauelementen der elektronischen Fahrerassistenzsysteme: Die Fahrhilfe ESP vermindert die Gefahr des Ausbrechens in zu schnell gefahrenen Kurven und bei Ausweichmanövern; die Bergabfahrhilfe erlaubt kontrolliert langsame Talfahrt im Gelände, die Berganfahrhilfe vermeidet ein unbeabsichtigtes Zurückrollen des Fahrzeugs beim Anfahren am Berg. Ebenfalls mit an Bord sein wird das Unfallvorbeugungssystem PreSafe, das aus den Daten der elektronischen Fühler der Fahrerassistenzsysteme Kollisionen schon vorher erkennt und vorbeugend die Gurtstraffer aktviert.

Multicar-Geländewagen (M26 4 x 4)

Das thüringische Fahrzeugwerk Waltershausen (ehemals Ade) hat sich im nachhinein als erfolgreichstes Kraftfahrzeugunternehmen der früheren DDR erwiesen: Vielseitig einsetzbare Kommunalfahrzeuge mit der Bezeichnung Multicar haben überlebt und sind heute weltweit im Einsatz. Die kleinen Multicar-Fahrzeuge mit Einmannkabine und zunächst mit 0,8-Liter-Zweizylinder-Diesel kamen 1964 ins Programm, ab 1978 wurde der zweisitzige Typ 25 gebaut – in einer Vielzahl von Varianten. Den Antrieb besorgte nun ein wassergekühlter Vierzylinder-Diesel mit 2,0 Liter Hubraum und 50 PS, gefertigt im VEB Motorenwerk Cunewalde.

Ab 1984 wurde der Typ 25 auch mit Allradantrieb und ab 1987 überdies mit 2,4- L-Motor angeboten. Dabei kam ein an das vollsynchronisierte Viergang-Schaltgetriebe angeblocktes Verteiler-Kriechganggetriebe zum Einsatz – damit war in allen Gängen der Wechsel in die Kriechstufe möglich. Und man konnte sowohl mit Normal- als auch mit Kriechübersetzung die Vorderachse zuschalten. Achsen und Achsgetriebe wurden dafür verstärkt. Die Hinterachse war grundsätzlich, die Vorderachse nur optional mit Differenzialsperre versehen.

Die zunächst für den zivilen Einsatz erdachte Konzept des M25-1A reizte auch die Armee-Beschaffungsstellen der DDR. Sie wünschten sich einen leichten Kübelwagen der sogenannten Größenklasse I. In Waltershausen begann daraufhin 1985 unter Regie des Militärs die Entwicklung eines solchen Fahrzeugs, die Serienfertigung – zu der es nicht mehr kam – sollte 1991 anlaufen. Als Versuchsträger entstanden der »Waffenträger 1« – ein Multicar mit Kabine und Pritsche sowie mit stark verbreiterten Spurweiten und 7.50-16 ND-Reifen à la Sachsenring P3 – und der »Waffenträger 2« – ein rundum offenes Pritschenfahrzeug, das rückstoßfreie Geschütze aufnehmen sollte.

Dazu gesellte sich der »Multicar M26 A/A«, bei dem Fahrerhaus und bislang stets separate Pritsche zu einer Einheit verbunden wurden. Der Aufbau bestand aus gesicktem Stahlblech, über die »Ladefläche« ließ sich eine Plane spannen. Acht Personen hatten in diesem Kleintransporter Platz. Man blieb bei dem verstärkten Multicar-Fahrwerk, nachdem sich der Einsatz der vom sowjetischen UAZ stammender Achsen als unbefriedigend erwiesen hatte. Von den anfangs verwendeten kleinen Rädern nahm man jedoch Abstand, und ging auf 15er- bzw. 16er-Räder über, wie sie P3

Mannschaftswagen Mungo – ein allradgetriebenes Militärfahrzeug, das für Krauss-Maffei produziert wird

Multicar M26 4 x 4 Pritschenwagen

oder UAZ 69 hatten. Dank der 16er-Bereifung ließen sich bis zu 48 cm breite Gräben überwinden, die Bauchfreiheit des Fahrzeugs betrug immerhin 33 cm. 800 Kilo ließen sich zuladen, rund 65 Prozent der Gesamtmasse gingen auf die Vorderachse. Ein solches Versuchsfahrzeug soll heute noch existieren.

Nach der Wende konzentrierte sich das nun als Multicar Spezialfahrzeuge GmbH firmierende Unternehmen zunächst ausschließlich auf Kommunalfahrzeuge. Seit 1993 läuft der kompakte Typ M 26 4x4 (später Typ Tremo 601 TDI mit Allradlenkung) mit zwei Radständen sowie zusätzlich zur Einfach- auch mit viertüriger Doppelkabine. Die Fahrerhäuser lassen sich nach vorn klappen. Das zulässige Gesamtgewicht reicht von 3,5 bis 5 Tonnen. Den Antrieb übernehmen ein 1,9-Liter-Diesel von VW oder ein 2,5-Liter (ab 1996: 2,8-Liter) von Iveco. Das mit dem Motor gekoppelte Vier- bzw. Fünfgang-Schaltgetriebe verfügt über eine Geländereduktion zur Erzielung von Minimalgeschwindigkeiten. Die Hinterachse ist mit einer Differenzialsperre versehen.

Seit 2004 steht wieder ein Militärfahrzeug bereit, nachdem die Bundeswehr einen Auftrag über 388 gepanzerte Mungo-Mannschaftswagen für Luftlandetruppen und flexible Spezialeinheiten ausgelöst hatte. An der Entwicklung des Kleintransporters für bis zu zehn Insassen beteiligt war die Rüstungsschmiede Krauss-Maffei. In die Konzeption des allradgetriebenen Mungo flossen auch Elemente der vormaligen DDR-Entwicklung ein. Weil sein zulässiges Gesamtgewicht von 5,5 Tonen den selbstgesetzten Rahmen dieses Buches sprengt, kann es hier nur am Rande erwähnt werden. Gleiches gilt für den neuen, großen Typ Fumo – ein vielseitig einsetzbares Kommunalfahrzeug mit über 5 Tonnen Gesamtgewicht und Iveco-Diesel.

Technische Daten Multicar M26 4x4

	M26 4x4 ab 2003
Motor	Iveco 8140.43 R
Betriebsart	Diesel
Material Block / Kopf	Grauguss / Alu
Zylinderzahl / Einbaulage	4 (Reihe) / vorn längs
Hubraum	2800 cm³ (vorher 2500 cm³)
Leistung in kW (PS)	66 (90) bei 3600/min
Drehmoment in Nm	210 bei 1800/min
Verdichtung	19,0 : 1
Gemischbereitung	Direkteinspritzung
Aufladung	1 Turbolader
Ventile pro Zylinder	2, parallel hängend
Nockenwellen	1 obenliegend (Zahnriemen)
Kurbelwellenlager	5
Kühlung	Pumpenumlauf
Schmierung	Druckumlauf
Batterie	12 V (70 Ah) / vorn
Lichtmaschine	Drehstrom 90 A
Kraftübertragung	
Antrieb (Grundkraftverteilung)	Hieckantrieb, Frontantrieb zuschaltbar (0:100 / 50:50)
Kraftverteilung	Starr
Sperren	Differenzialsperre (100 %) hinten
Kupplung	Einscheiben-Trocken
Schaltgetriebe	5 Gang (vollsynchron.), Knüppelschaltung
Reduktionsgetriebe (Untersetzung)	Straße 1,0; Gelände 6,2
Fahrwerk	
Vorderradaufhängung	Starrachse, Blattfedern und Gummifedern, Teleskopstoßdämpfer
Hinterradaufhängung	Starrachse, Blattfedern und Gummifedern, Teleskopstoßdämpfer
Lenkung	Zahnstange, Servo
Betriebsbremse	Hydraulisch (Zweikreis), Scheiben vorn, Trommeln hinten
Allgemeine Daten	
Fahrzeugart (Türen/Sitze)	Pritschenwagen, Geräteträger u.ä. (2 / 2 oder 4 / 5)
Aufbauform	Kastenrahmen mit Querträgern, Ganzstahlkarosserie
Radstand	2100 mm
Spur vorn/hinten	1280 / 1140 mm
Länge x Breite x Höhe	4100 x 1590 x 2240 mm
Reifen vorn / hinten	195 R 14
Überhang vorn / hinten	1020 / 980 mm
Bodenfreiheit	190 mm
Rampenwinkel	34 °
Böschungswinkel v / h	35 / 43 °
Wendekreisdurchmesser	9,0 m
Steigfähigkeit	62 °
Achsverschränkung	155 mm
Leermasse (DIN)	2020 kg
Zul. Gesamtgewicht	3500 kg
Zul. Anhängelast gebremst / ungebremst	3500 / 750 kg
Höchstgeschwindigkeit	90 km/h
Kraftstofftank	70 L / Mitte

Opel Frontera I (A1)

Die Erschließung neuer Marktnischen war seit jeher eine Spezialität der Opel-Werke – von der Gründung des Unternehmens 1862 als Werkstatt zur Fertigung von Nähmaschinen über den Gedanken, Fahrräder zu produzieren und die Aufnahme der Autoproduktion bis hin zum Bau des ersten Massenautomobils aus Deutschland. So es nicht weiter verwunderlich, dass Opel – seit 1929 im Mehrheitsbesitz des amerikanischen Konzerns General Motors (GM) – der erste deutsche Massenhersteller war, der Anfang der 90er-Jahre dem Trend zum Geländewagen folgte. Für eine eigenständige Neuentwicklung war aber die Zeit zu knapp. Doch im Sortiment des japanischen GM-Unternehmens Isuzu fanden sich zwei passende Modelle, die als Basis für einen Opel-Geländewagen geeignet schienen: Zum einen der viertürige Rodeo, im amerikanischen Isuzu-Werk gebaut; zum anderen der in Japan produzierte Zweitürer Amigo (Linkslenker, für Export) bzw. MU (Rechtslenker, für den japanischen Markt).

Beide basierten technisch auf dem Isuzu-Pickup KB bzw. dessen Nachfolger Campo. Dementsprechend schlicht waren sie gestrickt. Ein konventioneller Leiterrahmen ruhte auf einer hinteren Starrachse, die an Blattfedern geführt war; vorn kam eine Einzelradaufhängung an doppelten Querlenkern mit längsliegenden Drehstabfedern zum Einsatz. Die Karosserie – beim Viertürer ein Ganzstahlaufbau mit quer geteilter Heckklappe, beim Amigo/MU eine hinten offene Stahlblechkarosserie mit Klappdach über den Rücksitzen – war mit Gummielementen auf den Rahmen aufgeschraubt. Von den Abmessungen her waren Rodeo und Amigo/MU durchaus Europa-tauglich. Weniger gut gefielen optische Details und die Motoren, die auf dem amerikanischen Geschmack abgestimmt waren.

Der Frontera war von Anfang an als gesamteuropäisches Projekt angelegt. Um die restriktive Einfuhrbestimmungen einiger Länder zu umgehen, mussten 80 Prozent der Baugruppen aus europäischer Produktion kommen – sonst wurden Einfuhrzölle fällig. So kam für den Opel-Allradler von Anfang an nur eine Fertigung in Europa in Frage. Fündig wurde man im britischen Luton, unweit von London. Dort war im ehemaligen Bedford-Werk die Produktion des Isuzu-Kleintransporters Midi im Auslaufen begriffen, Kapazitäten wurden frei. IBC Vehicles, der Betreiber des Werks, übernahm auch die gesamte Produktionsplanung und -vorbereitung.

Während in Luton das Werk umstrukturiert und neue Pressanlagen für die Karosserieteile installiert wurden, entwickelten die Rüsselsheimer aus den Isuzu-Modellen Rodeo und Amigo die Opel-Modelle Frontera und Frontera Sport. Insbesondere die Front sollte neu gestaltet werden, weil die zerklüfteten Isuzu-Gesichter die Familienähnlichkeit mit anderen Opel-Modellen gestört hätte. So entstand ein glattflächiger Bug mit großen Breitbandscheinwerfern, die von denen des Ascona C abgeleitet waren. Die Karosserie des viertürigen Frontera entsprach bis auf den neuen Bug der Linie des japanisch-amerikanischen Rodeo. Das an einem am Karoserieblech fixierten Träger angebrachte Ersatzrad versetzte Opel bei der Basisversion in den Laderaum – wo es aufrecht stehend fast 20 Prozent der Ladebreite auffraß. Optional konnte aber ein außenliegender Träger (Haslbeck) geordert werden.

Größere Änderungen gegenüber dem japanischen Urtyp wurden dem kurzen Frontera Sport zuteil: Das klappbare Softtop über den Rücksitzen wich einer Hardtopkonstruktion aus Kunststoff, die mit der Karosserie verschraubt war. Verstärkte Frischluftzufuhr erlaubte der große, nach dem Lösen von vier Schnappverschlüssen herausnehmbare Deckel des Hardtops, der sich im Kofferraum verstauen ließ. Auch die Heckscheibe und die hinteren Seitenfenster ließen sich einfach ausbauen. Wenn man auch noch das aufpreispflichtige Glasdach über den Vordersitzen orderte, kam beinahe Cabriogefühl auf. Ende 1993 wurde alternativ auch eine Softtop-Version mit Klappverdeck über den Rücksitzen eingeführt – die allerdings im Verkauf enttäuschte. Diverse Änderungen gegenüber den Japan-Mobilen wiesen auch die Innenräume beider Versionen auf. Gleichteile mit anderen Opel-Baureihen – von den Instrumenten über die Bezugsstoffe bis hin zu den Vordersitzen – machten das Auto europäischer.

Nicht zuletzt in Hinblick auf die Akzeptanz der neuen Modelle bei den Händlern sollten unter der Haube echte Opel-Herzen schlagen. Für den kurzen Zweitürer Frontera Sport fiel die Wahl auf einen relativ modernen 2,0-Liter-Benziner mit Querstrom-Zylinderkopf mit 115 PS. Er entstammte der damals aktuellen Opel-ohc-Motorengeneration, die sich in unterschiedlichen Hubraumversionen von 1,3 bis 2,0 Liter schon in Kadett, Manta und Ascona, später auch in Astra, Vectra, Calibra und Omega bewährt hatte.

Der 2,4-Liter-Benziner mit vier Zylindern des viertürigen Frontera kam dagegen aus der erstmals 1965 im Rekord B eingesetzten cih-Motorenbaureihe: Der Graugusskopf hatte noch eine seitlich neben den Ventilen platzierte Nockenwelle und eine Gegenstrom-Gasführung. Doch das niedrige Drehzahlniveau (125 PS bei nur 4800/min) und der Durchzug des intern liebevoll »Ackergaul« genannten Motors ließen ihn Geländewagen-tauglich erscheinen. Alternativ wurde der Viertürer mit Turbodieselmotor angeboten, auch er ein alter Bekannter. Im Spätsommer 1972 hatte Opel den Rekord D mit 60 PS starkem

Opel Frontera A1 Viertürer (1991 – 1995)

Opel Frontera A1 Zweitürer mit Softtop (1993 – 1995)

2,1-Liter-ohc-Dieselmotor vorgestellt; im Lauf der Jahre auf 2,3 Liter Hubraum aufgestockt, mit Turbolader und Ladeluftkühler versehen, erreichte das Aggregat im Frontera 100 PS bei 4000/min.

Als einzige wesentliche Bauteile wurden die Getriebe aus Japan von Isuzu bezogen. Sie stammen von den Isuzu-Modellen Campo (Pick-up) und Trooper (Geländewagen). Es gab zwei Baureihen, jeweils als komplette Kombination aus Fünfgang-Schalt- und zweistufigen Verteilergetriebe. Insgesamt standen also zehn Vorwärts- und zwei Rückwärtsgang-Übersetzungen zur Verfügung – wie üblich bei Geländewagen. Im Frontera Sport kam aus Kostengründen das »kleine« Getriebe zum Einsatz. An das voll synchronisierte Fünfganggetriebe war das Verteilergetriebe angeflanscht; es enthielt neben dem zweistufigen Untersetzungsgetriebe die mechanische Zuschaltung für den Vorderradantrieb. Im Straßenbetrieb fuhr man mit reinem Hinterradantrieb; auf rutschigem Untergrund konnte man per Hebel den Vorderradantrieb starr zuschalten und fuhr dann mit Allradantrieb. Die dritte Stellung des Verteilergetriebe-Schalthebels rückte die Geländeuntersetzung ein, die nur zwangsgekoppelt mit Allradantrieb funktionierte.

Opel Frontera A1
Cockpit (1991 – 1995)

Das gleiche Prinzip und die gleichen Antriebsmodi bot das »große« Isuzu-Getriebe (intern: MUA). Es fand in beiden Motorversionen des viertürigen Frontera Verwendung – das MSG-Getriebe hätte das Drehmoment der größeren Motoren nicht verkraftet. Als Besonderheit verfügte das Getriebe über ein voll synchronisiertes Reduktionsgetriebe: Man konnte die Geländeuntersetzung während der Fahrt sowohl zu- als auch wieder abschalten; wie auch der synchronisierte Rückwärtsgang des großen Isuzu-Fünfganggetriebes war das ein nicht zu unterschätzender Vorzug im Geländeeinsatz.

Die Konstruktion von Rahmen und Fahrwerk war prinzipiell von den Isuzu-Brüdern übernommen worden; allerdings wurden Federn und Dämpfer neu abgestimmt. Sowohl kurzer als auch langer Frontera rollten serienmäßig auf sechs Zoll breiten Stahlfelgen, die einheitlich mit Straßen-Gelände-Mischbereifung in der Größe 225/75 R 15 bestückt waren. Als Extra waren in beiden Versionen sieben Zoll breite Leichtmetallfelgen mit dicker 255/75er Bereifung zu haben. Der größere Abrollumfang der voluminöseren Pneus wurde jeweils durch eine entsprechend angepasste Achsübersetzung ausgeglichen.

Die Geländetauglichkeit des Frontera entsprach dem Klassenstandard: theoretische Steigfähigkeit zwischen 80 und 90 %, Bodenfreiheit je nach Bereifung 185 bis 205 mm. Für die Hinterachse konnte optional eine Differenzialbremse – also ein selbsttätig teilsperrendes Differenzial – bestellt werden, die im Falle einseitigen Traktionsverlustes den Vortrieb sicherte. Echte Differenzialsperren gab es nicht, der Frontera sollte ja kein Hardcore-Offroader sein. Die Ausstattung umfasste nicht die bei den Opel-Pkw übliche Ausstattungslinien; statt dessen gab es Frontera und Frontera Sport jeweils nur in einer Einheitsversion, die der Käufer mit vielen Aufpreisextras individualisieren konnte – von denen sich wiederum die meisten in preiswerteren Paketen zusammenfassen ließen. Die Aufpreispolitik half, die Basispreise niedrig zu halten: Der Grundpreis des Frontera Sport betrug 32.900 Mark, der des Frontera 2,3 TD auch nur moderate 39.400 Mark. Die Rechnung ging auf: Das Fahrzeug wurde vom Publikum begeistert aufgenommen; schon in seinem ersten Verkaufsjahr 1992 sprang der Frontera auf Platz eins der deutschen Geländewagen-Zulassungsstatistik, den er bis 1995 auch nicht mehr abgab.

Die technische Schlichtheit war kein Kaufhindernis. Wohl aber sprach sich herum, dass die Qualität des Frontera nicht befriedigte. Als größter Nachteil des Opel-Allradlers erwies sich die Produktion in England: Speziell die frühen 92er und 93er Modelle verärgerten mit zahllosen Mängeln. Die Elektrik streikte, bisweilen brannte ein Kabelbaum ab, weil bei der Montage geschlampt wurde. Oben, seitlich und sogar von unten drang Regenwasser ein, dafür ließ der Motor Kühlflüssigkeit unter sich gehen und alle ölhaltigen Aggregate – außer den aus Japan zugelieferten Getrieben – ihren Schmierstoff. Opel war das peinlich, man arbeitete fieberhaft an der Beseitigung der Probleme – und erlitt immer neue Rückschläge: Insbesondere war die Qualität vieler Zulieferteile schlecht; ein unangenehmer Nebeneffekt der Preisdrückerei des obersten Einkaufs-Chefs Ignacio Lopez. Auch die von IBC verantwortete Fertigungslogistik funktionierte nicht richtig: Immer wieder kamen Wagen in Kundenhand, bei denen beispielsweise an Vorder- und Hinterachse unterschiedliche Achsübersetzungen eingebaut worden waren. Mit dem Erfolg, dass sich der Wagen bei eingelegtem Allradantrieb nur noch schleppend fortbewegte.

Verkaufszahlen Deutschland-Modell

	1991	1992	1993	1994	1995
Opel Frontera A1	9	15.314	18.199	10.760	2.560

Opel Frontera A2 Vier- und Zweitürer nach dem Facelift (1995)

Frontera I (A2)

Dies und andere Probleme beseitigte das große Facelift im Frühjahr 1995. Die Größen von Basis- und Sonderbereifung – beide nun auf 16-Zoll-Felgen – wurden so gewählt, dass sie den gleichen Abrollumfang hatten. Es gab also nun pro Motorversion nur noch eine Achsübersetzung. Insgesamt erhielt die zweite Generation des Frontera A so viele Änderungen, dass man fast von einem neuen Modell sprechen kann. Viele Änderungen an der Karosserie – obwohl sie äußerlich kaum von der ersten Serie zu unterscheiden war – sollten der Verbesserung der Qualität dienen: Blechteile werden umkonstruiert, damit etwa die Türdichtungen besser anlagen und der Regen draußen blieb; Klein- und Elektrikteile wurden durch solche ersetzt, die auch bei nachlässiger Montage fehlerfrei funktionieren konnten.
Überzeugender war auch die Hecktür des Viertürers. Das außen liegende Ersatzrad gehörte zur Serienausstattung; doch statt an dem getrennten Träger, der zum Aufschwenken große Parklücke erforderte, war es nun am Unterteil der Hecktür befestigt. Das schwenkte – wie beim Zweitürer – praxisgerecht zur Seite statt hinderlich nach unten; das Heckfenster ließ sich weiterhin getrennt von der Tür nach oben öffnen. Zudem war endlich auch die Hecktür an die Zentralverriegelung angeschlossen.
Den größten Fortschritt war aber das komplett neue Fahrwerk. Die blattgefederte und trommelgebremste Hinterachse wich einer aufwendig an drei Längslenkern und einem Panhardstab geführten Konstruktion mit innenbelüfteten Scheibenbremsen; auch die Vorderachse wurde überarbeitet. So gewann das Fahrverhalten ganz erheblich; und die zuvor flauen Bremsen packten richtig zu – jetzt sogar mit ABS.
Neues tat sich auch im Motorraum. Nur der zweitürige Frontera Sport behielt seinen Benzinmotor, den 2,0-Liter mit 115 PS; lediglich die Motorsteuerung wurde verändert, um die neuen Abgasgrenzwerte zu erfüllen. Die Alt-Aggregate des viertürigen Frontera der ersten Serie wurden hingegen ausgemustert. Dem alten 2.3 TD machten die Abgasgrenzwerte zu schaffen, obwohl er seit 1993 einen zusätzlichen Oxi-Kat erhalten hatte; der noch ältere 2,4-Liter-cih-Benziner hatte das gleiche Handicap. So bekam der Frontera nun einen modernen Benziner – den vierventiligen 2.2i. Das Triebwerk entstammte der neuen Ecotec-Motorengeneration von Opel, die in allen Modellreihen vom Astra aufwärts verwendet wurde. Im Frontera brachte es 136 PS.
Neu war auch die Dieselversion – die nun erstmals auch im zweitürigen Frontera Sport verfügbar war. Nicht im Besitz eines eigenen passenden Aggregats, griff man auf ein Triebwerk der japanischen Konzernschwester Isuzu zurück. Der 2,8 Liter große Direkteinspritzer-Turbodiesel mit vier Zylindern und 113 PS basierte auf dem Motor des 1992 eingestellten Isuzu Trooper. Mit neuer Einspritzung und Oxi-Kat versehen, schaffte er gerade so die geltenden Schadstoff-Grenzwerte. Die Fahrer erfreute er mit kräftigerem

Opel Frontera A2 Zweitürer (1995)

Drehmoment und geringerem Verbrauch gegenüber dem alten 2.3 TD; der Einspareffekt blieb freilich unter dem Strich nicht selten auf der Strecke, weil die Direkteinspritzer gern vor der Zeit an Lagerschäden zugrunde gingen.

Im Interieur blieb vorerst (fast) alles beim Alten. Lediglich die Farben der Sitzbezüge wurden geändert. Das Mausgrau des Armaturenbretts war schon anderthalb Jahre zuvor schlichtem schwarz gewichen. Gefeilt wurde für die zweite Generation des Frontera A da und dort an der Serienausstattung; und es wurden neue Extras eingeführt: etwa eine Klimaanlage, Ledersitze oder ein elektrisches Schiebedach. Dies alles kostete aber auch einen deutlichen Zuschlag. Der Grundpreis des einfachsten Frontera Sport mit Benzinmotor betrug nun 37.595 DM, der vom viertürigen Frontera mit neuem Diesel 47.477 DM. Auf diese Erhöhung reagierten die Opel-Kunden mit Zurückhaltung – der Frontera musste Platz eins der Zulassungsstatistik im Jahr seiner grundlegenden Überarbeitung räumen. Auch das Image als Defektteufel blieb ihm erhalten, obwohl die neuen Modelle auch in dieser Hinsicht um Welten besser waren.

Den Abstieg des Frontera konnten weder Retuschen im Innenraum (neuer Instrumententräger mit Airbags) noch eine erneute Änderung im Motorenprogramm nicht aufhalten. Der erst 1995 eingeführte 2,8-Liter-Direkteinspritzer-Diesel verschwand schon 1996 wieder, weil er die neuen Abgasnormen nicht schaffte. Einen eigenen Dieselmotor passender Größe hatte Opel immer noch nicht, man wurde aber im Lieferprogramm des Motorenherstellers VM Motori im italienischen Cento fündig. Diese Motoren galten – trotz konventioneller Wirbelkammer-Einspritzung – nicht als Ausbund an Laufkultur und Lebensdauer. Aber immerhin erfüllte der 2,5-Liter-Vierzylinder des Frontera 2.5 TDS die Euro-2-Schadstoffnorm, nachdem Opel ihm eine Einspritzpumpe mit elektronischer Steuerung aufgepflanzt hatte. Überzeugen konnte er nie, vor allem nicht beim Verbrauch.

Über 200.000 mal hatte sich der Frontera in innerhalb von knapp sieben Jahren in Deutschland verkauft; 1998 kam der Nachfolger als Frontera B.

Verkaufszahlen Deutschland-Modell

	1995	1996	1997	1998
Opel Frontera A2	7.689	6.619	4.432	2.430

Opel Frontera A2 Viertürer (1995)

Technische Daten Opel Frontera A1 (1991 – 1995)

	Frontera Sport 2.0i 1991 – 03/1995	**Frontera 2.4 l 1991 – 03/1995**	**Frontera 2.3 TD 1991 - 03/1995**
Motor	C20 NE	C24 NE	23 DTR
Betriebsart	Otto (Viertakt)		Diesel
Material Block / Kopf	Grauguss/Alu	Grauguss/Grauguss	
Zylinderzahl / Einbaulage	4 (Reihe) / vorn längs		
Bohrung x Hub	86 x 86 mm	95 x 85 mm	92 x 85 mm
Hubraum	1998 cm³	2410 cm³	2260 cm³
Leistung in kW (PS)	85 (115) bei 5200/min	95 (125) bei 4800/min	74 (100) bei 4200/min
Drehmoment in Nm	170 bei 2600/min	195 bei 2600/min	215 bei 2200/min
Verdichtung	9,2 : 1	9,2 : 1	23,0 : 1
Gemischbereitung, Elektronik	Saugrohreinspritzung, Bosch Motronic		Wirbelkammereinspritzung, mech. Verteilereinspritzpumpe
Aufladung	–		1 Turbolader
Ladeluftkühlung	–		1 LLK (luftgekühlt)
Ventile pro Zylinder	2, parallel hängend	2, parallel hängend	
Nockenwellen (Antrieb)	1 obenlieg. (Zahnriemen)	1 seitlich (Kette)	1 obenlieg. (Kette)
Kurbelwellenlager	5		
Kühlung	Pumpe (Wasser), Viskolüfter		
Schmierung	Druckumlauf (4,5 L Öl)		Druckumlauf (5,5 L Öl)
Abgasreinigung	1 Dreiwege-Kat,1 Lambda-Sonde		1 Oxi-Kat (ab Mj 1994), Abgasrückführung
Batterie	12 V (48 Ah)		12 V (72 Ah)
Lichtmaschine	Drehstrom 70 A		
Kraftübertragung			
Antrieb (Grundkraftverteilung)	Heckantrieb, Frontantrieb zuschaltbar (0 : 100 / 50 : 50)		
Kraftverteilung	Starr		
Sperren	Selbstsperrendes Hinterachsdifferenzial 45 % (a.W.)		
Kupplung	Einscheiben-Trocken		
Schaltgetriebe Übersetzungen	5 Gang I. 3,785, II. 2,171, III. 1,413, IV. 1,00, V. 0,885, R. 3,72, Antrieb 4,875 (bei Bereif. 225/75 R 15) od. 5,125 (bei Bereif. 255/75 R 15)	I. 3,767, II. 2,248, III. 1,404, IV. 1,00, V. 0,809, R. 3,873, Antrieb 4,555 (bei Bereif. 225/75 R 15) od. 4,875 (bei Bereif. 255/75 R 15)	I. 3,767, II. 2,248, III. 1,404, IV. 1,00, V. 0,809, R. 3,873, Antrieb 4,30 (bei Bereif. 225/75 R 15) od. 4,555 (bei Bereif. 255/75 R 15)
Automatik	–	–	–
Reduktionsgetriebe	Straße 1,00; Gelände 1,87	Straße 1,00; Gelände 2,283	
Fahrwerk			
Vorderradaufhängung	Einzelradaufhängung an Doppelquerlenkern, Drehstabfedern; hydr. Stoßdämpfer, Stabilisator		
Hinterradaufhängung	Starrachse an Blattfedern, hydr. Stoßdämpfer		
Lenkung	Kugelumlauf, Servo hydraul.		
Betriebsbremse	Scheiben vorn (belüftet); Trommeln hinten		

Technische Daten Opel Frontera A1 (1991 – 1995)

	Frontera Sport 2.0i 1991 – 03/1995	Frontera 2.4 l 1991 – 03/1995	Frontera 2.3 TD 1991 – 03/1995
Allgemeine Daten			
Fahrzeugart (Türen/Sitze)	Kombi mit Hardtop (4 / 3)	Kombi (5 / 5)	
Aufbauform	Leiterrahmen, aufgeschraubte Stahlblech-Karosserie mit Kunststoffhardtop	Leiterrahmen, aufgeschraubte Ganzstahl-Karosserie	
Radstand	2330 mm	2670 mm	
Spur vorn/hinten		1440 / 1445 mm (bei Bereifung 225/75 R15) od. 1485 / 1490 mm (bei Bereifung 255/75 R15)	
Länge x Breite x Höhe	4207 x 1780 x 1698 mm	4480 (4710 bei außenlieg. Ersatzrad) x 1728 x 1715 mm	
Gepäckraum	300 / 1160 L	430 / 1570 L (540 / 1720 bei außenlieg. Ersatzrad)	
Reifen		225/75 R 15 oder 255/75 R 15 (als Extra)	
Räder		6.0 x 15 (Stahl) od. 7.0 x 15 (LM als Extra, in Verb. mit Bereif. 255/75 R 15)	
Bodenfreiheit		185 (bei Bereifung 255/75 R 15: 205) mm	
Wattiefe		300 mm	
Rampenwinkel	21° (bei Bereifung 255/75 R 15: 22,5°)	18° (bei Bereifung 255/75 R 15: 19,5°)	
Böschungswinkel v / h	36 / 25°	36 / 24°	
Wendekreisdurchmesser	10,6 m	12,1 m	
Steigfähigkeit	81,6% / 39,2°; 81% / 39° (bei Bereif. 255/75 R 15)	93% / 42,9°; 93,7% / 43,1° (bei Bereif. 255/75 R 15)	91,1% / 42,3°, 90,8 % / 42,2° (bei Bereif. 255/75 R 15)
Leermasse (DIN)	1561 kg	1723 kg	1784 kg
Zul. Gesamtgewicht	2100 kg	2400 kg	2550 kg
Zul. Anhängelast gebremst / ungebremst	2000 / 750 kg	2000 (Anheb. auf 2400 kg mögl.) / 750 kg	2000 (Anheb. auf 2500 kg mögl.) / 750 kg
Höchstgeschwindigkeit	157 km/h	153 km/h	147 km/h
Beschleun. 0-100 km/h	16,8 s	15,7 s	18,3 s
Verbrauch in L/100 km	10,9	11,2	9,9
Kraftstofftank		80 l / hinten	
Preis (Anf. / Ende Laufzeit)	32.900 / 37.260 DM	37.950 / 43.020 DM	39.400 DM / 45120 DM
Gesamtstückzahl		46.842 (D-Absatz)	

Technische Daten Opel Frontera A2 (ab 3/1995)

	Frontera Sport 2.0i 03/1995-1998	Frontera 2.2 i 03/1995-1998	Frontera / Frontera Sport 2.8 TDI 03/1995-09/1996	Frontera / Frontera Sport 2.5 TDS 09/1996-1998
Motor	C20 NE	X22 XE		VM 41B
Betriebsart	Otto (Viertakt)	Otto (Viertakt)	Diesel	
Material Block / Kopf	Grauguss / Alu	Grauguss / Alu	Grauguss / Grauguss	
Zylinderzahl / Einbaulage		4 (Reihe) / vorn längs		
Bohrung x Hub	86 x 86 mm	86 x 94,6 mm	92 x 85 mm	92 x 94 mm
Hubraum	1998 cm³	2198 cm³	2771cm³	2499 cm³
Leistung in kW (PS)	85 (115) bei 5200/min	100 (136) bei 5200/min	83 (113) bei 3600/min	85 (115) bei 3600/min
Drehmoment in Nm	172 bei 2800/min	202 bei 2600/min	242 bei 2100/min	260 bei 1800/min
Verdichtung	9,2 : 1	10,5 : 1	17,9 : 1	21:1
Gemischbereitung, Elektronik	Saugrohreinspritzung, Bosch Motronic		Direkteinspritzung, mechan. Verteilereinspritzpumpe	Wirbelkammereinspritzung, elektron. gest. Verteilereinspritzpumpe
Aufladung	–	–	1 Turbolader	
Ladeluftkühlung	–	–	1 LLK (luftgekühlt)	
Ventile pro Zylinder	2, parallel hängend	4, V-förmig hängend	2, parallel hängend	2, parallel hängend
Nockenwellen (Antrieb)	1 obenlieg. (Zahnriemen)	2 obenlieg. (Zahnriemen)	1 seitlich (Zahnriemen)	1 seitlich (Zahnriemen)
Kurbelwellenlager		5		
Kühlung		Pumpe, Wasser, Viskolüfter		
Schmierung	Druckumlauf (4,5 L Öl)		Druckumlauf (5,5 L Öl)	Druckumlauf (6,5 L Öl)
Abgasreinigung	1 Dreiwege-Kat, 1 Lambda-Sonde, Abgasrückführung		1 Oxi-Kat, Abgasrückführung	
Batterie	12 V (60 Ah)		12 V (75 Ah)	12 V (75 Ah)
Lichtmaschine	Drehstrom 70 A	Drehstrom 100 A	Drehstrom 93 A	Drehstrom 100 A

Technische Daten Opel Frontera A-2 (ab 3/1995)

	Frontera Sport 2.0i 03/1995 – 1998	Frontera 2.2 i 03/1995 – 1998	Frontera / Frontera Sport 2.8 TDI 03/1995 – 09/1996	Frontera / Frontera Sport 2.5 TDS 09/1996 – 1998
Kraftübertragung				
Antrieb (Grundkraftverteilung)	Heckantrieb, Frontantrieb zuschaltbar (0 : 100 / 50 : 50)			
Kraftverteilung	Starr			
Sperren	Selbstsperrendes Hinterachsdifferenzial 45 % (a.W.)			
Kupplung	Einscheiben-Trocken			
Schaltgetriebe Übersetzungen	5 Gang I. 3,785, II. 2,171, III. 1,413, IV. 1,00, V. 0,885, R. 3,72, Antrieb 5,125	I. 3,767, II. 2,248, III. 1,404, IV. 1,00, V. 0,809, R. 3,873, Antrieb 4,875	I. 3,767, II. 2,248, III. 1,404, IV. 1,00, V. 0,809, R. 3,873, Antrieb 4,555	I. 3,767, II. 2,248, III. 1,404, IV. 1,00, V. 0,809, R. 3,873, Antrieb 4,30
Automatik	–			
Reduktionsgetriebe	Straße 1,00; Gelände 1,87		Straße 1,00; Gelände 2,283	
Fahrwerk				
Vorderradaufhängung	Einzelradaufhängung an Doppelquerlenkern, Drehstabfedern; Stabilisator, hydr. Stoßdämpfer			
Hinterradaufhängung	Starrachse an 3 Längslenkern, Panhardstab, Schraubenfedern, Stabilisator, hydr. Stoßdämpfer			
Lenkung	Kugelumlauf, Servo hydraul.			
Betriebsbremse	Scheiben (belüftet) vorn u. hinten, ABS			
Allgemeine Daten				
Fahrzeugart (Türen/Sitze)	Kombi mit Hardtop oder Softtop (3 / 4)	Kombi (5 / 5)	Frontera: Kombi (5 / 5) Frontera Sport: Kombi mit Hardtop oder Softtop (3 / 4)	
Aufbauform	Leiterrahmen, aufgeschraubte Stahlblech-Karosserie mit hinterem Kunststoffhardtop oder Klappverdeck	Leiterrahmen, aufgeschraubte Ganzstahl-Karosserie	Frontera: Leiterrahmen, aufgeschraubte Ganzstahl-Karosserie Frontera Sport: Leiterrahmen, aufgeschraubte Ganzstahl-Karosserie mit hinterem Kunststoffhardtopoder Klappverdeck	
Radstand	2330 mm	2670 mm	Frontera: 2670 mm Frontera Sport: 2330 mm	
Spur vorn/hinten	1455 / 1460 mm			
Länge x Breite x Höhe	4192 x 1780 x 1721 (Softtop: 1639) mm	4692 x 1764 x 1753 mm	Frontera: 4692 x 1764 x 1753 mm; Frontera Sport: 4192 x 1780 x 1721 (Softtop: 1639) mm	
Gepäckraum	300 / 1160 L	540 / 1720 L	Frontera: 540 / 1720 L; Frontera Sport : 300 / 1160 L	
Reifen	235/70 R 16 oder 255/65 R 16 (als Extra)			
Räder	6.5x 16 (Stahl) oder 7.0 x 16 (LM als Extra, zus. mit Bereif. 255/65 R 16)			
Bodenfreiheit	206 mm			
Wattiefe	300 mm; ab 1996: 500 mm			
Rampenwinkel	Frontera Sport: 25 °; Frontera: 22 °			
Böschungswinkel v / h	Frontera: 41 /29 °; Frontera Sport: 41 /28 °			
Wendekreisdurchmesser	Frontera: 12,4 m, Frontera Sport: 10,8 m			
Steigfähigkeit	81% / 39 °	96% / 43,8 °	Frontera Sport: 107% / 47 °: Frontera: 104% / 46 °	Frontera Sport: 109% / 47,5 °: Frontera: 105% /46,5 °
Leermasse (DIN)	1639 kg	1803 kg	Frontera Sport: 1898 kg; Frontera: 1990 kg	Frontera Sport: 1828 kg; Frontera: 1920 kg
Zul. Gesamtgewicht	2200 kg	2510 kg	Frontera Sport: 2510 kg; Frontera: 2600 kg	Frontera Sport: 2510 kg; Frontera: 2600 kg
Zul. Anhängelast gebremst / ungebremst	Frontera Sport: 2000/750 kg	2600 / 750kg	Frontera Sport: 2000 / 750 kg;	Frontera Sport: 2000 / 750 kg;
			Frontera: 2500 / 750 kg	Frontera: 2800 / 750 kg
Höchstgeschwindigkeit	158 km/h	161 km/h	147 km/h	Frontera Sport: 155 km/h; Frontera: 151 km/h
Beschleun. 0–100 km/h	15,6 s	13,6 s	Fro. Sport: 16,0 s Frontera: 16,8 s	Fro. Sport: 16,0 s Frontera: 16,8 s
Verbrauch in L/100 km	10,4	10,0	Fro. Sport: 9,0 Frontera: 9,4	Fro. Sport: 10,4 Frontera: 10,8
Kraftstofftank	80 l / hinten			
Preis (Anf. / Ende Laufzeit)	37.595 / 40.775 DM	45.177 / 48.850 DM	Frontera: 47.477 / 47.477 DM; Frontera Sport: 41.025 / 41.025 DM	Frontera: 48.950 / 51.225 DM; Frontera Sport: 42.400 / 44.450 DM
Gesamtstückzahl	21.170 (D-Absatz)			

Opel Frontera II (B)

Die Erwartungen waren hoch, als Opel im Herbst 1998 den neukarossierten Nachfolger des Frontera A präsentierte, vor allem hinsichtlich der Qualität. So wurde viel Aufwand darauf verwendet, schon bei der Konstruktion mögliche Fehlerquellen auszuschließen. Allerdings übernahm wiederum IBC in England die Produktion des Neuen, eine sorgfältige Fertigung schien fraglich. Der Frontera B blieb ein konventionell gebauter Geländewagen mit einem robusten Leiterrahmen als tragender Basis des Fahrwerks. Wie beim Vorgänger gab es ihn als Viertürer mit Ganzstahlkarosserie und als Zweitürer mit verkürztem Radstand und hinterem Kunststoff-Hardtop. Die Grundabmessungen änderten sich merklich – beim Zweitürer (Frontera Sport) stärker als beim Viertürer. Der geriet im Radstand um 6 cm, in der Gesamtlänge um 3 cm kompakter. Der Zweitürer wuchs hingegen: 13 cm im Radstand, 8 cm in der Gesamtlänge. Beides kam vor allem dem Kofferraum zugute. Die Rücksitzbank rückte weiter nach vorn und unten, wodurch das Hardtop nun nicht mehr über die Dachlinie hinaus ragte. Die Bank war bequemer geformt und in zwei Teilen vorklappbar; der Knieraum auf den Rücksitzen des Zweitürers verringerte sich allerdings entsprechend. Das Hardtop verfügte nicht mehr über den abnehmbaren Deckel des Vorgängers, auch eine Softtop-Version war nicht mehr lieferbar.

Wenngleich ähnlich konzipiert wie beim Vorgänger, war das Fahrwerk eine Neuentwicklung. Die hintere Starrachse war nun an vier statt an drei Längslenkern geführt, was vor allem ihren Platzbedarf verringerte und die Raumausnutzung verbesserte. Die Vorderachse (Einzelradaufhängung) wurde grundlegend überarbeitet, erhielt ebenfalls eine breitere Spur und eine neue Lenkung: Die Geländewagen-typische Kugelumlauflenkung wich der Pkw-gemäßen Zahnstangenlenkung, die nicht nur billiger zu produzieren war, sondern auch einen direkteren Fahrbahnkontakt gewährte – andererseits aber im Gelände stoßempfindlicher war.

Detailänderungen bei gleichem Grundkonzept erfolgten auch beim Antrieb. Zwar besaß der Frontera B weiterhin nur einen starr zuschaltbaren Allradantrieb ohne Drehzahlausgleich zwischen den Achsen; aber die Zuschaltung erfolgte nun bequem über einen Drucktaster am Armaturenbrett. Und sie konnte bei allen Versionen während der Fahrt (bis 100 km/h) vorgenommen werden, weil die Freilaufnaben des Vorgängers einer vollautomatischen Freilaufeinrichtung im Vorderachsdifferenzial gewichen war und das Verteilergetriebe über eine Synchronisation der Zuschaltung verfügte. Der zweite Schalthebel diente nur zur Aktivierung der Geländeuntersetzung.

Wie beim Vorgänger gab es also drei Antriebsmodi: Auf der Straße fuhr man mit Hinterradantrieb; auf rutschigen Fahrbahnen konnte die Vorderachse zugeschaltet werden, wobei eine starre Verbindung zwischen den Achsen bestand. Für erhöhte Zugkraft ließ sich zudem die Geländeuntersetzung einrücken, die in allen Gängen, aber nur in Verbindung mit Allradantrieb, funktionierte. Im Gegensatz zum Frontera A ließ sich die Untersetzung aber grundsätzlich nur bei stehenden Fahrzeug ein- und ausschalten, nicht mehr während der Fahrt. Echte Differenzialsperren waren weiterhin nicht lieferbar; aber es gab wieder ein selbsthemmendes Hinterachsdifferenzial gegen Aufpreis.

Neues gab es bei den Motoren. Erhalten blieb einzig der Vierzylinder-Benziner, der den viertürigen Frontera A (ab 1995) auch schon angetrieben hatte. Nur in Details verändert, leistete der moderne Vierventiler weiterhin 136 PS aus 2,2 Liter Hubraum. Weggefallen war der Zweiliter-Vierzylinder-Benziner mit Zweiventilkopf im kurzen Zweitürer; auch der Frontera Sport hatte nun als Basismotorisierung den 2,2-Liter. Im viertürigen Frontera war darüber hinaus ein V6 lieferbar. Der Sechszylinder trug zwar eine Opel-interne Bezeichnung, stammte aber von Isuzu: Es war das prinzipiell gleiche 3,2-Liter-Triebwerk, das bis Frühjahr 1998 auch die 177 PS starke Benziner-Version des Opel Monterey angetrieben hatte. Im Frontera hatte der Motor allerdings ein Schaltsaugrohr sowie zwei statt einer obenliegenden Nockenwelle pro Zylinderreihe. Er leistete nun 205 PS, die für ungewöhnlich gute Fahrleistungen sorgten.

Gänzlich neu war die Dieselversion. Die Motoren von Isuzu und VM konnten endlich ausgemustert werden; statt dessen verfügten Frontera und Frontera Sport über einen hoch modernen Turbodiesel aus Opel-eigener Entwicklung. Das Triebwerk verfügte mit vier Ventilen pro Zylinder und Hochdruck-Direkteinspritzung – per Radialkolben-Einspritzpumpe von Bosch – über alle Kennzeichen modernen Dieselmotorenbaus. In der vorerst nur im Frontera verwendeten 2,2-Liter-Version – daneben wurde dieser Motor mit 2,0 Liter Hubraum im Vectra eingesetzt – erbrachte es maximal 115 PS und ein Maximaldrehmoment von 260 Nm. Der größte Vorteil des neuen Diesel war seine Sparsamkeit: Schon im Normverbrauch lag er rund 15 Prozent unter dem gleich starken Motor des Vorgängers; in der Praxis war er insbesondere bei zurückhaltender Fahrweise um bis zu 20 Prozent sparsamer. Weil Opel außerdem eine sehr günstige Typklassen-Einstufung bei der Versicherung geglückt war und der relativ kleine Hubraum in Verbindung mit der Einstufung als schadstoffarm auch die Kfz-Steuer in überschaubarem Rahmen hielt, war der Frontera 2.2 DTI 16V der mit Abstand unterhaltsgünstigste Wagen seiner Klasse.

Opel Frontera B Zwei- und Viertürer (1998 – 2004) mit neuer Optik und neuer Technik

Erstmals bot Opel im Frontera B neben dem bekannten Fünfgang-Handschaltgetriebe auch ein Automatikgetriebe an. Der vierstufige Automat aus japanischer Produktion war mit Wandlerüberbrückungskupplung und elektronischer Steuerung trotz seiner nur vier Fahrstufen durchaus auf der Höhe der Zeit. Er war außer im großen Sechszylinder auch im Vierzylinder-Diesel lieferbar. Dort wurde er allerdings 2002 wieder aus dem Lieferprogramm genommen; ein Grund dafür dürften vor allem die erheblichen thermischen Probleme gewesen sein, die sich insbesondere bei schwerem Anhängerbetrieb ergeben hatten: Im Bemühen um einen optimalen Wirkungsgrad hatten die Opel-Techniker dem Triebwerk keinen mechanischen, über eine thermostatisch geregelte Viskokupplung angetriebenen Kühlerlüfter gegönnt, wie bei Geländewagen damals üblich; sondern der Abtransport der Abwärme von Motor und Automatikgetriebe oblag einem simplen Elektrolüfter wie im Pkw, der sich bei schwerer Belastung überfordert zeigte.

Die Ausstattung des Wagens orientierte sich am gestiegenen Komfortbedürfnis der Kundschaft. Ledersitze, Klimaanlage und hochwertige Radiosysteme mit sechs Lautsprechern standen von Anfang an in der Preisliste; bald kam auch ein Navigationssystem und ein Tempomat für die Dieselversion dazu. Anders als die nur als Einheitsmodelle lieferbaren Vorgänger gab es von Anfang an zwei Ausstattungslinien: Die gehobene Version hieß beim kurzen Frontera Sport RS, beim langen Frontera hingegen Limited. Die Wahl zwischen beiden Varianten boten allerdings nur die Vierzylinder-Modell, nicht der Sechszylinder: der war nur als opulent ausstaffierter Limited erhältlich.

Insgesamt umfasste das Modellprogramm zwölf Modellversionen; kaum ein Wunsch blieb auch bei den Aufpreis-Extras offen. Das schätzte die Opel-Kundschaft, die Verkaufzahlen stiegen gegenüber dem Vorgänger wieder kräftig an. Das alte Niveau des Frontera der allerersten Generation erreichten sie freilich nie mehr. Auch die Wiederkaufrate war verhältnismäßig gering. Außer am generell verschlechterten Image der Marke dürfte dies auch daran gelegen haben, dass nicht wenige Frontera-Besitzer mit der Qualität des Frontera A schlechte Erfahrungen gemacht hatten – und beim Neukauf zu einem anderen Fabrikat griffen. Dass der Frontera B um Klassen besser war als sein Vorgänger, änderte nichts. Und während der Frontera A noch viele Fahrer anderer Wagen zum Umsteigen auf die Marke Opel mobilisieren konnte – mehr als jedes andere Opel-Modell zuvor – glückte dies dem Frontera B nicht mehr. Der Markt hatte sich verändert; nicht zuletzt durch die Präsenz attraktiver und erschwinglicher Modelle besser beleumundeter Marken. Zudem konzentrierte sich Opel zum Jahrtausendwechsel verstärkt auf das Kerngeschäft der Marke: vernünftige Alltagsautomobile.

So blieben dem Frontera B während seiner knapp fünfjährigen Bauzeit tiefgreifende Modellpflegemaßnahmen versagt, sieht man von der Diesel-Leistungssteigerung um 5 PS und von Sondermodellen mit aufgewerteter Ausstattung und kostenlos beigepackter Digitalkamera oder der erneuten Einführung einer Variante ohne Ersatzrad am Heck ab. Die Zeit war über den Frontera hinweggegangen, die Verkäufe bröckelten immer mehr. 2004 wurde die Produktion eingestellt. Und mit der Einstellung des Frontera stieg Opel – zumindest vorläufig – ganz aus dem Allradgeschäft aus. Denn die 90er-Jahre-Experimente mit Allrad-Pkw hatte man inzwischen ebenso eingestellt wie den Import der 4x4-Modelle Monterey und Campo.

Verkaufszahlen Deutschland-Modell

	1998	1999	2000	2001	2002	2003	2004
Opel Frontera B	1.621	7.232	5.922	2.575	2.609	2.464	ca. 1.800

Opel Frontera B Zweitürer (1998 – 2004)

Opel Frontera B Cockpit (1998)

Technische Daten Opel Frontera B

	Frontera/Front. Sport 2.2i 1998 – 2004	Frontera/Front. Sport 2.2 DTI 1998 – 2004	Frontera 3.2 V6 1998 – 2004
Motor	X22 SE	X22 DTH	6VD1 (Isuzu)
Betriebsart	Otto (Viertakt)	Diesel	Otto (Viertakt)
Material Block / Kopf	Grauguss / Alu	Grauguss / Alu	Alu / Alu
Zylinderzahl / Einbaulage	4 (Reihe) / vorn längs		6 (V 75°) / vorn längs
Bohrung x Hub	86 x 94,6 mm	84 x 98 mm	93,4 x 77
Hubraum	2198 cm³	2171cm³	3165 cm³
Leistung in kW (PS)	100 (136) bei 5200/min	85 (115) bei 3800/min; 2002: 88 (120) bei 3800/min	151 (205) bei 5400/min
Drehmoment in Nm	202 bei 2500/min	260 bei 1900/min	290 bei 3000/min
Verdichtung	10,5 : 1	18,5 : 1	9,4:1
Gemischbereitung, Elektronik	Saugrohreinspritzung, Bosch Motronic	Direkteinspritzung, elektronisch gesteuerte Hochdruckeinspritzpumpe	Saugrohreinspritzung, Bosch Motronic
Aufladung	–	1 Turbolader	–
Ladeluftkühlung	–	1 LLK (luftgekühlt)	–
Ventile pro Zylinder	4, V-förmig hängend	4, parallel hängend	4, V-förmig hängend
Nockenwellen (Antrieb)	1 obenlieg. (Zahnriemen)	1 obenlieg. (Kette)	2 x 2 obenlieg. (Zahnriemen)

Technische Daten Opel Frontera B

	Frontera/Front. Sport 2.2i 1998 – 2004	Frontera/Front. Sport 2.2 DTI 1998 – 2004	Frontera 3.2 V6 1998 – 2004
Motor	X22 SE	X22 DTH	6VD1 (Isuzu)
Kurbelwellenlager	5	5	4
Kühlung	Pumpe (Wasser), Elektrolüfter	Pumpe (Wasser), Elektrolüfter	Pumpe (Wasser), Viskolüfter
Schmierung	Druckumlauf (4,5 L Öl)	Druckumlauf, 6 L Öl	Druckumlauf, 5,2 L Öl
Abgasreinigung	1 Dreiwege-Kat, 1 Lambda-Sonde, Abgasrückführung	1 Oxi-Kat, Abgasrückführung	1 Dreiwege-Kat, 1 Lambda-Sonde, Abgasrückführung
Batterie	12 V (60 Ah)	12 V (72 Ah)	12 V (60 Ah)
Lichtmaschine	Drehstrom 12 V 75 A	Drehstrom 12 V 75 A	Drehstrom 12 V 75 A
Kraftübertragung			
Antrieb (Grundkraftverteilung)	Heckantrieb, Frontantrieb zuschaltbar (0:100 / 50:50)		
Kraftverteilung	Starr		
Sperren	Selbstsperrendes Hinterachsdifferenzial (a.W.)		
Kupplung	Einscheiben-Trocken		
Schaltgetriebe	5 Gang		
Übersetzungen	I. 3,767, II. 2,248, III. 1,404, IV. 1,00, V. 0,809, R. 3,873, Antrieb 4,78	I. 3,767, II. 2,248, III. 1,404, IV. 1,00, V. 0,809, R. 3,873, Antrieb 4,555	I. 3,767, II. 2,248, III. 1,404, IV. 1,00, V. 0,809, R. 3,873, Antrieb 4,30
Automatik	–	I. 2,86, II. 1,62, III. 1,00, IV. 0,72, R. 2,00, Antrieb 4,555	I. 2,86, II. 1,62, III. 1,00, IV. 0,72, R. 2,00, Antrieb 4,10
Reduktionsgetriebe	Straße 1,00; Gelände 2,05		
Fahrwerk			
Vorderradaufhängung	Einzelradaufhängung an Doppelquerlenkern, Drehstabfedern; hydr. Stoßdämpfer, Stabilisator		
Hinterradaufhängung	Starrachse an 4 Längslenkern, Panhardstab, Schraubenfedern, hydr. Stoßdämpfer, Stabilisator		
Lenkung	Zahnstange, Servo hydraul.		
Betriebsbremse	Scheiben (belüftet) vorn u. hinten, ABS		
Allgemeine Daten			
Fahrzeugart (Türen/Sitze)	Frontera: Kombi (5 / 5) Frontera Sport: Kombi mit Hardtop (3 / 4)		
Aufbauform	Frontera: Leiterrahmen, aufgeschraubte Ganzstahl-Karosserie; Frontera Sport: Leiterrahmen, aufgeschraubte Ganzstahl-Karosserie mit hinterem Kunststoffhardtop		
Radstand	Frontera: 2702 mm; Frontera Sport: 2462 mm;		
Spur vorn/hinten	1515 / 1520 mm		
Länge x Breite x Höhe	Frontera: 4658 x 1787 x 1740 mm Frontera Sport: 4268 x 1787 x 1692		
Gepäckraum	Frontera: 389 / 1790 L; Frontera Sport : 321 / 1137 L		
Reifen	235/75 R 15 oder 245/70 R 16		245/70 R 16
Räder	6,5x 15 (Stahl) oder 7,0 x 16 (LM als Extra, zus. mit Bereif. 245/70 R 16)		7,0 x 16 (LM)
Bodenfreiheit	215 mm		
Wattiefe	500 mm		
Rampenwinkel	Frontera: 19°; Frontera Sport: 23°		
Böschungswinkel v / h	36 / 23° (Frontera); 36 / 29° (Frontera Sport)		
Wendekreisdurchmesser	Frontera: 12,1 m, Frontera Sport: 11,2 m		
Steigfähigkeit	Frontera: 73,5% / 37°; Frontera Sport: 76,7% / 37,5°	Frontera: 105,8% / 46,6°; Frontera Sport: 112,7% / 48,5°	111,4% / 48°
Leermasse (DIN)	Frontera: 1796 kg; Frontera Sport: 1737 kg	Frontera: 1857 kg; Frontera Sport: 1795 kg	1872 kg
Zul. Gesamtgewicht	Frontera: 2400 kg; Frontera Sport: 2300 kg	Frontera: 2450 kg; Frontera Sport: 2300 kg	2450 kg
Zul. Anhängelast gebremst / ungebremst	Frontera: 2600 / 750 kg; Frontera Sport: 2400 / 750 kg	Frontera: 2800 / 750 kg; Frontera Sport: 2400 / 750 kg	2800 kg / 750 kg
Höchstgeschwindigkeit	Frontera: 161 km/h; Frontera Sport: 165 km/h	Frontera: 154 km/h; Frontera Sport: 155 km/h	192 km/h
Beschleun. 0–100 km/h	Frontera: 14,0 s; Frontera Sport: 13,4 s	Frontera: 14,6 s; Frontera Sport: 13,9 s	9,7 s
Verbrauch in L/100 km	Frontera: 11,1; Frontera Sport: 11,1	Frontera: 9,2; Frontera Sport: 9,1	12,6
Kraftstofftank	75 l / Mitte		
Preis (Anf. / Ende Laufzeit)	Frontera: 48.600 DM / 28.380 €; Frontera Sport: 41.150 DM / 26.780 €	Frontera: 51.400 DM / 29,900 €; Frontera Sport: 43.950 DM / 28.300 €	Frontera: 64.550 DM / 33.050 €; Frontera Sport: 57.200 DM / 31.450 €
Gesamtstückzahl	ca. 24.000 (D-Absatz)		

Opel Frontera III (C)

Opels Ausstieg aus dem Allrad-Markt, vollzogen mit dem Produktionsstopp des Frontera B im Sommer 2004, wird nicht endgültig sein. Für 2006 wird der Nachfolger erwartet – Debüt voraussichtlich in Frankfurt auf der IAA im September 2005. Mit dem in England gebauten Frontera wird der Neue – außer dem Namen – nichts mehr gemein haben. Dessen angestaubtes Konzept würde sich auch mit dem neuen Selbstverständnis der Marke nicht vertragen, die sich zunehmend als Hersteller technisch anspruchsvoller und origineller Fahrzeuge versteht. Zudem wird der – nach üblicher Opel-Zählweise als Frontera C zu bezeichnende – Soft-Offroader noch viel weniger ein eigenständiges Opel-Modell sein als die beiden Vorgänger-Baureihen. Nachdem eine zeitweise diskutierte Kooperation mit Fiat nicht zustande gekommen war, soll der Frontera C eine von insgesamt sechs Modellen sein, die auf einer gemeinsamen, intern Theta genannten Plattform des General-Motors-Konzerns basiert.

Entwickelt wurde die neue Basis im Entwicklungszentrum in Detroit; kein Wunder. Hergestellt werden soll der Neue nicht in Europa, schon gar nicht im teuren Deutschland; vorgesehen ist eine Produktion in Korea, wo auch ein Daewoo-Schwestermodell (intern C100 genannt) von den Bändern rollen wird. Allen gemein ist die Komponentenmatrix (keine klassische Plattform wegen unterschiedlicher Grundabmessungen), die selbstverständlich nicht auf einen traditionellen Leiterrahmen basiert. Die selbsttragende Karosserie trägt vorn wie hinten Einzelradaufhängungen mit Schraubenfedern. Der Motor ist quer eingebaut; er treibt permanent die Vorderräder an, eine elektronisch geregelte Lamellenkupplung leitet umso mehr Antriebsmoment zur Hinterachse, je mehr Schlupf an der Vorderachse festgestellt wird. Ein Untersetzungsgetriebe ist ebenso wenig vorgesehen wie mechanische Sperren oder sonstige Eingriffsmöglichkeiten in den Antrieb. Traktionsproblemen wird die übliche elektronische Schlupfregelung vorbeugen, die selektiv in die Radbremsen eingreift und die Sensorik von ABS und ESP nutzt.

Das äußere Erscheinungsbild ähnelt dem schon präsentierten Chevrolet Equinox und hat natürlich die für die neueren Opel-Modelle typische »Bügelfalte« in den Türen. Front und Heck werden mit Multireflektorscheinwerfern und Klarglasheckleuchten deutlich vom amerikanischen Vorbild abweichen. In den Abmessungen soll der Frontera C näher am bereits seit 2004 verkauften Saturn Vue liegen als am ausladenderen Chevrolet. Die im Radstand variierbare Komponentenmatrix bietet hier alle Voraussetzungen.

Als Triebwerke – hier fährt jede Marke ihre eigene Strategie – kommen Motoren aus Vectra/Signum zum Einsatz. In Europa sicherlich die gefragteste Version ist der 1,9-Liter-Common-Rail-Diesel mit 150 PS, der wahlweise mit Sechsgang-Schalt- und Sechsstufen-Automatikgetriebe geliefert wird. Der 2,2-Liter-Vierzylinder-Benziner – bei Drucklegung dieses Buchs noch in seiner alten 143-PS-Ausführung als Basistriebwerk des Saturn Vue verwendet – kommt mit Direkteinspritzung und 155 PS; Schalt- und Automatikgetriebe haben jeweils fünf Gänge. Als Spitzenversion soll ab Herbst 2006 ein neuer V6-Benziner mit rund 195 PS nachgereicht werden, der nur mit Sechsgangautomatik kombiniert wird.

Ähnlich den Opel-Minivans kommt im Innenraum des ausschließlich als fünftüriger Kombi gebauten Modells eine variable Einrichtung zum Einsatz, deren Highlight eine vielfältig klapp- und voll versenkbare Rückbank bildet. Somit ist der neue Frontera ein typischer Vertreter der Klasse der neuen Crossover-Allradler, die zwar nur eingeschränkte Geländetauglichkeit bieten, aber dafür viel Variabilität und hohen Alltagsnutzwert.

Der Saturn Vue wird Schwestermodell des künftigen Opel Frontera

Chevrolet Equinox und Saturn Vue haben – abgesehen von der Motorenausstattung – die Antriebstechnik unterm Blech, die auch der Opel Frontera C erhält

Technische Daten Opel Frontera C	Opel Frontera C 2.2 DI ab 2006	Opel Frontera C 1.9 CDTI ab 2006
Motor		
Betriebsart	Otto (Viertakt)	Diesel
Material Block / Kopf	Alu / Alu	Grauguss / Alu
Zylinderzahl / Einbaulage	4 (Reihe) / vorn quer	4 (Reihe) / vorn quer
Bohrung x Hub	86,0 x 84,6 mm	82,0 x 90,4 mm
Hubraum	2198 cm³	1910 cm³
Leistung in kW (PS)	114 (155) bei 5600/min	110 (150) bei 4000/min
Drehmoment in Nm	220 bei 3800/min	320 bei 2000/min
Verdichtung	12,0 : 1	17,5 : 1
Gemischbereitung	Direkteinspritzung	Direkteinspritzung
Ventile pro Zylinder	4 ,V-förmig hängend, über Rollenschlepphebel	4 ,parallel hängend, über Rollenschlepphebel
Nockenwellen (Antrieb)	2 obenlieg. (Kette)	2 obenlieg. (Zahnriemen)
Kurbelwellenlager	5	5
Aufladung	–	1 Abgasturbolader
Ladeluftkühlung	–	1 LLK, luftgekühlt
Kühlung	Pumpe (Wasser)	Pumpe (Wasser)
Schmierung	Druckumlauf	Druckumlauf
Batterie	12 V (72) / vorn	12 V (72) / vorn
Lichtmaschine	Drehstrom 1700 W	Drehstrom 1420 W
Kraftübertragung		
Antrieb	Allradantrieb permanent (variabel)	
Kraftverteilung	Zentrale Lamellenkupplung, elektron. geregelt	
Sperren	Elektron. Schlupfregelung mit BremseneingriffEinscheiben-Trocken5 Gang	
Kupplung	Einscheiben-Trocken	
Schaltgetriebe	5 Gang	
Automatik	5 Stufen	
Reduktionsgetriebe	–	
Fahrwerk		
Vorderradaufhängung	Einzelradaufh., Querlenker, McPherson-Federbeine m. Schraubenfedern; Stabi	
Hinterradaufhängung	Einzelradaufh., Querlenker, Längslenker, Schraubenfedern; Stabi	
Lenkung	Zahnstange, Servo	
Betriebsbremse	Scheiben (belüft.) vorn und hinten, ABS, EBV, Bremsassistent	
Fahrdynamikregelung	ESP plus	
Allgemeine Daten		
Fahrzeugart (Türen/Sitze)	Kombi (5 / 5, wahlweise 5 / 7)	
Aufbauform	Selbsttragend	
Radstand	ca. 2750 mm	
Spur vorn/hinten	ca. 1550 / 1550 mm	
Länge x Breite x Höhe	ca. 4700 x 1820 x 1700 mm	
Reifen	235 / 60 R 17 od. 245/50 R 18	
Räder	7.0 x 17 od. 7,5 x 18 Zoll (LM)	
Bodenfreiheit	205 mm	
Wattiefe	ca. 400 mm	
Leermasse (DIN)	ca. 1650 kg	
Zul. Gesamtgewicht	ca. 2300 kg	
Höchstgeschwindigkeit	ca. 185 km/h	
Beschleun. 0–100 km/h	ca. 12,0 s	ca. 11,5 s
Verbrauch in L/100 km	ca. 8,5	ca. 7,0
Kraftstofftank	62,5 L / hinten	

Opel Monterey

Auf dem deutschen Markt begann sich Anfang der 90er-Jahre eine erste Spaltung des zivilen Geländewagenmarktes abzuzeichnen: einerseits die betont bulligen Wagen mit klassischen Proportionen (Fahrzeughöhe mindestens so groß wie Fahrzeugbreite); andererseits die eleganten Geländekombis mit flacheren Karosserien. Letzteres Segment beherrschte Opel schon kurz nach Einführung des Frontera; die klassischere Linie, damals von Fahrzeugen wie dem Mitsubishi Pajero dominiert, sollte eine zweite Baureihe abdecken: Ab Sommer 1992 stand der Monterey beim Händler, preislich eine halbe Klasse oberhalb des Frontera. Allerdings war der Neue keine eigenständige Opel-Entwicklung, sondern ein Welt-Auto des General-Motors-Konzerns. Er lief in Japan als Isuzu Bighorn und später auch als Honda Horizon, in Australien als Holden Jackaroo, auf vielen anderen Märkten als Isuzu Trooper II. Entwickelt worden war das Auto bei GM-Tochter Isuzu. Ausschließlich dort entstanden die für Europa bestimmten Opel Monterey.

Technisch war der Monterey fast so konventionell wie der Frontera: ein klassischer Geländewagen, auf solidem Leiterrahmen mit hinterer Starrachse und simplem, zuschaltbaren Allradantrieb sowie Untersetzungsgetriebe. Wie damals üblich, gab es vier Grundtypen: einen kompakten Zweitürer mit fünf Sitzen und einen Viertürer mit längerem Radstand und wahlweise sieben Sitzplätzen; bei beiden bestand die Wahl zwischen Benzin- und Dieselmotor. Aufmachung und Ausstattung des in beiden Versionen sehr geräumigen Wagens wiesen ihn nicht als knorrigen Nutz-Offroader, sondern als komfortablen Familienallradler aus. Nur der Viertürer war in einfacherer Basisversion zu haben. Den kurzen Zweitürer gab es – von Sondermodellen abgesehen – nur in der gehobenen Version RS, deren Ausstattungsumfang annähernd der teureren Limited-Variante des Viertürers entsprach. Für Opel-Verhältnisse kurz war die Aufpreisliste – der Import aus Japan wäre sonst logistisch schwer zu handhaben gewesen.

Benziner-Freunde erhielten einen V6-ohc-Vierventiler mit 177 PS. Mehrpunkt-Saugrohreinspritzung und verteilerlose Direktzündung waren moderne Zutaten. Aber wie bei den bisherigen Vierventiltriebwerken bot der kultivierte 3,2-Liter-Sechszylinder nur wenig Durchzugskraft aus niedrigen Drehzahlen. Viel simpler war der Vierzylinder-Diesel aus Gusseisen: Zwei Ventile pro Zylinder mussten genügen, betätigt wurden sie mit Stoßstangen und Kipphebeln von der seitlich im Block untergebrachten Nockenwelle. Hausmannskost auch bei der Einspritzung: Anders als beim Vorgänger Isuzu Trooper, der als erster Geländewagen mit Direkteinspritzung beinahe ein Stück Technikgeschichte geschrieben hatte, gingen die Japaner wieder auf eine Wirbelkammereinspritzung mit mechanischer Verteilereinspritzpumpe zurück – verfeinert durch zweistufige Einspritzdüsen. Aus 3,1 Liter Hubraum schöpfte der langhubige Vierzylinder 114 PS bei nur 3600/min und lag damit ebenso wie der Benziner an der Spitze der Geländewagen-Mittelklasse. Bei beiden Motoren wurde die Kraft über ein Fünfgang-Schaltgetriebe weitergeleitet. Optional gab es für die Benziner eine elektronisch gesteuerte Automatik mit vier Fahrstufen und zwei vorwählbaren Schaltprogrammen.

Die Antriebstechnik war mit der vom Frontera verwandt, man teilte sich das gleiche Verteilergetriebe: Im Straßenbetrieb floss die Kraft ausschließlich zur Hinterachse; auf rutschigem Boden und im Gelände konnte per zweitem Schalthebel der Kraftfluss zur Vorderachse hergestellt werden. Beim Zweitürer und beim Basis-Viertürer war die Zuschaltung während der Fahrt möglich, wenn man vor der Abfahrt die manuellen Freilaufnaben verriegelt hatte; beim teureren LTD-Viertürer musste man zum Zuschalten grundsätzlich anhalten, weil er automatische Freilaufnaben besaß. Mehr Zugkraft für schwierige Passagen stellte die ins Verteilergetriebe integrierte und mit dem gleichen Hebel betätigte Untersetzung bereit; sie konnte dank Synchronisierung während der Fahr geschaltet werden. An der Hinterachse sorgte optional, ab Mitte 1996 bei RS und LTD serienmäßig, ein selbsthemmendes Differenzial in Form einer Reibungs-Differenzialbremse für besseren Vortrieb bei einseitigem Traktionsverlust.

Trotz konventioneller Technik vermarktete Opel den Monterey durchaus erfolgreich als Oberklasse-Geländewagen. Zusammen mit dem Verkaufsschlager Frontera verschaffte der Monterey der Marke die unangefochtene Spitzenposition unter den Allradanbietern in Deutschland. Die Kunden schätzten am Flaggschiff vor allem die gediegene und sorgfältige Verarbeitung und den Nimbus der souveränen Unzerstörbarkeit. Gefallen fand auch die komfortable Federung, die umfangreiche Ausstattung und der somit gebotene Fahrkomfort bei gleichzeitig beachtlichen Fähigkeiten im Gelände.

1997 erhielt der Monterey im Gefolge des japanischen Schwestermodells ein kleines Facelift – vor allem einen überarbeiten Innenraum mit neuem, flächigerem Instrumententräger. Fahrer und Beifahrerairbag waren nun Serie, gleichzeitig stiegen aber die Preise. Ein Jahr später kam die große Überarbeitung; fast die gesamte Technik wurde runderneuert. Erkennbar war die aktuelle Monterey-Generation an der neuen Front mit stärker betontem Grill und am überarbeiteten Heck. Das Kennzeichenschild wanderte von seinem ungewöhnlichen Platz auf dem rechten, kleineren Hecktürflügel in den Stoßfänger.

Opel Monterey Zwei- und Viertürer (1992 – 1997)

Opel Monterey LTD (1995), Kennzeichen rechts

Zudem erhielt das Auto Kotflügelverbreiterungen aus Kunststoff, weil die Spurweite vorne und hinten um 60 mm gewachsen war. Das zuvor betont weiche Fahrverhalten sollte direkter werden; aus dem gleichen Grund wurde auch die Fahrwerksabstimmung straffer.

Größere Änderungen gab's im Antriebsstrang. Der 3,2-Liter-ohc-Benziner wich einem 215 PS starken 3,5-Liter-V6 mit vier oben liegenden Nockenwellen und Schaltsaugrohr, das wesentlich fülligere Zugkraft bereit stellte. Noch mehr änderte sich die Dieselversion. Isuzu hatte einen neuen dohc-Vierzylinder mit Vierventil-Leichtmetallkopf entwickelt, der aus 3,0 Liter Hubraum 159 PS schöpfte und sich damit erneut an die Spitze der Klasse setzte. Es handelte sich hier um den weltweit ersten Common-Rail-Diesel im Geländewagen. Die Erzeugung des Einspritzdruckes von maximal 1400 bar erfolgte nicht mit der später bei den Common-Rail-Dieseln europäischen Herstellern verwendeten Elektropumpe, sondern in einem aufwendigen, dreistufigen hydraulischen Verfahren.

Die Getriebe wurden durch stabilere Aggregate ersetzt. Wie beim Monterey der ersten Generation war der Diesel stets mit Fünfgang-Handschaltung zu haben, der Benziner alternativ mit einem Vierstufen-Automaten. Modifiziert wurde auch das Verteilergetriebe. Zwar blieb es beim simplen zuschaltbaren Allradantrieb; doch die Zuschaltung konnte beim neuen Verteilergetriebe per Tastendruck erfolgen – und zwar bei allen Modellen während der Fahrt, weil die Freilaufnaben einer vollautomatischen Freilaufeinrichtung in der Vorderachse gewichen waren.

In einem Sonderfall hatte der Monterey jetzt sogar einen modernen permanenten Allradantrieb: im Viertürer-Benziner in LTD-Ausstattung, wenn das optionale Automatikgetriebe eingebaut war. Die stufenlos variable Drehmomentverteilung zur Vorderachse oblag einer Lamellenkupplung, die elektronisch gesteuert wurde. Bei durchdrehenden Hinterrädern wurde mehr Kraft zur Vorderachse umgeleitet; dies erfolgte aber nicht nur reaktiv bei Schlupf an der Hinterachse, sondern bereits aktiv, quasi vorbeugend – etwa beim Druck aufs Gaspedal beim Anfahren. Unverständlich, warum diese Antriebstechnik nicht auch anderen Modellversionen zugute kam.

Lange blieb der Monterey nicht mehr im Programm: Die Verkäufe gingen zurück, der optisch konservative Allradler entsprach nicht mehr den Idealen der modernen SUV-Käufer. Zudem stellt Opel die aktive Vermarktung ein – was auch daran lag, dass man an den aus Japan importierten Monterey auf Grund des hohen Yen-Kurses nichts mehr verdiente. Im April 1999 entschied Rüsselsheim, den Verkauf der Baureihe einzustellen. Offizielle Begründung: Der neue Frontera liefe im Verkauf so gut, dass Opel »eine eingleisige Angebotsstrategie auf dem Offroad-Markt« am sinnvollsten« erscheine.

Verkaufszahlen Deutschland-Modell

	1992	1993	1994	1995	1996	1997	1998	1999
Opel Monterey	5.063	5.147	2.609	1.555	1.080	914	1.072	758

Opel Monterey RS (1992 – 1997)

Opel Monterey Viertürer (1998 – 1999)

Opel Monterey Cockpit (1998 nach Facelift)

Technische Daten Opel Monterey

	Monterey 3.2 24V 1992 – 1998	**Monterey 3.1 TD 1992 – 1998**	**Monterey 3.5 24V 1998 – 1999**	**Monterey 3.0 DTI 1998 – 1999**
Motor	6VD1	4JG2-TC	6VE1	4JX1-TC
Betriebsart	Otto (Viertakt)	Diesel	Otto (Viertakt)	Diesel
Material Block / Kopf	Alu/Alu	Grauguss/Grauguss	Alu/Alu	Grauguss/Alu
Zylinderzahl / Einbaulage	6 (V 75°) / vorn längs	4 (Reihe) / vorn längs	6 (V 75°) / vorn längs	4 (Reihe) / vorn längs
Bohrung x Hub	93,4 x 77 mm	95,4 x 107 mm	93,4 x 85 mm	95,4 x 104,9 mm
Hubraum	3165 cm³	3059 cm³	3494 cm³	2999 cm³
Leistung in kW (PS)	130 (177) bei 5200/min	84 (114) bei 3600/min	158 (215) bei 5400/min	117 (159) bei 3900/min
Drehmoment in Nm	260 bei 3750/min	260 bei 2000/min	310 bei 3000/min	333 bei 2000/min
Verdichtung	9,3 : 1	20,0 : 1	9,4 : 1	19,0:1
Gemischbereitung, Elektronik	Saugrohreinspritzung (Multipoint)	Wirbelkammerein-spritzung, mech. Verteilereinspritzpumpe	Saugrohreinspritzung (Multipoint)	Direkteinspritzung, elektron. geregelte, hydraulisch vorgesteuerte Common-Rail-Einspritzanlage
Aufladung	–	1 Turbolader	–	1 Turbolader
Ladeluftkühlung	–	1 LLK (luftgekühlt)	–	1 LLK (luftgekühlt)
Ventile pro Zylinder	4, V-förmig hängend	2, parallel hängend	4, V-förmig hängend	4, V-förmig hängend
Nockenwellen (Antrieb)	2 obenlieg. (Zahnriemen)	1 seitlich (Zahnriemen)	2 x 2 obenlieg. (Zahnriemen)	2 obenlieg. (Zahnriemen)
Kurbelwellenlager	4	5	4	5
Kühlung	Pumpe (Wasser), Viskolüfter			
Schmierung	Druckumlauf (5,4 L Öl)	Druckumlauf (7,1 L Öl)	Druckumlauf (5,3 L Öl)	Druckumlauf (10,4 L Öl)
Abgasreinigung	1 Dreiwege-Kat, 1 Lambda-Sonde	Abgasrückführung	Abgasrückführung, 1 Dreiwege-Kat, 1 Lambda-Sonde	Abgasrückführung, 1 Oxidations-Katalysator
Batterie	12 V (52 Ah)	2 x 12 V (52 Ah)	12 V (95 Ah)	12 V (115 Ah)
Lichtmaschine	Drehstrom 75 A	Drehstrom 50 A	Drehstrom 100 A	Drehstrom 100 A
Kraftübertragung				
Antrieb (Grundkraftverteilung)	Heckantrieb, Frontantrieb zuschaltbar (0:100 / 50:50)		bei Schaltgetriebe: Heckantrieb, Frontantrieb zuschaltbar (0:100 / 50:50); bei LTD mit Automatik: Allradantrieb permanent (variabel)	

Technische Daten Opel Monterey

	Monterey 3.2 24V 1992 – 1998	Monterey 3.1 TD 1992 – 1998	Monterey 3.5 24V 1998 – 1999	Monterey 3.0 DTI 1998 – 1999
Kraftübertragung				
Kraftverteilung	Starr		bei Schaltgetriebe: Starr; bei LTD mit Automatik: Elektron. geregelte Lamellenkupplung	
Sperren	Selbstsperrendes Hinterachsdifferenzial (a.W.)		Selbstsperrendes Hinterachsdifferenzial (a.W.)	
Kupplung	Einscheiben-Trocken		Einscheiben-Trocken	
Schaltgetriebe Übersetzungen	5 Gang I. 3,767, II. 2,248, III. 1,404, IV. 1,00, V. 0,809, R. 3,873, Achsantrieb 4,30	I. 3,767, II. 2,248, III. 1,404, IV. 1,00, V. 0,809, R. 3,873, Achsantrieb 4,555	5 Gang I. 3,95, II. 2,53, III. 1,44, IV. 1,00, V. 0,79, R. 3,92, Achsantrieb 4,30	I. 3,95, II. 2,33, III. 1,44, IV. 1,00, V. 0,79, R. 3,92, Achsantrieb 4,30
Automatik	I. 2,86, II. 1,62, III. 1,00, IV. 0,72, R. 2,00, Achsantrieb 4,30	–	I. 2,86, II. 1,82, III. 1,00, IV. 0,72, R. 2,00, Achsantrieb 4,10	-
Reduktionsgetriebe	Straße 1,00; Gelände 2,28		Straße 1,00; Gelände 2,05	
Fahrwerk				
Vorderradaufhängung	Einzelradaufhängung an Doppelquerlenkern, Drehstabfedern; Stabilisator, hydr. Stoßdämpfer			
Hinterradaufhängung	Starrachse an 3 Längslenkern, Panhardstab, Schraubenfedern, Stabilisator, hydr. Stoßdämpfer			
Lenkung	Kugelumlauf, Servo			
Betriebsbremse	Scheiben (belüftet) vorn u. hinten, ABS			
Allgemeine Daten				
Fahrzeugart (Türen/Sitze)	kurz: Kombi (3 / 5) lang: Kombi (5 / 5, a.W. 5 / 7)		kurz: Kombi (3 / 5) lang: Kombi (5 / 5, a.W. 5 / 7)	
Aufbauform	Leiterrahmen, aufgeschraubte Ganzstahl-Karosserie			
Radstand	kurz: 2330 mm; lang: 2760 mm		kurz: 2330 mm; lang: 2760 mm	
Spur vorn/hinten	1455 / 1460 mm		1515 / 1520 mm	
Länge x Breite x Höhe	kurz: 4310 x 1745 x 1835 mm; lang: 4740 x 1745 x 1840 mm		kurz: 4365 x 1835 x 1835 mm; lang: 4795 x 1835 x 1840 mm	
Gepäckraum	kurz: 1339 / 2548 l; lang: 1464 / 2548 l		kurz: 1339 / 2548 l; lang: 1464 / 2548 l	
Reifen	kurz: 245/70 R 16; lang: 215/80 R 16 oder 245/70 R 16		245/70 R 16	
Räder	kurz: 7.0 x 16 (LM) lang: 6.0 x 16 (Stahl) oder 7.0 x 16 (LM als Extra, zus. mit Bereif. 245/70 R 16)		7,0 x 16 (Stahl bei Monterey), 7.0 x 16 (LM bei RS und LTD)	
Bodenfreiheit	215 mm		210 mm	
Wattiefe	600 mm		600 mm	
Rampenwinkel	kurz: 25°; lang 23°		kurz: 23,5°; lang 21°	
Böschungswinkel v / h	40 / 31°		31 / 27°	
Wendekreisdurchmesser	kurz: 10,8 m, lang: 12,4 m			
Steigfähigkeit	Schalt: 103,5% / 46°; Aut.: 78,6% / 38,2°	109,6% / 47,6°	kz. Schalt: 116,3% / 49,3°; kz. Aut.: 80,3% / 38,8°; lg. Schalt: 110,8% / 48°; lg. Aut.: 76,5% / 37,4°	kurz: 125% / 51,3°; lang: 119% / 50°
Leermasse (DIN)	kurz: 1795 kg; lang: 1880 kg (Autom.: + 20 kg)	kurz: 1880 kg; lang: 1985 kg	kurz: 1890 kg; lang: 1980 kg (Autom. + 10 kg)	kurz: 1990 kg; lang: 1990 kg
Zul. Gesamtgewicht	2600 kg		kurz: 2600 kg; lang: 2730 kg	
Zul. Anhängelast gebremst / ungebremst	2600 / 750 kg		kurz: 3000 / 750 kg; lang 3300 / 750 kg	
Höchstgeschwindigkeit	170 km/h	150 km/h	180 km/h	160 km/h
Beschleun. 0–100 km/h	Schaltgetr.: 11,5 s Automatik: 10,7 s	16,6 s	kz. Schalt.: 11,3 s kz. Autom.: 9,2 s lg. Schalt.: 11,8 s lg. Autom.: 9,6 s	kurz: 15,8 s lang: 16,5 s
Verbrauch in L/100 km	Schaltgetr.: 14,4; Automatik: 15,0	11,3	Schaltgetr.: 13,7; Automatik: 15,0	10,9
Kraftstofftank	85 l / hinten			
Preis (Anf. / Ende Laufz.)	kurz (RS): 47.300 / 62.375 DM; lang: 48.700 / 60.400 DM	kurz (RS): 46.200 DM / 60.330 DM; lang: 47.600 DM / 59.025 DM	kurz (RS): 65.036 / 66.425 DM; lang: 62.236 / 63450.- DM	kurz (RS): 63.149 / 64.375 DM; lang: 61.026 / 62.110 DM
Gesamtstückzahl	18.198 (D-Absatz)			

Opel Campo

Die dritte 4x4-Baureihe von Opel war gleichzeitig die älteste, längstgebaute und erfolgloseste, die Modellgeschichte eine nachgerade tragische Aneinanderreihung von Fehlentscheidungen. Der leichte Allrad-Pickup Campo war, wie der anschließend debütierende Monterey, kein eigenständiges Opel-Modell, sondern ein aus Japan importierter Isuzu – der ab 1991 mit Opel-Emblemen ausgerüstet und über die Opel-Händler angeboten wurde. Schon zuvor hatte man das Gefährt in Deutschland kaufen können: über den damaligen Isuzu-Importeur Convesco mit seinen wenigen Vertragshändlern. Als dann Opel, annähernd zeitgleich mit der Markteinführung des Frontera, den Vertrieb in die Hand nahm, mutmaßte mancher, dass die hessische Traditionsmarke mit ihrem dichten Händlernetz nun den deutschen Pickup-Markt im Handumdrehen an sich reißen würde. Doch das einzige Konkurrenzfabrikat, der seinerzeit nur in einer Karosserieversion lieferbare Nissan KingCab, verkaufte sich viel besser.

Dabei war das Modellprogramm beim Campo sehr weit gefächert: Man übernahm einfach alle aus Japan erhältlichen zwölf Varianten in die Preislisten. Es gab drei Aufbauversionen: zweitürige, zweisitzige Einzelkabine mit langer Ladefläche; zweitürige »Sportkabine« mit zwei echten und zwei klappbaren Notsitzen und mittellanger Ladefläche (entsprechend dem konkurrierenden Nissan); und viertürige Doppelkabine mit fünf Sitzplätzen und kurzem Frachtabteil. Dazu bestand die Wahl zwischen zwei Motoren. Um das Modellprogramm noch unübersichtlicher zu gestalten, waren alle Varianten auch als Billigversion ohne Allrad und mit spindeldürren 14-Zoll-Rädern erhältlich – die allerdings von Privatkäufern kaum gekauft wurde.

Der Opel Campo bot technisch simplen Klassenstandard: Ein Leiterrahmen ruhte hinten auf eine einfachen Blattfeder-Starrachse, die Vorderräder waren einzeln an doppelten Querlenkern aufgehängt und drehstabgefedert. Ebenso schlicht die Kraftübertragung: Vom Fünfganggetriebe floss das Antriebsmoment im Straßenbetrieb zur Hinterachse; auf rutschigem Boden konnte per Hebel die Vorderachse zugeschaltet werden. Für längeren Straßeneinsatz gab es die Möglichkeit, den vorderen Antriebsstrang durch Entkoppeln der manuellen Freilaufnaben ganz ruhen zu lassen. Ins Verteilergetriebe integriert und mit dem gleichen Hebel zu bedienen war die Geländeuntersetzung, mit der die Gesamtübersetzung in allen Gängen im Verhältnis 1,87:1 verkürzt werden konnte.

Die Motoren stammten gleichermaßen von Isuzu: Basistriebwerk war ein 2,3-Liter-Benziner mit Registervergaser und 93 PS; immerhin verfügte Opel aus Marketing-Gründen den Einbau eines Dreiwege-Kats nebst aufgepflanzter elektronische Regelung des Vergasers, die der Campo als Isuzu noch nicht hatte. Ein reine Image-Entscheidung – Steuervorteile brachte die Abgasreinigung damals bei als Lkw zugelassenen Fahrzeugen nicht, denn die wurden bis 1997 nach Gewicht besteuert. Die Mehrzahl der (wenigen) Käufer griff darum lieber zum 2,5 Liter großen, 76 PS starken Saugdiesel. Mit seitlich liegender Nockenwelle war er zwar alles andere als eine moderne Konstruktion, erlaubte aber dank Diesel-Direkteinspritzung sparsame Verbräuche. Allerdings war der Motorlauf konkurrenzlos unkultiviert und geräuschvoll.

Die Benzinerversionen wurden bereits 1992 (Einzel- und Doppelkabine) wieder aus dem Sortiment genommen, 1993 auch die mittellange Sportkabine. Dafür stand ab Ende 1992 eine dritte Motorversion im Programm: der 3,1 Liter große Wirbelkammer-Turbodiesel aus dem Monterey. Er hatte im Campo allerdings keinen Ladeluftkühler und kam daher nur auf 109 statt 113 PS. Der kräftige Diesel war allerdings vorerst nur in der Variante Sportkabine lieferbar; erst 1997 gab es ihn auch im Doppelkabiner. Gleichzeitig erhielt der 2,5-Liter-Diesel einen Turbolader; allerdings verschaffte dieser dem lethargischen Selbstzünder nicht den ersehnten Leistungszuwachs, Leistung und Drehmoment blieben exakt gleich. Die Aufladung hatte einzig den Sinn, mehr Luft durch den Motor zu blasen, um das Abgas zu verdünnen und damit die neuen Abgasgrenzwerte zu erfüllen.

Was den Verkaufserfolg des Campo stärker hemmte als das ausgeprägt lieblos abgestimmte Fahrwerk mit schaukeliger Vorder- und bockharter Hinterachse, das unbefriedigende Federungseigenschaften mit kritischem Fahrverhalten verband, war die konsequent an den Käuferwünschen vorbei zielende Modellpolitik. Spartanisch ausgestattet und äußerlich zu schlicht, wies sich der Campo stets als billiges Nutzfahrzeug aus. Käufer, die optisch anspruchsvoller waren und einen Pickup als damals noch steuergünstige Alternative zum Kombi-Geländewagen sahen, wurden bei Opel auch dann nicht fündig, als Mitsubishi 1993 in den deutschen Markt eintrat und mit einem ansprechend ausstaffierten Turbodiesel-Doppelkabiner sofort die Marktführerschaft im Pickup-Segment übernahm. Der Campo fiel bis 1996 auf unter 900 Stück zurück, Mitsubishi baute seinen Vorsprung im gleichen Jahr auf 2.661 Exemplare aus.

Statt den Kunden endlich den komfortablen Doppelkabiner zu liefern, der beispielsweise in den Benelux-Ländern stets zu haben war, wurde das Campo-Modellprogramm immer wieder bereinigt und gestrafft, besonders schwer verkäufliche Versionen aus dem Sortiment genommen. Geringfügige äußere Modifikationen der Karosserie änderten nichts daran,

Opel Campo Programm (1997) mit Einzel-, Doppel- und Sportkabine

dass der Verkauf des Campo nur schleppend lief und deutlich hinter den Stückzahlen der japanischen Konkurrenz her hinkte. Erst zur IAA 1999 führte Opel endlich die zehn Jahre lang vermisste Modellversion ein – den Doppelkabiner mit gefälligerer Optik und Leichtmetallrädern und kräftigem Turbodiesel. Genannt Campo Limited, wurde das neue Modell allerdings in aller Heimlichkeit eingeführt, keinesfalls aktiv vermarktet – und kam außerdem zu spät: Leider wurde aufgrund der geänderten Rechtsprechung inzwischen die preiswerte Besteuerung nach Gewicht nur noch für Pickups über 2,8 Tonnen Gesamtgewicht gewährt – die Auflastung über diese wichtige Grenze verabsäumte Opel. So war für den Campo die hohe Steuer für einen als nicht schadstoffarm eingestuften Diesel-Pkw mit 3,1 Liter Hubraum und fällig. Zudem machten die hohen Einfuhrabgaben, die Opel für den Campo 3.1 als Lkw mit mehr als 2,5 Liter Hubraum zahlen musste, den Vertrieb des Modells trotz des inzwischen kräftig angehobenen Verkaufspreises noch unrentabler.

Viel zu spät, erst Ende 2001, war schließlich eine konkurrenzfähige Campo-Version zu haben: Der bekannte 2,5-Liter-Direkteinspritzdiesel erhielt einen Ladeluftkühler und eine geänderte Einspritzpumpe, was Leistung und Drehmoment auf konkurrenzfähiges Niveau brachte. Dieser 2.5 DTI genannte Campo ersetzte sowohl den alten 76-PS-Diesel als auch den 3,1-Liter mit 109 PS. Ein langes Leben war freilich auch dieser Version nicht mehr vergönnt. Im Rahmen des so genannten Olympia-Sparprogramms wurde der Verkauf des unrentablen Kleinlasters – 2001 hatten sich nur noch 488 Stück absetzen lassen – Anfang 2002 eingestellt.

Verkaufszahlen Deutschland-Modell

	1991	1992	1993	1994	1995	1996	1997	1998	1999	2000	2001
Opel Campo	k. A.	2.171	2.398	2.185	1.164	883	1.092	1.041	688	749	488

Opel Campo 2.5 DTi Doppelkabine (2001)

Technische Daten Opel Campo	Campo 2.3 1991 – 1993	Campo 2.5 D 1991 – 1997 Campo 2.5 TD 1997 – 2001 Campo 2.5 DTI 2001 – 2002	Campo 3.1 TD 1993 – 1997 Campo 3.1 TDS 1997 – 2001
Motor	4ZD1	2.5 D: 4JA1; 2.5 TD: 4JA1T 2.5 DTI: 4JA1T	4JG2
Betriebsart	Otto (Viertakt)	Diesel	Diesel
Material Block / Kopf	Grauguss / Alu	Grauguss / Grauguss	Grauguss / Grauguss
Zylinderzahl / Einbaulage		4 (Reihe) / vorn längs	
Bohrung x Hub	98,3 x 90,0 mm	93,0 x 92,0 mm	95,4 x 107,0
Hubraum	2254 cm³	2499cm³	3059 cm³
Leistung in kW (PS)	69 (93) bei 4800/min	56 (76) bei 3800/min; DTI: 74 (100) bei 3800/min	80 (109) bei 3600/min
Drehmoment in Nm	170 bei 2600/min	160 bei 2300/min; DTI: 226 bei 2000/min	255 bei 1900/min
Verdichtung	8,3 : 1	18,4 : 1; 2.5 DTI: 18,5:1	20:1
Gemischbereitung, Elektronik	Registervergaser mit elektronischer Steuerung	Direkteinspritzung, mech. Verteilereinspritzpumpe	Wirbelkammereinspritzung, mech. Verteilereinspritzpumpe
Aufladung	–	2.5 TD und 2.5 DTI: 1 Turbolader	1 Turbolader
Ladeluftkühlung	–	2.5 DTI: 1 LLK (luftgekühlt)	–
Ventile pro Zylinder	2, V-förmig hängend	2, parallel hängend	2, parallel hängend

Technische Daten Opel Campo

	Campo 2.3 1991 – 1993	Campo 2.5 D 1991 – 1997 Campo 2.5 TD 1997 – 2001 Campo 2.5 DTI 2001 – 2002	Campo 3.1 TD 1993 – 1997 Campo 3.1 TDS 1997 – 2001
Motor	4ZD1	2.5 D: 4JA1; 2.5 TD: 4JA1T	4JG2
Nockenwellen (Antrieb)	1 obenlieg. (Zahnriemen)	1 seitlich (Zahnriemen)	1 seitlich (Zahnriemen)
Kurbelwellenlager	5	5	5
Kühlung	Pumpe, Wasser (9,0 L), Viskolüfter	Pumpe, Wasser (7,0 L), Viskolüfter	Pumpe, Wasser (7,0 L), Viskolüfter
Schmierung	Druckumlauf (4,2 L Öl)	Druckumlauf (4,3 L Öl)	Druckumlauf (4,3 L Öl)
Abgasreinigung	1 Dreiwege-Kat, 1 Lambda-Sonde	Abgasrückführung	Abgasrückführung
Batterie	12 V (60 Ah)	12 V (80 Ah)	12 V (90 Ah)
Lichtmaschine	Drehstrom 630 W	Drehstrom 700 W	Drehstrom 700 W
Kraftübertragung			
Antrieb (Grundkraftverteilung)	Heckantrieb, Frontantrieb zuschaltbar (0:100 / 50:50)		
Kraftverteilung	Starr		
Sperren	Selbstsperrendes Hinterachsdifferenzial		
Kupplung	Einscheiben-Trocken		
Schaltgetriebe	5 Gang		
Übersetzungen	I. 3,79, II. 2,17, III. 1,41, IV. 1,00, V. 0,86, R. 3,72, Antrieb 4,56	I. 3,79, II. 2,17, III. 1,41, IV. 1,00, V. 0,86, R. 3,72, Antrieb 4,56; ab 2001: I. 3,767, II. 2,248, III. 1,404, IV. 1,00, V. 0,809, R. 3,873, Antrieb 4,30	I. 3,767, II. 2,248, III. 1,404, IV. 1,00, V. 0,809, R. 3,873, Antrieb 4,30
Automatik	–	–	–
Reduktionsgetriebe	Straße 1,00, Gelände 1,87	Straße 1,00, Gelände 1,87; ab 2001: Gelände 2,05	Straße 1,00, Gelände 2,28
Fahrwerk			
Vorderradaufhängung	Einzelradaufhängung an Doppelquerlenkern, Drehstabfedern; hydr. Stoßdämpfer, Stabilisator		
Hinterradaufhängung	Starrachse an Längsblattfedern, Servo hydraul.		
Lenkung	Kugelumlauf, Servo hydraul.		
Betriebsbremse	Scheiben (belüftet) vorn; Trommeln hinten		
Allgemeine Daten			
Fahrzeugart (Türen/Sitze)	Pickup: Einzelkabine (EK): 2/2; Sportkabine (SK): 2/2+2; Doppelkabine (DK): 4/5		
Aufbauform	Leiterrahmen, aufgeschraubte zweiteilige Ganzstahl-Karosserie		
Radstand	3025 mm		
Überhang v / h	720 / 1175 mm		
Spur vorn/hinten	1390 / 1400 mm		
Länge x Breite x Höhe	EK: 4920 x 1690 x 1695 mm; SK: 4920 x 1690 x 1705 mm; DK: 4920 x 1690 x 1710 mm		
Gepäckraum	offene Ladepritsche 1530 mm breit, EK: 2300 mm lang, SK 1850 mm lang, DK 1510 mm lang		
Reifen	205 R 16		
Räder	6.0 x 16 (Stahl)		
Bodenfreiheit	195 mm		
Wattiefe	500 mm		
Rampenwinkel	17,5°		
Böschungswinkel v /h	36 / 28°		
Wendekreisdurchmesser	12,8 m		
Steigfähigkeit	58,6 % / 30,4°	55,2% / 28,9°; 2.5 DTI: 80,1% / 38,7°	100,5% / 45,1°
Leermasse (DIN)	EK: 1586 kg; SK: 1610 kg; DK: 1635 kg	EK: 1655 kg; SK: 1680-1770 kg; DK: 1705-1810 kg	SK: 1695-1785) kg; DK: (ab 1997) 1820 kg
Zul. Gesamtgewicht	2650 kg		
Zul. Anhängelast gebremst / ungebremst	2000 / 750 kg		
Höchstgeschwindigkeit	135 km/h	130 km/h; ab 1994: 125 km/h, 2.5 DTI: 150 km/h	140 km/h
Beschleun. 0-100 km/h	24,2 s	26,4 s, DTI: 18,3 s	18,1 s
Verbrauch in L/100 km	11,2	8,2, DTI: 8,1	10,6
Kraftstofftank	EK, SK: mitte, 75 L; DK: mitte, 53 L		
Preis (Anf. / Ende Laufzeit)	EK: 26.880,- DM / 27.400 DM; SK: 27.910,- DM / 28.080 DM; DK: 31.240,- DM / 31.815 DM	EK: 28.130,- DM / 32.925,- DM; SK: 29.160,- DM / 36.090,- DM; DK: 32.460,- DM / 52.045,- DM	SK: 37.100,- DM / 38.560,- DM; DK: 31.240,- DM / 50.015,- DM
Gesamtstückzahl	ca. 13.000 (D-Absatz)		

Porsche Jagdwagen (Typ 597)

Als die noch junge Bundesrepublik Deutschland den Aufbau einer eigenen Armee ins Auge fasste, mussten u.a. neue Geländewagen beschafft werden. Die Sportwagenfirma Porsche bemühte sich neben der Auto Union und Goliath um einen Auftrag. Die Vorarbeiten begannen im Dezember 1953, wobei die ersten Versuchsträger noch extrem kompakt gerieten. Technikübernahmen von den VW-Typen 82 und 166 gab es offiziell nicht – was aber angesichts der beteiligten Porsche-Fachleute, die bereits in die VW-Kriegsprojekte involviert waren, kaum glaubhaft ist. Ende 1954 waren die ersten Vorserienautos fertiggestellt, gebaut bei Karossier Reutter in Stuttgart. Man entschied sich aber Mitte 1955 für einen größeren Radstand und eine größere Außenlänge. Insgesamt 21 dieser Fahrzeuge wurden in Stuttgart in reiner Handarbeit aufgebaut.

Als einziger der drei Konkurrenten verfügte der Porsche über einen Heckmotor. Ursprünglich kam ein 50-PS-Vierzylinder mit 1,5 Liter Hubraum zum Einsatz, dem folgte Mitte 1955 ein 1,6-Liter gleicher Leistung. Beide luftgekühlten Boxer basierten auf den hauseigenen Sportwagenmotoren, waren aber in puncto Drehmoment und Durchzugskraft optimiert worden. Der zweikanalige 24er-Zenith-Doppel-Fallstromvergaser stellte auch bei extremer Geländefahrt die Kraftstoffversorgung sicher – er war gleichermaßen im DKW und im Goliath zu finden. Um auch Normalbenzin verwenden zu können, wurde die Verdichtung durch andere Kolben minimiert. Außerdem änderte man die Abgasanlage, während der Motorkühler vom Sportwagen stammte.

Gekoppelt war der Vierzylindermotor an ein neues, vollsynchronisiertes Fünfganggetriebe. Im Gelände genügten die Gänge zwei bis fünf, die wie bei einer H-Schaltung von Porsche oder Volkswagen angeordnet waren. Schließlich sorgten Lage und Gewicht des Motors für eine gute Traktion. Kam es schlimmer, ließ sich über den gemeinsamen, kurzen Mittelschalthebel ein 5 : 1 untersetzter Geländegang einlegen – er saß im Schaltschema links von den anderen Gangstufen gegenüber dem Rückwärtsgang. Natürlich hätte man – wie bei den beiden Wettbewerbern – ein Vierganggetriebe mittels Vorgelege untersetzen können; aber diese Lösung schien zu aufwendig. Ein Verteilergetriebe (Mittendifferenzial) zur Weiterleitung der Kraft zu den zwei Achsdifferenzialen hat der Porsche ebenfalls nicht. Denn hier befanden sich die Antriebshalbwellen gleich in der Schaltbox: Das zwischen Motor und Schaltgetriebe angeordnete Hinterachsdifferenzial wurde direkt von der Getriebeausgangswelle mit Kraft versorgt – wie beim reinen Heckmotor-Antriebsblock.

Ein selbsthemmendes Kegelrad-Sperrdifferenzial trieb nach Muster des VW Transporters die mit Radvorgelegen versehenen Hinterräder an. Über eine ungeteilte Kardanachse ging die Kraft bedarfsweise von der Getriebeausgangswelle zur Vorderachse. Bei Straßenfahrt ließ sich dank einer Klauenkupplung nach Umlegen eines Hebels der Frontantrieb abschalten, ohne dass ausgekuppelt werden musste. Manuelle Sperren kamen nicht zum Einsatz. Die Hinterachse mit einzeln aufgehängten Rädern entsprach weitgehend der des Sportwagens. Eine Starrachse wäre angesichts des Einsatzzwecks wohl die bessere Wahl gewesen, hätte sich aber nicht mit der Konstruktion von Triebwerk und Getriebeblock vertragen. Auf Stabilisatoren verzichtete man und mutete der Besatzung eine relativ harte Federung zu.

Die selbsttragende Stahlblech-Karosserie wurde von zwei seitlichen Längsschwellern, Bodenplattform, Blech-Mittellängsträger, großen Radkästen, Spritz- und Heckwand sowie Querträger zur Sitz-Aufnahme gebildet. Seitlich angeschraubt war die anfangs noch sickenlose Stahlblechbeplankung. Wegen der Wannenform verfügte der Porsche über eine gewisse Schwimmfähigkeit, hatte aber dafür keinen eigenen Antrieb. Umbaumaßnahmen waren nicht erforderlich, um Wasserläufe zu queren, denn der Auspuff endete oberhalb des linken hinteren Kotflügels.

Die Wattiefe lag bei wettbewerbsüblichen 50 cm. Ebenfalls als einziger der drei Wettbewerber trug der Porsche das aufrecht stehende Ersatzrad in der Frontpartie, was die Sicht nach vorn verschlechterte. Natürlich ließ sich die geteilte Frontscheibe nach vorn klappen. Die kurze Front fasste ansonsten nur den 60-Liter-Tank (mit hochaufragendem Einfüllstutzen), einen 20-Liter-Reservekanister und zwei Stahlboxen. Zwei Zughaken vorn und hinten sowie eine Anhängerkupplung vervollständigten die Ausrüstung.

Feste Türen waren angesichts des militärischen Einsatzes kein Thema, wobei aber bereits 1956 über eine zivile Version mit Türen nachgedacht wurde. Im Interesse der Watfähigkeit waren die Bordwände seitlich recht hochgezogen (maximal 70 cm) – was den Einstieg erschwerte. Bei Bedarf konnte man bei geschlossenem Dach Türen aus Verdeckstoff (mit »Fenstern aus unzerbrechlicher Klarsichtfolie«) einknöpfen. Das große, vorn von zwei Knebeln am Scheibenrahmen gehaltene Verdeck mit rechteckigem Kunststoff-Heckfenster ließ sich sehr schnell öffnen oder schließen, es lag zusammengefaltet und geschnürt hinten auf der Motorhaube auf. Davor befand sich eine durchgehende Zweier-Sitzbank, die umgeklappt werden konnte – dann ließ sich dort eine kleine Ladefläche nutzen. Vorn fanden sich zwei dünngepolsterte »Schalensitze«.

Davor spannte sich ein karg bestückter Instrumententräger über die gesamte Breite, garniert mit einer

Porsche 597 Prototyp (1954)

durchgehenden Haltestange. Das große Dreispeichenlenkrad stand relativ flach. Wegen der relativ direkt übersetzten Lenkung erforderte es Kraft beim Zupacken. Pressstoff-Lenkrad, Schaltstock und Instrumente stammten vom VW Käfer ab. Besonderheit des Porsches war weiterhin seine durchgehende »Bauchplatte« unter dem Fahrzeugboden, die als Schutzschild und Rutschhilfe diente.

Getestet wurden die Kontrahenten ab Anfang 1955 vom Bundesministerium für Verteidigung, vom Bundesgrenzschutz und der Lehrtruppe in Andernach. Für die Truppe wurden schließlich 5.000 DKW sowie je 50 Porsche und Goliath geordert, letztere aber nur zu Testzwecken. Angeblich hatte der Zweitakt-Wagen von Anfang an die Sympathien der Entscheidungsträger auf sich vereinigen können. Denn die Auto Union (aber auch Borgward!) verfügte über entsprechende Fertigungskapazitäten, Porsche hätte sie erst aufbauen müssen. Beim Stuttgarter Auto störten überdies die zahlreichen speziell angefertigten Teile, die nichts mit Serienautos zu tun hatten, außerdem der bei Normalbenzin klingelnde Motor und die Gefahr der Rissbildung in der selbstragenden Karosserie. Darüber hinaus war der Porsche teurer als die Wettbewerber.

Automobilhistoriker Walter Hönscheidt hinterfragte in der FAZ vom 17. Februar 2004 die Entscheidung zugunsten des DKW-Zweitakters: »Auf die Frage der Regierungskommission, welches der drei Autos das Beste sei, antwortete ein Feldwebel der Versuchsmannschaft: ‚Der Porsche – aber wir hatten bei der Erprobung den Befehl, immer den Porsche einzusetzen, wenn einer der Konkurrenten im Dreck steckengeblieben ist und wir ihn rausziehen mussten. Dadurch wurde er stärker beansprucht als die anderen. Außerdem hatten wir den Befehl, beim Porsche immer den Motor laufen zu lassen, wenn wir im Quartier waren, damit der Benzinverbrauch hochging, denn die wollten den DKW haben.' Den Porsche abzulehnen wird schließlich mit einer gebrochenen Stoßdämpferaufhängung und einem Auspuff-

Porsche 597 Fertigung bei Karmann (1955)

Porsche 597 Prototyp (1954)

schaden begründet. Bei seinen Mitbewerbern mussten Motoren, Getriebe und Achsen ausgetauscht werden, teilweise mehrfach. Verteidigungsminister Franz Josef Strauß legte halt Wert darauf, dass seine bayerischen Landsleute in Ingolstadt den 100-Millionen-Auftrag erhielten. Borgward im SPD-regierten Bremen hatte von vornherein verspielt.«

Porsche ließ im Laufe des Jahres 1957 die 50 Exemplare des Typ 597 bei Karmann in Osnabrück (wo auch Versionen des Typ 356 entstanden) fertigen. Die Stuttgarter hatten über ihren Chefentwickler Erwin Kommenda traditionell beste Beziehungen zu den Norddeutschen. Karmanns Produktionsverantwortlicher, Wilhelm Schwebe, steuerte den Aufbau der Rohkarossen, die anschließend zur Komplettierung und Endmontage per Lkw nach Stuttgart gingen: Erst

Porsche 597 (1955 – 1957) aus der 50er-Serie für die Bundeswehr

bei Porsche wurde das Fahrwerk hinzugefügt. Die Aufbauten inklusive Verdeck entstanden in Handarbeit in der Versuchswerkstatt, um dann als komplette Rohbauten zusammengeschweißt zu werden. Sicken, Dichtungen, Scharniere und Verdeck entwickelte und produzierte Karmann.

Eine kontinuierliche Fertigung fand nie statt, der Auftrag wurde immer dann abgewickelt, wenn Kapazitäten frei waren. Inzwischen ist belegt, dass die Fertigung von Mai 1957 bis Dezember 1957 ging – und dass im Januar 1958 mindestens noch ein zusätzliches Auto aufgebaut wurde. Die damit insgesamt 51 Karossen wurden zum Abschluss dunkelgrün lackiert. Konstruktion und Formgebung stammten zwar von Porsche, aber viele Details wurden bei Karmann improvisiert. Die Zeichnungssätze entstanden vor Ort, als Orientierungsgrundlage hatte Porsche einen Vorserien-Prototyp bereitgestellt.

Ab 1957 gingen einige Fahrzeuge auch an private Nutzer – diese Ausführungen wurden als »Porsche Jagdwagen« bezeichnet, unterschieden sich aber kaum von den Militär-Ausführungen. Vermutlich handelt es sich dabei um Autos aus der 50er-Serie – was bedeutet, dass doch nicht alle davon an die Bundeswehr gegangen sind. Die Käufer fanden sich in Deutschland, aber auch im Ausland – nicht aber bei ausländischen Armeen. Der Verkaufspreis betrug rund 16.000 Mark. In dem ab 1955 gedruckten Werbeprospekt hieß es: »Porsche 597 Gelände- und Jagdwagen – ein Fahrzeug, auf das viele gewartet haben«. Dieser Prospekt erschien in einer Auflage von 8.000 Exemplaren auch in englischer Sprache, hier lief das Fahrzeug als »Hunter« (Jäger).

1957/58 – so die Porsche-offizielle Lesart – erfuhren einige Jagdwagen nochmals eine Überarbeitung. Dabei handelte es sich um höchstens ein Dutzend Fahrzeuge. Sie wurden entweder nach dem 50er-Auftrag zusätzlich aufgebaut oder nutzten als Basis bereits hergestellte Autos. Dies muss in Stuttgart geschehen sein, denn Willi Schwebe ist sicher, dass bei Karmann weder weitere Porsche 597 montiert noch derartige Autos modifiziert worden sind. Der in so geringer Stückzahl entstandene Jagdwagen – nicht aber die Bundeswehr-Ausführung – erhielt nun vier festeingebaute Halb-Türen mit Steckscheiben. Dafür hatte man die seitlichen Bordwände im Schwellerbereich niedriger gezogen. Überdies fiel die Frontpartie nunmehr steiler nach vorn ab, und die hinteren Kotflügel verliefen gerade und nicht mehr gerundet. Der Wagen ähnelte dem Wehrmachts-Kübelwagen Typ 82. Möglich ist auch, dass die Fahrzeuge mit den Türen bereits 1956 direkt bei Porsche respektive Reutter entstanden und mit zeitlicher Verspätung an die Käufer gingen.

Eine Weiterentwicklung des Jagdwagens wurde zwar geprüft, aber ziemlich schnell verworfen – allein die notwendigen Fertigungsanlagen hätten zu große Investitionen erfordert. Porsche-intern dachte man noch 1959 über die Chancen eines Typs 697 nach, der auf einem »vollgeländegängigen Universal-Chassis« sitzen sollte. Gemeint war damit ein modifizierter VW-Transporter-Unterbau; von der Idee einer selbsttragenden Karosse hätte man sich also getrennt. Angestrebt wurde die Verwendung aller damaligen Karosserieaufbauten (Pritsche, Kombi, Kastenwagen, Bus, aber auch Geländewagen-Versionen). Die Autos

Porsche 597 (1955 – 1957) mit hohem, türenlosem Einstieg

Porsche 597 (1955 – 1957)

sollten rund 4,20 m Außenlänge bei einem Radstand von 2,40 m haben. Doch auch aus diesem Projekt wurde nichts.
Alles in allem ist eine Vorserie von 72 Fahrzeugen belegt, dazu kamen rund zwei Dutzend weiterer Einheiten bis 1958. Insgesamt dürften es mindestens 94 Porsche 957 gewesen sein. Heute haben noch etwa 25 Exemplare überlebt.

Jahresproduktion

	1955	1956	1957	1958
Porsche Jagdwagen	15	20	52	7

Quelle: Internet-Forum

Porsche 597 Cockpit (1955 – 1957)

Bedingt schwimmfähig – Porsche 597 (1955 – 1957)

Porsche 597 mit Türen (1957/58)

Porsche 597 mit Türen (1957/58) für zivile Nutzer

Technische Daten Porsche Jagdwagen (Typ 597)

	Jagdwagen 1954/55	Jagdwagen 1955 – 1958
Motor		
Betriebsart	Otto (Viertakt)	
Material Block / Kopf	Grauguss-Alu / Alu	
Zylinderzahl / Einbaulage	4 (Boxer) / hinten längs	
Bohrung x Hub	80 x 74 mm	82,5 x 74 mm
Hubraum	1488 cm^3	1582 cm^3
Leistung in kW (PS)	37 (50) bei 4000/min	37 (50) bei 4200/min
Drehmoment in Nm	100 bei 2300/min	104 bei 2400/min
Verdichtung	7,0 : 1	6,5 : 1
Gemischbereitung	1 Doppel-Fallstromvergaser Zenith 32 NDJX	
Ventile pro Zylinder	2, V-förmig hängend, über Stoßstangen und Kipphebel	
Nockenwellen (Antrieb)	1 zentral (Stirnräder)	
Kurbelwellenlager	4	
Kühlung	Gebläse (Luft)	
Schmierung	Druckumlauf, 5,0 L Öl	
Batterie	2 x 12 V (45 Ah) / vorn	
Lichtmaschine	Gleichstrom 160 / 600 W	
Kraftübertragung		
Antrieb (Grundkraftverteilung)	Heckantrieb, Frontantrieb zuschaltbar (0 : 100 / 50 : 50)	
Kraftverteilung	Starr	
Sperren	Selbstsperrendes Hinterachsdifferenzial (ZF)	
Kupplung	Einscheiben-Trocken (Fichtel & Sachs K 12)	
Schaltgetriebe Übersetzungen	5 Gang Porsche (vollsynchron.) G: 5,0; II. 3,15, III. 1,70, IV. 1,08, V. 0,80, R. 4,25, Achsantrieb hinten 3,25, Radvorgelege 2,00, vorn 6,50	
Reduktionsgetriebe	–	
Fahrwerk		
Vorderradaufhängung	Einzelradaufh., Kurbellenker, zwei durchgehende Blattfeder-Drehstäbe (oben und unten), Teleskopstoßdämpfer	
Hinterradaufhängung	Einzelradaufh., Pendelhalbachsen und Federstreben, ein querliegender Drehstab pro Seite, Teleskopstoßdämpfer	
Lenkung	Spindel-Gemmerlenkung ZF (14,15 : 1)	Spindel-Gemmerlenkung ZF (20,0: 1)
Betriebsbremse	Hydraulisch (v: Duplex, h. Simplex), Alu-Trommeln (ø 280 mm) (Gesamtbremsfl. 788 cm^2)	Hydraulisch (v: Duplex, h. Simplex), Alu-Trommeln (ø 280 mm) (Gesamtbremsfl. 1140 cm^2)
Allgemeine Daten		
Fahrzeugart (Türen/Sitze)	Kübelwagen offen, Klappverdeck mit Plane (0 / 4)	
Aufbauform	Selbsttragende Ganzstahlkarosserie	
Radstand	1925 mm	2060 mm
Spur vorn/hinten	1340 / 1360 mm	1340 / 1385 mm
Länge x Breite x Höhe	3200 x 1600 x 1300 (Höhe 1600 mit Verdeck und Frontscheibe) mm	3697 x 1560 x 1235 (Höhe 1560 mit Verdeck und Frontscheibe) mm
Reifen	6.0-16 Extra M	
Räder	5.50 F 16	
Überhang v / h	630 / 745 mm	
Bodenfreiheit	270 (unter Differenzial) bzw. 335 mm (unter Motor), Bauchfreiheit 250 mm	
Wattiefe	500 mm	
Rampenwinkel	33,5 %	31,5 %
Böschungswinkel v / h	45 / 35°	
Wendekreisdurchmesser	12,0 m	
Steigfähigkeit	74,8 % / 37°	64,6 % / 33°
Leermasse (DIN)	870 kg	990 – 1090 kg
Zul. Gesamtgewicht	1370 kg	1500 kg
Höchstgeschwindigkeit	100 km/h	
Mindestgeschwindigkeit	2,8 km/h	
Verbrauch in L/100 km	11,5 – 14	
Kraftstofftank	50 L / vorn	60 L / vorn
Preis (Anf. / Ende Laufzeit)	ca. 16.000 DM	
Stückzahl	72 – 94	

Porsche Cayenne

Der kleine, feine Sportwagenhersteller aus Stuttgart-Zuffenhausen hatte längst erkannt, wie profitabel der Einstieg ins SUV-Segment sein würde. Und dass ein solches Engagement von Porsche den guten Ruf nicht verwässern würde. Darum verbündete man sich zunächst Mitte der 90er-Jahre mit Mercedes, um auf Basis der M-Klasse eine Porsche-Variante herauszubringen. Für eine bestimmte Zeit sicherte man sich sogar die Rechte am Namen Bugatti – um den Allradler mit dieser Zusatzbezeichnung zu präsentieren. Doch die Idee zerschlug sich, weil Mercedes im Gegenzug ein großes Aktienpaket von Porsche verlangte. Daraufhin taten sich die Zuffenhausener mit Volkswagen zusammen: Gemeinsam wurde ein feiner Geländewagen vorbereitet, Porsche hatte die Entwicklungsführerschaft. Die Fertigung sollte für beide in Bratislava erfolgen, zunächst war eine Kapazität von 80.000 Einheiten für den VW Touareg und 25.000 für den Porsche Cayenne vorgesehen. Auf Grund der guten Absatzentwicklung mussten diese Zahlen 2004 hochgefahren werden – der Cayenne entwickelte sich zum bestverkauften Porsche überhaupt! Die Endmontage und das Finishing zelebrierte Porsche imageträchtig in einem neuerbauten, im August 2002 eingeweihten Montagewerk in Leipzig – und verwies stolz auf die Herkunft »made in Germany«.

Erstmals vorgestellt wurde der neue Wagen (Werkscode E1) auf dem Pariser Automobilsalon 2002 (Markteinführung 7. Dezember 2002) – nur ein paar Ausstellungsstände getrennt von der VW-Schwester. Er unterschied sich durch Front- und Heckgestaltung vom VW Touareg, teilte sich mit ihm aber die gleiche Karosseriegrundstruktur, einen Teil des vollverzinkten Blechs (einschließlich der Türen) und fast die gesamte Technik unter dem Aufbau. Die Porsche-Designer hatten das Kunststück geschafft, eine Frontpartie im Stil des legendären 911 zu kreieren – die noch dazu strömungsgünstiger ausfiel als beim VW-Pendant. Und das Heck verfügt über eine flachere Scheibe. Dazu kam eine attraktive Innenausstattung mit Kunststoff in Metalloptik, Aluminium und Leder (Serie). Das Zündschloss saß Porsche-typisch links vom Lenkrad, die Instrumentierung mit fünf ineinander verschachtelten Runduhren unterschied sich völlig von der des Touareg.

Zum Lieferumfang gehörten elektrische Fensterheber, Zweizonen-Klimaautomatik (für V8, Vierzonen-Automatik gegen Aufpreis), Bordcomputer und Radio. Mehr als ein Gag waren die sicherheitsrelevanten Positionsleuchten in den vorderen Radhäusern. Serie waren auch die geschwindigkeitsabhängige Servolenkung und die ungewohnte Fuß-Feststellbremse. Ebenfalls ab Werk dabei: Front-, Seiten- und Dach-Airbags. Das teure Turbo-Modell verfügte über folgende Zusatzausstattungen: Navigationssystem mit großem Bildschirm (PCM), Sitzheizung vorn und hinten, elektrische Lenkradverstellung und -heizung, Einparkhilfe, Bose-Soundsystem und Komfortsitzanlage. Allerdings blieb es auch bei der Porsche-Ausführung bei maximal fünf Sitzplätzen. Die Laderaumöffnung maß 840 x 1090 mm und entsprach damit etwa der des Touareg.

Gänzlich abweichend von der VW-Ausstattung waren die wassergekühlten 4,5-Liter-Motoren – ein freisaugender und ein aufgeladener V8. Die Verwendung der hauseigenen Boxer-Motoren hatte man von vornherein verworfen. Ungewöhnlich: Die Motoren wurden über eine integrierte Trockensumpfschmierung mit Öl versorgt – dies ermöglichte auch extrem schnelle Kurvenfahrten ohne ein Abreißen des lebensnotwendigen Ölfilms. Die neuentwickelten (und keineswegs von Audi stammenden) Achtzylinder katapultierten den in der Geschwindigkeit nicht abgeregelten Cayenne tatsächlich in Temporegionen eines Sportwagens. Kein anderer SUV war seinerzeit schneller als der Cayenne S mit 242 km/h bzw. der Cayenne Turbo mit 266 km/h – woraufhin der Wettbewerb natürlich mit ML 55 AMG und X5 4.6/4.8 iS nachzog. Die Brembo-Bremsen (vorn Sechskolben-Monoblock-, hinten Vierkolben-Monoblock-Sättel – beim Cayenne S titanfarben, beim Turbo in Rot, keine gelochten Scheiben wegen Offroad-Einsatz) wurden entsprechend angepasst. Erstaunlicherweise nicht zur Verfügung standen die neuen Keramikbremsen, die Porsche seinen Sportwagen gegen satten Aufpreis mitgibt.

Gekoppelt waren die V8-Motoren zunächst ausschließlich mit Sechsstufen-Automatikgetriebe. Erst im Januar 2004 wurde das Sechsgang-Schaltgetriebe für den Cayenne S nachgereicht: Die Schaltbetätigung war gegenüber dem baugleichen Aggregat im Touareg geändert (Schlag- und nicht Tauchsperre für Rückwärtsgang). Für die Automatik verlangte man einen Aufpreis von 2.575 Euro. Sie erlaubte den manuellen Schalteingriff, sowohl über den Bedienhebel als auch über Tasten im Lenkrad (und nicht über Lenkradpaddles wie beim Touareg). Serienmäßig verfügte der Cayenne Turbo über Bi-Xenonscheinwerfer und feststehendes, langsam aufdimmendes H3-Kurvenlicht (aktiviert über entsprechende Lenkradbewegungen). Die zwei bzw. später drei Modelle unterschieden sich äußerlich durchaus – so hatte der Turbo riesige, fast schon aufdringlich wirkende Lufteinlässe vorn und zwei längsgestreckte Hutzen auf der Motorhaube. Erkennungszeichen waren weiterhin die Form und Anzahl der Auspuffrohre (zwei Doppelendrohre beim Turbo, zwei Einfachrohre beim S und dann beim Basis-Modell) sowie die Farbgebung des serienmäßi-

Porsche Cayenne Turbo (Vorserie 2002)

gen Dachschienensystems (Silber beim Turbo, schwarz beim S).

Genau wie der Touareg hatte der Cayenne hochwertigste Technik an Bord, die üblicherweise »echte« Geländewagen auszeichnen. Die vier Räder wurden permanent über ein zweistufiges Planetenrad-Verteilergetriebe mit Lamellenkupplung (also ein sperrbares Zentraldifferenzial) angetrieben. Die Grundkraftverteilung lag aber hier bei 38 : 62, um eine gewisse Hecklastigkeit zu simulieren. Vollelektronisch ließ sie sich über die ESP-Sensorik und die Lamellenkupplung der Zentral-Differenzialsperre bis zum Verhältnis 100 : 0 variieren. Tritt Schlupf an einer Achse auf, wird nicht nur die Achse, sondern das betreffende Rad über die elektronische Differenzialsperre (bei Porsche Automatisches Bremsdifferenzial = ABD genannt) abgebremst. Mittels eines Drehschalters lassen sich die Zentral- und die im Rahmen des Advanced Offroad Technikpakets optionale Hinterachs-Sperre auch manuell aktivieren. Ebenfalls vorhanden ist ein Reduktionsgetriebe (»Low Range«) für den Offroad-Betrieb. Die größte Überraschung bestand sicher darin, dass dieser schnelle Bolide sowohl auf der Straße als auch im Gelände eine gute Figur machte – letzteres trotz sportlichen Fahrwerks und kurzhubigen Hochdreh-Motors.

Der Cayenne hatte vorn und hinten Doppelquerlenker-Einzelradaufhängungen mit schwingungsdämpfenden Hilfsrahmen. Neben der Hinterachssperre gehörten auch die teilbaren Stabilisatoren zum Advanced-Offroad-Technikpaket (3.729 €). Die geteilten Stabis vergrößerten die Verschränkungsbereitschaft (diagonal 240 statt 160 mm), sie ließen sich sowohl für Stahl- als auch für Luftfederung einsetzen. Die Luftfederung mit elektronisch verstellbaren Dämpfern gab's serienmäßig nur fürs Spitzenmodell –

Porsche Cayenne Turbo (2002)

den V8 Turbo, ansonsten optional (2.888 €). Sechs verschiedene Beladungshöhen waren damit einstellbar (Beladung: 157 mm, Sondertief 179 mm, Tief 190 mm, Normal 217 mm, Gelände 243 mm, Sondergelände 273 mm). Serie war natürlich die Fahrdynamikregelung ESP (bei Porsche bei gleichen technischen Inhalten PSM genannt), einschließlich elektronischer Bremskraftverteilung und Bremsassistent.

Als dritte Modellvariante gesellte sich Anfang 2003 der Basis-Cayenne mit V(R)6-Motor hinzu. Es handelte sich um das kompakte VW-Triebwerk, dass offensichtlich Bestandteil der Kooperationsvereinbarungen zwischen den beiden Firmen war. Denn vom Package her hätte sich auch ein potenterer V6 – etwa von Audi – unterbringen lassen. Immerhin gelang es den Porsche-Technikern, den Motor mit der kontinuierlichen Ein- und Auslass-Nockenwellenverstellung dank eines neuen Ansaugtrakts (Zweistufen-Schaltsaugrohrs) auf 250 PS zu bringen. Die Ölversorgung über-

Porsche Cayenne Turbo mit Panorama-Dachsystem (2004)

nahm hier eine konventionelle Druckumlaufschmierung. Zunächst kam auch die Basis-Version des Cayenne nur mit Automatik, Anfang 2004 gab es endlich das Sechsgang-Schaltgetriebe. Der VW Touareg bekam diese Sechszylinder-Ausführung übrigens erst im Sommer 2004. Äußerlich ist die V6-Version kaum von der V8 S-Variante zu unterscheiden – abgesehen von den 17er-Rädern, den kleineren Bremsscheiben und den schwarz lackierten Bremssätteln. Im Innenraum beschränkte man sich neben einigen Kleinigkeiten auf schwarze statt silberner Umrandungen von Instrumenten und Schalthebeleinheit, statt der Klimaautomatik kam nur eine manuell regelbare Klimaanlage zum Einsatz. Zwar markiert der sechszylindrige Cayenne den Einstieg in die Porsche-Welt – aber er bleibt letztlich in der Leistung unter den Erwartungen zurück.
Seit Juni 2004 gehört zum ESP-System auch die Anhängerstabilisierungskontrolle (Anhängelast stolze 3,5 Tonnen). Eine Bergabfahr- (Hillholder) und eine Berganfahrhilfe waren von Anfang an serienmäßig. Der V8-Cayenne wurde von Anfang an mit 18-Zoll-Bereifung ausgeliefert (unterschiedliches Raddesign für S und Turbo), optional ist die Aufrüstung bis 20 Zoll möglich. Ein Ersatzrad gibt es nur im Rahmen des Offroad-Pakets, es wird dann außerhalb des Fahrzeugs an der Hecktür befestigt. Aufpreispflichtig war auch die Anhängerzugvorrichtung (mechanisch mit aufsteckbarem Kugelkopf für 488 €, elektrisch ausklappbar für 1.079 €) – bis zu 3,5 Tonnen ließen sich an den Haken nehmen.
Ende 2004 kam optional ein durchgehende, 1,4 m² großes Panorama-Glasdach im Targa-Look (viermal größere Öffnungsfläche gegenüber dem bisherigen, optionalen Schiebe-/ Hubdachs) für 3.190 Euro hinzu.
Zum gleichen Zeitpunkt offerierte Porsche im Rahmen seines »Individualisierungsprogramms« für den Cayenne Turbo eine 50-PS-Leistungssteigerung dank veränderter Ladeluftkühlung einschließlich verstärkter Bremsen. Noch wichtiger: Im Rahmen der Kraftkur stieg das maximale Drehmoment von 620 auf 700 Nm. Die Nachrüstung kostete 14.268 Euro, der Preis eines so ausgestatteten Neufahrzeugs stieg um jene knapp 15.000 auf 116.844 Euro. Außerdem wurde nun eine automatisch ausfahrende Rückfahrkamera (1.612 €) unterhalb der Heckscheibe für alle Modelle angeboten.
Ungeachtet aller Skepsis der Fachleute war der Cayenne von Anfang an erfolgreich. Im ersten Geschäftsjahr entstanden gut 20.000 Einheiten, die Hälfte davon ging nach Nordamerika. Im darauffolgenden Jahr 2003/04 waren es bereits knapp 40.000 Stück, wiederum 50 Prozent fanden in den USA und in Kanada ihre Käufer. Und alle Prognosen deuten darauf hin, dass der Absatz des Sport-Allradlers eher noch zulegt. Der Einsatz eines Diesels wurde bei Porsche immer wieder vehement bestritten – weil Porsche-Kunden hochdrehende Motoren bevorzugten und in den USA Diesel nahezu unverkäuflich seien (so die offizielle Stellungnahme). Tatsächlich aber gab es in Weissach sehr wohl Tests mit einem auf 400 PS leistungsgesteigerten V10 TDI, wahrscheinlicher ist aber die Bestückung mit einem stufenaufgeladenen V8-Diesel in absehbarer Zukunft.

Jahresproduktion (Geschäftsjahr)

	2002/2003	2003/2004	2004/2005
Porsche Cayenne	20.603	39.913	ca. 40.000

Porsche Cayenne / Cayenne S (2003)

Porsche Cayenne / Cayenne S (2003)

Porsche Cayenne Cockpit

Rinspeed Chopster (2004)

Sicher ist eine Benziner-Elektro-Hybridversion für den US-Markt. Spekuliert wird über die weitere Verwendung der V8-Benziner, die in der bevorstehenden vierten Modellreihe zum Einsatz kommen werden.
Auch der Cayenne entging nicht dem Zugriff der Tuner. Am weitesten trieb es die Leonberger Firma Gemballa, die den Cayenne Turbo mit bis zu 750 PS auf 20- und 22-Zoll-Räder stellte. Das tiefer gelegte Fahrzeug mit speziellen Sport-Bremsscheiben erreichte über 270 km/h, mit strömungsgünstiger Aero-3-Austattung versehen sollen sogar 315 km/h möglich sein. Auch Rinspeed in der Schweiz nahm sich des Allradlers an, um daraus 2004 eine gechoppte Version mit 600 PS für 325.000 Euro zu machen.

Der Gemballa GT 750 (2004) darf nicht das Porsche-Logo tragen

Technische Daten Porsche Cayenne

	Cayenne seit 12/2003	Cayenne S seit 2/2003	Cayenne Turbo seit 2/2003
Motor	BFD	M 48/00	M 48/50
Betriebsart	Otto (Viertakt)	Otto (Viertakt)	Otto (Viertakt)
Material Block / Kopf	Grauguss / Alu	Alu / Alu	Alu / Alu
Zylinderzahl / Einbaulage	6 (V 15°) / vorn längs	8 (V 90°) / vorn längs	8 (V 90°) / vorn längs
Bohrung x Hub	84 x 95,9 mm	93 x 83 mm	93 x 83 mm
Hubraum	3189 cm³	4511 cm³	4511 cm³
Leistung in kW (PS)	184 (250) bei 6000/min	250 (340) bei 6000/min	331 (450) bei 6200/min; zusätzlich ab 10/2004: 368 (500)
Drehmoment in Nm	310 bei 2500 – 5500/min	420 bei 2500 – 5500/min	620 bei 2250 – 4750/min; 500 PS: 700 bei 2250 – 4750/min
Verdichtung	11,5 : 1	11,5 : 1	9,5 : 1
Gemischbereitung, Elektronik	Saugrohreinspritzung (Multipoint), Bosch Motronic ME 7.1.1	Saugrohreinspritzung (Multipoint), Bosch Motronic ME 7.1.1	Saugrohreinspritzung (Multipoint), Bosch Motronic ME 7.1.1
Aufladung (Ladedruck)	–	–	2 Turbolader (0,6 bar)
Ladeluftkühlung	–	–	2 Ladeluftkühler (wassergekühlt)
Ventile pro Zylinder	4 V-förmig hängend, über Rollenschlepphebel	4 V-förmig hängend, über Tassenstößel	4 V-förmig hängend, über Tassenstößel
Nockenwellen (Antieb)	2 x 2 obenlieg. (Kette), Ein- und Auslass variabel	2 x 2 obenlieg. (Kette), Einlass variabel (Variocam)	2 x 2 obenlieg. (Kette), Einlass variabel (Variocam)
Kurbelwellenlager	7	5	5
Kühlung	Pumpe (17,0 L Wasser)	Pumpe (19,5 L Wasser), Ölkühler	Pumpe (19,5 L Wasser), Ölkühler
Schmierung	Druckumlauf (6,3 L Öl)	Trockensumpf (9,5 L Öl)	Trockensumpf (9,5 L Öl)
Abgasreinigung	1 Dreiwege-Kat, 2 Lambda-Sonden	2 Dreiwege-Kats, 4 Lambda-Sonden	2 Dreiwege-Kats, 4 Lambda-Sonden
Batterie	12 V 340 A (70 Ah) / hinten	12 V 450 A (95 Ah) / hinten	12 V 520 A (110 Ah) / hinten
Lichtmaschine	Drehstrom 2100 W (190 A)	Drehstrom 2660 W (wassergekühlt)	Drehstrom 2660 W (wassergekühlt)
Kraftübertragung			
Antrieb (Grundkraftverteilung)	Allradantrieb permanent (38 : 62 %)		
Kraftverteilung	Planetenrad- Zentraldifferenzial mit elektron. geregelter Lamellenbremse, manuell sperrbar		
Sperren	Elektron. Schlupfregelung mit Bremseneingriff, Hinterachsdifferenzial mit elektron. geregelter Lamellenbremse, manuell sperrbar		
Kupplung	Einscheiben-Trocken, Zweimassenschwungrad; Automatik: Wandler mit Überbrückung	Einscheiben-Trocken, Zweimassenschwungrad; Automatik: Wandler mit Überbrückung	Wandler mit Überbrückung,

Technische Daten Porsche Cayenne

	Cayenne seit 12/2003	Cayenne S seit 2/2003	Cayenne Turbo seit 2/2003
Kraftübertragung			
Schaltgetriebe Übersetzungen	6 Gang ZF (ab 1/2004) I. 4,68, II. 2,53, III. 1,69, IV. 1,22, V. 1,0, VI. 0,84, R. 4,27, Achsantrieb 4,10	6 Gang ZF (ab 1/2004) I. 4,68, II. 2,53, III. 1,58, IV. 1,22, V. 1,0, VI. 0,84, R. 4,27, Achsantrieb 3,70	– –
Automatik Übersetzungen	6 Stufen (Aisin) I. 4,15, II. 2,37, III. 1,56, IV. 1,16, V. 0,86, VI. 0,69, R. 3,39, Achsatrieb 4,56	6 Stufen (Aisin) I. 4,15, II. 2,37, III. 1,56, IV. 1,16, V. 0,86, VI. 0,69, R. 3,39, Achsatrieb 4,10	6 Stufen (Aisin) I. 4,15, II. 2,37, III. 1,56, IV. 1,16, V. 0,86, VI. 0,69, R. 3,39, Achsantrieb 3,70
Reduktionsgetriebe (Zwischenübersetzung)		Straße 1,0; Gelände 2,66	
Fahrwerk			
Vorderradaufhängung	Einzelradaufh., Doppelquerlenker, Fahrschemel, Stahlfederung (Federbeine, Schraubenfedern), optional: Luftfederung (CDC) u. elektr. verstellb. Dämpfer; Stabi (optional entkoppelbar)		Einzelradaufh., Doppelquerlenker, Fahrschemel, Luftfederung (CDC) u. elektr. verstellb. Dämpfer, Stabi (optional entkoppelbar)
Hinterradaufhängung	Einzelradaufh., Doppelquerlenker, Fahrschemel, Stahlfederung (Federbeine, Schraubenfedern), optional: Luftfederung (CDC) u. elektr. verstellb. Dämpfer; Stabi (optional entkoppelbar)		Einzelradaufh., Doppelquerlenker, Fahrschemel, Luftfederung (CDC) u. elektr. verstellb. Dämpfer, Stabi (optional entkoppelbar)
Lenkung	Zahnstange (14,7 : 1)	Zahnstange (14,7 : 1)	Zahnstange (14,7 : 1)
Betriebsbremse	Scheiben (belüft.) vorn (ø 330 mm) / hinten (ø 330 mm), ABS, EBV, ABD, Bremsassistent, Berg-Anfahr-/ Abfahrassistent		Scheiben (belüft.) vorn (ø 350 mm; 500 PS: 380 mm) / hinten (ø 330 mm; 500 PS: 358 mm), ABS, EBV, ABD, Bremsassistent, Berg-Anfahr-/ Abfahrassistent
Fahrdynamikregelung	PSM (= ESP)	PSM (= ESP)	PSM (= ESP)
Allgemeine Daten			
Fahrzeugart (Türen/Sitze)	Kombi (5 / 5)	Kombi (5 / 5)	Kombi (5 / 5)
Aufbauform	Selbsttragend	Selbsttragend	Selbsttragend
Radstand	2855 mm	2855 mm	2855 mm
Spur vorn/hinten	1655 / 1670 mm (18 Zoll: 1647/ 1662, 19 u. 20 Zoll: 1641/1656 mm)	1647 / 1662 mm (19 u. 20 Zoll: 1641 / 1656 mm)	1647 / 1662 mm (19 u. 20 Zoll: 1641/1656 mm)
Länge x Breite x Höhe	4782 x 1928 x 1699 mm	4782 x 1928 x 1699 mm	4782 x 1928 x 1699 mm
Gepäckraum	540 / 1770 L	540 / 1770 L	540 / 1770 L
Reifen vorn / hinten	235/65 VR 17 (opt. 255/55 R 18 od. 275/45 R 19 od. 275/40 R 20)	255/55 YR 18 (opt. 275/45 R 19 od. 275/40 R 20)	255/55 VR 18 (opt. 275/45 R 19 od. 275/40 R 20)
Räder vorn / hinten	7.5 J x 17 (opt. 8.0 J x 18, 9.0 J x 19, 9,0 J x 20)	8.0 J x 18 (opt. 9.0 J x 19, 9.0 J x 20)	8.0 J x 18 (opt. 9.0 J x 19, 9.0 J x 20)
Überhang v / h	924 / 1003 mm	924 / 1003 mm	927 / 1004 mm
Bodenfreiheit	217 (Luftfederung: 157 – 273) mm	217 (Luftfederung: 157 – 273) mm	157 – 273 mm
Wattiefe	500 (Luftfederung: 555) mm	500 (Luftfederung: 555) mm	555 mm
Rampenwinkel	20,4 °(Luftfederung: 24°)	20,4 °(Luftfederung: 27,2°)	20,4 °(Luftfederung: 27,2°)
Böschungswinkel v / h	29 / 26° (Luftfederung: 32 / 27°)	29 / 26° (Luftfederung: 32 / 27°)	29 / 26° (Luftfederung: 32 / 27°)
Wendekreisdurchmesser	11,6 m	11,6 m	
Steigfähigkeit	45° / 100 %	45° / 100 %	45° / 100 %
Achsverschränkung	170 (Luftfederung: 160) mm	170 (Luftfederung: 160) mm	170 (Luftfederung: 160) mm
Leermasse (DIN)	2160 (2170) kg	2225 (2245) kg	2355 kg
Zul. Gesamtgewicht	2945 kg	3060 kg, ab 8/2004: 3080 kg	3080 kg
Zul. Anhängelast gebremst / ungebremst	3500 / 750 kg	3500 / 750 kg	3500 / 750 kg
Luftwiderstand (c_W x A)	0,38 x 2,78 m²	0,39 x 2,78 m²	0,39 x 2,78 m²
Höchstgeschwindigkeit	214 (214) km/h	242 (242) km/h	266 km/h; 500 PS: 270 km/h
Beschleun. 0–100 km/h	9,1 (9,7) s	9,9 (7,2) s	5,6 s; 500 PS: 5,3 s
Verbrauch in L/100 km	13,2 (13,5)	15,8 (14,9)	15,7
Kraftstofftank	100 L / hinten	100 L / hinten	100 L / hinten
Preis (Anf. / Ende Laufzeit)	47.592 €	60.204 €	99.876 € 500 PS: 116.844 €

Sachsenring Kübelwagen P2 M

Das P1 / EMW-Projekt lief als P2 M (M für Mannschaftswagen) erneut unter Verantwortung des FEW in Karl-Marx-Stadt (vorher: Chemnitz) weiter, die Entwicklungsarbeit lief hier in Hohenstein-Ernstthal. Der Sechszylinder-Motor (OM 6-30) wurde für den Kübelwagen neu entwickelt. Er wurde von 1955 bis 1959 auch im repräsentativen Sachsenring-Pkw P 240 eingebaut – nicht umgekehrt! Die Verwandtschaft des Triebwerks zum BMW-Reihensechser des Typs 326 war allerdings nicht zu übersehen.
Größtes Problem der Fahrzeugentwickler war die Realisierung des Allradantriebs, vor allem hinsichtlich der selbstsperrenden Differenziale. Das Auto wurde ab 1956 im VEB Fahrzeugwerke Karl-Marx-Stadt (später VEB Barkas-Werke) – Rechtsnachfolger des mittlerweile aufgelösten FEW – hergestellt, aber in der Leistung etwas zurückgenommen. Dort entstand schließlich nach langer Erprobungsphase ab 1956 das geländegängige Kommandofahrzeug der DDR-Volksarmee in Serie. Die Produktionsstätten gehörten in der Vorkriegszeit zum Framo-Werk – hier wurden zweitaktende Lieferwagen gebaut. Besonderheit dieses Geländewagen-Antriebsaggregats war die Trockensumpfschmierung, die eine flache Ölwanne und damit viel Bodenfreiheit ermöglichte. Fürs Chassis setzte man – wie beim Nachfolgetyp – eine Zentralschmierung ein.
Besonderheit des grundsätzlich fünfsitzigen, drehstabgefederten Autos war der permanente Allradantrieb mit hinterer Differenzialsperre. Dank eines entsprechenden Vorgelegegetriebes ließ sich der mit Planenverdeck ausgestattete Wagen auch durch schwieriges Terrain manövrieren. Auch mit der Starrachs-Konstruktion des EMW 325/3 war Schluss, sie hatte sich nicht bewährt – man ging auf Einzelradaufhängung über. Die Konstruktion stammte keineswegs nur aus der Pkw-Ecke, man bediente sich auch des Erfahrungsschatzes der Renntechniker der früheren Auto Union. So verfügte der P2 M vorn über Doppelquerlenker sowie über eine Schublenker-Hinterachse. Möglich waren hier ebenfalls Hinterrad- sowie Allradantrieb mit oder ohne Momentenausgleich. Natürlich hatte der P2 M einen zweiten Schalthebel, um das Reduktionsgetriebe betätigen zu können. Das Viergang-Wechselgetriebe war ebenfalls eine Eigenentwicklung für diesen Fahrzeugtyp, es wurde im VEB Getriebewerk Lieberwolkwitz in Serie gefertigt.
Das Auto wurde nur mit einem Radstand sowohl als Zwei- als auch als Viertürer ausgeliefert. Es war geringfügig länger als der P1 bzw. der EMW 325/3. Den Aufbau fertigten vermutlich die Karosseriewerke in Dresden. Die Lehnen der Vordersitze ließen sich bis zur Horizontale zurückklappen. Beim Zweitürer-P2 M saß links über dem Radkasten des Hinterrads das Reserverad. Selbstverständlich ließen sich die Türen aushängen und die Frontscheibe umklappen. Das Planenverdeck war mit einem Heck- und zwei einsteckbaren Seitenfenstern aus Folie ausgestattet. Der Haupttank saß unter der hinteren Sitzbank, während der Reservetank (20 L) unter dem Fahrersitz platziert war.
Zwischen 1955 und 1958 entstanden reichlich 2.000 Einheiten des P2 M »Lkw 0,4 t (4x4)«, die ersten Vorserienexemplare wurden bereits 1954 ausgeliefert. Er wurde ausschließlich bei den DDR-Streitkräften genutzt, die meisten anderen Ostblock-Streitkräfte verwendeten sowjetische Führungs- und Funkfahrzeuge. Zunächst tat er Dienst bei der Kasernierten Volkspolizei, ab 1956 bei der neugegründeten Nationalen Volksarmee sowie bei den Betriebskampfgruppen. Noch Mitte der 60er Jahre waren rund 1.000 Exemplare bei der Nationalen Volksarmee im Einsatz. Der P2 M wurde überdies der einheimischen Land- und Forstwirtschaft angeboten – dafür wurde sogar ein Prospekt gedruckt. Die zivilen Exemplare unterschieden sich im Wesentlichen durch ihre graue Farbgebung und die Heckklappengestaltung (links oder rechts angeschlagen) von den militärisch genutzten – sie kosteten 27.000 Mark Stückpreis. Echte Privatleute – vor allem Landwirte und Handwerker - hatten erst später die Gelegenheit, derartige Fahrzeuge über die staatlichen Fahrzeugbörsen zu erwerben. Heute dürften noch etwa 100 Exemplare existieren.

P2 S

Abgeleitet vom P2 M wurde vom FEW bzw. von dessen militärisch geführtem Zweigbetrieb Hohenstein-Ernstthal, ein Schwimmkübel namens P2 S (»Lkw 0,4 t schwimmfähig«) für vier bis fünf Personen. Vor allem bei seinem Fahrwerk orientierten sich die Entwickler am VW-Schwimmkübel – allerdings musste nun das Chassis mit Einzelradaufhängung neu gestaltet werden. Die Schwimmwanne bestand aus einem mit den Längsträgern verschweißten Stahlgerippe, das mit einer Blechhaut beplankt war. Motor und Vierganggetriebe mit Vorgelege und Differenzialsperre hinten stammten vom P2 M. Dazu kam ein selbstsperrendes Schneckenrad-Ausgleichsgetriebe vorn, um das Anlanden zu erleichtern. Angepasst war natürlich auch die Motorkühlung: Mit Hilfe eines Gebläses wurde Frischluft aus dem Fahrzeug durch den Wasserkühler in den Motorraum gedrückt – es trat dort vor der Frontscheibe aus. Im Winter erfüllte dies die Defroster-Funktion.
Zwei Tanks mit Überlauf sorgten für die Kraftstoffzufuhr, mittels des Dreiwegehahns musste dafür

gesorgt werden, dass kein Ungleichgewicht eintrat. Die Motorhaube des fahrbaren Boots wurde über einen Drehfederstab gehalten. Vorn hatte der P2 S einen, hinten zwei Abschlepphaken. Das Ersatzrad befand sich im »Kofferraum«. Auf dem Getriebe saß ein Luftkompressor, mit dem der Luftdruck der Reifen wieder auf Sollstand gebracht werden konnte. Um die Heckschraube für den Wassereinsatz antreiben zu können, verlief eine Schraubenwelle durch den Sitzraum hindurch. Die Schraube war fest fixiert und ließ sich nur bei einigen Exemplaren abkuppeln und hochkippen. Sie konnte in jedem Falle entkoppelt werden. Hinten war sie in einem aquadynamisch ausgeformten Tunnel geschützt untergebracht. Auf der Schraubenantriebswelle saß überdies ein Keilriemenantrieb für die Lenzpumpe.

Am Räder-Schwimm-Kfz wurde zwischen 1953 und 1962 im Kfz-Entwicklungswerk Hohenstein-Ernstthal gearbeitet, ohne dass es zu einer Serienproduktion kam. Ganze 17 Fahrzeuge entstanden zwischen 1953 und 1957, der Herstellungspreis betrug sagenhafte 72.000 Mark pro Stück. 1956 waren die letzten elf Versuchsträger gebaut worden, die sich in einigen Punkten von den ersten sechs Prototypen unterschieden: Sie hatten ein Anwerfgetriebe auf dem Schaltgetriebe, um den Motor auch im Wasser mittels Kurbel wieder zum Leben zu erwecken. Weiterhin bekam der P2 S nun ein Wendegetriebe für den Schraubenantrieb, das ein Rückwärtsmanövrieren im Wasser erlaubte. Dazu kam eine Rutschkupplung zur Überlastsicherung des Schraubenantriebs sowie eine motorbetriebene Lenzpumpe. Neu waren überdies Holzspriegel auf der Motorhaube sowie der nach hinten verlegte Auspuff-Endtopf.

Überliefert von diesem technisch faszinierenden Fahrzeug, das bis 1962 im Einsatz war, sind nur Fotos. Kein einziger P2 S hat überlebt, alle wurden verschrottet.

Sachsenring P2 M Prototyp aus Hohenstein-Ernstthal

Sachsenring P2 M der Nationalen Volksarmee

P3

Nachfolger des P2M war der gründlich überarbeitete und vergrößerte P3 »Lkw 0,7 t (4x4«). Er basierte im wesentlichen auf dem P 2M, wurde aber vom Kfz-Entwicklungswerk Hohenstein-Ernstthal weiterentwickelt und vor allem in puncto Geländegängigkeit verbessert: Die Verschränkungsfähigkeit sollte so groß sein, dass stets alle Räder am Boden blieben! Der Prototyp hatte kürzere Türen, einen Tankdeckel außen und eine Alligatorhaube, die noch nicht das Kühlergrill mit einschloss. Es blieb dann bei der Tankposition unter dem Beifahrersitz, wobei der Behälter durch ein mittiges Trennblech geteilt war – es sollte ein Hin- und Herschwappen der Flüssigkeit verhindern.

Das Auto wurde zwischen 1958 und 1961 ausführlichst erprobt, die Nullserie lief von Januar 1961 bis Mai 1962. Insgesamt sollen über zehn Millionen Mark an Entwicklungsaufwand angelaufen sein. Als Serienhersteller hatte man zunächst das Lkw-Werk in Werdau vorgesehen, musste dann aber auf das Wismut-Werk in Karl-Marx-Stadt (früher: Wanderer) umschwenken. 1962 entstanden dort die ersten 570 Exemplare, dazu kamen noch rund 100 Versuchswagen sowie Teilesätze für 700 weitere Fahrzeuge. Außerdem wurden die ersten 24 Nachrichten-Spezialversionen fertiggestellt. Ende 1962 verlagerte man jedoch die Fertigung ins Industriewerk Ludwigsfelde (IWL) – dort waren vor dem Krieg Mercedes-Lkw gebaut worden.

Grundsätzlich neu war das Fahrwerk: Statt querliegender Torsionsstäbe und längs angeordneter

Sachsenring P2 M einer Berufsfeuerwehr

Schwingarme entschied man sich für eine Einzelradaufhängung mit Doppelquerlenkern vorn, Schräglenkern hinten, doppelt wirkenden Stoßdämpfern sowie in Fahrtrichtung angeordneten Längsdrehstäben. Der nunmehr 170 kg schwere Kastenprofilrahmen wurde verstärkt, Radvorgelege und Achsdifferenziale wurden verlegt. Gegenüber dem P 2M ließen sich dank des vollsynchronisierten Getriebes mit vier untersetzbaren Gängen bessere Traktions- und Fahreigenschaften erzielen. Von Hand schaltbare 100prozentige Differenzialsperren waren das große Plus dieses Fahrzeugs. Der 2,4-Liter-Sechszylinder wurde in modifizierter Form als OM 6-40 um 10 PS stärker. Zylinderblock und -kopf waren nun aus Aludruckguss gefertigt. Es kam eine Druckumlauf- statt der Trockensumpfschmierung zum Einsatz. Ansonsten wurde der Sechszylinder-Motor nur marginal verändert.

Auch den P3 gab es hauptsächlich als Zweitürer, in der Regel mit Spatenhalterung links über dem Vorderrad und Ersatzrad über dem linken Hinterrad. Neu war die Anordnung von zwei Rückbänken links und rechts zur Fahrtrichtung. So ließen sich insgesamt sieben Personen oder Fahrer/Beifahrer plus 500 kg Last transportieren. Dank des Pritschenaufbaus waren die unterschiedlichsten Einsatzzwecke realisierbar: Der P3 diente als Führungs-, Nachrichten- und Instandsetzungsfahrzeug sowie als behelfsmäßiger Sanitätskraftwagen. Zutritt verschafften sich die Hinterbänkler über die Hecktür. Die Autos für den Funkbetriebsbetrieb hatten eine zusätzliche zweite Lichtmaschine. Der Platz im Fahrzeug war sehr genau ausgeplant: Die Motor-Dichtungssätze waren vor dem Ersatzrad verstaut, in der Hecktür brachte man Luftpumpe und Radkreuz unter. Und unter den Sitzen befand sich das Bordwerkzeug.

Eine geschlossene Ganzstahl-Karosserie gab es jedoch nie, wohl aber eine in rund 20 Exemplaren verwirklichte Viertürer-Ausführung mit hinten aufliegendem Klappverdeck (statt abbaubarem Spriegel) und Ersatzrad am Heck. Diese in Karl-Marx-Stadt gebauten Führungsfahrzeuge hatten eine komfortablere Innenausstattung mit den gepolsterten Sitzen des Wartburg 311, vorderer Sitzlehnenverstellung sowie ein Funkgerät mittlerer Reichweite.

Der P3 lief bis 1968 und entstand mindestens 4.000 mal. Er ging vor allem an die Nationale Volksarmee, aber auch in den Bergbau und an andere staatliche Dienststellen wie die Forstverwaltung. Ende der 60er-Jahre waren noch über 3.000 Stück bei der NVA im Einsatz. Ersetzt wurde er ab 1968/69 vom hunderttausendfach produzierten, sowjetischen GAZ 69 A zw. UAZ 469. In den privaten Verkauf gingen die DDR-Geländewagen nie, sie kamen aber über diverse Umwege ab den 70er-Jahren auf den freien Markt. Im Ausland wurden die Fahrzeuge nie abgesetzt, wenngleich die polnische und die tschechische Regierung mehrere Tausend Exemplare geordert – aber letztlich nicht übernommen – hatten. Vom P3 dürften heute noch etwa 400 Exemplare überlebt haben. Der P3 diente darüber hinaus als Basis für ein weiteres 4x4 Fahrzeug – den Kleinbus B1000. Allerdings entstand davon 1961nur ein einziges Exemplar, gefertigt in der militärischen Erprobungsstelle Kfz-Technik in Stahnsdorf bei Berlin.

Jahresproduktion

	1954	1955	1956	1957	1958
Sachsenring P2M	5	12	817	851	381

Sachsenring P2 S in Hohenstein-Ernstthal

Sachsenring P2 S bei der Erprobung

Sachsenring P2 S mit Entwicklungs-ingeneuren

Sachsenring P2 S bei der Wassererprobung

Sachsenring P3

Sachsenring P3 Prototyp

Technische Daten Sachsenring Kübelwagen (Typen P 2M und P3)

<table>
<tr><th></th><th>Sachsenring P2 M
1954 – 1958</th><th>Sachsenring P2 S
1954 - 1962</th><th>Sachsenring P3
1962 – 1968</th></tr>
<tr><td>Motor</td><td colspan="2">OM 6-30</td><td>OM 6-35</td></tr>
<tr><td>Betriebsart</td><td colspan="3">Otto (Viertakt)</td></tr>
<tr><td>Material Block / Kopf</td><td colspan="2">Grauguss / Alu</td><td>Alu / Alu</td></tr>
<tr><td>Zylinderzahl / Einbaulage</td><td colspan="3">6 (Reihe) / vorn längs über der VA</td></tr>
<tr><td>Bohrung x Hub</td><td colspan="3">78 x 84 mm</td></tr>
<tr><td>Hubraum</td><td colspan="3">2407 cm³</td></tr>
<tr><td>Leistung in kW (PS)</td><td colspan="2">48 (65) bei 3500/min</td><td>55 (75) bei 3750/min</td></tr>
<tr><td>Drehmoment in Nm</td><td colspan="2">152 bei 1250/min</td><td>167 bei 1500/min</td></tr>
<tr><td>Verdichtung</td><td colspan="2">7,1 : 1</td><td>7,1 : 1</td></tr>
<tr><td>Gemischbereitung</td><td colspan="3">1 Flachstrom-Gelände-Vergaser HG 361-1</td></tr>
<tr><td>Ventile pro Zylinder</td><td colspan="3">2, parallel hängend, über Stoßstangen u. Kipphebel</td></tr>
<tr><td>Nockenwellen</td><td colspan="3">1 seitlich (Stirnräder)</td></tr>
<tr><td>Kurbelwellenlager</td><td colspan="3">7</td></tr>
<tr><td>Kühlung</td><td colspan="2">Pumpe (16,0 L Wasser)</td><td>Pumpe (13,0 L Wasser)</td></tr>
</table>

Technische Daten Sachsenring Kübelwagen (Typen P 2M und P3)

<table>
<tr><th></th><th>Sachsenring P2 M
1954 – 1958</th><th>Sachsenring P2 S
1954 – 1962</th><th>Sachsenring P3
1962 – 1968</th></tr>
<tr><td>Motor</td><td colspan="2">OM 6-30</td><td>OM 6-35</td></tr>
<tr><td>Schmierung</td><td colspan="2">Trockensumpf</td><td>Druckumlauf (5,5 L Öl)</td></tr>
<tr><td>Batterie</td><td colspan="2">12 V (84 Ah) / vorn</td><td>12 V (84 Ah) / vorn;
Militär: 2 x 12 V</td></tr>
<tr><td>Lichtmaschine</td><td colspan="2">Gleichstrom 160 W</td><td>Gleichstrom 160 W</td></tr>
<tr><td>Kraftübertragung</td><td></td><td></td><td></td></tr>
<tr><td>Antrieb
(Grundkraftverteilung)</td><td colspan="2">Allradantrieb permanent (36 : 64 %), zweistufiger Achsantrieb;
P2 S mit Abtrieb für Kompressor und Schraubenwelle ab Verteilergetriebe</td><td>Heckantrieb,
Frontantrieb zuschaltbar
(0 : 100 / 50 : 50 %),
zweistufiger Achsantrieb</td></tr>
<tr><td>Kraftverteilung</td><td colspan="2">Planetenrad-Zentraldifferenzial</td><td>Starr</td></tr>
<tr><td>Sperren</td><td colspan="2">Hinterachse (Schneckenrad) selbstsperrend;
P2 S: VA und HA selbstsperrend</td><td>Vorder- und Hinterachse mit Vorwählschaltung voll sperrbar</td></tr>
<tr><td>Kupplung</td><td colspan="3">Zweischeiben-Trocken</td></tr>
<tr><td>Schaltgetriebe</td><td colspan="2">4 Gang (unsynchron.), mit sperrbarem Planentenrad-Verteilergetriebe (unsynchr.) zweistufig mit Normalgang (1,02) und Geländegang (1,35) Knüppelschaltung</td><td>4 Gang (II. bis IV. Gang synchron.), Verteilergetriebe (synchron.) zweistufig 1,09 und 1,41; Knüppelschaltung</td></tr>
<tr><td>Übersetzungen</td><td colspan="2">I. 3,84, II. 2,15, III. 1,25, IV. 0,70, R. 4,05, Achsantrieb:
Kegelräder (Übers. 4,83), Stirnräder (1,44)</td><td>I. 3,92, II. 2,26, III. 1,26,
IV. 0,68, R. 3,64, Achsantrieb:
Kegelräder (Übers. 4,83),
Stirnräder (1,53)</td></tr>
<tr><td>Reduktionsgetriebe
(Untersetzung)</td><td colspan="2">Straße 1,0; Gelände 2,0</td><td>Straße 1,0; Gelände 2,0</td></tr>
<tr><td>Fahrwerk</td><td></td><td></td><td></td></tr>
<tr><td>Vorderradaufhängung</td><td colspan="2">Einzelradaufh., Doppelkurbellenker längs, zwei Drehstäbe quer übereinander, Teleskopstoßdämpfer</td><td>Einzelradaufh.,
Doppelquerlenker,
Längsdrehstäbe,
Teleskopstoßdämpfer</td></tr>
<tr><td>Hinterradaufhängung</td><td colspan="2">Schublenker längs, zwei Drehstäbe quer hintereinander,
Teleskopstoßdämpfer</td><td>Schräglenker, zwei Drehstäbe längs, Teleskopstoßdämpfer</td></tr>
<tr><td>Lenkung</td><td colspan="2">Schnecke mit Rollfinger (16,5 : 1)</td><td>Schnecke mit Rollfinger</td></tr>
<tr><td>Betriebsbremse</td><td colspan="2">Hydraulisch, Trommeln</td><td>Hydraulisch, Trommeln</td></tr>
<tr><td>Allgemeine Daten</td><td></td><td></td><td></td></tr>
<tr><td>Fahrzeugart (Türen/Sitze)</td><td colspan="2">P2 M: Kübelwagen offen, Faltverdeck mit Plane und Scherengittergestell (2 od. 4 / 5);
P2 S: Amphibienfahrzeug mit Allradantrieb</td><td>Kübelwagen offen, Faltverdeck mit Plane und Scherengittergestell
(2 od. 4 od. 3 / 7)</td></tr>
<tr><td>Aufbauform</td><td colspan="2">Kastenrahmen mit X-Versteifung,
Ganzstahlkarosserie;
P2 S: Ganzmetallaufbau in Spantenbauweise mit zwei Längsträgern</td><td>Kastenrahmen mit Längs- und Querträgern,
Ganzstahlkarosserie</td></tr>
<tr><td>Radstand</td><td colspan="2">li: 2285 / re: 2215 mm</td><td>2400 mm</td></tr>
<tr><td>Spur vorn/hinten</td><td>1400 / 1400 mm</td><td>1415 / 1420 mm</td><td>1420 / 1400 mm</td></tr>
<tr><td>Länge x Breite x Höhe</td><td>3755 x 1685 x 1840 mm</td><td>5100 x 1835 x 1860 mm</td><td>3710 x 1950 x 1950 mm</td></tr>
<tr><td>Reifen</td><td colspan="2">6.50-16 Gelände</td><td>7.50-16 Extra Niederdruck</td></tr>
<tr><td>Räder</td><td colspan="2">4.5 E 16</td><td>5.5 F 16 Tiefbett</td></tr>
<tr><td>Überhang v / h</td><td>730 / 775 mm</td><td>1420 / 1340 mm</td><td></td></tr>
<tr><td>Bodenfreiheit</td><td colspan="2">300 mm</td><td>330 mm</td></tr>
<tr><td>Wattiefe</td><td>550 mm</td><td>schwimmfähig</td><td>600 mm</td></tr>
<tr><td>Böschungswinkel v / h</td><td>38 / 38°</td><td>35 / 38°</td><td>55 / 50°</td></tr>
<tr><td>Wendekreisdurchmesser</td><td>13 m</td><td>14 m</td><td>11,8 m</td></tr>
<tr><td>Steigfähigkeit</td><td colspan="2">65 %</td><td>65 %</td></tr>
<tr><td>Kletterfähigkeit</td><td colspan="2">300 mm</td><td>400 mm</td></tr>
<tr><td>Leermasse (DIN)</td><td>1750 kg</td><td>1970 kg</td><td>1860 kg</td></tr>
<tr><td>Zul. Gesamtgewicht</td><td>2150 kg</td><td>2410 kg</td><td>2560 kg</td></tr>
<tr><td>Zul. Anhängelast
gebremst / ungebremst</td><td>– / 750 kg</td><td>–</td><td>– / 750 kg</td></tr>
<tr><td>Höchstgeschwindigkeit</td><td>95 km/h</td><td>95 / 10 (im Wasser) km/h</td><td>95 km/h</td></tr>
<tr><td>Verbrauch in L/100 km</td><td>20</td><td>20</td><td>24</td></tr>
<tr><td>Kraftstofftank</td><td>100 + 20 L / hinten</td><td>2 x 50 L / hinten</td><td>104 + 20 L / hinten</td></tr>
<tr><td>Stückzahl</td><td>2.061</td><td>17</td><td>mindestens 4.000</td></tr>
</table>

Trabant Kübelwagen (Typ 601 / 1.1)

Der Volkswagen in der DDR hieß Trabant, hatte einen Zweitakt-Zweizylinder und war einfachst ausgestattet. Er basierte konzeptionell auf dem DKW F8, hatte aber eine Karosseriebeplankung aus Kunststoff, die sich einfach fertigen und auswechseln ließ. Ende der 50er-Jahre kam der Trabant 500 mit 0,5-Liter-, dann als Typ P 60 mit 0,6-Liter-Motor (stets mit Drehschiebersteuerung für den Einlass). Er wurde 1964 abgelöst vom Trabant 601, wiederum mit 0,6-Liter. Jahr für Jahr erfuhr der Trabant künftig kleine und kleinste Modifikationen. Sie mündeten in eine 12-Volt-Anlage (1984), hintere Schraubenfederung (1988) und schließlich den Viertaktmotor (1990).

Bereits beim P60 war die verblüffende Geländetüchtigkeit des kleinen Fronttrieblers aufgefallen. Hinsichtlich der militärischen Verwendbarkeit wurden drei Varianten untersucht, davon eine mit Pritsche und eine als Sechssitzer. 1964 entschied man sich für einen vom Kombi abgeleiteten Viersitzer. Die ersten Prototypen hatten noch ein rundlicher geformtes Heck sowie versteifende Sicken über dem Schweller.

Im August 1966 begann schließlich die Serienfertigung des vor allem militärisch genutzten Kübelwagens Trabant 601 A, der tausendfach auf den Streifenwegen an der DDR-Staatsgrenze als »Lkw 0,25 t (4x2)« im Einsatz war. Die ersten 165 Kübel wurden 1966 an die Nationale Volksarmee geliefert, als Verrechnungspreis galten 6.400 Mark. Ende 1967 befanden sich bereits 667 Trabant Kübel bei der Truppe. Er wurde aber auch von der Polizei, den Betriebs-Kampfgruppen und der paramilitärischen Gesellschaft für Sport und Technik (GST) genutzt.

Das bis zur A-Säule mit dem Kombi identische Fahrzeug entstand im Karosseriewerk Meerane. Nur 645 kg wog der Trabant leer, davon ruhten 60 Prozent auf die Vorderachse. A-Säule und vorderer Scheibenrahmen waren verstärkt worden, die Frontscheibe ließ sich nicht umklappen. Dahinter folgte ein kantiger, grundsätzlich offener Aufbau aus Stahlblech. Im Interesse besserer Verwindungssteife war zwischen den hinteren Radschalen ein zusätzlicher Querträger eingeschweißt, die hinteren Kotflügel schlossen kastenförmig ab. Das Fahrwerk blieb bis auf die stärkere hintere Blattfederung des Kombis unverändert, die Karosserie wurde keineswegs höher gesetzt. Die Bodenwanne war allerdings verstärkt worden, unterhalb des Vorschalldämpfers saß ein zusätzliches Blech. Anfangs hatte der Trabant-Kübel 23, ab 1969 – genau wie Limousine und Kombi – 26 PS. Erst 1980 wich die bisherige Ein- einer Zweikreis-Bremsanlage. Vier Personen fanden Platz. Der »Gepäckraum« für etwas Marschgepäck bestand aus nacktem Blech, hinten ließ sich noch ein kleines Funkgerät unterbringen. Serienmäßig bei den Armee-Versionen war eine hinten angeschraubte, lange Antenne.

Die Stoßfänger bestanden – anders als beim zivilen 601 – aus einfachen Rohrprofilen. Daran konnte der Kleinkübel von vier Mann hochgewuchtet werden, wenn er sich festgefahren hatte. Auf den Stoßfängern der Armeefahrzeuge saßen runde Nebelleuchten. Große Rückspiegel befanden sich beidseits vorn auf den Kotflügeln. Das von einem Scherengitter gehaltene Textil-Verdeck ließ sich hinter der herausnehmbaren Sitzbank direkt vor dem Heckabschluss verstauen. Das Softtop – mit kleinem Plexiglas-Heckfenster – wurde durch zwei Knebel oben auf dem Frontscheibenrahmen befestigt. Mittels Riemchen fixierbare Wetterschutzvorhänge mit Plexiglasseitenscheiben bescherten bei Schlechtwetter einen gewissen Komfort. Ansonsten sicherten Ketten vor dem Herausfallen. Der Instrumententräger stammte vom Vorgänger P 60, hatte also immer einen runden Tachometer. Die Sitze kamen von der Limousine, sie waren aber stets mit Kunstleder bezogen. Bestimmte Kübel-Kontingente erhielten eine 1,4-kW-Benzin-Standheizung. Zur Ausstattung gehörte die ganzjährig zu nutzende, grobstollige M+S-Bereifung, das Ersatzrad war hinten am Aufbau angebracht. Bei der Armeeversion befand sich daneben noch eine Halterung für den 20-L-Reservekanister, beifahrerseitig ließ sich eine Maschinenpistole einhängen.

Neben dem Trabant 601 A (= Armee) wurde ab Ende der 60er-Jahre parallel der nahezu baugleiche 601 F (= Forst- und Landwirtschaft) gefertigt – mit festen Türen und -scheiben. Er ging niemals in den privaten Verkauf, darum gab es auch keinen offiziellen Verkaufspreis – wenngleich Prospekte kursierten! Seine Lackierung erfolgte ebenfalls in Waldgrün. Erst 1978 wurde der Kübelwagen für einige Exportmärkte im Mittelmeerraum auch als zivile Version »Tramp« angeboten – mit hellen Kunstledersitzen, Teppichboden, Sonnenblenden, Instrumententräger der Limousine einschließlich dem griffigeren Lenkrad aus PUR-Schaum, Nadelfilzablage, Stoffbezügen und frischeren Lackierungen. Später gab's für den Tramp das modernere Vierspeichenlenkrad der Limousine. So ging er u.a. nach Griechenland. Trabant-Kübelwagen wurden jedoch nie von ausländischen Armeen genutzt.

Als Zweitakter wurde der Kübelwagen etwa 11.000 mal ausgeliefert, maximal zehn Prozent entfielen auf zivile Tramp-Versionen. Der letzte Zweitakt-Trabant lief nach rund drei Millionen Exemplaren im Sommer 1990 vom Band. Immerhin noch 1.040 der sogenannten »Stoffhunde« gingen im Zuge der Wiedervereinigung an die Bundeswehr über. Im Mai 1990 hatte bereits die Produktion des 40-PS-Viertakters begonnen. Der VW-Lizenz-Motor aus dem Polo

Trabant 601 F Kübel für gesellschaftliche Bedarfsträger (Forst- und Landwirtschaft, Jagdwesen)

wurde in Karl-Marx-Stadt (Chemnitz) gefertigt, das Getriebe war eine Eigenkonstruktion. Der neue Trabant 1.1 hatte ein rundum neues Fahrwerk, vorn erstmals mit McPherson-Federbeinen. Dank größerer Spurweiten wirkte der Trabant nun erwachsener. Ein neuer Instrumententräger zierte das Interieur, die Motorhaube bestand aus Blech, und der Tankverschluss saß nunmehr hinten. Er ließ sich – auch dies eine Premiere – von außen befüllen. Im April 1991 endete die Produktion des Trabant in Zwickau, rund 40.000 Viertakter waren ausgeliefert worden.
Davon waren 496 Mehrzweckautos des Typs Tramp. Noch zu DDR-Zeiten war der Viertakt-Kübelwagen für die Nationale Volksarmee erprobt und für gut befunden worden. Das bevorstehende Ende des Staates vor Augen, schwenkten die Zwickauer Fahrzeugbauer jedoch auf die Zivilversion um. Sie war nun erstmals im Inland für jedermann frei erhältlich, allerdings nicht mehr für DDR-Mark. Nach der Währungsreform waren es 12.980 DM, die für den »Freizeitspaß der 90er-Jahre« (so die Werbung) zu entrichten waren. Das Auto übernahm Optik und Ausstattungsfeatures des 601 F und wurde wiederum in Meerane gebaut. Man erhoffte sich dank der zivileren Gestaltung mit feststehendem Überrollbügel und bunter Farbgebung einen erklecklichen Absatz.
Weil aber nirgends eine echte Nachfrage zu erkennen war, beauftragten die Sachsen 1990 das Münchner Ingenieursunternehmen IVM, den Tramp etwas trendiger zu gestalten. Heraus kam der in peppiger Lackierung herausgeputzte Caro Tramp mit Kuhfängern vor der Frontpartie, breiten Trittbrettern, Lederausstattung und Hifi-Radio. Tausende davon sollten künftig gebaut werden. Aber nur eine Handvoll dieser Autos wurden fertig, ein Ausstellungsstück wurde auf der Leipziger Herbstmesse als »Last Edition« gezeigt. Sie gingen offensichtlich »unter der Hand« an Interessenten. Denn ein offizieller Preis ist nicht überliefert. Die letzten 60 Trabant-1.1-Exemplare von 1990 waren Tramp-Versionen ab Werk, sie erhielten entsprechende Plaketten im Mittelteil des Instrumententrägers – und zählen heute als Sammlerfahrzeuge.

Trabant 601 Tramp für den Export

Trabant 1.1 Tramp in Caro-Ausstattung (1990)

Technische Daten Trabant Kübelwagen	Trabant 601 F / 601 A 1965 – 1968	Trabant 601 F / 601 A / Tramp 601 Z 1969 – 1990	Trabant 1.1 Kübel / Tramp 1990 – 1991
Motor		P65/66	BM 820
Betriebsart	Otto (Zweitakt)		Otto (Viertakt)
Material Block / Kopf	Grauguss / Alu		Grauguss / Alu
Zylinderzahl / Einbaulage	2 (Reihe) / vorn quer vor VA		4 (Reihe) / vorn quer vor VA
Bohrung x Hub	72 x 73 mm		75 x 59 mm
Hubraum	595 cm³		1043 cm³
Leistung in kW (PS)	17 (23) bei 4000/min	19 (26) bei 4200/min	30 (40) bei 5300/min
Drehmoment in Nm	51 bei 2750/min	54 bei 3000/min	73 bei 3000/min
Verdichtung	7,6 : 1	7,6 : 1, ab 1/85: 7,8 : 1	9,5 : 1
Gemischbereitung	1 Flachstromvergaser BVF 28 HB, 2 Einlassdrehschieber		1 Fallstromvergaser Solex 32 TLA

Technische Daten Trabant Kübelwagen

	Trabant 601 F / 601 A 1965 – 1968	Trabant 601 F / 601 A / Tramp 601 Z 1969 – 1990	Trabant 1.1 Kübel / Tramp 1990 – 1991
Motor	P 62	P 65/66	BM 820
Ventile pro Zylinder	–		2, parallel hängend, über Stoßstangen und Kipphebel
Nockenwellen	–		1 obenlieg. (Zahnriemen)
Kurbelwellenlager	3		5
Kühlung	Gebläse (Luft)		Pumpe (7,0 L Wasser), Elektrolüfter
Schmierung	Zweitaktgemisch 1 : 33	Zweitaktgemisch 1 : 33, ab 1974: 1 : 50	Druckumlauf (3,5 L Öl)
Batterie	6 V (84 Ah) / vorn	6 V (84 Ah), ab 1984: 12 V (38 Ah) / vorn	12 V (44 Ah) / vorn
Lichtmaschine	Gleichstrom 220 W	Gleichstrom 220 / 440 W, ab 1983: Drehstrom 580 W	Drehstrom 740 W
Kraftübertragung			
Antrieb	Frontantrieb		
Sperren	–		
Kupplung	Einscheiben-Trocken		
Schaltgetriebe	4 Gang (vollsynchron.)		
Übersetzungen	I. 4,08, II. 2,32, III. 1,52, IV. 1,03 (ab 1974: 1,103), R. 3,94 (ab 1983: 3,83), Achsantrieb 4,33 (ab 1974: 3,95)		I. 3,250, II. 2,053, III. 1,342, IV. 0,955, R. 3,08, Achsantrieb 4,267
Fahrwerk			
Vorderradaufhängung	Einzelradaufh., Dreieckquerlenker unten, Querblattfeder oben, Teleskopstoßdämpfer		Einzelradaufh., Dreieckquerlenker unten, Federbeine, Schraubenfedern
Hinterradaufhängung	Starr-Pendelachse, Dreieckquerlenker, Querblattfeder	Starr-Pendelachse, Dreieckquerlenker, Querblattfeder (ab 1988: Schraubenfedern)	Schräglenkerachse, Schraubenfedern, Teleskopstoßdämpfer
Lenkung	Zahnstange (17,2 : 1)		Zahnstange(16,5 : 1)
Betriebsbremse	Hydraulisch, Trommeln (ø 200 mm, Gesamtbremsfl. 471 cm²)		Hydraulisch, vorn Scheibenbremsen, hinten Trommeln (ø 200 mm, Gesamtbremsfl. 640 cm²)
Allgemeine Daten			
Fahrzeugart (Türen/Sitze)	Kübelwagen offen, Faltverdeck mit Plane und Scherengittergestell (0 / 4)		
Aufbauform	Plattformrahmen, selbsttragendes Stahlblechgerüst mit Karosserie aus Duroplast und Stahlblech		
Radstand	2020 mm		
Spur vorn/hinten	1206 / 1255 mm		1284 / 1255 mm
Länge x Breite x Höhe	3480 x 1600 x 1500 mm		3500 x 1600 x 1500 mm
Reifen vorn / hinten	5.20-13, 145 SR 13		145 R 13, 155/70 SR 13
Räder vorn / hinten	4.0 J x 13		4.0 J x 13
Überhang v / h	575 / 885 mm		
Bodenfreiheit (belastet)	155 mm		150 mm
Wattiefe	ca.300 mm		
Rampenwinkel	19°		19°
Böschungswinkel v / h	29 / 22 °		29 / 22 °
Wendekreisdurchmesser	10,2 m		
Steigfähigkeit	33,3 % / 18,4°	34,6 % / 19,1°; ab 1983: 31,5 % / 17,5°	34 % / 18,8°
Achsverschränkung	135 mm	135 mm	140 mm
Leermasse (DIN)	620 – 645 (601 F: 650) kg		725 kg
Zul. Gesamtgewicht	1020 (601 F: 1040) kg		1100 kg
Zul. Anhängelast gebremst / ungebremst	400 / 300 kg		700 / 500 kg
Höchstgeschwindigkeit	95 km/h	100 km/h	120 km/h
Beschleun. 0–100 km/h	24 s	23 s	22 s
Verbrauch in L/100 km	9,0	9,0	8,0
Kraftstofftank	24 L / vorn	24 L (ab 1972: 26 L) / vorn	28 L / hinten
Preis (Anf. / Ende Laufzeit)	6.400 DDR-M / k. A.	k. A. / 13.144 DM	12.980 DM
Stückzahl	10.972		496

VW Kübelwagen (Typ 181)

Der Volkswagen Typ 181 ist ein echter VW – basiert er doch gedanklich auf dem heckgetriebenen KdF-Kübel Typ 82, der 1940 bis 1945 für die Wehrmacht gebaut wurde. Diese Parallele sah man indes in Wolfsburg nicht mehr gern, als das neue Auto auf der IAA im September 1969 vorgestellt wurde. Es handelte sich um ein bedingt geländegängiges Fahrzeug für bis zu vier Personen, das die unterschiedlichsten Einsatzzwecke erlaubte. Zunächst lief das leichte Allzweckauto mit 400 kg Nutzmasse als Kurier- und Meldefahrzeug, war aber unbestreitbar für den militärischen Einsatz in »leichtem und mittleren Gelände« entwickelt worden. Allerdings stellte man dem kantigen »Pkw 0,4 t (4x2)« von Anfang an auch eine zivile Variante für Forst- und Jagdwirtschaft sowie Post und andere Bedarfsträger zur Seite. Der Typ 181 kostete zunächst 8.500 Mark einschließlich Standheizung.

Basis des Typ 181 war der Plattformrahmen des VW Käfer respektive des »kleinen« Karmann Typ 14 mit verbreitertem Plattformrahmen und zusätzlichem Unterzug unterm hinteren Querrohr. Die unteren Seitenholme waren weit hochgezogen, um eine bessere Verwindungssteife und Watfähigkeit zu ermöglichen. Der glatte Unterboden ließ ihn über Hindernisse leichter hinweggleiten. Vorderfront, Flanken und Hauben waren durch breite Blechsicken verstärkt. Die vom Käfer stammende Vorderachse wurde leicht modifiziert (Achsschenkel und Achsabstützung), die hintere Pendelachse stammte vom »alten« Transporter (Generation T1 bis 1967) – sie sicherte 20 cm Bodenfreiheit. Von ihm kamen auch Getriebe (kürzer übersetzt) und Vorgelege (Untersetzungsgetriebe in den Radnaben). Lenkung und Pedalanordnung wurden vom Käfer übernommen. Allradantrieb war nie vorgesehen, allerdings gab es optional ein als »wenig strapazierfähig« geltendes Lamellen-Sperrdifferenzial (435 Mark, für Militärsausführungen Serie). Die Achslastverlagerung durch den Heckmotor erwies sich gerade an Steigungen und beim Anfahren in puncto Traktion als hervorragend.

Den Antrieb besorgte zunächst der bekannte 1,5-Liter-Boxer des Käfers hinter der Hinterachse, das Vierganggetriebe war davor angeordnet. Im Interesse einer günstigen Drehmomentverlaufs bei niedriger Drehzahl wurde die Motorleistung gegenüber der vom Käfer geringfügig reduziert. Sie betrug 44 PS. Auf diese Leistung reduziert wurde auch der neue 1,6-Liter aus dem 1302 S im VW 181: Er kam nach nur einem Jahr im August 1970 zum Einsatz. Im März des Folgejahrs erhielt der Kübel 14er- statt der bisherigen 15er-Räder, damit veränderte sich auch die Spurweite.

Das Modell 1974 (ab September 1973) erhielt schließlich den auf 48 PS gesteigerten 1,6-Liter. Neu war nun beim sogenannten VW 181/3 die Schräglenker-Doppelgelenk-Hinterachse des 1302 mit dazugehöriger Bremsanlage, sie ersetzte die bisherige Drehstabfederung einschließlich des Vorgeleges. Allerdings ging dies zu Kosten der Geländegängigkeit, denn die Achsvorgelege fielen weg. Und das Lenkrad bekam erstmals einen sicherheitsrelevanten Pralltopf. Die gepolsterte Instrumententafel – die einschließlich Tacho, Benzinuhr und Kontrollleuchten während der gesamten Bauzeit vom Käfer stammte – war bereits ab Sommer 1970 installiert worden. Ansonsten blieb der Kübel unverändert.

Vier aushängbare Stahl-Türen, ein leichtes, ungefüttertes Segeltuch-Klappverdeck mit PVC-Beschichtung und Steckscheiben sowie eine umklappbare Frontscheibe gehörten stets zum Lieferumfang. Anfangs wurden alle VW Kübelwagen serienmäßig mit benzinelektrischer Eberspächer-Standheizung (im vorderen Gepäckabteil) ausgeliefert, ab dem Modell 1974 stellte VW auf eine Frischluftheizung um. Diese Autos erkennt man an den markanten Luftschächten (ab 11/74 nicht mehr in Wagenfarbe, sondern schwarz lackiert) über den hinteren Kotflügeln. Aber auch für die späteren Modelle gab es weiterhin optional die Standheizung – wer sie orderte, bekam aber nicht mehr die hinteren Luftkanäle. Komfortfeatures in diesem Auto gibt es ansonsten nicht, abgesehen vom Beifahrer-Haltebügel. So wurde auf Dämmstoffe verzichtet, den Boden bedeckte lediglich eine gelochte Gummimatte, die Sitze (vom Käfer) waren mit Kunstleder bezogen. Der Tankeinfüllstutzen befand sich rechts vorn im Seitenteil.

Die militärischen Varianten – als 0,4 t mil (4x2) bezeichnet – waren mit Axt, Frontlampenabdeckung, Militärlichtsystem. Kartenleuchte, Gewehrstützen und Winde ausgestattet. Bei der Ausrüstung mit Funkgerät war eine 24-Volt-Anlage erforderlich; unabhängig vom Bordnetz wurde hier ein 24-Volt-Generator mit eigenem Antrieb verwendet. Die Funk-Wagen bekamen darum zwei Batterien und zwei Lichtmaschinen.

Gebaut wurde der Typ 181 von August 1969 bis 1974 im VW-Werk Wolfsburg, 1968 waren dort die ersten 16 Vorserienexemplare (mit nur einer Sicke im Schweller) entstanden. Ursprünglich war übrigens daran gedacht gewesen, den Typ 181 bei Karmann in Osnabrück zu bauen. 1974/75 entstand er zwischenzeitlich auch im Transporterwerk Hannover. 1971 begann parallel die Fertigung des Typ 181 im mexikanischen VW-Werk Pueblo (insgesamt 64.254 Stück), dort wurde er als »Safari« vermarktet. Im April 1973 begann der Export aus Mittelamerika, gleich am Anfang gingen 2.000 Stück nach Rotchina. Bis 1978 wurde der VW 181 auch in Emden (damit

VW Typ 181 bei der Bundeswehr

»Made in Germany«) montiert – die Teilelieferungen dafür kamen aus Mexiko. Nach dem Produktionsstopp in Deutschland belieferten die Mexikaner auch den deutschen Markt. Im Januar 1980 stellte man schließlich in Mittelamerika die Produktion ein.
Nur etwa ein Sechstel der 181-Produktion – nämlich rund olivgrüne 15.275 Exemplare – ging an die Bundeswehr, 1.000 weitere an den Bundesgrenzschutz. Die Lieferung der ersten 2.000 VW-Kübel erfolgte 1969/70, bis Ende 1971 folgten weitere 5.100 Stück. Das Auto wurde auch anderen Armeen angeboten – z.B. Österreich, Belgien, Dänemark, Frankreich, Marokko, Niederlande. Nach 1981 wurden mehr als 9.000 Typ 181 bei der Bundeswehr ausgemustert und beispielsweise den Armeen von Griechenland und der Türkei angeboten. 1992 waren aber immer noch 4.000 Kübel bei der Bundeswehr im Einsatz.
Der überwiegende Anteil der Produktion entfiel auf Zivilfahrzeuge, lackiert in Steppenbeige, Lachsrot, Efeugrün und Togaweiß. Sie gingen unter anderem ans Technische Hilfswerk (THW) und die Feuerwehr. Diese Autos waren technisch identisch mit den Bundeswehr-Varianten, selbst ihre Ausstattung wich nur geringfügig ab. So verwendete man sogar den gleichen Instrumententräger und die gleichen Sitze. Spätestens mit dem Export nach den USA ab 1973, wo er als »The Thing« (Das Ding) Kultstatus erlangte, galt und gilt der Kübelwagen als ideales, wenngleich relativ teures Freizeitfahrzeug.

VW Typ 181 als Spaßmobil

Für die USA gab es ab 1974 auch eine Thing-Sonderedition namens »Acapulco«. Verdeckeinrichtung und Steckfenster waren hier entfallen, stattdessen wurde ein Rohrgestell installiert, das mit blau-weiß bespanntem Markisenstoff »äußerst lustig« (so der Pressetext) bespannt war. Die Grundfarbe des »Acapulco« war Cremeweiß. Kofferraumdeckel, Stoßfänger, Einstiegsleiste und Schalttafel erstrahlten in Lichtblau. Hinter den Rücksitzen gab es eine Kindersitzbank, mit gleichfalls blau-weiß gestreiften Polstern. Ein niedriges »Geländer« sollte Schutz vorm Herausfallen bieten. In Deutschland war das »lebensfrohe« Fahrzeug nie zu haben. Nur Nordamerika-Exportmodelle erhielten ab 1974 sogar einen 50-PS-Einspritzmotor. Für den britischen Markt wurde sogar eine Rechtslenkerversion namens »Trekker« entwickelt und gebaut.

VW Typ 181 (nach 1974)

Binnen zehn Jahren wurden in Deutschland 70.497 Stück (ohne Vorserienexemplare von 1968) und in Mexiko 63.559 VW 181 hergestellt – macht zusammen 134.000 Kübelwagen. Dazu kamen zwischen 1972 und 1980 exakt 5.998 Rechtslenker aus der CKD-Fertigung (Teilelieferungen aus Mexiko) in Indonesien – dort lief er wie in Mexiko als VW Safari. Überlebt haben weltweit weit über 10.000 Exemplare (sie werden beispielsweise auf der indonesischen Insel Bali für Touristen-Expeditionen eingesetzt), in Deutschland sind noch rund 3.000 zugelassen.

VW Typ 181 mit hinteren Luftschächten (nach 1974)

Jahresproduktion

VW Typ 181	1968	1969	1970	1971	1972	1973	1974	1975	1976	1977	1978	1979	1980
Wolfsburg	16	2.372	5.386 *	11.026	6.669	21.598	10.493	---	---	---	---	---	---
Hannover	---	---	---	---	---	---	8.747	1.882	---	---	---	---	---
Emden	---	---	---	---	---	---	---	307	1.506	477	33	---	---
Puebla	---	----	323	4.057	3.105	18.729	18.844	6.562	4.965	1.480	3.408	2.086	695

* 1.876 Stck. mit 1.5-Liter; 3.510 mit 1.6-Liter; Quelle: VW 181-Clubs / Jürgen Gössling

VW Typ 181 US-Sondermodell Acapulco

VW Typ 181 aus indonesischer Fertigung im Einsatz auf Bali

Technische Daten VW Kübelwagen

	VW Kübel (181/1) 1969 - 1970	VW Kübel (181/2) 1970 - 1973	VW Kübel (181/3) 1973 - 1979
Motor			
Betriebsart	Otto (Viertakt)	Otto (Viertakt)	Otto (Viertakt)
Material Block / Kopf	Magnesium / Grauguss-Alu	Magnesium / Grauguss-Alu	Magnesium / Grauguss-Alu
Zylinderzahl / Einbaulage	4 (Boxer) / hinten längs hinter HA	4 (Boxer) / hinten längs hinter HA	4 (Boxer) / hinten längs hinter HA
Bohrung x Hub	83 x 69 mm	85,5 x 69 mm	85,5 x 69 mm

Technische Daten VW Kübelwagen

	VW Kübel (181/1) 1969 – 1970	VW Kübel (181/2) 1970 – 1973	VW Kübel (181/3) 1973 - 1979
Motor			
Hubraum	1493 cm³	1584 cm³	1584 cm³
Leistung in kW (PS)	32 (44) bei 4000/min	32 (44) bei 5000/min	35 (48) bei 5000/min
Drehmoment in Nm	100 bei 2000/min	100 bei 2000/min	100 bei 2000/min
Verdichtung	7,5 : 1	6,6 : 1	7,3 : 1
Gemischbereitung	1 Fallstromvergaser Solex 30 PICT-2	1 Fallstromvergaser Solex 31 PIT-3	1 Fallstromvergaser Solex 34 PICT-3
Ventile pro Zylinder	2, V-förmig hängend, über Stoßstangen und Kipphebel	2, V-förmig hängend, über Stoßstangen und Kipphebel	2, V-förmig hängend, über Stoßstangen und Kipphebel
Nockenwellen (Antrieb)	1 zentral (Stirnräder)	1 zentral (Stirnräder)	1 zentral (Stirnräder)
Kurbelwellenlager	4	4	4
Kühlung	Luft (Gebläse)	Luft (Gebläse)	Luft (Gebläse)
Schmierung	Druckumlauf (2,5 L Öl)	Druckumlauf (2,5 L Öl)	Druckumlauf (2,5 L Öl)
Batterie	12 V (36 od. 45 Ah) /unter Rücksitz; Militär: 2 x 12 V	12 V (36 od. 45 Ah) unter Rücksitz; Militär: 2 x 12 V	12 V (36 od. 45 Ah) / unter Rücksitz; Militär: 2 x 12 V
Lichtmaschine	Gleichstrom 280 W, Militär: 756 W	Gleichstrom 280 W, Militär: 756 W	Gleichstrom 280 W, Militär: 756 W
Kraftübertragung			
Antrieb	Heckantrieb	Heckantrieb	Heckantrieb
Sperren	Selbstsperrendes Hinterachs- Differenzial	Selbstsperrendes Hinterachs- Differenzial	Selbstsperrendes Hinterachs- Differenzial
Kupplung	Einscheiben-Trocken	Einscheiben-Trocken	Einscheiben-Trocken
Schaltgetriebe Übersetzungen	4 Gang (vollsynchron.) I. 3,80, II. 2,06, III. 1,22, IV. 0,82, R. 3,61, Achsantrieb 3,975; Vorgelege 1,39; ab 3/71: 1,26	4 Gang (vollsynchron.)	4 Gang (vollsynchron.) I. 3,78, II. 2,25, III. 1,26, IV. 0,86, R. 3,78, Achsantrieb 4,375
Reduktionsgetriebe	–	–	–
Fahrwerk			
Vorderradaufhängung	Einzelradaufh., Kurbellenker oben u. unten mit 2 Vierkant-Querfederstäben, Stabilisator		
Hinterradaufhängung	Einzelradaufh., Eingelenk-Pendelachse, Längslenker, 2 Querfederstäbe, Ausgleichsfeder		Einzelradaufh., Zweigelenk- Pendelachse, Schräglenker, 2 Querfederstäbe
Lenkung	Schnecke u. Rolle (14,34 : 1)		
Betriebsbremse	Hydraulisch (Zweikreis), Trommeln 8 (ø 230 mm, Gesamtbremsfl. 716 cm²)		
Allgemeine Daten			
Fahrzeugart (Türen/Sitze)	Kübelwagen offen, Faltverdeck Plane und Spriegel (0 / 4)		
Aufbauform	Zentralrohrrahmen mit angeschweißter Plattform, Ganzstahlkarosserie		
Radstand	2400 mm	2400 mm	2400 mm
Spur vorn/hinten	1324 / 1436 mm	1324 / 1436, ab 3/71: 1354 / 1385 mm	1354 / 1385 mm
Länge x Breite x Höhe	3780 x 1640 x 1620 mm (mit Verdeck)	3780 x 1640 x 1620 mm (mit Verdeck)	3780 x 1640 x 1620 mm (mit Verdeck)
Reifen	165 SR 15 M+S	165 SR 15 M+S, ab 8/71: 185 SR 14	185 SR 14
Räder	4 K x 15	4 K x 15, ab 8/71: 5 JK x 14	5 JK x 14 (Stahl)
Überhang v / h	600 / 780 mm	600 / 780 mm	600 / 780 mm
Bodenfreiheit	205 mm	205 mm	205 mm
Wattiefe	400 mm	400 mm	400 mm
Rampenwinkel	14°	14°	14°
Böschungswinke v / h	36 / 31°	36 / 31°	36 / 31°
Wendekreisdurchmesser	10,8 m	10,8 m	10,8 m
Steigfähigkeit	50,5 % / 27°	50,5 % / 27, ab 3/71: 45,5 % / 24,5°	40 % / 22°
Leermasse (DIN)	910 kg	900 kg	900 kg
Zul. Gesamtgewicht	1340 kg	1340 kg	1340 kg
Zul. Anhängelast gebremst / ungebremst	500 / 400 kg	500 / 400 kg	500 / 400 kg
Höchstgeschwindigkeit	115 km/h	120 km/h	120 km/h
Beschleun. 0-100 km/h	34 s	30 s	30 s
Verbrauch in L/100 km	12 – 15	12 – 15	12,5 – 16
Kraftstofftank	40 L / vorn	40 L / vorn	40 L / vorn
Preis (Anf. / Ende Laufzeit)	8.500 DM	9.500 DM	10.235 / 13.345 DM
Stückzahl	134.056 (plus 5.988 CKD-Rechtslenker)		

VW Iltis (Typ 183)

Das Wolfsburger Volkswagen-Werk hatte eine große Tradition hinsichtlich leichter, geländegängiger Fahrzeuge. Nach dem Zweiten Weltkrieg tat man sich allerdings schwer damit. Als Mitte der 50er-Jahre der erste große Armee-Auftrag ausgeschrieben wurde, lehnte es VW-Chef Nordhoff ab, sich zu beteiligen – dies allerdings nicht aus pazifistischen, sondern allein aus unternehmerischen Gründen wegen der kaum wirtschaftlichen geringen Stückzahlen. 1965 erwarb die Volkswagen AG die darbenden Firmen Audi und NSU – und übernahm damit auch die Lieferverpflichtung für den zweitaktenden DKW Munga an die Bundeswehr.

Dieses Auto blieb bis 1968 im Programm. In jener Zeit liefen noch die letztlich erfolglosen Bemühungen um den schwimmfähigen Euro-Jeep in der 0,5-Tonnen-Gewichtsklasse, der in Zusammenarbeit zwischen Deutschland, Italien und Frankreich in großen Stückzahlen entstehen sollte. Allein für die Bundeswehr waren 30.000 Stück des neuen Super-Allradlers vorgesehen – aber letztlich wurde nichts aus diesem Projekt. Die bundesdeutsche Armee nutzte weiterhin den Munga sowie als Zwischenlösung den heckgetriebenen VW Kübelwagen Typ 181. 1976 wurde das Euro-Jeep-Projekt endgültig gekippt.

Nun ging die Bundesregierung endlich ernsthaft die Entwicklung eines neuen, leichten Geländefahrzeugs an. Denn man benötigte zeitgemäßere Führungs- und Verbindungsfahrzeuge, die sich auch als Sanitäts- oder Nachrichtenautos nutzen ließen – die

VW Iltis (1976)

Schwimmfähigkeit war nun kein Kriterium mehr. Daimler-Benz und Volkswagen wurden aufgefordert, entsprechende Versuchsträger im Gelände vorzuführen – aber offensichtlich war die Entscheidung zugunsten von VW bereits gefallen. Denn weil das Ganze möglichst preiswert sein sollte, muss es zuvor, im Herbst 1975, schon Gespräche mit den Wolfsburgern gegeben haben. Allerdings war keineswegs daran gedacht, einen nagelneuen Geländewagen zu entwickeln – etwa auf Basis des auslaufenden Kübels VW Typ 181.

Vielmehr bekam VW-Tochter Audi intern die Aufgabe, den erfolgreichen DKW Munga zu einem modernen Viertaktwagen weiterzuentwickeln. Er sollte jedoch als VW laufen, hausintern trug er die Bezeichnung EA 110. Bauart und Konzept (insbesondere Radstand und Überhänge) sollten im Wesentlichen gleich bleiben, um entsprechende Werkstatt- und Serviceeinrichtungen der Bundeswehr weiterhin nut-

VW Iltis (1979) – auffällig ist der kurze Radstand

Der VW Iltis kommt fast überall durch

zen zu können. Und auch die Übernahme bestehender Rüstsätze war damit möglich. Ausgehandelt wurde dann im Mai 1976 ein Vertrag über die Lieferung von zehn Prototypen bis November 1977. Dem folgte der Vertrag über die Lieferung von 8.800 VW Typ 183 »Lkw 0,5 t mil gl (4x4)«. Diese Stückzahl sollte ab dem zweiten Halbjahr 1978 bis 1982 geliefert werden. Dafür zahlte die Bundeswehr einen Pauschalbetrag von 250 Millionen Mark – als Stückpreis dürfen also 28.500 Mark gelten.

Entwickelt und gebaut wurde der Geländewagen dann in Ingolstadt. Sein Aufbau entsprach im Wesentlichen dem des Munga-8-Pritschenwagens, die tragende Bodenwanne (mit den Munga-Presswerkzeugen gefertigt) verfügte über zahlreiche gelochte Verstärkungsbleche. Die Seitenbleche des Autos waren aus Stabilitätsgründen à la Munga mit Sicken versehen. Das Auto wurde hauptsächlich mit Kübelwagen-Karosserie mit den gewohnt hohen Bordwänden gefertigt. Eine zweite Variante mit angesetztem Heck (4540 mm lang) diente als Trägerfahrzeug für den Krankentransport. Während die hinteren Stoßfänger (mit integrierten Rückleuchten) weit abstanden, lagen die vorderen fast am Karosserieblech an. Die Scheinwerfer beidseits des in Wagenfarbe lackierten Kühlergrills wurden steinschlaggeschützt in die Karosserie integriert. Links und rechts unter der Motorhaube fanden sich wiederum zwei Stauräume.

Jahresproduktion

	1978	1979	1980	1981	1982
VW Iltis	252	3.852	3.368	1.956	119

Quelle: Oswald

Das Fahrwerk blieb nahezu unverändert gegenüber dem Munga, musste aber verstärkt werden. Die Einzelradaufhängung war nun mit einer vergleichsweise harten Federung kombiniert. Die Lenkung der Armee-Version hatte keine Servounterstützung. Der kurze Radstand – der die Wendigkeit des Autos unterstützte – und schmale Spur hatten allerdings den Nachteil, dass der Innenraum recht knapp ausfiel.

Der Fahrkomfort war dennoch besser als beim Munga. Die Sitzposition vorn (erstmals Sicherheitsgurte!) hatte sich deutlich verbessert. Die beiden Rücksitze ließen sich durch Ziehen einer Schlaufe vorklappen, dahinter war etwas Platz für Gepäck. Die Heizung war ausreichend dimensioniert, ein leistungsstarkes Gebläse hielt die wiederum umklappbare Frontscheibe beschlags- und eisfrei. Unter der Scheibe saß eine Frischluftklappe. Zusätzlich gab's ein Warmwassergebläse im Fußraum. Und die Zuladung war mit 750 kg vergleichsweise hoch. Das Tankvolumen war auf 85 Liter Volumen angewachsen.

Serienmäßig gab's nun einen dreiteiligen Überrollbügel in Höhe der B-Säule. Ein erstaunlich dicht schließendes, aber nicht ganz einfach zu handhabendes Faltverdeck und vier einhängbare Segeltuch-Türen (mit Kunststoff-Fenstern) gehörten ebenfalls zum Lieferumfang. Fest eingebaute Türen waren ab Werk nicht vorgesehen.

Der von einem Schlammblech geschützte 1,7-Liter-Viertakter stammte aus dem Audi-Regal. Er wurde bislang nur in der südamerikanischen Exportversion des VW Passat eingesetzt. Neu war das Getriebe, das weitegehend vom Audi 100 stammte. Statt einer Viergangbox mit Vorgelege à la Munga nutzte man ein preisgünstigeres Fünfganggetriebe. Sein erster, nicht synchronisierter Gang war extrem lang übersetzt , dies ermöglichte den Geländeeinsatz. Vor dem Einlegen musste allerdings angehalten werden. Die Mindestgeschwindigkeit des Autos betrug 4 km/h. Nur für die Militärversion serienmäßig war die 24-Volt-Anlage, zivile Fahrzeuge hatten eine konventionelle 12-V-Elektrik.

Vorder- und Hinterachse wurden permanent angetrieben, die Vorderachse ließ sich über einen Extrahebel entkoppeln – auch in voller Fahrt. Neu waren die Differenzialsperren in Vorder- und Hinterachse. Sie waren Serie in den Armeefahrzeugen und optional in den späteren Zivilversionen (je 305,70 DM). Viele Bauteile waren für dieses Projekt neu entwickelt worden und zeugten von der dabei an den Tag gelegten Sorgfalt: So war die Kupplung belüftet, fand sich ein Dampfblasenabscheider vor dem Gelände-Fallstromvergaser und waren die Antriebswellen sehr aufwendig abgedichtet.

Der Typ 183 erhielt den Namen »VW Iltis«, der sowohl im militärischen als auch später im zivilen Bereich verwendet wurde. Im Sommer 1978 war die

VW Iltis (1977) in Auslieferungs-Kondition

VW Iltis Zivilausführung (1980)

Produktion angelaufen, im November erfolgte die Vorstellung des Fahrzeugs. Bis Ende 1981 lieferte VW direkt aus Ingolstadt auftragsgemäß 8.800 Einheiten an die Armee – die ersten 200 im November/Dezember 1978, je 3.400 in den Jahren 1979 und 1980, schließlich 1.800 bis zum Dezember 1981. Davon gingen 8.400 Stück an die Landstreitkräfte, 310 an die Luftwaffe und 20 an die Marine.
Wann erstmals an eine private Vermarktung gedacht wurde, ist nicht belegt. Im Februar 1979 erfolgte jedenfalls die Präsentation der Zivilversion, die sich zunächst nur durch Kleinigkeiten wie die 12-Volt-Anlage von der Militär-Ausführung unterschied. Das Cockpit war weitgehend identisch mit dem der Militärversion, immerhin gab's optional Teppichboden. Sie sollte die Lücke zwischen VW 181, Renault Rodeo, Simca Rancho. Lada Niva und Chevrolet Blazer schließen. Kurz darauf wurden die ersten Fahrzeuge auch außerhalb der Armee angeboten – zeitgenössische Beiträge in Fachzeitschriften vermuteten

VW Iltis Zivilausführung mit spezieller Kabine

Der VW Iltis siegte 1980 bei der Rallye Paris-Dakar

einen Preis von 18.000 Mark für die Zivilversion. Doch Volkswagen verlangte zunächst happige 33.600 und später bis fast 40.000 DM. Warum die Autos so teuer waren, blieb ein Geheimnis – denn eigentlich hätten die Wolfsburger ihre Aufwendungen schon nach Lieferung an die Bundeswehr heraushaben müssen. Die Preise sorgten jedenfalls für einen sehr schleppenden Absatz, war doch der Mercedes 230 G auch nicht teurer.

Ab Sommer 1980 wurden die zivilen Ausführungen durch ein paar Kunststoffteile aufgepeppt: Eckig herausgezogene Kotflügelverbreiterungen, eine geänderte Schalttafel mit Zusatzinstrumenten, der ILTIS-Schriftzug seitlich und eine abklappbare Rückwand sollten für einen eigenständigen Auftritt sorgen. Dazu kam optional ein fester Aufbau aus Kunststoff. Es wurde von der Würzburger Karosseriefabrik Voll gefertigt (dort entstand auch ein Aufsatz nur für den vorderen Wagenteil, um das Auto als Pick-up nutzen zu können). Das aufgeschraubte Hardtop war so gelungen, dass bei seiner Präsentation auf der IAA 1979 gemutmaßt wurde, es handele sich um eine italienische Design-Beigabe. Erst 1986 konnten die letzten der rund 300 zivilen Fahrzeuge (Benziner mit 12-Volt-Elektrik) abgesetzt werden.

Um den Absatz anzukurbeln schreckte VW nicht davor zurück, beispielsweise an der berüchtigten Paris-Dakar-Rallye teilzunehmen. Vier Werksteams gingen 1980 ins Rennen – und belegten nach der 23tägigen Hatz durch sieben Länder Platz eins (Freddy Kottulinsky/Gerd Löffelmann), zwei, vier und neun im Gesamtklassement! Die Produktion endete aber dennoch bereits 1982, nach 9.547 Exemplaren. Andere Quellen sprechen von 10.801 Exemplaren.

Neben der Bundeswehr und den privaten Käufern war auch das Ausland mit Iltis-Fahrzeugen bedacht worden: Gebrauchte Bundeswehrfahrzeuge gingen weiter an Armeen in Griechenland, der Türkei und im September 1997 auch – in einer Stückzahl von 250 – an den neuen NATO-Partner Estland. Sie landeten außerdem bei privaten Sammlern in die USA und sogar in Japan.

Nach dem Ende des Liefervertrags an die Bundeswehr im Oktober 1981 fand man einen Abnehmer für die Fertigungsanlagen in Kanada, die Bombardier Inc. Of Valcourt, Ontario. 1983 begann das Unternehmen die Autos zu vermarkten und offerierte sie sowohl mit Benzin- als auch mit Dieselmotor. 1.900 Exemplare wurden 1984 von der kanadischen Regierung geordert – als Standard-Kübel, Sanitäts-, Führungs- und Signalfahrzeug. Auch die deutsche Bundeswehr hatte einen Nachbeschaffungsbedarf und orderte 1984 bis 1987 weitere Iltis-Kübelwagen mit 1,6-Liter-Diesel (VW). Rahmen und Aufbau wurden bei Bombardier hergestellt und im VW-Werk Brüssel komplettiert und fertiggestellt.

2.500 solcher Fahrzeuge bestellte daraufhin 1985 auch die belgische Armee. Außerdem wurde die Armee des afrikanischen Staats Kamerun beliefert – insgesamt entstanden rund 4.500 Stück. Kanadische Truppen waren mit Iltis-Fahrzeugen im ersten Irak-Krieg dabei, Kanadier und Belgier brachten 1994 UNPROFOR-Iltis nach Jugoslawien.

Der Iltis blieb noch lange Zeit im Bewusstsein der Techniker, weil der damalige Audi-Chef Ferdinand Piech bei Wintertests in Schweden das genial einfache Konzept kennen lernte und anschließend für den Pkw-Bau adaptieren ließ: Die ersten Audi-Versuchsträger mit Quattro-Antrieb nutzten die Achsen des Iltis.

Bei der Bundeswehr waren im Jahr 2000 noch rund 500 Iltis im Einsatz. Heute sind alles in allem noch rund 700 Iltis auf deutschen Straßen unterwegs, mittlerweile mehr und mehr als Liebhaberfahrzeuge gereift und akzeptiert.

Technische Daten VW Iltis

	VW Iltis (Typ 183) 1978 – 1982	Bombardier Iltis 1.6 D 1984 – 1987
Motor		
Betriebsart	Otto (Viertakt)	Diesel (Viertakt)
Material Block / Kopf	Grauguss / Alu	Grauguss / Alu
Zylinderzahl / Einbaulage	4 (Reihe) / vorn längs vor VA	
Bohrung x Hub	79,5 x 86,4 mm	76,5 x 86,4 mm
Hubraum	1714 cm³	1588 cm³
Leistung in kW (PS)	55 (75) bei 5500/min	51 (69) bei 4500/min
Drehmoment in Nm	135 bei 2800/min	138 bei 2500/min
Verdichtung	8,2 : 1	23,0 : 1
Gemischbereitung	Fallstrom-Vergaser Solex 1 B1	Wirbelkammer-Einspritzung
Ventile pro Zylinder	2, V-förmig hängend	2, parallel hängend
Nockenwellen (Antrieb)	1 obenlieg. (Zahnriemen)	1 obenlieg. (Zahnriemen)
Kurbelwellenlager	5	5
Kühlung	Pumpe (8,0 L Wasser)	Pumpe (6,5 L Wasser)
Schmierung	Druckumlauf (4,0 L Öl)	Druckumlauf (3,5 L Öl)
Batterie	2 x 12 V (45 Ah)	
Lichtmaschine	Drehstrom 770 W	
Kraftübertragung		
Antrieb (Grundkraftverteilung)	Heckantrieb, Frontantrieb zuschaltbar (0 : 100 / 50 : 50)	
Kraftverteilung	Starr	
Sperren	Differenzialsperre (100 %) hinten, a.W. für Zivilversion: Vorderachssperre.	
Kupplung	Einscheiben-Trocken	
Schaltgetriebe Übersetzungen	5 Gang (vollsynchron.) G. 7,60, II. 3,91, III. 2,28, IV. 1,458, V. 1,09, Achsantrieb 5,286	
Reduktionsgetriebe	–	
Fahrwerk		
Vorderradaufhängung	Einzelradaufh., Querfeder oben, Dreieckquerlenker unten, Teleskopstoßdämpfer, Zusatzschraubenfedern	
Hinterradaufhängung	Einzelradaufh., Querfeder oben, Dreieckquerlenker unten, Teleskopstoßdämpfer, Zusatzschraubenfedern	
Lenkung	Zahnstange (20,0 : 1), a.W. Servo	
Betriebsbremse	Hydraulisch (Zweikreis), Trommeln (ø 280 mm, Gesamtbremsfl. 900 cm²), Servo	
Allgemeine Daten		
Fahrzeugart (Türen/Sitze)	Kübelwagen offen, Faltverdeck, Plane und Spriegel (0 / 4)	
Aufbauform	Kastenrahmen mit Längs- und Querträgern, Ganzstahlkarosserie	
Radstand	2017 mm	
Spur vorn/hinten	1230 / 1260 mm	
Länge x Breite x Höhe	3887 x 1520 x 1837 mm (m. Verdeck)	3887 x 1520 x 1837 mm (m. Verdeck)
Reifen	6.50 R 16 M Profil od. 215 R 16 M+S, opt. 7.0 R 16 XCL	
Räder	5.50 F x 16	
Überhang v / h	848 / 1017 mm	
Bodenfreiheit v / h	281 / 296 mm (245 / 245 mm bei halber Zuladung)	
Wattiefe	600 mm	
Rampenwinkel	23°	
Böschungswinkel v / h	41 / 32°	
Wendekreisdurchmesser	12,2 m	
Steigfähigkeit	75 % / 36,9°	
Leermasse (DIN)	1330 – 1350 kg	1370 kg
Zul. Gesamtgewicht	2000 – 2050 kg	2070 kg
Zul. Anhängelast gebremst / ungebremst	2000 / 750 kg	
Höchstgeschwindigkeit	130 km/h	115 km/h
Beschleun. 0-100 km/h	25 s	k.A.
Verbrauch in L/100 km	9 – 13 (Straße), 10 – 16 (offroad) Normal	k.A.
Kraftstofftank	85 L / hinten	80 L / hinten
Preis (Anf. / Ende Laufzeit)	33.600 / 39.345 DM	
Stückzahl	9.547	

VW Taro

Erstes deutsches Modell überhaupt auf dem einheimischen Eintonner-Pickup-Markt – sieht man von den in diesem Buch nicht abgehandelten Nutzfahrzeugen wie dem VW Bus / Transporter oder dem Ford Transit ab – war der VW Taro. Allerdings handelte es sich hierbei um einen hundertprozentigen Toyota HiLux, der im Rahmen einer CKD-Fertigung im VW-Nutzfahrzeugwerk Hannover entstand – zusammen mit dem japanischen Vorbild. Der Japaner war ein seit langem bekanntes und beliebtes Fahrzeug, er war 1968 vor allem im Hinblick auf den US-Export herausgebracht worden. Die Deutschen hatten nichts Vergleichbares im Programm, der Caddy konnte nur eine halbe Tonne laden. Darum wurde 1987 mit Toyota ein Kooperationsabkommen unterzeichnet: Es sah den Bau eines Pickups mit einer Tonne Nutzlast im VW-Werk Hannover-Stöcken sowohl als Taro als auch HiLux vor. Die beiden unterschieden sich lediglich durch das Markenzeichen in Kühlergrill, Lenkrad und Heckklappe. Sie gingen von hier aus auf alle europäischen Märkte. Die Auslieferung begann im Januar 1989 und endete 1997. Obwohl der robuste HiLux günstiger angeboten wurde, war der Taro erfolgreicher auf dem deutschen Markt

Wegen der europäischen Einfuhrbestimmungen war nach einem bestimmten Zeitraum ein über 50prozentiger »Local content« erforderlich, beispielsweise die Reifen und die Scheiben stammten aus heimischer Produktion. Vor Ort in Hannover gebaut wurde nur die heckgetriebene Pritschenwagen-Version mit Einfachkabine. Daneben gab es, beispielsweise in Holland, noch eine in Japan gebaute Doppelkabinen-Version mit kürzerer Ladefläche, aber mit dem gleichen Radstand von 2,85 m. In Deutschland wurde die viertürige Ausführung nie angeboten. Der VW Taro 4x2 setzte sich sofort auf Platz zwei der Pickup-Zulassungen. Die 3,1 m² große Ladefläche des knapp 29.000 Mark teuren Zweisitzers – mit feststehenden doppelwandigen Ladebordwänden und abklappbarer Heckklappe – war 2,20 m lang und 1,55 m breit. Die Bordwandhöhe betrug 0,41 m, die Ladebodenhöhe lag bei 0,65 m. Zwischen den Radkästen waren 1,03 m Platz. Dazu gab es als Werkszubehör ein Verdeckgestell mit Plane – darunter ließen sich 4,3 m² Ladegut transportieren. Die maximale Nutzlast betrug 1125 kg.

Das Fahrwerk bestand aus dem üblichen Leiterrahmen, der hinten auf einer simplen Blattfeder-Starrachse, vorn auf einer Doppelquerlenker-Einzelradaufhängung mit Drehstabfedern saß. Aus Kostengründen lief das heckgetriebene Fahrzeug auf schmalen 14-Zoll-Rädern. Als Motor des Taro stand ausschließlich der unverwüstliche, nichtaufgeladene 2,4-Liter-Vierzylinder-Diesel (Code 2L) aus dem Toyota-Kastenwagen HiAce zur Verfügung, er leistete zunächst 83 PS. Der HiLux bekam zusätzlich einen 1,8-Liter-Benziner mit 83 PS (Code 2Y).

Nur für bestimmte, nichtdeutsche Märkte (vor allem die Niederlande) begann ebenfalls 1989 die Auslieferung einer Allrad-Ausführung mit VW-Logo, sie kam allerdings komplett aus Japan. Die Außenabmessungen waren die gleichen wie bei der heckgetriebenen Version, lieferbar waren auf diesen Märkten ebenfalls Einfach- und Doppelkabine. Die Kraftübertragung erfolgte sowohl beim 4x2 als auch beim 4x4 über ein Fünfgang-Schaltgetriebe. Beim Taro 4x4 war ein Verteilergetriebe nachgeschaltet, die Vorderräder verfügten über manuelle Freilaufnaben. Im Straßenbetrieb wurde nur die Hinterachse angetrieben; fürs Gelände konnte per Hebel der Vorderradantrieb zugeschaltet werden.

Noch mehr Zugkraft bei verringertem Tempo bescherte die Geländeuntersetzung, die – wie üblich – nur in Verbindung mit zugeschaltetem Allradantrieb funktionierte. Prinzipbedingter Nachteil des Taro war jedoch die ungünstige Gewichtsverteilung (930 kg vorn, 375 kg hinten): Aufgrund des zu geringen Gewichts auf der Hinterachse lieferte das Auto im Gelände oder auf Schnee zu wenig Traktion – was die heckgetriebene Version an ihre Grenzen brachte. Die Nutzlast der kurzen 4 x 2-Version betrug über eine Tonne, das zulässige Gesamtgewicht lag unter den versicherungsgünstigen 2,8 Tonnen. Das Auto wurde jedoch als Lkw zugelassen und meist auch günstig nach Gewicht versteuert. Bei der Allradversion stieg das Gewicht übrigens um 0,5 Tonnen.

Das Interieur des Autos unterschied sich nur durch das VW-Logo auf der Nabe des Zweispeichenlenkrads von Toyota. Dies betraf auch die mit Kunststoff bezogene Instrumententafel, den langen Mittelschalthebel (bzw. den Allrad-Zuschalthebel), die Heizungs- und Lüftungsanlage. Die Qualität bzw. Anmutung war schlechter, als man dies bislang von VW gewohnt war. An eine luxuriösere Version – etwa für Liebhaber von Light Trucks im US-Stil – dachte man zunächst nicht, die Ausstattung des Taro beschränkte sich stets aufs Notwendige. Er sollte ein Nutzfahrzeug ohne Lifestyle-Ambitionen bleiben. Immerhin gab's für die CL-Ausführung eine Fahrerhaus-Vollverkleidung und einen Beifahrer-Dachgriff. Und es standen zehn verschiedene Außenlackierungen und drei verschiedene Polsterstoffe zur Auswahl.

Ab November 1994 gab es den Taro in Deutschland erstmals als allradgetriebene Variante. Der Radstand war um 25 cm länger; der Laderaum maß hier 1,90 x 1,54 x 0,41 m (das ergibt 2,9 m² Fläche). Die nur in Verbindung mit dem 4x4-Antrieb angebotene Extra-Kabine war zwar zweitürig, hatte aber über zwei hintere, klappbare Notsitze. Auf den ersten Blick auffäl-

VW Taro 4x4 mit größerer Extra-Kabine (1996)

VW Taro 4x4 (1996)

lig war die höhere Bodenfreiheit der 4x4-Version, die Hinterachse hing nun an sechslagigen Blattfedern (4x2: fünflagig). Ähnlich wie später etwa beim Ford Ranger bot VW sogar eine kaum gefragte, mit Chrom und Kuhfänger aufgemotzte Version an.

Im März 1991 hatte der Taro bereits einige Modifikationen erfahren, Bestandteil einer weiteren Modellpflege von 1992 war beispielsweise die nunmehr serienmäßige Servolenkung. Allerdings sank die Leistung des Diesels nun auf 79 PS. Ende 1996 lief die Fertigung bzw. der Import von Taro / HiLux in Deutschland aus, ein großer Markterfolg wurde das Auto jedoch nie. In Japan lief derweil die Produktion des überarbeiteten HiLux weiter.

Produktionszahlen VW Taro 4x2 / Toyota HiLux 4x2

Jahr	1989	19901	1991	1992	1993	1994	1995	1996
Stückzahl	8.484	8.288	12.017	11.598	8.904	7.249	7.831	7.440

Quelle: Lewandowski: Der Konzern

Technische Daten VW Targo

	VW Taro 4x2 1988 – 1996	VW Taro 4x4 1994 – 1996
Motor	2L	
Betriebsart	Diesel	
Material Block / Kopf	Grauguss / Grauguss	
Zylinderzahl / Einbaulage	4 (Reihe) / vorn längs	
Bohrung x Hub	92,0 x 92,0 mm	
Hubraum	2446 cm³	
Leistung in kW (PS)	61 (83) bei 4200/min; 1994: 58 (79) bei 4000/min	58 (79) bei 4000/min
Drehmoment in Nm	165 bei 2400/min; 1994: 163 Nm bei 2500 – 2800/min	163 bei 2500 – 2800/min
Verdichtung	22,2 : 1	
Gemischbereitung	Wirbelkammereinspritzung, mech. Verteilereinspritzpumpe	
Aufladung	–	
Ladeluftkühlung	–	
Ventile pro Zylinder	2 (Tassenstößel), parallel hängend	
Nockenwellen (Antrieb)	1 obenlieg. (Zahnriemen)	
Kurbelwellenlager	5	
Kühlung	Pumpe (9,2 L Wasser), Viskolüfter	
Schmierung	Druckumlauf (5,8 L Öl)	
Abgasreinigung	–	
Batterie	12 V (65 Ah)	
Lichtmaschine	Drehstrom 55 Ah 770 W	
Kraftübertragung		
Antrieb (Grundkraftverteilung)	Heckantrieb	Heckantrieb, Frontantrieb zuschaltbar (0:100 / 50:50)
Kraftverteilung	Starr	
Sperren	a.W. Selbstsperrendes Hinterachsdifferenzial (30 %)	Selbstsperrendes Hinterachs-Differenzial (30 %)
Kupplung	Einscheiben-Trocken	
Schaltgetriebe Übersetzungen	5 Gang (vollsynchron) I. 3,928, II. 2,142, III. 1,397, IV. 1,00, V. 0,851, R. 4,743, Antrieb 4,10, Antrieb 4,556	I. 3,95, II. 2,142, III. 1,38, IV. 1,00, V. 0,851, R. 4,09, Antrieb 4,10
Automatik	–	
Reduktionsgetriebe	–	Straße 1,00; Gelände 2,276
Fahrwerk		
Vorderradaufhängung	Einzelradaufhängung an Doppel-Querlenkern, Drehstabfedern, Teleskop-Stoßdämpfer, Stabilisator	
Hinterradaufhängung	Starrachse an Längsblattfedern, Gummipuffer, Teleskop-Stoßdämpfer	
Lenkung	Kugelumlauf (a.W. Servo, ab 1991 Serie)	
Betriebsbremse	Zweikreis, vorn Scheiben (belüftet), hinten Trommeln	
Allgemeine Daten		
Fahrzeugart (Türen/Sitze)	Pickup (Einfachkabine), 2 / 2	Pickup (Extra-Kabine), 2 / 4
Aufbauform	Leiterrahmen; aufgeschraubte zweiteilige Ganzstahl-Karosserie	
Radstand	2850 mm	3095 mm
Überhang v / h	740 / 1135 mm	740 / 1070 mm
Spur vorn / hinten	1355 / 1370 mm	1430 / 1425 mm
Länge x Breite x Höhe	4725 x 1650 x 1555 mm	4905 x 1690 x 1740 mm
Ladefläche (Länge x Breite)	2195 x 1545 mm	1905 x 1545 mm
Reifen	185 od. 195 R 14	205 R 16
Räder	5.5 J x 14 (Stahl)	5.5 od. 6.0 J x 16 (Stahl)
Bodenfreiheit	190 mm	205 mm
Wattiefe	k. A.	500 mm
Rampenwinkel	k. A.	32 °
Böschungswinkel v / h	k. A.	42 / 36 °
Wendekreisdurchmesser	12,6 m	14,0 m
Leermasse (DIN)	1300 kg	1625 kg
Zul. Gesamtgewicht	2395 kg	2515 kg
Zul. Anhängelast gebremst / ungebremst	1500 / 600 kg; 1994: 1800 / 750 kg	2100 / 750 kg
Höchstgeschwindigkeit	145 km/h	135 km/h
Beschleun.0-100 km/h	24,0 s	27,0 s
Verbrauch in L/100 km	9,6 – 9,8	10,2
Kraftstofftank	56 L / Mitte	65 L / Mitte
Preis (Anf. / Ende Laufzeit)	23.314 DM (12.416 € / 28.407 € (14.506 €)	36.142 DM (18.456 €) / 38.298 DM (19.557 €)

VW Touareg

Seit den behördlich genutzten Allradmobilen hatte es bei VW über lange Zeit nie ernsthafte Ansätze gegeben, einen zivilen Geländewagen auf den Markt zu bringen. Dies überließ der Wolfsburger Volumenhersteller den anderen. Nur einmal, Anfang der 90er-Jahre, hatte man mit dem höhergelegten, allradgetriebenen Golf Country versucht, einen neuen Trend zu setzen – aber das misslang. Erst für Ende 2006 hat man ein ähnliches Konzept wieder ins Auge gefasst: Der unter dem Codenamen »Marrakesh« laufende kleine Allradler auf Golf-Basis kommt spät, wird aber den in diesem Segment erfolgreichen Japanern und Koreanern das Leben schwer machen.

Statt eines kompakten Sport- und Freizeitmobils konzentrierte man sich bei VW zunächst auf ein größeres und gewinnträchtigeres Modell. Spätestens, nachdem die Niedersachsen mit dem New Beetle in den USA einen unverhofft großen Imageerfolg für Volkswagen erzielten, war klar, dass Amerika als Absatzmarkt weit offen stand. VW-Chef und Allrad-Verfechter Ferdinand Piëch, der als Gegner keinen Geringeren als Mercedes erkoren hatte, ließ mit Hochdruck an einem Geländewagen-Projekt (Codename Colorado) arbeiten, um der M-Klasse auf dem heiß umkämpften Markt der SUVs Paroli zu bieten. Zunächst wurde überlegt, das neue Fahrzeug auch in den USA oder in Mexiko zu produzieren, dann aber entschied man sich für die kostengünstigere Slowakei: In Bratislava besaß VW ohnehin ein Werk, das sich auf Allradversionen von Golf & Co. spezialisiert hatte.

Fein ausstaffiert VW AAC (Detroit 2001)

VW AAC (2001)

Als Versuchsträger war auf der Detroit Auto Show im Januar 2000 ein luxuriöser Pickup zu sehen, der den schönen Namen AAC (Advanced Activity Concept) erhielt – eine Parallele zum M-Klasse-Showmobil AAV von Mercedes, das vier Jahre zuvor an gleicher Stelle gezeigt worden war. Das in den USA nur als mittelgroß geltende Fahrzeug war mit edelstem Holzparkett wie in einem teuren Boot ausgelegt, Leder- und Aluminium-Applikationen versprachen nobelstes Ambiente. Was die Deutschen begeisterte, wurde von den Amerikanern nur mit müdem Beifall bedacht – VW hatte die Latte einfach bereits zu hoch gelegt und zu große Erwartungen geweckt. Nun konnte – und sollte – nur noch das Serienfahrzeug für bessere Stimmung sorgen.

Ungeachtet aller Skepsis überzeugte der Neue sofort. Angeboten wurde er übrigens ausschließlich als viertüriger Gelände-Kombi mit großer, einteiliger Heckklappe – genau wie die M-Klasse von Mercedes und der X5 von BMW. Von einem Pickup war nicht mehr die Rede. Die Karosserie des Neuen war wie aus einem Guss und aus jedem Blickwinkel sofort als VW erkennbar: Die weich gezeichnete Front und die Rundungen des Aufbaus lassen den Wagen kompakter wirken als er ist, das klar modellierte Heck – mit Ähnlichkeiten zum Golf 4 – bietet einen hohen Wiedererkennungswert. Von Anfang an gab es optional Bi-Xenonscheinwerfer (1020 €, im V10 TDI serienmäßig). Fünf Personen haben ausreichend Platz (an einen Siebensitzer wurde nur während der Projektphase gedacht). Das Gepäckraumvolumen liegt bei akzeptablen 500 Liter, es verringert sich bei den höher motorisierten Varianten wegen der dort verstauten Zweitbatterie. Die Laderaumöffnung beträgt 1140 x 830 mm, hier lässt sich jede Menge an Freizeitutensilien unterbringen. Die Dachreling (220 €) gehört erstaunlicherweise nicht zur Serienausstattung des Touareg.

Das bis zu 3,0 Tonnen Gesamtgewicht schwere Fahrzeug wurde erstmals auf dem Pariser Salon im September 2002 gezeigt, die Markteinführung in Deutschland erfolgte am 9. November. Das Auto irritierte auf den Exportmärkten allenfalls durch seinen Namen – war es vielleicht doch nicht sehr klug, in einer Zeit des aufkommenden islamischen Terrorismus ein solches Fahrzeug nach einem nordafrikani-

VW Touareg V6 (2002)

VW Touareg Cockpit

schen Berberstamm zu benennen? Aber die technischen Features des VW Touareg fegten alle Einwände hinweg. Ursprünglich waren 80.000 Einheiten jährlich prognostiziert worden, allein im ersten vollen Jahr (2003) wurden weltweit 44.000 und in Deutschland fast 3.000 Stück des großen VW abgesetzt. Bis Ende 2004 waren insgesamt fast 140.000 Exemplare verkauft. Angesichts solch positiver Zahlen korrigierte man das jährliche Fertigungsziel nach oben auf 100.000. Dazu kam, dass parallel der Porsche Cayenne produziert wurde – dies sichert den Slowaken eine dauerhafte Konjunktur. Die Endmontage des Cayenne erfolgt allerdings in Deutschland. Porsche hatte im Zuge der Kooperation die Entwicklungsführerschaft für Touareg und Cayenne, wobei eifersüchtig darauf geachtet wurde, möglichst viel zwischen den beiden Modellen zu differenzieren.
Zunächst kam der Touareg nur mit zwei sehr unterschiedlichen Motoren – dem bärenstarken, 300 kg schweren V10 TDI und mit dem hier etwas kurzatmigeren VR6 (mit kontinuierlicher Ein- und Auslass-Nockenwellenverstellung), der bereits in Golf, New Beetle, Sharan, VW Bus und im Luxuswagen Phaeton Dienst tat. Der gewaltig grollende 5,0-Liter-Zehnzylinder (mit deutlicher Anfahrschwäche) machte den schweren Allradler noch schwerer, dennoch avancierte er sofort zum Wunschmobil, so dass die Motorenfertigungslinie in Salzgitter Mühe hatte, die Lieferfristen klein zu halten. Der 3,2-Liter-Sechszylinder lieferte anfangs 220 PS und tat sich schwer, den Touareg adäquat auf Geschwindigkeit zu bringen. Im Sommer 2003 gesellte sich als dritte Motorisierung der 4,2 Liter große V8-Benziner von Audi hinzu, der in den USA zur Standardmotorisierung wurde – wenngleich es auch dort mit dem V10 TDI den größten Pkw-Diesel überhaupt zu kaufen gab. Ursprünglich war geplant gewesen, den unglücklichen W8-Motor aus VW-Fertigung einzusetzen, der sich aber nicht einmal im Passat durchsetzen konnte.
Im Herbst 2003 reichte VW den 2,5-Liter-TDI nach, der bereits im neuen VW Bus für Furore gesorgt hatte: Dieses 174-PS-Triebwerk war zunächst der meistgeorderte Motor in Deutschland – ähnlich wie es der 2,7-Liter-Fünfzylinder in der Mercedes M-Klas-

VW Touareg R5 TDI – das Einstiegsmodell

se war. Erkennbar sind V8 und V10 TDI an den zusätzlichen Kühllufteinlässen unter dem vorderen Stoßfänger, Kühlergrill und Seitenfensterrahmen verchromt und der Trittstufe auf dem hinteren Stoßfänger. Nur für den 2.5 R5 TDI und den 3.2 V6 serienmäßig waren Sechsgang-Schaltgetriebe (Aufpreis Automatik: 2.050 €) zu haben, alle anderen Motorisierungen gab's ausschließlich mit der von Aisin zugelieferte Sechsstufen-Automatik.

Beteiligt an der Entwicklung des sehr komplexen Allradsystems waren die Spezialisten von Steyr in Graz. Anders als bei Mercedes und BMW hat der Touareg hochwertige Technik an Bord, die ansonsten nur »echte« Gelände-Arbeitstiere haben: Er verfügt sowohl über ein Reduktionsgetriebe als auch über zwei manuelle Differenzialsperren (Zentraldifferenzial serienmäßig sperrbar, Hinterachs-Sperre gegen Aufpreis). Der Antrieb des Fahrzeugs erfolgt über ein zweistufiges Planetenrad-Verteilergetriebe mit Lamellenkupplung (von Venture Gear) permanent über alle vier Räder. Die Kraftverteilung liegt bei 50 : 50, variiert aber bis 100 : 0 bzw. 0 : 100. Dies geschieht vollelektronisch über die ESP-Sensorik und die Lamellenkupplung der Zentral-Differenzialsperre. Tritt dennoch Schlupf an einem Rad auf, wird es über die sogenannte elektronische Differenzialsperre (EDS) selektiv abgebremst: Hier handelt es sich um die allgemein übliche elektronische Schlupfregelung mit Bremseneingriff. Dies ist vor allem im normalen Straßenfahrbetrieb von Vorteil. Durch einen Drehschalter können die Sperren aber auch manuell aktiviert werden – das ist nützlich im Offroad-Einsatz

Um ein Pkw-nahes Straßenfahrverhalten zu erreichen, hat VW dem Touareg serienmäßig vorn und hinten Doppelquerlenker-Einzelradaufhängungen mit schwingungsdämpfenden Hilfsrahmen spendiert – eine hintere Starrachse wie bei knorrigen Allradlern alter Schule gibt es hier nicht. Die Fahrdynamikregelung ESP ist ohnehin Serie, einschließlich elektronischer Bremskraftverteilung und Bremsassistent. Für den Geländeeinsatz lässt sie sich abschalten, um das unter Umständen unerwünschte Abdrosseln des Motors bei durchdrehenden Rädern zu unterbinden. Das seit Mitte 2004 lieferbare »ESP plus« beinhaltet überdies die Anhängerstabilisierungsregelung (Anhängelast: 3,5 Tonnen, wie in dieser Klasse üblich). Eine Bergabfahr- und auch eine Berganfahrhilfe (Hillholder) sind gleichfalls serienmäßig: So kann ohne Angstschlottern zu Tal gekrochen oder am Berg angefahren werden. Ohne Hänger ist das Passieren von 45-Grad-Steigungen möglich (sofern Geländereifen aufgezogen sind), rechnerisch liegt die Steigfähigkeit dank der extrem kurzen Geländeuntersetzung weit höher. Zum Ausstattungsumfang gehören 17er- bzw. bei V10 TDI 18er-Räder; optional ist die Aufrüstung bis 20 Zoll möglich. Aufpreis für alle Modelle kostet die geschwindigkeitsabhängige Servolenkung (Servotronic).

Der Touareg ähnelt von hinten dem Golf

Als Extra gibt's für den Touareg bis hin zum Achtzylinder das Luftfederfahrwerk (anfangs 2.750 €) mit

VW Touareg mit serienmäßiger Anhängerstabilisierungsregelung

VW Touareg W12 in limitierter Serie

automatischer Niveauregulierung und elektronischer Dämpferregelung. Nur für den 5.0 V10 TDI gehört die Luftfederung zum Serienumfang. Ihre Vorzüge: Bei schneller Fahrt senkt sich die Karosserie selbsttätig ab – das verbessert die Fahrstabilität. Bei Offroad-Fahrten kann die Bodenfreiheit auf 300 mm angehoben werden, und die Dämpferhärte kann je nach Geschmack und Komfortbedürfnis angepasst werden. Die Höheneinstellung erfolgt über einen Drehschalter im Cockpit, die Härteregulierung über ein Rändelrädchen. Das zunächst geplante, optionale Offroad-Paket – mit Unterbodenverkleidung, teilbaren Stabilisatoren, vordere Differenzialsperre und außen angebrachtem Ersatzrad – wurde letztlich wieder abgesetzt. Grund waren technische Pannen mit der Vorderachs-Vollsperre. Erst im Herbst 2004 kamen zumindest die entkoppelbaren Stabilisatoren als Einzelextra für 1.910 €; das vollwertige, außen angebrachte Reserverad hatte es schon ab Frühjahr 2004 gegeben.

Das Interieur des Fahrzeugs überzeugte sofort. Die verwendeten Materialien sind hochwertiger als bei den Wettbewerbern, die Verarbeitung ist Klassenspitze. Man hat eher das Gefühl, in einem Luxus-Pkw zu sitzen als in einem Offroader. Airbags ringsum sind Serie (2 x Front, 4 x Seite), gleiches gilt für Bordcomputer, Klimaanlage (im V10 TDI Zweizonen-Klimaautomatik Serie), CD-Radio und Fensterheber rundum. Dazu kommen Dutzende von Extras wie den schlüssellosen Zugang (Keyless-Access), die Einparkhilfe oder das Abstandsradar. Wer das volle Ausstattungsprogramm einschließlich Leichtmetallrädern, Multifunktionslenkrad, Tiptronic-Schaltwippen, TV-Empfang und Lederausstattung ordert, ist beim Spitzenmodell mit fast 100.000 Euro dabei. Manche Kenner halten den Touareg vor allem im Innenraum (mit vielen Übernahmen aus dem VW Phaeton) für nobler als den Cayenne, dessen Innenausstattung recht sachlich geraten ist. Ferdinand Piëch, damals VW-Vorstandsvorsitzender und gleichzeitig Porsche-Aufsichtsrat, ließ sich darum einen Cayenne mit Touareg-Interieur handfertigen.

Das kurzfristige Ziel, die Mercedes M-Klasse als Spitzenreiter bei den Allradlern abzulösen, hatte VW Mitte 2004 mit der Lieferfähigkeit der gefragten Basisversion R5 TDI erreicht. Der jährliche Touareg-Absatz in Europa betrug nun 45.000 Einheiten (davon 18.000 in Deutschland), nach den USA gingen mittlerweile 30.000 Stück. Aber nicht alle Kunden waren zufrieden: Die extrem komplexe elektronische Steuerung von Motor, Getriebe, Fahrwerk und Komfortfunktionen nervten in der Praxis immer wieder durch Ausfälle. Und ausgerechnet der zehnzylindrige »Renommiermotor« wies Schönheitsfehler wie einen übermäßigen Ölverbrauch auf.

Ende 2004 erfuhr der Touareg eine Reihe kleinerer Modifikationen. So erstarkte der VR6 Benziner auf 241 PS – und zog damit fast mit dem Schwestermodell von Porsche gleich. Als zusätzliche Variante kam der V6 TDI mit dem neuen, von Audi entwickelten Diesel. Zunächst gibt's das neuen Dieselmodell nur

VW Race-Touareg Paris-Dakar (2004)

mit Automatik; das Handschaltgetriebe wird nachgereicht. Das Auto erfüllt dank des serienmäßigen Rußpartikelfilters die Euro-4-Abgasnorm. VW-intern wird damit gerechnet, dass über die Hälfte aller Touareg künftig den 2,5- und den 3,0-Liter-TDI unter der Haube haben werden. Der V10 TDI bekommt zum Jahresanfang 2005 ebenfalls einen Partikelfilter, um dann die anspruchsvolleren Abgasgrenzwerte zu erfüllen. Optional bietet Volkswagen Individual für rund 10.000 Euro ein »Expeditions«-Paket für die beiden kleinen Diesel und den VR6-Benziner: Das auf maximal 18 Zoll großen All-Terrain-Reifen laufende Fahrzeug ist um 3 cm höher gesetzt, vollausgestattet und edel beledert,. Extrabatterie und Seilwinde sprechen für die Ernsthaftigkeit dieses Pakets. Auch einige Tuner widmeten sich mittlerweile dem Touareg mit entsprechend leistungsgesteigerten Angeboten – so hat der 94.900 Euro teure Abt VS10 einen auf 373 PS erstarkten V10 TDI, eine elektronisch regelbare Fahrwerksabsenkung.

Und schließlich legte Volkswagen Anfang 2005 noch eine 500 Einheiten (der Großteil für den Nahen Osten) umfassende Sonderserie mit W12-Motor auf – eine etwas dezentere Serienversion wird folgen. Erkennbar ist der 450-PS-Zwölfender jetzt an speziellen Front- und Heckstoßfängern (inklusive Vierrohr-Auspuff), Karosserieverbreiterungen, abgedunkelten Scheiben, Sport-Fahrwerk mit 275/40 R 20-Pneus auf 9.0 J x 20-Rädern, Individual-Sportsitzen und Einzelrücksitzen. Die üppige Serienausstattung umfasst Goodies wie Bi-Xenonlicht mit Kurvenausleuchtung, Schaltwippen am Lenkrad, akustische Einparkhilfe, Dachreling usw. Produziert wird der W12 gleichermaßen in Bratislava, er läuft aber als Sondermodell der VW Individual GmbH. Folgen wird eventuell noch eine W12-Serienversion. Die noch von Ferdinand Piëch gehegte Idee, den Sport-Luxus-SUV anno 2003 neben dem Phaeton im VW-Schauwerk Dresden zu bauen, war bislang nicht umzusetzen.

VW Concept T (2004)

Um die Potenz des Geländewagens unter Extrembedingungen zu zeigen, schickte Volkswagen einen speziell aufgebauten Race-Touareg (1750 kg leer, 2,3-Liter-Diesel mit 230 PS) im Januar 2004 zur Paris-Dakar-Rallye. Zuvor war Werksfahrerin Jutta Kleinschmidt bereits mit einem VW-Rennbuggy namens Tarek dort dabei gewesen. Nach einem eher enttäuschenden Abschneiden kam Kleinschmidt 2005 auf den dritten Platz – nunmehr mit einem auf 260 PS leistungsgesteigertem 2,5-Liter-TDI. Blick in die nähere Zukunft: 2006/07 wird dem Serien-Touareg eine Variante mit längerem Radstand zur Seite gestellt – sie basiert auf dem Audi Q7. Ebenfalls in Arbeit sind geländegängige Fahrzeuge auf Basis des Golf, einen Vorgeschmack gab der Concept T (Detroit 2004).

Jahresproduktion

	2002	2003	2004
VW Touareg	ca. 3.000	ca. 44.000	ca. 90.000

Quelle: VW

Der neue Touareg V6 TDI avancierte im Nu zum gefragtesten Modell der Baureihe

Technische Daten Volkswagen Touareg (Fünf- bis Achtzylinder)	Touareg R5 TDI seit 9/2003	Touareg V6 TDI Seit 9/2004	Touareg V6 seit 9/2002	Touareg V8 seit 9/2003
Motor	EA 153	Audi	EA 390	Audi
Betriebsart	Diesel	Diesel	Otto (Viertakt)	Otto (Viertakt)
Material Block / Kopf	Alu / Alu	GGV / Alu	Grauguss / Alu	Grauguss / Alu
Zylinderzahl / Einbaulage	5 (Reihe) / vorn längs	6 (V 90°) / vorn längs	6 (V 15°) / vorn längs	8 (V 90°) / vorn längs
Bohrung x Hub	81 x 95,5 mm	83 x 91,4 mm	84 x 95,9 mm	84,5 x 93 mm
Hubraum	2461 cm³	2967 cm³	3189 cm³	4172 cm³
Leistung in kW (PS)	128 (174) bei 3500/min	165 (225) bei 4000/min	162 (220) bei 6400/min; 9/04: 177 (241) bei 6250/min	228 (310) bei 6200/min
Drehmoment in Nm	400 bei 2000/min	500 bei 1750 – 2750/min	305 bei 3200/min; 9/04: 320 bei 2800/min	410 bei 3000/min
Verdichtung	18,5 : 1	17,0 : 1	11,3 : 1	11,0 : 1
Gemischbereitung, Elektronik	Pumpedüse-Direkteinspritzung, Bosch EDC	Common-Rail-Direkteinspritzung CRIP II+ (1600 bar), Bosch EDC 16	Saugrohreinspritzung (Multipoint), Bosch Motronic	Saugrohreinspritzung (Multipoint), Bosch Motronic
Aufladung (Ladedruck)	1 Turbolader (1,0 bar)	1 Turbolader Garrett	–	–
Ladeluftkühlung	1 LLK (wassergekühlt)	2 LLK (wassergekühlt)	–	–
Ventile pro Zylinder	2 parallel hängend, über Tassenstößel	4 parallel hängend, über Rollenschlepphebel	4, V-förmig hängend	5, V-förmig hängend
Nockenwellen (Antrieb)	1 obenlieg. (Zahnräder)	2 x 2 obenlieg. (Zahnräder / Kette)	2 x 2 obenlieg. (Kette), Ein- und Auslass variabel	2 x 2 obenlieg. (Kette)
Kurbelwellenlager	6	7	7	5
Kühlung	Pumpe (13,2 L Wasser)	Pumpe (16,0 L Wasser)	Pumpe (17,0 L Wasser)	Pumpe (10,0 L Wasser)
Schmierung	Druckumlauf (7,4 L Öl)	Druckumlauf (8,2 L Öl)	Druckumlauf (6,3 L Öl)	Druckumlauf (9,0 L Öl)
Abgasreinigung	1 Oxi-Kat, Abgasrückführung, ab 2005 Partikelfilter	1 Oxi-Kat, Abgasrückführung (gekühlt), Partikelfilter	1 Dreiwege-Kat, 2 Lambda-Sonden	2 Dreiwege-Kats, 4 Lambda-Sonden
Batterie	12 V 450 A (95 Ah)	12 V 450 A (95 Ah)	12 V 340 A (70 Ah)	12 V (95 Ah)
Lichtmaschine	Drehstrom 150 A	Drehstrom 190 A	Drehstrom 190 A	Drehstrom 190 A
Kraftübertragung				
Antrieb (Grundkraftverteilung)	Allradantrieb permanent (50 :50 %)			
Kraftverteilung	Planetenrad-Zentraldifferenzial mit elektron. geregelter Lamellenbremse			
Sperren	Elektron. Schlupfregelung mit Bremseneingriff, Hinterachsdifferenzial mit a.W. elektron. geregelter Lamellenbremse, a.W. manuell sperrbar			
Kupplung	Einscheiben-Trocken, Zweimassenschwungrad; Automatik: Wandler mit Überbrückung	Einscheiben-Trocken, Zweimassenschwungrad; Automatik: Wandler mit Überbrückung	Einscheiben-Trocken, Zweimassenschwungrad; Automatik: Wandler mit Überbrückung	Wandler mit Überbrückung
Schaltgetriebe Übersetzungen	6 Gang I. 5,77, II. 3,02, III. 1,85, IV. 1,31, V. 1,0, VI. 0,8, R. 5,27, Achsantrieb 3,27	6 Gang I. 5,39, II. 3,02, III. 1,86, IV. 1,31, V. 1,0, VI. 0,8, R. 4,89, Achsantrieb 3,27	6 Gang I. 4,68, II. 2,53, III. 1,58, IV. 1,22, V. 1,0, VI. 0,84, R. 4,27, Achsantrieb 3,90	---
Automatik Übersetzungen	6 Stufen (Aisin) I. 4,15, II. 2,37, III. 1,56, IV. 1,16, V. 0,86, VI. 0,69, R. 3,39, Achsantrieb 4,10	6 Stufen (Aisin) I. 4,15, II. 2,37, III. 1,56, IV. 1,16, V. 0,86, VI. 0,69, R. 3,39, Achsantrieb 3,90	6 Stufen (Aisin) I. 4,15, II. 2,37, III. 1,56, IV. 1,16, V. 0,86, VI. 0,69, R. 3,39, Achsantrieb 4,56	6 Stufen (Aisin) I. 4,15, II. 2,37, III. 1,56, IV. 1,16, V. 0,86, VI. 0,69, R. 3,39, Achsantrieb 4,56
Reduktionsgetriebe (Zwischenübersetzung)	Straße 1,0; Gelände 2,66			
Fahrwerk				
Vorderradaufhängung	Einzelradaufh., Doppelquerlenker, Schraubenfedern, optional: Luftfederung (CDC) und elektr. verstellb. Dämpfer; Stabi (optional entkoppelbar)	Einzelradaufh., Doppelquerlenker, Schraubenfedern, optional: Luftfederung (CDC) und elektr. verstellb. Dämpfer; Stabi (optional entkoppelbar)	Einzelradaufh., Doppelquerlenker, Schraubenfedern, optional: Luftfederung (CDC) und elektr. verstellb. Dämpfer; Stabi (optional entkoppelbar)	Einzelradaufh., Doppelquerlenker, Schraubenfedern, optional: Luftfederung (CDC) und elektr. verstellb. Dämpfer; Stabi (optional entkoppelbar)
Hinterradaufhängung	Einzelradaufh., Doppelquerlenker, Schraubenfedern, optional: Luftfederung (CDC) und elektr. verstellb. Dämpfer; Stabi (optional entkoppelbar)	Einzelradaufh., Doppelquerlenker, Schraubenfedern, optional: Luftfederung (CDC) und elektr. verstellb. Dämpfer; Stabi (optional entkoppelbar)	Einzelradaufh., Doppelquerlenker, Schraubenfedern, optional: Luftfederung (CDC) und elektr. verstellb. Dämpfer; Stabi (optional entkoppelbar)	Einzelradaufh., Doppelquerlenker, Schraubenfedern, optional: Luftfederung (CDC) und elektr. verstellb. Dämpfer; Stabi (optional entkoppelbar)
Lenkung	Zahnstange (14,7 : 1)	Zahnstange (14,7 : 1)	Zahnstange (14,7 : 1)	Zahnstange (14,7 : 1)

Technische Daten Volkswagen Touareg (Fünf- bis Achtzylinder)

	Touareg R5 TDI seit 9/2003	Touareg V6 TDI Seit 9/2004	Touareg V6 seit 9/2002	Touareg V8 seit 9/2003
Fahrwerk				
Betriebsbremse	Scheiben (belüft.) vorn (ø 308 mm) /hinten (ø 314 mm), ABS, EBV, Bremsassistent, Berg-Anfahr-/Abfahrassistent	Scheiben (belüft.) vorn (ø 330 mm) /hinten (ø 330 mm), ABS, EBV, Bremsassistent, Berg-Anfahr-/Abfahrassistent	Scheiben (belüft.) vorn (ø 330 mm) /hinten (ø 330 mm), ABS, EBV, Bremsassistent, Berg-Anfahr-/Abfahrassistent	Scheiben (belüft.) vorn (ø 330 mm) /hinten (ø 330 mm), ABS, EBV, Bremsassistent, Berg-Anfahr-/Abfahrassistent
Fahrdynamikregelung	ESP Plus	ESP Plus	ESP (ab 2004: ESP Plus)	ESP Plus
Allgemeine Daten				
Fahrzeugart (Türen/Sitze)	Kombi (5 / 5)			
Aufbauform	Selbsttragend			
Radstand	2855 mm	2855 mm	2855 mm	2855 mm
Spur vorn/hinten	1655 / 1670 mm	1655 / 1670 mm	1655 / 1670 mm	1655 / 1670 mm
Länge x Breite x Höhe	4754 x 1928 x 1726 mm	4754 x 1928 x 1726 mm	4754 x 1928 x 1726 mm	4754 x 1928 x 1726 mm
Gepäckraum	555 / 1570 L	500 / 1525 L	555 / 1570 L	555 / 1570 L
Reifen	235/65 VR 17	235/65 VR 17	235/65 VR 17	255/60 VR 17
Räder	7.5 J x 17	7.5 J x 17	7.5 J x 17	7.5 J x 17
Überhang v / h	926 / 973 mm	926 / 973 mm	926 / 973 mm	926 / 973 mm
Bodenfreiheit	237 (Luftfed.: 130 – 300) mm	237 (Luftfed.: 130 – 300) mm	237 (Luftfed.: 130 – 300) mm	237 (Luftfed.: 130 – 300) mm
Wattiefe	500 (Luftfederung: 580) mm	500 (Luftfederung: 580) mm	500 (Luftfederung: 580) mm	500 (Luftfederung: 580) mm
Rampenwinkel	22° (Luftfederung: 27,2 °)	22° (Luftfederung: 27,2 °)	22° (Luftfederung: 27,2 °)	22° (Luftfederung: 27,2°)
Böschungswinkel v / h	28 / 28° (Luftfed.: 33 / 34°)	28 / 28° (Luftfed.: 33 / 34°)	28 / 28° (Luftfed.: 33 / 34°)	28 / 28° (Luftfed.: 33 / 34°)
Wendekreisdurchmesser	11,6 m	11,6 m	11,6 m	11,6 m
Steigfähigkeit	Schaltgetr.: 217 % / 65, 3°, Automatik: 180,9 % / 61,1°	Schaltgetr.: 226,7 % / 66,2°, Automatik: 208 % / 64,3°	Schaltgetr.: 150,3 % / 56,4°, Automatik: 155,8 % / 57,3°	199,4 % / 63,4°
Achsverschränkung	200 (Luftfederung: 210) mm	200 (Luftfederung: 210) mm	200 (Luftfederung: 210) mm	200 (Luftfederung: 210) mm
Leermasse (DIN)	2120 (2135) kg	2237 (2257) kg	2100 (2115) kg	2175 kg
Zul. Gesamtgewicht	2850 kg	2945 kg	2945 kg	2945 kg
Zul. Anhängelast gebremst / ungebremst	3500 / 750 kg	3500 / 750 kg	3500 / 750 kg	3500 / 750 kg
Luftwiderstand (c_W x A)	0,41 x 2,78 m²	0,41 x 2,78 m²	0,41 x 2,78 m²	0,41 x 2,78 m²
Höchstgeschwindigkeit	184 (179) km/h Luftfed.: 189 (184) km/h	203 (201) km/h Luftfed.: 207 (205) km/h	201 (197) km/h, Luftfed.: 206 (203) km/h	218 km/h, Luftfed: 218 km/h
Beschleun. 0-100 km/h	12,4 (12,9) s	9,6 (9,9) s	9,9 (9,9) s	8,1 s
Verbrauch in L/100 km	9,8 (9,9)	10,6 (10,9)	13,5 (13,8)	14,8
Kraftstofftank	100 L / hinten	100 L / hinten	100 L / hinten	100 L / hinten
Preis (Anf. / Ende Laufzeit)	38.400 €	46.050 €	41.350 €	58.950 €

Technische Daten Volkswagen Touareg (große Motoren)

	Touareg V10 TDI seit 9/2002	Touareg W12 seit 1/2005
Motor	EA 153	EA 395
Betriebsart	Diesel	Otto (Viertakt)
Material Block / Kopf	Alu / Alu	Grauguss / Alu
Zylinderzahl / Einbaulage	10 (V 90°) / vorn längs	12 (2 x V 15°) / vorn längs
Bohrung x Hub	81 x 95,5 mm	84,0 x 90,3 mm
Hubraum	4921 cm³	5998 cm³
Leistung in kW (PS)	230 (313) bei 3750/min	331 (450) bei 6000/min
Drehmoment in Nm	750 bei 2000/min	600 bei 3250/min
Verdichtung	18,5 : 1	10,7 : 1
Gemischbereitung, Elektronik	Pumpedüse-Direkteinspritzung (2050 bar), 2 x Bosch EDC16	Saugrohreinspritzung, Bosch Motronic ME
Aufladung (Ladedruck)	2 Turbolader (1,3 bar)	–
Ladeluftkühlung	1 LLK (wassergekühlt)	–

Technische Daten Volkswagen Touareg (große Motoren)

	Touareg V10 TDI seit 9/2002	Touareg W12 seit 1/2005
Motor	EA 153	EA 395
Ventile pro Zylinder	2 parallel hängend, über Tassenstößel	4 V-förmig hängend, über Rollenschlepphebel
Nockenwellen (Antrieb)	2 x 1 obenlieg. (Zahnräder)	2 x 2 obenlieg (Kette), Einlass vollvariabel, Auslass zweistufig
Kurbelwellenlager	6	7
Kühlung	Pumpe (17,0 L Wasser)	Pumpe (11,5 L Wasser)
Schmierung	Druckumlauf (13,5 L Öl)	Druckumlauf (7,5 L Öl)
Abgasreinigung	1 Oxi-Kat, Abgasrückführung (gekühlt), ab 2005 Partikelfilter	4 Dreiwege-Kats, 8 Lambda-Sonden
Batterie	12 V 480 A (85 Ah) + 520 A (110 Ah)	12 V 480 A (85 Ah) + 520 A (110 Ah)
Lichtmaschine	Drehstrom 190 A	Drehstrom 190 A
Kraftübertragung		
Antrieb (Grundkraftverteilung)	Allradantrieb permanent (50 :50 %)	
Kraftverteilung	Planetenrad-Zentraldifferenzial mit elektro. geregelter Lamellenbremse	
Sperren	Elektron. Schlupfregelung mit Bremseneingriff, Hinterachsdifferenzial mit elektron. geregelter Lamellenbremse, a.W. manuell sperrbar	
Kupplung	Wandler mit Überbrückung	
Schaltgetriebe	–	
Automatik	6 Stufen (Aisin)	
Übersetzungen	I. 4,15, II. 2,37, III. 1,56, IV. 1,16, V. 0,86, VI. 0,69, R. 3,39, Achsantrieb 3,27	I. 4,15, II. 2,37, III. 1,56, IV. 1,16, V. 0,86, VI. 0,69, R. 3,39, Achsantrieb 3,70
Reduktionsgetriebe (Zwischenübersetzung)	Straße 1,0; Gelände 2,66	
Fahrwerk		
Vorderradaufhängung	Einzelradaufh., Doppelquerlenker, Luftfederung (CDC) u. elektr. verstellb. Dämpfer, Stabi (optional entkoppelbar)	
Hinterradaufhängung	Einzelradaufh., Doppelquerlenker, Luftfederung (CDC) u. elektr. verstellb. Dämpfer, Stabi (optional entkoppelbar)	
Lenkung	Zahnstange (14,7 : 1)	
Betriebsbremse	Scheiben (belüft.) vorn (ø 350 mm) /hinten (ø 330 mm), ABS, EBV, Bremsassistent, Berg-Anfahr/Abfahrassistent	Scheiben (belüft.) vorn (ø 350 mm) /hinten (ø 330 mm), ABS, EBV, Bremsassistent, Berg-Anfahr/Abfahrassistent
Fahrdynamikregelung	ESP (ab 2004: ESP Plus)	ESP Plus
Allgemeine Daten		
Fahrzeugart (Türen/Sitze)	Kombi (5 / 5)	Kombi (5 / 5)
Aufbauform	Selbsttragend	Selbsttragend
Radstand	2855 mm	2855 mm
Spur vorn/hinten	1655 / 1670 mm	1655 / 1667 mm
Länge x Breite x Höhe	4754 x 1928 x 1703 mm	4754 x 1977 x 1726 mm
Gepäckraum	500 / 1525 L	500 / 1525 L
Reifen	255/55 YR 18	275/40 YR 20
Räder	8.0 J x 18	9.0 J x 20
Überhang v / h	926 / 973 mm	926 / 973 mm
Bodenfreiheit	130 – 300 mm	130 – 300 mm
Wattiefe	580 mm	580 mm
Rampenwinkel	27,2 °	27,2 °
Böschungswinkel v / h	33 / 34 °	33 / 34 °
Wendekreisdurchmesser	11,6 m	11,6 m
Steigfähigkeit	250,3 % / 68,2 °	229,5 % / 66,5 %
Achsverschränkung	210 mm	210 mm
Leermasse (DIN)	2375 kg	2405 kg
Zul. Gesamtgewicht	3080 kg	3080 kg
Zul. Anhängelast gebremst / ungebremst	3500 / 750 kg	3500 / 750 kg
Luftwiderstand (c_W x A)	0,38 x 2,78 m²	0,38 x 2,80 m²
Höchstgeschwindigkeit	225 km/h	250 km/h
Beschleun. 0–100 km/h	7,8 s	5,9 s
Verbrauch in L/100 km	12,3	15,9
Kraftstofftank	100 L / hinten	100 L / hinten
Preis (Anf. / Ende Laufzeit)	68.900 €	97.500 €

IFA F9 Kübelwagen (Typ 309/4)

Eigentlich sollte der von der sächsischen Auto Union entwickelte DKW F9 mit zeitgemäßer Stromlinien-Karosserie noch 1940 debütieren. Das zerschlug sich kriegsbedingt. Die Zwickauer – nunmehr zum Volkseigenen Betrieb der DDR geworden – begannen erst 1950 mit der Kleinserienproduktion der stets zweitürigen Limousine. Im Sommer 1953 wanderte die Produktion ins thüringische Automobilwerk Eisenach, wo bis dahin ausschließlich viertaktende BMW-Kreationen hergestellt wurden. Damit war nun Schluss, künftig sollten hier mittelgroße Zweitakt-Pkw des Typs IFA F9 (und später des Wartburg 311 und 353) entstehen.

Weil der weiterhin in Zwickau gebaute IFA F8 keine vernünftige Grundlage für ein militärisch oder polizeilich nutzbares Auto bot, wandten sich die staatlichen Dienststellen an das Eisenacher Werk. Dort – und nicht bereits schon in Zwickau – erstellte man binnen kurzem eine Kübelwagen-Variante. Das tragende Chassis, der 900-cm^3-Zweitakter und das Viergang-Schaltgetriebe des Fronttrieblers blieben unverändert. Aber man schnitt den kompletten Bereich zwischen A- und C-Säule weg und verband diese Bereiche mit einem schmalen Steg aus Stahlblech. Bei Bedarf eingehängt werden konnten niedrige stahlbeplankte Türen mit Holzgerüst. Normalerweise sicherten aber nur Ketten gegen ein Herausfallen der vier bis fünf Insassen

Vordere Einzelsitze und hintere Sitzbank waren spartanisch einfach – hier nutzte man einfache Rohrrahmen, die mit Segeltuch bespannt waren. Hinter der Hecksitzbank, erstaunlicherweise auf der Karosserie aufliegend und damit die Sicht nach hinten beschränkend, befand sich ein Stoff-Faltverdeck – mit dem des Kabrioletts hatte es nichts zu tun. Die stets vertikal geteilte Frontscheibe ließ sich – wie bei Kübelwagen der Wehrmacht üblich – nach vorn klappen. Das Interieur selbst war nahezu identisch mit dem der Limousine. Der Instrumententräger war in Olivgrün lackiert. Der 40-Liter-Tank saß stets im Heck.

Aufgebaut wurde der grundsätzlich in Olivgrün lackierte Kübelwagen im Karosseriewerk Dresden, dort, wo vor dem Zweiten Weltkrieg die legendären Gläser-Karosserien entstanden. Dorthin angeliefert wurde das fahrfertige Chassis einschließlich der Mechanik. Beim Motor handelte es sich um den 28 PS starken Dreizylinder, den auch die zivilen Versionen bekamen. 1954 erfolgte – wie beim zivilen IFA F9 – die Leistungssteigerung auf 32 PS. Die Elektrik wurde für den Kübelwagen keineswegs verändert. Das Getriebe – stets mit Krückstockschaltung (erst für den zivilen F9 ab 1955 gab's die modernere Lenkradschaltung) – behielt seine zivile Übersetzung und die

IFA F9 Kübelwagen

IFA F9 Einsatzwagen auf einer staatlichen Parade im Norden der DDR

IFA F9 Kübelwagen mit ausgehängten Türen

serienmäßigen 16er-(Winter-)Räder. Geländebereifung gab es damals nicht in der DDR. Die Bodenfreiheit des IFA F9 Kübelwagens wurde übrigens nicht vergrößert.

Das Fahrzeug war zwischen 1953 und 1955 im Programm des Eisenacher Automobilwerks, entstanden sind insgesamt 427 Exemplare. Als Verrechnungspreis galten 10.650 Mark. Sie blieben ausschließlich im polizeilichen Einsatz in der DDR (Kasernierte Volkspolizei, Volkspolizei), Exportlieferungen sind nicht bekannt geworden. Soweit heute bekannt ist, haben mindestens fünf dieser seltenen Fahrzeuge überlebt – eines steht toprestauriert als Leihgabe im Suhler Fahrzeugmuseum.

Technische Daten IFA F9 Kübelwagen (Typ 309/4)

	IFA F 9/4 1953 – 1954	IFA F 9/4 1954 – 1955
Motor		
Betriebsart	Otto (Zweitakt)	Otto (Zweitakt)
Material Block / Kopf	Grauguss / Alu	Grauguss / Alu
Zylinderzahl / Einbaulage	3 (Reihe) / vorn längs vor VA	3 (Reihe) / vorn längs vor VA
Bohrung x Hub	70 x 78 mm	
Hubraum	900 cm³	
Leistung in kW (PS)	21 (28) bei 3600/min	22 (32) bei 3800/min
Drehmoment in Nm	74 bei 2500/min	
Verdichtung	6,9 : 1	
Gemischbereitung	1 Flachstromvergaser BVF H 32-0	
Ventile pro Zylinder	–	
Nockenwellen	–	
Kurbelwellenlager	4	
Kühlung	Thermosyphon (10 L Wasser)	
Schmierung	Zweitakt-Gemisch 1 : 25	
Batterie	6 V (84 Ah) / vorn	
Lichtmaschine	Gleichstrom 130 W	
Kraftübertragung		
Antrieb	Frontantrieb	
Kupplung	Einscheiben-Trocken	
Schaltgetriebe Übersetzungen	4 Gang (unsynchron.), Krückstockschaltung I. 3,50, II. 2,060, III. 1,350, IV. 0,985, R. 4,438, Achsantrieb 4,857	I. 3,273, II. 2,133, III. 1,368, IV. 0,956, R. 5,138, Achsantrieb 4,857
Fahrwerk		
Vorderradaufhängung	Einzelradaufh., Querblattfeder oben, Querlenker unten, Einweg-Öldruck-Kolbenstoßdämpfer	
Hinterradaufhängung	Starrachse, Querblattfeder oben, 2 Schubstangen, Einweg-Öldruck-Kolbenstoßdämpfer	
Lenkung	Zahnstange (15,0 : 1)	
Betriebsbremse	Hydraulisch, Trommeln (ø 230 mm, Gesamtbremsfl. 600 cm²)	
Allgemeine Daten		
Fahrzeugart (Türen/Sitze)	Kübelwagen offen, Faltverdeck Plane mit Scherengitter-Gestell (4 / 5)	
Aufbauform	Kastenrahmen, Ganzstahlkarosserie	
Radstand	2350 mm	
Spur vorn/hinten	1184 / 1260 mm	
Länge x Breite x Höhe	4200 x 1600 x 1600 mm (mit Verdeck)	
Reifen	5.00-16	
Räder	3.25 D x 16	
Überhang v / h	730 / 1160 mm	
Bodenfreiheit	200 mm	
Wattiefe	ca. 300 mm	
Rampenwinkel	20 °	
Böschungswinkel v / h	35 / 28 °	
Wendekreisdurchmesser	11 m	
Leermasse (DIN)	920 kg	
Zul. Gesamtgewicht	1250 kg	
Höchstgeschwindigkeit	100 km/h	
Beschleun. 0–100 km/h	28 s	
Verbrauch in L/100 km	8,0	
Kraftstofftank	30 L / hinten	40 L / hinten
Stückzahl	427	

Wartburg Kübelwagen (Typ 311/4)

Noch auf zweitaktender DKW-Dreizylinder-Basis, aber nun mit längerem Radstand, kam 1956 der neue Wartburg 311 mit 900-cm³-Motor heraus. Von dieser viertürigen Limousine gab es eine Vielzahl von Karosserie-Ableitungen. Eine davon war der erst ab 1959 gebaute Kübelwagen, der aber nie auf einer nationalen oder internationalen Messe zu sehen war. Denn dieses Fahrzeug war zunächst ausschließlich verschiedene Polizeidienststellen und die Zollbehörden, nicht aber für die Volksarmee gedacht.
Später – über die Vermittlung des staatlichen Kontors für Maschinen und Materialreserven – ging es auch in den zivilen Bereich, aber hier nur an »gesellschaftliche Bedarfsträger« wie die Feuerwehr sowie die Land-, Jagd- und Fortwirtschaft. Als Verrechnungspreis galten 17.800 bis 18.300 Mark. Private Erstkäufer gab es nie, aber diverse Fahrzeuge gingen nach ihrer Ausmusterung über eine staatliche Gebrauchtwagenbörse an Privatleute. Auch in den Export gelangte der Kübelwagen – anders als der Pickup – niemals.
Das frontgetriebene Fahrzeug nutzte den tragenden Rahmen des Wartburg 311 einschließlich dessen Fahrwerkstechnik und mittlerweile auf 38 PS gebrachten Motor. Genau wie bei den zivilen Varianten erstarkte das Triebwerk 1961 auf 40 PS. Speziell für den Kübelwagen leistungsgesteigerte Motoren kamen nicht zum Einsatz. Antriebs- und Getriebeübersetzung wurden unverändert übernommen, lediglich die Achsaufhängungen wurden verstärkt. Die Bodenfreiheit der Limousine von 20 cm blieb unverändert. Angepasst wurde auch die Bereifung, hier handelte es sich um M+S-Reifen der Größe 5.90 x 15 auf 4 J x 15-Scheibenrädern. Erstaunlicherweise blieb es bei der 6-Volt-Anlage mit maximal 220 W starkem Gleichstromgenerator, die Batteriekapazität betrug wie bei der Limousine 84 Ah.
Der Aufbau des Autos bestand aus Stahlblech, in den sich Blechtüren mit Steckscheiben (beide jeweils vorn angeschlagen) einhängen ließen. Maximal fünf Personen fanden Platz im Wartburg 311 Kübelwagen. Es verfügte über ein textiles Scherenverdeck mit faltbarem Stahlskelett, das sich auf der umklappbaren, mittig geteilten Frontscheibe einhängen ließ. Das Softtop war nicht identisch mit dem des Kabrioletts, es verschwand bei offenem Wagen hinter der durchgehenden Hecksitzbank. Das Ersatzrad stand meist aufrecht hinter der herausnehmbaren Hecksitzbank, einen separaten Kofferraum gab es nicht. Als Sitze verwendete man segeltuchbespannte Stahlrohrrahmen, der Instrumententräger war im stumpfen Grün der Karosserie lackiert. Den Aufbau des spartanisch möblierten Fahrzeugs übernahm das Karosseriewerk Dresden (ehemals Gläser).
1962 erhielt der Wartburg 311 den aufgebohrten Einliter-Motor mit 45 PS. Bis dahin waren zwei Drittel des Gesamtvolumens von vermutlich 891 Wartburg 311 Kübelwagen gebaut worden. Man beließ jedoch die Blattfederung und die hintere Starrachse. Das offene Auto blieb bis 1964 in der Fertigung, die aufgrund des bevorstehenden Trabant 601 Kübelwagens eingestellt wurde. Mittlerweile standen genügend allradgetriebene Armee-Kübelwagen sowjetischer Herkunft bereit, die mehr Zugkraft, Leistung und Geländetauglichkeit boten. Mehrere Dutzend der 311er-Kübel haben überlebt, einer steht in der Sammlung Automobile Welt Eisenach (AWE).
Auf Basis des Wartburg 311 war außerdem bereits 1958 vom Kfz-Entwicklungswerk Hohenstein-Ernstthal die Entwicklung eines zweitaktenden Kleinkübelwagen begonnen worden. Der Aufbau des sogenannten K-900 glich äußerlich dem des Sachsenring P3, war aber bereits selbsttragend ausgelegt. Sehr viele Bauteile wurden vom Serien-Wartburg übernommen – ähnlich wie das in West-Deutschland beim DKW Munga gemacht wurde. Nicht nachweisbar ist, ob je ein fahrfertiger Prototyp des K-900 entstanden ist.

Wartburg 311/4, Erprobungswagen in Hohenstein-Ernstthal

Jahresproduktion

	1959	1960	1961	1962	1963	1964
Wartburg 311/4	265	257	99	80	90	100

Quelle: Stück

Wartburg 311/4 Einsatzwagen der DDR-Volkspolizei

Wartburg 311/4 Einsatzwagen bei der Absicherung der Rad-Friedensfahrt in Prag (1958)

Technische Daten Wartburg Kübelwagen (Typ 311/4)

	Wartburg 311/4 1959 – 1962	Wartburg 311/4-1000 1962 – 1964
Motor		
Betriebsart	Otto (Zweitakt)	Otto (Zweitakt)
Material Block / Kopf	Grauguss / Alu	Grauguss / Alu
Zylinderzahl / Einbaulage	3 (Reihe) / vorn längs vor VA	3 (Reihe) / vorn längs vor VA
Bohrung x Hub	70 x 78 mm	73,5 x 78 mm
Hubraum	900 cm³	992 cm³
Leistung in kW (PS)	28 (38) bei 3600/min	32 (45) bei 4250/min
Drehmoment in Nm	81 bei 2200/min	91 bei 3000/min
Verdichtung	6,7 : 1	7,4 : 1
Gemischbereitung	1 Flachstromvergaser BVF H 3-62	
Ventile pro Zylinder	–	–
Nockenwellen	–	–
Kurbelwellenlager	4	4
Kühlung	Thermosyphon (10 L Wasser)	Pumpenumlauf (8 L Wasser)
Schmierung	Zweitakt-Gemisch 1 : 33	
Batterie	6 V (84 Ah) / vorn	
Lichtmaschine	Gleichstrom 180 - 220 W	
Kraftübertragung		
Antrieb	Frontantrieb	
Sperren	–	
Kupplung	Einscheiben-Trocken	
Schaltgetriebe Übersetzungen	4 Gang (II.– IV. Gang synchron.), Lenkradschaltung I. 3,273, II. 2,133, III. 1,368, IV. 0,956, R. 4,438, Achsantrieb 4,857	4 Gang (vollsynchron.), Lenkradschaltung I. 3,273, II. 2,133, III. 1,368, IV. 0,956, R. 4,438, Achsantrieb 4,857
Fahrwerk		
Vorderradaufhängung	Einzelradaufh., Querblattfeder oben, Querlenker unten, Teleskopstoßdämpfer	
Hinterradaufhängung	Starrachse, Querblattfeder oben, 2 Längslenker Teleskopstoßdämpfer	
Lenkung	Zahnstange (15,0 : 1)	
Betriebsbremse	Hydraulisch, Trommeln (ø 230 mm, Gesamtbremsfl. 920 cm²)	
Allgemeine Daten		
Fahrzeugart (Türen/Sitze)	Kübelwagen offen, Planenverdeck mit Scherengestell (4 / 5)	
Aufbauform	Kastenrahmen, Ganzstahlkarosserie	
Radstand	2450 mm	
Spur vorn / hinten	1190 / 1260 mm	
Länge x Breite x Höhe	4250 x 1570 x 1500 mm (mit Verdeck)	
Reifen vorn / hinten	5.90-15	
Gepäckraum	420 L	
Reifen	5.90-15	
Räder	4.0 J x 15	
Überhang v / h	750 / 1090 mm	
Bodenfreiheit	190 mm	
Rampenwinkel	19,5 °	
Böschungswinkel v / h	28 / 21 °	
Wendekreisdurchmesser	12,5 m	
Steigfähigkeit	29,6 % / 16,5 °	33,3 % / 18,5 °
Leermasse (DIN)	1020 kg	1030 kg
Zul. Gesamtgewicht	1350 kg	1350 kg
Zul. Anhängelast gebremst / ungebremst	500 / 350 kg	
Höchstgeschwindigkeit	110 km/h	115 km/h
Beschleun. 0-100 km/h	28 s	27 s
Verbrauch in L/100 km	10,5	10,5
Kraftstofftank	40 L / hinten	44 L / hinten
Stückzahl	891	

Wartburg Jagdwagen Typ 353/400

Der in Trapezform gezeichnete Wartburg 353 debütierte Ende 1965, er löste den 311 / 312 ab. Von den vielen angedachten Karosserieversionen wurden nur wenige realisiert – eine davon war der Kübelwagen 353/400 als Nachfolger der ebenfalls in Eisenach gebauten Mehrzweckwagen IFA F 9/4 und Wartburg 311/4. Hintergrund der Entwicklung war nicht vorrangig die militärische Nutzung, sondern der Einsatz in Forst- und Landwirtschaft sowie für die Jagd, die ein Hobby der DDR-Staatsführung war.

Die Arbeiten begannen im Juni 1970, abgesegnet wurde das Geheimprojekt vom Innenminister. Als Basis mussten Kastenrahmen und Antriebstechnik des Wartburg 353 herhalten. Es blieb beim Frontantrieb, eine Allradversion wurde nicht einmal angedacht. Wie beim kurz zuvor in wenigen Exemplaren probeweise gebauten Wartburg Coupé 355 bestand der Aufbau aus glasfaserverstärktem Polyester (GVP) mit einlaminierten Stahlträgerteilen. Die Seitenwände waren aus Stabilitätsgründen mit Sicken versehen. Nur die Blechmotorhaube und der komplette Windlauf stammten von der Limousine.

Dieser Wartburg 353/400 ging an Erich Mielke

Wartburg 353/400 mit Tragegestell für erlegtes Wild am Heck

Wegen des ebenfalls aus GVP bestehenden doppelwandigen, wannenförmigen Bodens war das Fahrzeug sogar schwimmfähig. Diese Eignung war nicht angestrebt worden, sie stellte sich bei den Tests zur Ermittlung der Watfähigkeit heraus. Zusätzlich erforderlich dafür war nur eine Auspuffverlängerung. Denn der Motor war auch von unten abgedeckt, so dass kein Wasser eindringen konnte. Möglich gewesen, aber nicht getestet wurde der Einsatz einer Schiffsschraube – versuchsweise wurden aber kleine Propeller an die Vorderräder montiert.

Wie bei Kübelwagen üblich, spannte sich ein leichtes Kunststoff-Verdeck über den vier- bis fünfsitzigen Innenraum, der im Wesentlichen unverändert von der Limousine stammte. Vier leichte Kunststofftüren ließen sich einhängen, die vordere Tür öffnete nach hinten. Dazu gehörten Plexiglas-Steckfenster. Alle Sitze waren kunstlederbespannt, die Rückbank ließ sich herausnehmen. Das Ersatzrad fand hinten im Wagen Platz, der Tank war nicht abgedeckt. Am Heck konnte eine Gepäckbrücke zur Aufnahme von Reiseutensilien oder Wild angebracht werden.

Das Fahrzeug gelangte nicht ins Licht der Öffentlichkeit, wurde aber 1971 dem griechischen Generalvertreter der DDR-Fahrzeugindustrie präsentiert. Das Geschäft zerschlug sich jedoch wegen des weiterhin verwendeten Zweitaktmotors. Mit 55 war er 5 PS stärker als beim Basismodell – weil ausgesuchte Motoren verwendet wurden, deren Leistung nach oben streute. Gekoppelt war er mit dem vom Wartburg 353 bekannten, lenkradgeschalteten Getriebe.

1971 endete die Versuchsphase, eine Freigabe für die Produktion wurde nicht erteilt. Zwei der Funktionsmuster waren noch bis 1989 im Einsatz bei der Kampfgruppe des Automobilwerks Eisenach. Auch die SED-Kreisleitung Eisenach und der staatliche Fortwirtschaftsbetrieb erhielten je ein Fahrzeug, die restlichen gingen wahrscheinlich an Berliner Parteifunktionäre – einer davon an Stasi-Chef Erich Mielke. Dessen Exemplar wurde mit Gewehrhalterungen und einem zivileren Grill aufgerüstet.

Im Auftrag der Staatssicherheit entstanden 1977 noch zwei weitere Jagdwagen. Als Basis stand hier bereits der Wartburg 353 W mit vorderen Scheiben-

Quelle: Schubert

Jahresproduktion

	1970	1971	1977
Wartburg 353/400	1	6	2

bremsen bereit. Sie erhielten überdies einen Renault- und einen Dacia-Viertaktmotor mit 1,3 Liter Hubraum aus einer Serie von Versuchsaggregaten, mit denen der Wartburg 353 für den Export fit gemacht werden sollte. Dieses Projekt zerschlug sich jedoch, Viertaktmotoren – diesmal VW-Lizenzen – kamen erst 1989 in Limousine, Tourist (Kombi) und Trans (Pickup) serienmäßig zum Einsatz. Die beiden letzten Kübelwagen verblieben im Bezirk Erfurt, mindestens einer davon wurde mit Knüppelschaltung versehen.
Von den insgesamt neun Fahrzeuge haben mindestens acht überlebt, meist im Besitz privater Enthusiasten. Allein vier gehören zur Sammlung Automobile Welt Eisenach (AWE).

Technische Daten Wartburg 353/400

	Wartburg 353/400 1970 – 1971	Wartburg 353/400 1.3 1977
Motor		
Betriebsart	Otto (Zweitakt)	Otto (Viertakt)
Material Block / Kopf	Grauguss / Alu	Grauguss / Alu
Zylinderzahl / Einbaulage	3 (Reihe) / vorn längs vor VA	4 (Reihe) / vorn längs vor VA
Bohrung x Hub	73,5 x 78 mm	73 x 77 mm
Hubraum	992 cm³	1289 cm³
Leistung in kW (PS)	40 (55) bei 4300/min	44 (60) bei 5250/min
Drehmoment in Nm	98 bei 3000/min	94 bei 3000/min
Verdichtung	7,5 : 1	8,5 : 1
Gemischbereitung	1 Fallstromvergaser BVF 40 F 1-11	1 Fallstromvergaser Solex
Ventile pro Zylinder	–	2, hängend, über Stoßstangen und Kipphebel
Nockenwellen	–	1 seitlich (Kette)
Kurbelwellenlager	4	5
Kühlung	Pumpenumlauf (8,0 L Wasser)	Pumpenumlauf (5,0 L Wasser)
Schmierung	Zweitakt-Gemisch 1 : 50	Druckumlauf (3,0 L Öl)
Batterie	12 V (42 Ah) / vorn	
Lichtmaschine	Drehstrom 500 W	
Kraftübertragung		
Antrieb	Frontantrieb	
Kupplung	Einscheiben-Trocken	
Schaltgetriebe Übersetzungen	4 Gang (vollsynchron.), Lenkradschaltung I. 3,769, II. 2,160, III. 1,347, IV. 0,906, R. 3,385, Achsantrieb 4,222	4 Gang (vollsynchron.), Knüppelschaltung I. 5,00, II. 3,15, III. 1,70, IV. 1,08, V. 0,80, R. 4,25, Achsantrieb 4,222
Fahrwerk		
Vorderradaufhängung	Einzelradaufh., Doppelquerlenker, Schraubenfedern, Teleskopstoßdämpfer	
Hinterradaufhängung	Einzelradaufh., Schräglenker, Schraubenfedern, Teleskopstoßdämpfer, Stabilisator	
Lenkung	Zahnstange	
Betriebsbremse	Hydraulisch, Trommeln (ø 230 mm) (Gesamtbremsfl. 844 cm²)	Hydraulisch, vorn Scheiben (ø 240 mm), hinten Trommeln (ø 230 mm)
Allgemeine Daten		
Fahrzeugart (Türen/Sitze)	Kübelwagen offen, Planenverdeck mit Scherengestell (4 / 5)	
Aufbauform	Kastenrahmen mit GVP-Karosserie verschraubt	
Radstand	2450 mm	
Spur vorn/hinten	1280 / 1300 mm	
Länge x Breite x Höhe	4100 x 1642 x 1410 mm (mit Verdeck)	
Reifen	165 SR 13 M+S	
Räder	4.5 J x 13	
Bodenfreiheit	205 mm	
Wattiefe	schwimmfähig	
Rampenwinkel	18,5 °	
Böschungswinkel v / h	36 / 23 °	
Wendekreisdurchmesser	10,0 m	
Steigfähigkeit	43 % / 23,5 °	54,6 % / 28,6 °
Achsverschränkung	205 mm	
Leermasse (DIN)	840 kg	860 kg
Zul. Gesamtgewicht	1240 kg	1250 kg
Zul. Anhängelast gebremst / ungebremst	1500 / 750 kg	1500 / 750 kg
Höchstgeschwindigkeit	135 km/h	145 km/h
Beschleun. 0–100 km/h	35 s	27 s
Verbrauch in L/100 km	10,5	10,0
Kraftstofftank	60 L / hinten	
Stückzahl	7	2

Land Rover (Tempo)

In den frühen 50er Jahren war von der Wiederbewaffnung der jungen Bundesrepublik noch keine Rede. Westdeutschland unterlag weiter den Beschränkungen der Siegermächte des Zweiten Weltkriegs; die Produktion von militärisch nutzbaren Gütern (darunter auch Fahrzeuge), war verboten. So hatte der frisch gegründete Bundesgrenzschutz seine liebe Not, geeignete geländetaugliche Fahrzeuge für Patrouillen aufzutreiben. Allradantrieb war natürlich Grundvoraussetzung; gedacht war dabei an ein möglichst kompaktes Fahrzeug, das dennoch bis zu sechs Sitzplätze bot. Doch ein solcher Geländewagen war zu diesem Zeitpunkt noch von keinem deutschen Hersteller verfügbar.

Allerdings fand sich ein solcher Wagen im Sortiment des britischen Herstellers Rover. Dort hatte 1948 die Produktion des Land Rover begonnen, der ursprünglich primär als landwirtschaftliches Gerät gedacht war. Überraschenderweise hatte sich der kantige Brite mit der alubeplankten Karosserie allerdings geradezu als Verkaufsschlager entpuppt: Bis 1952 waren schon gut 60.000 Exemplare verkauft; das englische Werk Solihull kam mit der Fertigung kaum nach, der Land Rover hatte lange Lieferzeiten. Somit schien auch dieser an sich geeignete Wagen auszuscheiden – denn die Zeit zur Ausrüstung des BGS mit geeigneten Fahrzeugen drängte.

Als Mittler zwischen Angebot und Nachfrage trat der Hamburger Nutzfahrzeughersteller Tempo auf den Plan. Der clevere Tempo-Chef Oscar Vidal hatte einerseits von der Ausschreibung des BGS erfahren; andererseits wurden ihm gute Kontakte zum damaligen britischen Militärkommandanten nachgesagt. Vidals Idee war ebenso einleuchtend wie schnell umzusetzen: Selbst einen geeigneten Wagen zu entwickeln, schien (trotz der Allrad-Erfahrung von Tempo) unmöglich und aufgrund der geringen zu erwartenden Stückzahlen allein für den BGS auch keinesfalls rentabel. Aber man könnte ja den britischen Land Rover in Lizenz bauen. So wurde eine Kleinserienfertigung von 250 Exemplaren vereinbart. Die gesamte Technik stammte aus England; Chassis und Karosserie wurden im Hamburger Karosseriewerk Herbert Vidal produziert – das dem Bruder von Tempo-Chef Oscar Vidal gehörte.

Technisch handelte es beim ersten Tempo Land Rover um das seit 1948 gefertigte Modell 80; die Typbezeichnung gab, wie immer bei Land Rover, den Radstand in Zoll an. Vom britischen Vorbild unterschied die im Hamburg gebauten BGS-Fahrzeuge vor allem die Karosserie, die den BGS-Spezifikationen entsprechen musste. Ihre Außenbeplankung bestand nicht aus Alu- sondern aus Stahlblech; Türen und Seitenwände des offenen Aufbaus waren um rund zehn Zentimeter höher, um den Insassen eine besseren Schutz vor Herausfallen zu bieten. In den vorderen Kotflügeln befanden sich Staufächer, durch Klappen von oben zugänglich. Vorn gab es zwei einfache Kunstledersitze; der rechte war vorklappbar, um den Durchstieg nach hinten freizugeben. Dort befanden sich zwei auf den Radkästen montierte Sitzbänke, wo insgesamt vier Grenzschützer quer zur Fahrtrichtung befördert werden konnten; dazwischen waren Gewehrhalter installiert. Das Ersatzrad trug der frühe Tempo Land Rover stets am Heck, nicht auf der Motorhaube wie das Original.

Motor und Antrieb des Tempo-Land-Rover entsprachen dem britischen Urtyp der ersten Serie. Einzige Motorisierung war der langhubige Vierzylinder-Benziner. Ursprünglich dem Rover-Pkw P3 entlehnt, brachte das Grauguss-Triebwerk immerhin 50 PS. Die Ventile waren in der kuriosen IOE-Bauform angeordnet (Inlet Over Exhaust = stehendes, direkt von der seitlichen Nockenwelle betätigtes Auslassventil und hängendes Einlassventil mit Kipphebeln und Stoßstangen). Die Kraftübertragung erfolgte über ein teilsynchronisiertes Viergang-Schaltgetriebe. Im Straßen-

Früher Land Rover Tempo LR 80, hier noch mit Ersatzrad vorn

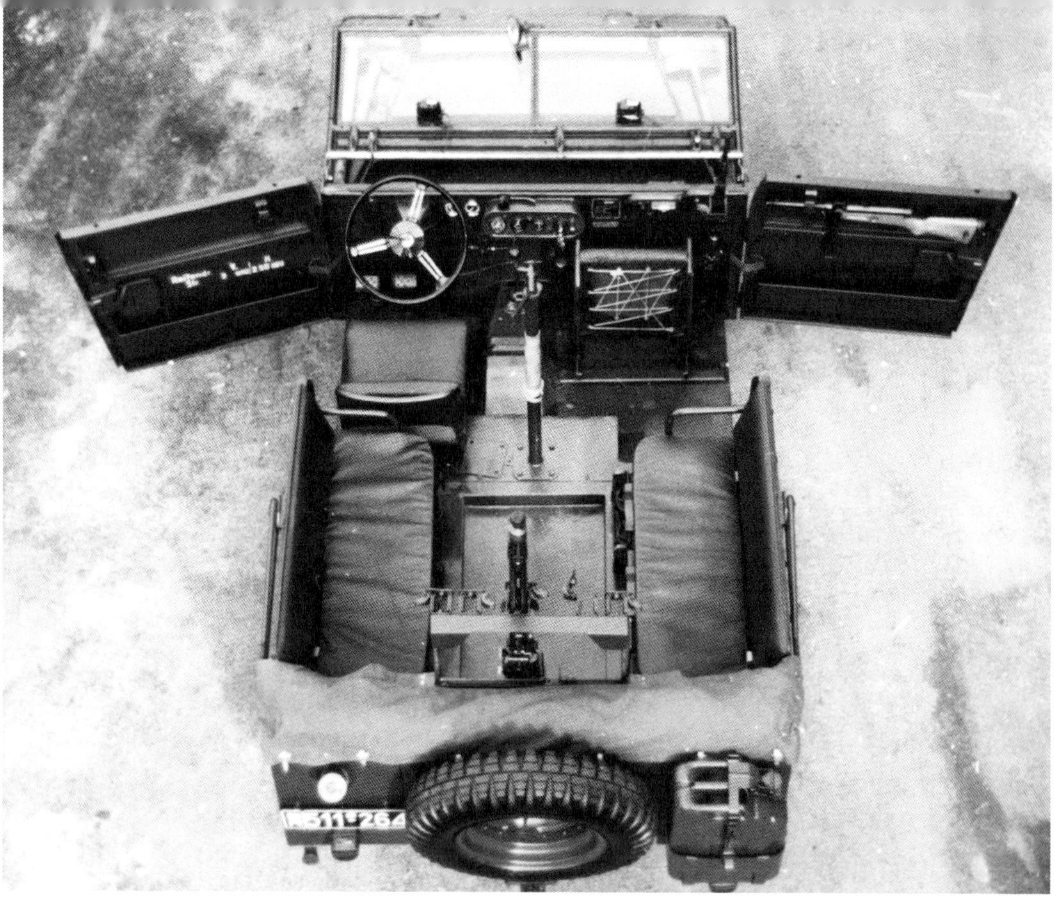

Land Rover Tempo LR 80, Ersatzrad hinten

betrieb wurde bei der von Tempo gebauten Version nur die Hinterachse angetrieben; die zwei Verteilergetriebeschalthebel besorgten das starre Zuschalten des Vorderachsantriebs und das Einlegen der Geländeuntersetzung – wobei letztere auch den Allradantrieb aktivierte.

Diese technischen Merkmal erbte auch der Tempo-Land-Rover der zweiten Generation. An die Umstellung in England angebunden wurde ab August 1953 auch bei Tempo das längere Modell 86 gebaut: Hier wurde der Abstand der beiden nach wie vor an Längsblattfedern aufgehängten Starrachsen auf 86 Zoll, also 2184 mm gestreckt, was für mehr Platz im Innenraum sorgte. Zeitgleich wurde auch der 1,6-Liter-Motor durch ein Zweiliter-Aggregat ersetzt, das zwar nur zwei PS mehr Nennleitung, aber fast ein Drittel mehr Drehmoment auf die Räder brachte.

Der neue Tempo-Land-Rover war deutlich näher am britischen Original. Tempo-intern wurde er als »Serie 2« bezeichnet, was nicht mit den »Series II« genannten, ab 1958 in England hergestellten Modellen zu verwechseln ist. Die Außenverblechung der Karosserie bestand nun wie beim Original aus Aluminium, das auf das Stahlblechskelett aufgenietet wurde; ein Merkmal, das auch 50 Jahre später noch ein typisches Kennzeichen der klassischen Land-Rover-Modelle

Land Rover Tempo LR 80

bleiben sollte. Es fielen auch die Staukästen in den Vorderkotflügeln weg, der Kraftstofftank saß wie beim Original unter dem linken Vordersitz und war nach Herausnehmen des Sitzkissens zu befüllen. Auf Sonderwunsch gab es einen zweiten Behälter unter dem rechten Sitz; ein Benzinhahn an der Sitzkonsole erledigte das Umschalten von Tank 1 auf Tank 2. Das Ersatzrad saß auf der Motorhaube statt am Heck; so erfolgte der Zustieg zu den nun etwas größeren Längssitzbänken über die Heckklappe statt über den klappbaren Beifahrersitz.

Tempo montierte bis 1955 exakt 150 Exemplare dieses Land Rover 86; vom Vorgängertyp waren 100 Stück gefertigt worden. Außer beim BGS wurden die in Deutschland montierten Fahrzeuge auch bei der Polizei eingesetzt. Nach der Ausmusterung gelangten einige in private Sammlerhände. Heute gehören sie zu den seltensten Land-Rover-Modellen. Das Tempo-Werk verlor ab 1955 seine Eigenständigkeit; Lkw-Hersteller Hanomag übernahm zunächst 50 Prozent der zuvor im Familienbesitz befindlichen Unternehmensanteile, zehn Jahre später den Rest.

Technische Daten Tempo Land Rover

	LR 80 1952 – 1953	LR 86 1953 – 1955
Motor		
Betriebsart	Otto (Viertakt)	
Material Block / Kopf	Grauguss / Grauguss	
Zylinderzahl / Einbaulage	4 (Reihe) / vorn längs	
Bohrung x Hub	69,5 x 105 mm	69,5 x 105 mm
Hubraum	1595 cm³	1595 cm³
Leistung in kW (PS)	37 (50) bei 4000/min	38 (52) bei 4000/min
Drehmoment in Nm	108 bei 2000/min	137 bei 1500/min
Verdichtung	6,8 : 1	
Gemischbereitung	Solex-Vergaser	
Ventile pro Zylinder	2, Einlass hängend, Auslass stehend	
Nockenwellen (Antrieb)	1 seitlich (Stirnräder)	
Kühlung	Pumpe (Wasser), starrer Lüfter	
Schmierung	Druckumlauf	
Kraftübertragung		
Antrieb (Grundkraftverteilung)	Heckantrieb, Frontantrieb zuschaltbar (0 : 100 / 50 : 50 %)	
Kraftverteilung	Starr	
Sperren	–	
Kupplung	Einscheiben-Trocken	
Schaltgetriebe ·Übersetzungen	4 Gang (3.– 4. Synchron.) I. 3,00, II. 2,041, III. 1,381, IV. 1,0, R. 2,54, Achsantrieb 4,75	
Reduktionsgetriebe	Straße 1,148; Gelände 2,89	
Fahrwerk		
Vorderradaufhängung	Starrachse, Längsblattfedern, Teleskopstoßdämpfer	
Hinterradaufhängung	Starrachse, Längsblattfedern, Teleskopstoßdämpfer	
Lenkung	Schnecke, Rollenfinger	
Betriebsbremse	Hydraulisch(Einkreis), Trommeln v / h	
Allgemeine Daten		
Fahrzeugart (Türen/Sitze)	Kübelwagen offen, Faltverdeck (2 / 6)	
Aufbauform	Leiterrahmen, Ganzstahlkarosserie	Leiterrahmen, Leichtmetallkarosserie auf Stahlgerippe
Radstand	2030 mm	2184 mm
Spur vorn/hinten	1270 / 1270 mm	
Länge x Breite x Höhe	3350 x 1550 x 1790 mm	3570 x 1590 x 1940 mm
Reifen	6.00 x 16 oder 7.00 x 16	
Räder	5,0 x 16 (Stahl)	
Bodenfreiheit	210 mm (bei Bereif. 6.00) bzw. 235 mm (bei Bereif. 7.00)	
Wattiefe	500 mm	
Wendekreisdurchmesser	Bereif. 6.00: 10,7 m; Bereif. 7.00: 12,2 m	Bereif. 6.00: 11,3 m; Bereif. 7.00: 12,8 m
Leermasse	1174 kg	1224 kg
Zul. Gesamtgewicht	1625 kg	1675 kg
Höchstgeschwindigkeit	95 km/h	
Kraftstofftank	40 L / hinten links	40 L / mittig links unter Sitz
Stückzahl	100	150

Kia Sportage (Karman)

Am 5. April 1995 lief im Karmann-Werk Osnabrück das erste in Deutschland gefertigte koreanische Automobil vom Band. Anders als viele deutsche Marken, die ihre Autos im lohngünstigen Ausland fertigen ließen, ging der asiatische Hersteller Kia den umgekehrten Weg: Alle für Europa vorgesehenen Modelle des kompakten Soft-Geländewagen Sportage sollten ab Frühjahr 1995 vor Ort aus angelieferten CKD-Bausätzen montiert werden. Die Fertigung in Deutschland hatte – außer den stark verringerten Transportkosten für die fertigen Autos vor allem den Vorteil, dass man schneller auf eine veränderte Nachfrage des europäischen Markts reagieren konnte.

Dazu wurden im CKD-Zentrum im Kia-Werk Asan Bay, drei Autostunden südwestlich der südkoreanischen Hauptstadt Seoul, die Bausätze in Überseecontainern zusammengestellt. Nach einem ausgefeilten Packplan, der zusammen mit den Karmann-Technikern erarbeitet worden war, wurden sich die Teile in den Containern schon in der Reihenfolge verstaut, wie sie dann später auch verarbeitet wurden. So konnten die Transportbehälter gleich als Materialzwischenlager dienen; ein separates Wareneingangslager in Osnabrück entfiel.

Trotz seiner gefällig-harmlosen Form, dessen Design sich eher am Pkw als am klassischen Offroader orientierte, war der Sportage technisch ein vollwertiger Geländewagen. Die tragende Basis der Ganzstahlkarosserie bildete ein stabiler Leiterrahmen; die Räder waren vorn einzeln an doppelten Querlenkern aufgehängt; hinten fand sich eine von vier Längslenkern und einem Panhardstab geführte Starrachse.

Für den Vortrieb sorgte ein längs eingebauter Vierzylinder-Benziner mit 2,0 Liter Hubraum, der in zwei Versionen angeboten wurde. Basis war der 95 PS starke Zweiventiler; wahlweise war eine 128 PS starke Version zu haben, die über eine höhere Verdichtung und einen Vierventil-Zylinderkopf verfügte. Die Kraftübertragung besorgte ein Fünfgang-Schaltgetriebe – je nach Motorversion mit unterschiedlicher Übersetzungs-Abstufung. Das Allradsystem war ebenfalls klassische Geländewagentechnik: Im Straßenbetrieb floss die Kraft zur Hinterachse; fürs Gelände konnte per zweitem Schalthebel der Vorderachsantrieb zugeschaltet werden. Das konnte grundsätzlich nur bei stehendem Fahrzeug erfolgen; denn der Sportage hatte an der Vorderachse automatische Freilaufnaben. Für verschärften Gelände- oder Anhängereinsatz stand überdies eine ins Verteilergetriebe integrierte Geländeuntersetzung zur Verfügung, die nur mit Allradantrieb und ebenfalls nur im Stand zugeschaltet werden konnte.

In Deutschland wurde nur eine Karosserieversion gefertigt – der viertürige Kombi mit Heckklappe. Die anfangs geplante Produktion der Zweitürer-Variante mit Kunststoff-Hardtop kam nicht mehr zustande. Die komplette Ausstattung orientierte sich eindeutig am Pkw und verfügte ab Werk über elektrische Helfer für Türverriegelung und Fensterheber. Seinen auf Pkw-Technik basierenden Konkurrenten wie dem Toyota RAV4 oder Honda CR-V hatte der Sportage neben seiner viel besseren Geländetauglichkeit die höhere Anhängelast voraus. Unter Ausnutzung der EU-Ausnahmerichtlinien für Geländefahrzeuge durften beide Motorversionen des Sportage volle 2,0 Tonnen an den Haken nehmen, obwohl das zulässige Fahrzeug-Gesamtgewicht unter dieser Marke lag.

Der überwiegende Teil der Baugruppen – von den Karosserieblechteilen bis hin zu allen mechanischen Komponenten, insgesamt 1.300 Einzelteile – stammte aus koreanischer Produktion. Dennoch kam auch

Kia Sportage (1997)

eine Reihe von Teilen aus deutscher oder anderweitig europäischer Fertigung: So wurden Felgen, Batterien, Innenverkleidungen, Kunststoffteile, Auspuffanlage, Verglasung und alle »Prozessmaterialien« wie Lacke, Abdicht- und Konservierungsmassen von europäischen Herstellern nach Osnabrück geliefert. Das gleiche galt für die Bauteile, die auch bei in Korea montierten Kia-Modellen aus Europa stammten – etwa Reifen und Motorsteuergeräte.

1998 wurde die Fertigung des Sportage bei Karmann wieder eingestellt. Grund war weder die nachlassende Nachfrage des Modells noch Probleme bei Zusammenarbeit oder Abrechnung; alles klappte reibungslos. Aber die koreanische Kia Motors Corporation war in Zusammenhang mit der Korea-Krise der ausgehenden 90er-Jahre in die Insolvenz geraten. Zwar fand sich mit dem Einstieg von Hyundai eine Rettung für die koreanische Marke; alle Karmann-Vereinbarungen waren aber noch der alten Werksführung geschlossen worden – und somit nach dem Besitzübergang hinfällig. Neue Fertigungsverträge kamen nicht zustande; so lief das Sportage-Projekt nach insgesamt 25.984 gefertigten Fahrzeugen – von denen die Mehrzahl übrigens nicht in Deutschland verkauft, sondern ins europäische Ausland exportiert worden waren – wieder aus.

Kia Sportage als Zugfahrzeug (1995)

Erstaunlich geländetauglicher Kia Sportage (1997)

Technische Daten Kia Sportage

	Kia Sportage 2.0 sohc 1995 – 1998	Kia Sportage 2.0 dohc 1995 – 1998
Motor	FE (SOHC)	FE (DOHC)
Betriebsart	Otto (Viertakt)	
Material Block / Kopf	Grauguss / Alu	
Zylinderzahl / Einbaulage	4 (Reihe) / vorn längs	
Bohrung x Hub	86 x 86 mm	
Hubraum	1998 cm³	
Leistung in kW (PS)	70 (95) bei 5000/min	94 (128) bei 5300/min
Drehmoment in Nm	157 bei 2500/min	175 bei 4700/min
Verdichtung	8,6 : 1	9,2 : 1
Gemischbereitung	Saugrohreinspritzung (Multipoint)	
Ventile pro Zylinder	2, parallel hängend	4, V-förmig hängend
Nockenwellen (Antrieb)	1 obenlieg. (Zahnriemen)	2 obenlieg. (Zahnriemen)
Kurbelwellenlager	5	
Kühlung	Pumpe (Wasser), starrer Lüfter	
Schmierung	Druckumlauf (4,2 l Öl)	
Batterie	12 V, 48h	
Lichtmaschine	Drehstrom 770	
Kraftübertragung		
Antrieb (Grundkraftverteilung)	Heckantrieb, Frontantrieb im Stand zuschaltbar (0 : 100 / 50 : 50 %)	
Kraftverteilung	Starr	
Sperren	–	
Kupplung	Einscheiben-Trocken	
Schaltgetriebe Übersetzungen	5 Gang (vollsynchron.) I. 4,171, II. 2,175, III. 1,363, IV. 1,0, V: 0,804, R. 3,536, Achsantrieb 4,444	I. 3,717, II. 2,019, III. 1,363, IV. 1,0, V: 0,804, R. 3,445, Achsantrieb 4,778
Reduktionsgetriebe	Straße 1,0; Gelände 1,981	
Fahrwerk		
Vorderradaufhängung	Einzelradaufhängung, Doppelquerlenker, Schraubenfedern, Teleskopstoßdämpfer	
Hinterradaufhängung	Starrachse, 4 Längslenker, Panhardstab, Schraubenfedern, Teleskopstoßdämpfer	
Lenkung	Kugelumlauf, Servo hydraul.	
Betriebsbremse	Hydraulisch (Zweikreis), Scheiben vorn (belüft.), Trommeln hinten, Hinterachs-ABS	
Allgemeine Daten		
Fahrzeugart (Türen/Sitze)	Kombi (4 / 5)	
Aufbauform	Leiterrahmen, Ganzstahlkarosserie	
Radstand	2650 mm	
Spur vorn/hinten	1440 / 1440 mm	
Länge x Breite x Höhe	4245 x 1730 x 1650 mm	
Gepäckraum	373 / 640 L	
Reifen	215/75 R 15	
Räder	6J x 15	
Überhang v / h	675 mm / 920 mm	
Bodenfreiheit	210 mm	
Wattiefe	350 mm	
Böschungswinkel v / h	30 / 33 °	
Wendekreisdurchmesser	11,2 m	
Steigfähigkeit	89,3 % / 41,8°	95,3 % / 43,6°
Achsverschränkung	220 mm	
Leermasse (DIN)	1440 kg	1460 kg
Zul. Gesamtgewicht	1928 kg	
Zul. Anhängelast gebremst / ungebremst	2000 / 600	
Höchstgeschwindigkeit	155 km/h	166 km/h
Beschleun. 0–100 km/h	18,4 s	14,7 s
Verbrauch in L/100 km	12,0	12,0
Kraftstofftank	60 L / hinten	
Preis	34.990 DM / 35.490 DM	36.740 DM / 37.190 DM
Stückzahl	25.984	

Mahindra CJ (Werdau)

Eine der ungewöhnlichsten und kurzlebigsten Geländewagen-Produktionen in Deutschland lief in den 90er-Jahren im sächsischen Werdau bei Zwickau. Montiert wurde hier der indische Einfach-Geländewagen Mahindra in zwei Ausführungen. Standort der Produktion war ein Betriebsteil des ehemaligen »VEB Kraftfahrzeugwerk Ernst Grube Werdau«. In diesem traditionsreichen Werk waren zu DDR-Zeiten Eisenbahnwaggons, später Lastwagen, Omibusse entstanden sowie Anhänger und Sattelauflieger hergestellt. Nach der Wende wurde ein Teil des Werkes von den 2004 in Konkurs gegangenen Kögel-Fahrzeugwerken übernommen. In den nicht von Kögel benötigten Hallen begann Anfang 1993 mit 24 Mitarbeitern eine kleine CKD-Montage des Mahindra.

Dass der antiquierte Mahindra überhaupt nach Deutschland kam, war dem Engagement der Düsseldorfer Stahlhandelsfirma HCL Steel zu verdanken, die Spezialstähle nach Indien exportierte und dort auf den urigen Jeep-Nachbau stieß. HCL Steel sah dafür einen Markt in Deutschland Einerseits bei Nostalgiefreunden und passionierten Offroadern, die ein robustes Fahrzeug mit ausgezeichneten Geländefähigkeiten wollten, andererseits bei Nutzanwendern, die eine Art preiswerten Klein-Unimog brauchten. Ab 1991 importierte HCL den Mahindra nach Deutschland, der zunächst aus einem griechischen Montagewerk kam. Qualität und Zuverlässigkeit der Fahrzeuge waren erbärmlich; zahlreiche Schäden in der Garantiezeit drohten, das Geschäft unrentabel zu machen. So entstand die Idee, in Deutschland in kleinem Rahmen eine Fertigung anzufangen.

Montiert wurden zwei Ausführungen des in Indien weit variantenreicheren Mahindra-Programms: die Typen CJ 340 und CJ 540. Sie unterschieden sich im Radstand. Technisch waren die Mahindra CJ – später musste die Modellreihenbezeichnung auf Unterlassungsklage von Daimler-Chrysler hin auf CL geändert werden – nur wenig veränderte Nachbauten des Jeep CJ3B der 50er-Jahre. Sie sahen ihm tatsächlich zum Verwechseln ähnlich. Einziger, aber wesentlicher Unterschied: Unter der Haube arbeitete ein von Peugeot zugekaufter Dieselmotor, der aus 2,1 Liter Hubraum 64 PS schöpfte.

Der CJ 340 hatte auch die gleichen Grundabmessungen des CJ3B mit dem ultrakurzen Radstand. Das hatte zur Folge, dass sich schon normal gebaute Mitteleuropäer mühsam hinter das Lenkrad zwängen mussten. Zwei Mitfahrer konnten auf quer zur Fahrtrichtung auf die Radkästen montierten, sparsam gepolsterten Kunstledersitzen kauern. Der knapp 20 cm längere 540 bot einen größeren Verstellbereich der Vordersitze, so dass auch Langbeinige Platz fanden; hinten gab es breitere Quersitzbänkchen, so konnten insgesamt sechs Personen untergebracht werden.

Fahrwerk und Antriebsstrang entsprachen – bis auf den Motor – dem Jeep CJ3B. Ein Leiterrahmen trug die offene Stahlblechkarosserie und ruhte auf zwei blattgefederten Starrachsen. Der längs hinter der Vorderachse eingebaute Motor trieb über ein Viergang-getriebe mit unsynchronisiertem erstem Gang die Hinterachse an. Der rechts neben dem Getriebeschalthebel montierte Hebel schaltete starr die Vorderachse zu; ein weiterer Hebel diente zum Einschalten der Geländeuntersetzung.

Der Instrumententräger bestand aus Blech mit Kunststoffaufsätzen und war bestückt mit einer kühnen Mischung altmodischer und vermeintlich moderner Bauteile. Die klassischen Rundinstrumente wurden flankiert von einer Batterie knallbunter, viereckiger Kontrollleuchten. Und die in Werdau montierten Fahrzeuge besaßen serienmäßig ein aus scharfkantigen Blechen zusammengepunktetes Umluftheizgerät mit einstufigem Gebläse, das trotz des zugigen Planenverdecks und der Stofftüren (Folienfenster mit Reißverschluss) bei Kälte eine gewisse Behaglichkeit erzeugte. In geringen Stückzahlen wurden auch die so genannten Basis-Modelle verkauft: Hier waren die pseudomodernen Zutaten aus dem Cockpit verbannt; es sah aus wie in den 50er-Jahren.

Die Teile, aus denen die Fahrzeuge in Werdau montiert wurden, kamen zu etwa 60 Prozent aus dem indischen Stammwerk, der Rest– vor allem die Blechteile – aus dem griechischen Montagewerk. Die sächsischen Werker hatten Mühe, aus den angelieferten Teile Fahrzeuge halbwegs befriedigender Qualität zu montieren. Denn die Zulieferungen kamen zum Teil verrostet und beschädigt. Sie erforderten teils aufwendiges Nacharbeiten. Dennoch war die Qualität der Endprodukte letztlich genauso unbefriedigend wie bei den in Griechenland gebauten Autos.

Dass die Mahindra ständig mit Störungen zu kämpfen hatten, lag primär an diesen Qualitätsproblemen, weniger an einer fehlerhaften Konstruktion: Beispielsweise waren die permanenten Ölundichtigkeiten an den Achsen – die den Schmierstoff in die ohnehin nur mäßig wirkungsvollen Trommelbremsen sickern ließ – meist schlicht dadurch bedingt, dass die schon bei der Produktion in Indien rostigen Achswellen die Dichtringe schon nach kurzer Betriebsdauer zerschmirgelten.

Versuche zur Qualitätsverbesserung in Werdau schlugen letztlich fehl. So versuchte man, durch Feuerverzinken von Karosserieblechen die dramatischen Rostprobleme in den Griff zu bekommen; das glückte aber nicht, weil Grundierung und Lack nicht mehr hielten. Eine gewisse Verbesserung der Dichtigkeit des Planenverdecks konnte ab 1994 durch eine neu

Mahindra CJ 340 (1994)

Mahindra CJ 540 (1993)

konstruierte Plane erzielt werden; deren hinten geknickte Form gefiel aber nicht jedem.
Ende 1994 endete die Fertigung in Werdau. Nicht zuletzt nach Streitigkeiten mit dem indischen Mutterhaus über die Erstattung von Garantieleistungen hatte der Importeur und Vertreiber aufgegeben. Insgesamt wurden in Werdau in knapp zwei Jahren rund 800 Mahindra-Fahrzeuge montiert.
Der weitaus größte Teil waren CJ 540; auch bei den nostalgieverliebten Mahindra-Käufern hier in Europa zählte schließlich der höhere Nutzwert mehr als die originaltreue Anlehnung an das Vorbild CJ3B. Und zudem war ja auch der CJ 540 mit 3,75 m Länge kein wirklich sperriges Auto. Die meisten Mahindra befinden sich heute in Liebhaberhand. Und es werden sogar in geringen Stückzahlen Fahrzeuge auf Basis vorhandener Rahmen neu aufgebaut – denn neu zulassungsfähig sind sie aufgrund der aktuellen Abgasbestimmungen nicht mehr.

Technische Daten Mahindra CJ

	Mahindra CJ 340 1993 – 1995	Mahindra CJ 540 1993 – 1995
Motor	Peugeot XPD 4.90	
Betriebsart	Diesel	
Material Block / Kopf	Grauguss / Alu	
Zylinderzahl / Einbaulage	4 (Reihe) / vorn längs	
Bohrung x Hub	90 x 83 mm	
Hubraum	2112 cm³	
Leistung in kW (PS)	47 (64) bei 4500/min	
Drehmoment in Nm	122 bei 2000/min	
Verdichtung	22,4 : 1	
Gemischbereitung	Wirbelkammereinspritzung, mech. Verteilereinspritzpumpe	
Ventile pro Zylinder	2, parallel hängend	
Nockenwellen (Antrieb)	1 seitlich (Stirnräder)	
Kurbelwellenlager	5	
Kühlung	Pumpe (Wasser), starrer Lüfter	
Schmierung	Druckumlauf (5,0 l Öl)	
Batterie	12 V, 90 Ah	
Lichtmaschine	Drehstrom 490 W	
Kraftübertragung		
Antrieb (Grundkraftverteilung)	Heckantrieb, Frontantrieb zuschaltbar (0:100 / 50:50)	
Kraftverteilung	Starr	
Sperren	–	
Kupplung	Einscheiben-Trocken	
Schaltgetriebe Übersetzungen	4 Gang (2. – 4. Synchron.) I. 3,986, II. 2,368, III. 1,473, IV. 1,0, R. 5,351, Achsantrieb 5,380	
Reduktionsgetriebe	Straße 1,0; Gelände 2,465	
Fahrwerk		
Vorderradaufhängung	Starrachse, Längsblattfedern, Teleskopstoßdämpfer	
Hinterradaufhängung	Starrachse, Längsblattfedern, Teleskopstoßdämpfer	
Lenkung	Schnecke-Rolle (4 Umdr.)	Schnecke-Rolle (5,25 Umdr).
Betriebsbremse	Hydraulisch(Zweikreis), Trommeln v / h (ø 229 mm)	
Allgemeine Daten		
Fahrzeugart (Türen/Sitze)	Kübelwagen offen, Faltverdeck (2 / 4)	Kübelwagen offen, Faltverdeck (2 / 6)
Aufbauform	Leiterrahmen, Ganzstahlkarosserie	
Radstand	2116 mm	2311 mm
Spur vorn/hinten	1300 / 1300 mm	
Länge x Breite x Höhe	3550 x 1600 x 1830 mm	3745 x 1600 x 1830 mm
Reifen	235/75 R 15	
Räder	7.0 x 15 (Stahl)	
Überhang v / h	525 / 833 mm	525 / 910 mm
Bodenfreiheit	210 mm	
Wattiefe	500 mm	
Böschungswinkel v / h	57 / 43 °	55 / 34 °
Wendekreisdurchmesser	11,0 m	12,6 m
Steigfähigkeit	146,5 % / 55,7 °	
Achsverschränkung	255 mm	260 mm
Leermasse (DIN)	1260 kg	1280 kg
Zul. Gesamtgewicht	1800 kg	
Zul. Anhängelast gebremst / ungebremst	1800 / 400	
Höchstgeschwindigkeit	110 km/h	
Verbrauch in L/100 km	12,0	12,0
Kraftstofftank	40 L / mittig links unter Sitz	
Preis	23.490 DM	27.490 DM
Stückzahl	ca. 200	ca. 600

Historie

Der Weg zu den heutigen Geländewagen und SUVs reicht bis in die Frühzeit des Automobils zurück. Allerdings lässt sich nicht sagen, dass der Bau von Automobilen, die auch abseits befestigter Wege noch gut voran kamen, schon von Anfang an hohe Priorität gehabt hätte. Dass vier Räder mehr Traktion ermöglichen als nur zwei, war zwar bereits den Automobilpionieren um die Jahrhundertwende klar. Doch in der Frühzeit des Automobils – zu Beginn des 20. Jahrhunderts – waren erst noch eine Reihe anderer Probleme zu lösen. Es ging zuerst einmal darum, überhaupt »Motorwagen« zu bauen, die hinlänglich zuverlässig funktionierten. Weder hatte sich der Verbrennungsmotor als üblichen Kraftquelle etabliert; noch war die später als »Standardantrieb« üblichen gewordene Konzeption – vorn liegender Motor mit Antrieb der nicht gelenkten Hinterachse – eingebürgert.

Insofern sind auch frühe Experimente an Automobilen, die alle vier Räder mit Kraft versorgten, nicht unbedingt unter dem Blickwinkel der Geländetauglichkeit zu sehen, sondern als generelle Versuche, zu einer praktikablen Lösung des Themas Automobil zu gelangen. Ein sehr frühes Beispiel für die Serienanwendung des Allradantriebs war der mit vier Elektromotoren versehene Lohner-Porsche von 1901, den der junge Ferdinand Porsche in Österreich entwickelt hatte. Getriebe und Antriebswellen waren beim Radnabenmotor nicht nötig, weil das direkt mit dem Rotor verbundene Rad um den mit der Radaufhängung fest verbundenen Ständer lief. Der Antrieb arbeitete folglich ohne mechanische Reibungsverluste mit einem traumhaften Wirkungsgrad von 85 Prozent.

Zu großer Verbreitung kam dieses Konzept aber nicht. Schließlich bedeutete die aufwendige Antriebstechnik eine erhebliche Verteuerung des Fahrzeugs; die Traktionsvorteile wogen demgegenüber weniger schwer. So standen Allradsysteme zumindest für den zivilen Bereich lange nicht im Blickpunkt. Man konzentrierte sich auf zweiradgetrieben Fahrzeuge. Unterstützend begleitet wurde diese Entwicklung dadurch, dass die Straßen und Wege, auf denen die frühen Motorkutschen knatterten, immer besser wurden. Sie wurden gepflastert; auch die noch relativ junge Technik der Asphaltierung – im 19. Jahrhundert vom Schotten John Loudon MacAdam erfunden – verbreitete sich immer weiter. So war der Gedanke an ein Automobil, das auf schlechten Wegen fahren konnte, immer schlechter zu verkaufen.

Mercedes 170 VK Kübel-Nachrichtenwagen (1940)

Lohner-Porsche Radnabenwagen, am Steuer Ferdinand Porsche (1902)

Den entscheidenden Impuls für die forcierte Entwicklung des Allradantriebs brachte – wie so oft in der Technikgeschichte – das Militär. Hier ahnte man bereits vor dem Ersten Weltkrieg die strategischen Chancen, die sich bei geländegängigen Fahrzeugen ergeben würden. Dabei ging es in erster Linie um Nutzfahrzeuge. Technisches Hauptproblem war die Verfügbarkeit geeigneter Gelenke für die Antriebwellen zu den gelenkten Vorderrädern.
So versuchten die Techniker das Problem anders zu lösen. Ferdinand Porsche – mittlerweile Technischer Direktor der Österreichischen Daimler-Motoren-Gesellschaft in Wiener Neustadt – hatte 1912 eine Achttonnen-Zugmaschine mit 100-PS-Sechszylinder, zusätzlichem 70-kW-Dynamo und Sperrdifferenzial gebaut. Der sogenannte »Landwehr-Train« konnte sowohl auf der Schiene als auch auf der Straße fahren, jede zweite Achse wurde elektrisch angetrieben.
In den USA wurde 1916 der allradgetriebene Jeffrey Quad Truck eingeführt. Er besaß keine einzeln gelenkten Vorderräder, also die heute bekannte Achsschenkellenkung; sondern die gesamte starre Vorderachse wurde geschwenkt – also eine so genannte Deichsellenkung, wie man sie noch heute an Lastwagen-Anhängern findet. Auch das ersparte die Antriebsgelenke.

Spätestens in den 30er-Jahren waren Allradfahrzeuge im militärischen Einsatz gang und gäbe. Dies galt sowohl für kleinere Kommando-Wagen, als auch für schwere, mehrachsige Lastkraftwagen. Bei den Geländesportwettbewerben jener Zeit wurden freilich auch leichte heckgetriebene Kübelwagen eingesetzt, deren Bodenfreiheit über 25 cm betrug.
Natürlich arbeiteten auch deutsche Hersteller an derartigen Fahrzeugen. Mercedes war bereits 1907 mit dem so genannten Dernburg-Wagen in Erscheinung getreten; seinen Beinamen hatte er vom Staatssekretär des Reichskolonialamtes Bernhard Dernburg. Er besaß Allradantrieb und Allradlenkung und war vor allem bei den Polizeitruppen im damaligen Deutsch-Südwestafrika (heute: Namibia) eingesetzt. Die BMW AG, deren Auto-Aktivitäten vor dem Zweiten Weltkrieg noch in Eisenach angesiedelt waren, brachten nach einer Ausschreibung des Heereswaffenamtes von 1933 den Einheits-Pkw 325 mit Sechszylinder-Benzinmotor und Allradlenkung; Mercedes kam ab 1936 mit den von den Nazi-Größen favorisierten Dreiachser-Baureihen G1 bis G4, brachte aber unabhängig von der erwähnten Ausschreibung auch den 170 VL Kommandeurswagen mit Allradlenkung. Der »Kübelsitzwagen W 139« basierte auf dem Pkw-Typ 170 V mit Frontmotor, übernahm auch dessen 38

Mercedes L 1500 A Mannschaftswagen (1941)

PS starken Vierzylinder. Es gab davon zwei Varianten: Einmal den 170 VG mit gelenkten Vorderrädern und zuschaltbarem Allradantrieb; zum anderen den 170 VL mit permanentem Allradantrieb und vier gelenkten Rädern. Rund 100 Exemplare gingen an die deutsche Wehrmacht; vom Nachfolgetyp G5 (mit 2,0-Liter-Benzinmotor) waren es immerhin rund 375 Exemplare.
Volkswagen – sprich: KdF – kaprizierte sich damals offiziell nur auf heckgetriebene Autos. Tatsächlich aber arbeitete man angesichts des bevorstehenden Kriegs fieberhaft an Allradkonzeptionen. Zuschaltbaren Allradantrieb bekamen schließlich die Käfer-Versionen Typ 87 (der höhergelegte »Kommandeurswagen«) von 1940 und der Schwimmwagen Typ 166 von 1941. Daneben gab's auch den nur heckgetriebenen Schwimmkübel Typ 128. Der legendäre Kübelwagen Typ 82 hatte dagegen nur zwei angetriebene Hinterräder.
Als Urtyp des Geländewagens nach heutigem Verständnis kann aber dennoch der amerikanische Jeep gelten; nicht umsonst wird umgangssprachlich noch heute jeder Geländewagen ungeachtet der Herstellermarke als »Jeep« bezeichnet. Ausgangspunkt war eine an 135 amerikanische Hersteller gerichtete Ausschreibung des US-Militärs. Anders als die deutsche Wehrmacht wünschten sich Amerikaner das Fahrzeug klein, leicht und kompakt: Nicht schwerer als 590 kg sollte es sein, nicht mehr als 2032 mm Radstand haben und mindestens 16 cm Bodenfreiheit. Höchste Eile war geboten.
Übrig blieben drei Hersteller, die mit ihren Entwicklungen Ende 1940 auf einem Armee-Testgelände zur Erprobung antraten: American Bantam und Willys-Overland als relativ kleine Marken und die Ford Motor Company als einziges Großunternehmen. Klar geworden war dabei, dass das anfangs angepeilte Gewichtslimit nicht zu halten war; es wurde auf 980 kg hochgesetzt. Vor einer endgültigen Entscheidung für eines der drei Fabrikate wurden nochmals 1500 Fahrzeuge jeden Herstellers geordert. Danach beschloss die US Army, die jeweils besten Eigenschaften zu einem einzigen Fahrzeug vereinen zu lassen; Basis bildete der von Willys entwickelte Wagen.
Als »der amerikanische Militär-Jeep« ging der Wagen in die Automobilgeschichte ein wie kaum ein anderes Fahrzeug. Die Bezeichnung »Jeep« war zunächst nicht mehr als die lautmalerische Schreibweise des Kürzels GP – was für »General Purpose« stand, also »Allgemeinen Einsatz«. Bis Ende des Zweiten Weltkriegs wurden rund 360.000 Exemplare von Willys geliefert, von Ford nochmals knapp 280.000 Stück.

Mercedes G4 (1939) (1939)

Nach dem Zweiten Weltkrieg hatte die einst nur im militärischen Umfeld angesiedelte Allradtechnik langsam, aber stetig Eingang in den zivilen Bereich gefunden. So wie einst frühere Army-Jeeps dank ihrer ungeahnten Einsatzmöglichkeiten von Weinbauern, Jägern und Globetrottern entdeckt wurden, kamen in den 50er/60er-Jahren vor allem englische Allradfahrzeuge auch in Deutschland in Mode. Der britische Land Rover, eigentlich als landwirtschaftliches Arbeits- und Transportfahrzeug konzipiert, wurde zum bevorzugten Fahrzeug auch für Privatleute, die auf Mobilität auch auf schwierigen Bodenverhältnissen angewiesen waren. Die Jahres-Verkaufszahlen der meisten Fahrzeuge bewegten sich allerdings überwiegend nur im dreistelligen Bereich – auch nachdem erste deutsche Angebote wie etwa der DKW Munga verfügbar waren.

In den USA entwickelte sich derweil ein weitaus größerer Privatmarkt – zunächst vor allem in den Flächenstaaten im Süden und Südwesten. Ausgehend von den Kleinlastwagen, den Pickup-Trucks, entstanden auch geschlossene Fahrzeuge in Kombi- oder Kastenwagenbauweise, die mit modischen Styling und bequemem Interieur mehr sein wollten als reine Zweckfahrzeuge. Gekauft wurden sie überwiegend von Farmern, die über ihre weitläufigen Ländereien fahren und ihre teils abgelegenen Gehöfte auch bei widrigen Wetterverhältnissen sicher erreichen wollten. Allradantrieb war (und ist bis heute) dabei nicht unbedingt Voraussetzung: Für überwiegend flaches und griffiges Gelände reichte die erhöhte Bodenfreiheit und die robuste Bauweise. Als Alternative zum normalen Pkw – der spätestens ab den 60er-Jahren immer weniger geeignet schien für die Fahrt abseits des Asphaltes – wurden auch die Allradfahrzeuge immer größer, bequemer, stärker und komfortabler.

In den späten 70er- und früher 80er-Jahren schwappte die Allradwelle auch immer mehr auf Europa im Allgemeinen und Deutschland im Besonderen über. Zunächst deckten allerdings freilich vor allem die Importfabrikate den Bedarf. Vor allem japanische Hersteller – Toyota, Mitsubishi, Nissan, Isuzu und Suzuki – kamen mit Fahrzeuge, die ihre Wurzeln überwiegend im Militärischen Bereich hatten. Als einzige deutsche Marken bediente Mercedes die Wünsche der Geländewagenfreunde: mit dem ebenfalls aus militärischen Lastenheften geborenen G-Modell. Der zu eindeutig auf Armeebedürfnisse zugeschnittene und daher unbequeme VW Iltis, schon vorher erschienen, kam zivil nie auf große Verkaufzahlen. Dennoch fanden beide ihre Liebhaber.

Den großen Gesinnungswandel bei den deutschen Herstellern brachten erst die 90er-Jahre. Als erster Massenhersteller warf Opel 1991 den zwar auf einer japanischen Pickup-Konstruktion basierenden, aber dennoch auf die Bedürfnisse deutscher Privatkäufer zugeschnittenen Geländewagen Frontera auf den Markt, der auch prompt die Marktführerschaft errang. Die eigentliche Initialzündung für den deutschen SUV-Boom bildete freilich wieder Mercedes. 1996 debütierte – zunächst als Studie AAV, erst ein

BMW 325 (1941)

VW Kübelwagen Typ 82 (1940)

VW Schwimm-Kübel Typ 166 (1941)

Jahr später als Serienauto – die M-Klasse genannte Baureihe W 163. Schon dieser interne Modellcode zeigte den Gesinnungswandel: Die G-Modelle waren als eigenständige Kategorie eingeführt worden und zunächst beispielweise vertriebstechnisch dem Nutzfahrzeugbereich zugeordnet; daher auch die Baureihenbezeichnungen G 460, G 463. Im Gegensatz dazu war die M-Klasse schon im Projektstadium mit Kennbuchstaben W versehen und somit eindeutig als Pkw gedacht: Mercedes-Personenwagen waren seit jeher intern mit dem Buchstaben W bezeichnet – der schlicht für »Wagen« stand.

Im Gefolge von Mercedes entwickelten auch die anderen deutschen Hersteller ihre eigenen Geländewagenmodelle, bei denen aber kaum ein Gedanke an die militärische Verwendbarkeit verschwendet wurde. Im Focus stand vielmehr der Privatkäufer, vor allem in den USA. BMW erschien 1999 mit der X-Baureihe – nachdem ein Jahrzehnt zuvor eine bereits seriennah entwickeltes Konzept wieder beiseite gelegt worden war. Im neuen Jahrtausend kamen die von Porsche und VW gemeinsam entwickelten Baureihen Cayenne und Touareg.

Nun etablierte sich auch endgültig die Bezeichnung SUV für diese modernen, für den überwiegenden Straßeneinsatz ausgelegten Allradfahrzeuge. Der von Opel unternommene Versuch, den Begriff Freizeitfahrzeuge zu etablieren, war zur Jahrtausendwende schon fast vergessen. Auch die Gattungsbezeichnung SUV ist freilich nichts spezifisch Deutsches; sie stammt aus den USA: Als Sport Utility Vehicles (sportliche Nutzfahrzeuge) werden dort schon seit den 80er-Jahren alle Geländewagen für den privaten Nutzer bezeichnet – unabhängig von der technischen Konzeption und Ausrichtung. In Deutschland versteht man darunter vor allem die teils nur eingeschränkt geländefähigen Allradler. Die Abgrenzung von den nur für eine Minderheit gedachten Offroader und Geländewagen klassischer Prägung kommt den Marketingabteilungen der Hersteller gerade recht. Denn während die Abstammung des Geländewagens vom militärischen Nutzfahrzeug heute als Makel empfunden wird, passt ein SUV gut in den modernen jugendlich sportlichen Zeitgeist.

Diese Entwicklung dauert weiter an. Der moderne SUV hat sich als zwar teure, aber prestigeträchtige Alternative zum Personenwagen der gehobenen Klasse auch in Deutschland etabliert. Die Grenzen zum klassischen Nutz-Geländewagen werden immer schärfer, die zum Pkw verwischen sich immer mehr. Das erste Jahrzehnt des 21. Jahrhunderts wird, so glauben jedenfalls Marktforscher und Auto-Experten, als das Jahrzehnt der Crossover-Modelle in die Autogeschichte eingehen. Gemeint sind damit immer stärker am Pkw orientierte Mischformen der einst klar abgegrenzten Fahrzeuggattungen.

Allradtechnik

Die Technik von Offroadern unterscheidet sich teils deutlich von denen normaler Personenwagen. Zum einen liegt das daran, dass zumindest traditionelle Geländewagen ihre Wurzeln nicht im Pkw, sondern im Nutzfahrzeug haben; zum anderen aber natürlich daran, dass an geländegängige Fahrzeuge andere Ansprüche gestellt werden als an reine Straßenfahrzeugen. Der größte Unterschied besteht darin, dass für den Geländeeinsatz gedachte Autos fast immer über Allradantrieb verfügen, wohingegen die Mehrzahl normaler Pkw mit einer Antriebsachse auskommt. Doch gerade auf nicht befestigtem Untergrund setzt jedes nicht angetriebene Rad dem Vortrieb Widerstand entgegen, jedes angetriebene fördert ihn. Insofern war der Gedanke naheliegend, alle Räder mit Antriebskraft zu versorgen.

Voraussetzung für den Antrieb gelenkter Räder war jedoch die Verfügbarkeit geeigneter Antriebsgelenke. Zwar gab es auch schon sehr früh Versuche mit allradgetriebenen Automobilen; knapp nach der Jahrhundertwende experimentierte man bereits mit elektrischen Nabenmotoren in allen Rädern. Doch nachdem sich abzeichnete, dass nicht der elektrische, sondern der Verbrennungsmotor das Rennen um die bevorzugte Kraftquelle im Automobil machen würde, gerieten diese Antriebsformen für fast 100 Jahre weitgehend in Vergessenheit.

Als in den 20er-Jahren erst Doppelkreuz-, später Gleichlauf-Kugelgelenke zu erträglichen Preisen verfügbar waren, war der Weg nicht nur frei für den Front-, sondern auch für den Allradantrieb. Das brachte insbesondere die Entwicklung geländefähiger Kraftfahrzeuge einen großen Schritt voran. Während man zuvor auf dem Wege möglichst großer Bodenfreiheit und großer Räder eine Tauglichkeit für schlechte Wege zu erreichen suchte, eröffnete der Allradantrieb ganz neue Perspektiven: Nun konnte man durch Versorgung aller Räder mit Antriebsenergie auch auf Böden mit geringem Reibwert noch genug Vortrieb zur Überwindung der Fahrwiderstände und sogar größerer Hindernisse realisieren. Und daran hatte nicht zuletzt das Militär großes Interesse. Wenn es lediglich um Traktionsreserven ging, schien eine bedarfsweise Zuschaltung der zweiten Achse vollkommen ausreichend. Noch heute verfügen viele einfach konzipierte Geländefahrzeuge nur über einen zuschaltbaren Allradantrieb; auf befestigtem Boden und Untergründen mit ausreichendem Reibwert genügte und genügt der Antrieb einen einzigen Achse. Von Fahrzeugen in Offroad-Optik, die ohnehin nur eine angetriebene Achse haben, mal ganz zu schweigen.

Zuschaltbarer Allradantrieb

Beim klassischen Geländewagen, als deren Archetyp der im Zweiten Weltkrieg bekannte gewordene amerikanische Jeep gilt, ist der Antriebsstrang als konventioneller Standardantrieb ausgelegt: Der vorn längs eingebaute Antriebsblock aus Motor, Kupplung und Schaltgetriebe treibt über eine Kardanwelle die Hinterachse an. Zur wahlweisen Versorgung der Vorderachse mit Kraft gibt es ein zusätzliches Aggregat: das Verteilergetriebe. Es sitzt hinter dem Schaltgetriebe und leitet die Kraft geradeaus durch zur Hinterachs-Kardanwelle. Zusätzlich lässt sich über eine formschlüssige Verbindung ein zweiter Kraftausgang mit anbinden – für die zweite Kardanwelle zur Vorderachse.

1

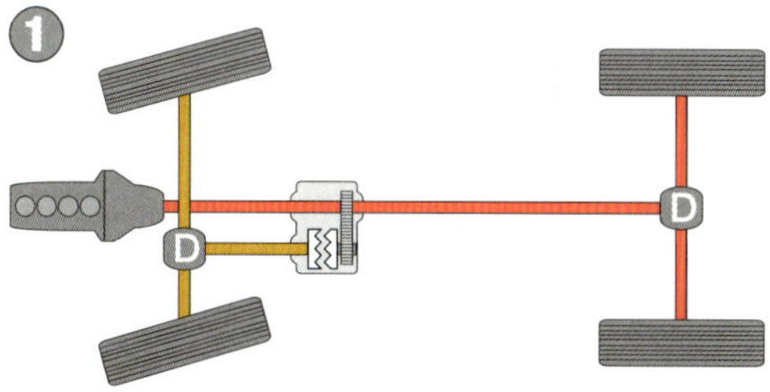

Starrer Allradantrieb mit Antriebswelle zur Vorderachse

Zuschalten lässt sich der zusätzliche Vorderachsantrieb prinzipiell bei jedem Tempo – obwohl dabei eine kraftschlüssige Verbindung eingerückt wird, die grundsätzlich gleiche Drehgeschwindigkeit der zu verbindenden Bauteile erfordert. Denn die liegt ja auch während der Fahrt vor: Der Vorderachs-Antriebsstrang dreht sich entsprechend der Fahrgeschwindigkeit mit, passiv mitbewegt von den rotierenden Vorderrädern.

Bei dieser Art des Allradantriebs müssen sich die Räder beider Achsen immer mit der gleichen Drehzahl bewegen. Ein Drehzahlausgleich zwischen den Achsen ist nicht vorgesehen, denn die beiden Kardanwellen zu den Achsen werden ja starr miteinander verbunden. Im Gelände ist das durchaus vorteilhaft: Es genügt, wenn nur eine Achse noch genug Vortrieb hat, um das Fahrzeug voran zu bringen.

Bei Fahrten auf befestigten Fahrbahnen mit gleichmäßigem Reibwert ist dieser Antrieb aber nur eingeschränkt brauchbar. Zwar ergibt die zwangsweise »Gleichschaltung« der Raddrehzahlen einen gewissen Stabilisierungseffekt beim Geradeausfahren – das Auto »sträubt« sich, aus der Spur zu geraten. Es wehrt sich aber auch gegen jeden beabsichtigten

Richtungswechsel – die Lenkbarkeit ist eingeschränkt. Bei geringen Reibwerten leidet die Lenkbarkeit besonders stark: Ein Auto mit starrem Allradantrieb zeigt auf glattem Untergrund ein indifferentes, unberechenbares Kurvenverhalten – mal schiebt das Auto über die eingeschlagenen Vorderräder, mal drängt das Heck nach außen. Bei Kurvenfahrten auf griffigem Untergrund entsteht ein so genanntes Blindmoment: Weil in Kurven die Vorderräder einen größeren Bogen beschreiben als die Hinterräder, müssen die Vorderräder die hinteren mitschleppen bzw. die Hinterräder bremsen die vorderen ab.

Der Ausgleich der Drehzahlen muss also über den Schlupf der Reifen gegenüber der Fahrbahn erfolgen. Das heißt: Der Antrieb verspannt sich. Die Bauteile des Antriebsstrangs werden dabei belastet, ohne dass effektiv Antriebskraft übertragen wird. Dies geschieht in höherem Maße, wenn der Untergrund griffiger wird – sich also der Kraftschluss zwischen Reifen und Fahrbahn verbessert. Maßgeblich für die Höhe des Blindmoments ist außerdem die Fahrzeuglänge und der Kurvenradius: Je enger die Kurve und je größer der Radstand, desto größer ist der Raddrehzahlunterschied, der über den Radschlupf auszugleichen ist.

Bei Autos, bei denen keine hohen Anforderungen an das Straßenfahrverhalten gestellt werden, wurde dieser starre Allradantrieb sogar ohne Abschaltmöglichkeit eingebaut. Ein Beispiel ist der DKW Munga, bei

2

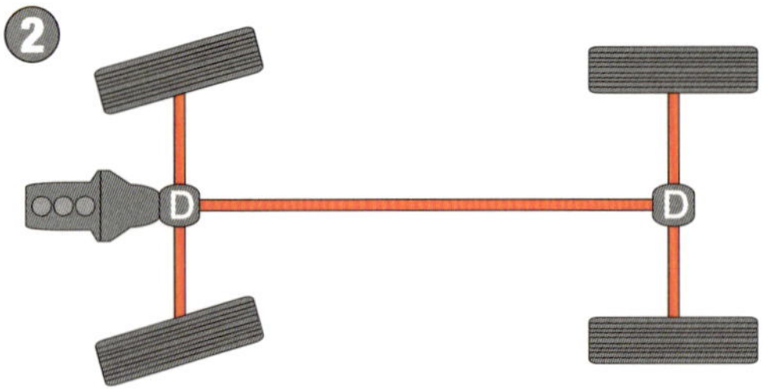

Starrer Allradantrieb ohne Abschaltmöglichkeit

dem der stabilisierende Effekt der starren Antriebsachsenkoppelung sogar als wünschenswert angesehen wurde, weil der Wagen durch seinen sehr kurzen Radstand ohnehin mit einem verhältnismäßig instabilen Geradeauslauf zu kämpfen hatte. Bei moderneren und größeren Fahrzeugen ist es hingegen erforderlich, bei Straßenfahrt den Allradantrieb abzuschalten, um eine optimale Lenk- und Bremsbarkeit zu erhalten.

Auch die Bremsbarkeit leidet unter der starren Verbindung der Achsen, vor allem die Richtungsstabilität bei Vollbremsungen: Wenn beim Bremsen die Räder einer Achse blockieren, blockieren die der anderen zwangsweise mit – das Fahrzeug wird schlagartig unlenkbar. Dagegen hilft auch ein ABS nur eingeschränkt: Der Blockierverhinderer ist für eine einwandfreie Funktion auf unabhängig voneinander brems- und regelbare Räder angewiesen. Sind die beiden Antriebsachsen starr miteinander gekoppelt, gibt prinzipiell das Rad mit der schlechtesten Haftung die Höhe der übertragbaren Bremskraft vor – die Bremswege verlängern sich erheblich.

Freilaufeinrichtungen

Bei einfachen Geländewagen wird der simple zuschaltbare Allradantrieb auch heute noch vereinzelt angewandt – vor allem bei Nutzfahrzeugen. Ein – besonders in den USA – gern gebrauchtes Argument, warum die Abschaltbarkeit einer Antriebsachse sinnvoll sein könnte, ist die theoretisch mögliche Kraftstoffeinsparung. Voraussetzung dafür ist freilich, dass tatsächlich der gerade nicht benötigte Antriebsstrang – meist der vordere – stillgesetzt wird. Er wird ja normalerweise durch die nicht angetriebenen Vorderräder passiv mitgeschleppt. Das vermeiden Freilaufeinrichtungen in der zuschaltbaren Antriebsachse – im einfachsten Fall Freilaufnaben: Sie unterbrechen den Antrieb direkt am Rad, zwischen Achs- bzw. Antriebswelle und Radnabe.

Die einfachste und zuverlässigste Variante sind manuelle Freilaufnaben, die durch einen von außen zugänglichen Knebelgriff entriegelt werden können. Ist der Allradantrieb im Verteilergetriebe abgeschaltet und sind beide Naben entriegelt, kann der Vorderradantrieb ruhen: Vordere Kardanwelle, Vorderachsdifferenzial und vordere Antriebswellen müssen nicht mit rotieren. Dadurch lässt sich eine Kraftstoffeinsparung von rund 1 bis 3 Prozent und außerdem eine Verbesserung des Antriebskomforts erreichen. Etwaige Unwuchterscheinungen in Kardan- und Antriebswellen verlieren ihr Bedeutung, können keine störenden Geräusche oder Vibrationen verursachen, weil diese Bauteile ja still stehen.

3

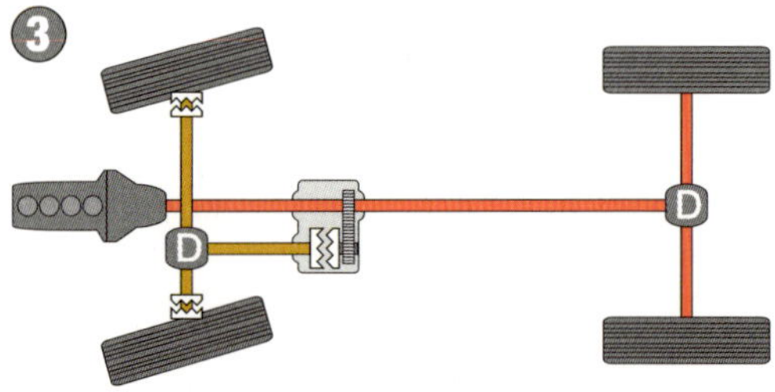

Starrer Allradantrieb mit Freilaufnaben in der zuschaltbaren Vorderachse

Vor dem Zuschalten des Allradantriebs müssen die Freilaufnaben natürlich wieder verriegelt werden, sonst ist die Zuschaltung zwecklos. Ob die Naben dabei direkt vor Aktivierung des Allradantriebs gesperrt werden oder schon vorbeugend vor Antritt der Fahrt, ist dabei ohne Belang. Sind die Naben gesperrt, kann der Allradantrieb jederzeit zugeschaltet werden, auch während der Fahrt: Der Vorderachsantrieb läuft dann passiv mit – als ob gar keine Freilaufnaben vorhanden wären. Das Verriegeln manueller Freilaufnaben – wie sie in unterschiedlichen Opel-Allradmodellen wie dem Campo, dem Frontera Sport oder dem Monterey A eingebaut wurden – ist quasi eine Art Vorwahl des Allradmodus schon vor Fahrtantritt.
Eine nur scheinbare Bedienungserleichterung bringen so genannte automatische Freilaufnaben. Sie verriegeln sich selbsttätig, wenn das Fahrzeug bei aktiviertem Allradantrieb in Bewegung gesetzt wird, und stellen die Verbindung zwischen Antriebswelle und Rad her. So ersparen sie das manuelle Verriegeln direkt am Rad. Wird der Allradantrieb danach wieder abgeschaltet, bleiben sie so lange verriegelt, bis im Zweiradmodus ein Stück rückwärts gefahren wird. Leider sind sie aber in der Praxis unzuverlässig: Manchmal entriegeln sie sich unbeabsichtigt während der Fahrt im Zweirad-Modus – vielleicht auch nur eine der beiden Naben. Ein Zuschalten des Allradantriebs während der Fahrt bei entriegelten Naben hätte fatale Folgen: Schließlich würde dann versucht, ein stillstehendes und ein entsprechend der Fahrgeschwindigkeit rotierendes Bauteil formschlüssig zu verbinden.
Hat das Auto – hier kommen wieder verschiedene Opel-Allradler in Betracht, aber auch Modelle von Ford – automatische Freilaufnaben, muss daher zum Einschalten des Allradantriebs grundsätzlich angehalten werden; ein freies Hin- und Herschalten zwischen Heck- und Allradantrieb ist unzulässig. Um diesen groben Nachteil automatischer Freilaufnaben zu umgehen, verfügte der Ford Maverick I über eine Synchronisierungseinrichtung im Verteilergetriebe: Damit wurde beim Zuschalten während der Fahrt der vordere Antriebsstrang hochbeschleunigt, ehe die formschlüssige Verbindung im Verteilergetriebe einrückte. So war das Zuschalten immerhin bis zu Geschwindigkeiten von 40 km/h möglich.
Beim Ford-Pickup Ranger kommt eine Sonderform der automatischen Freilaufnaben mit elektrischer Rücksetzung zum Einsatz: Hier ist nur beim erstmaligen Allrad-Zuschalten das Anhalten erforderlich; die Naben werden nicht durch Rückwärtsfahren entriegelt, sondern nur durch Druck auf einen entsprechenden Schalter. Solange dieses vorsätzliche Rücksetzen unterbleibt, kann auch während der Fahrt umgeschaltet werden.

Ein relativ modernes System haben die zweiten Generationen von Opel Frontera und Monterey: Hier sitzt die Freilaufeinrichtung im Vorderachsdifferenzial. Im Zweiradbetrieb stillgesetzt wird dabei freilich nicht

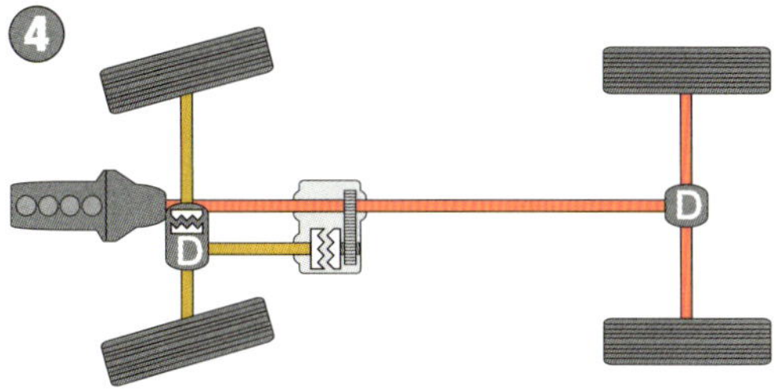

Starrer Allradantrieb mit Freilaufeinrichtung im Differenzial der zuschaltbaren Vorderachse

der gesamte vordere Antriebsstrang, sondern lediglich die Vorderachskardanwelle und Teile des Differenzials. Die theoretisch mögliche Verbrauchseinsparung wird hier aber endgültig bedeutungslos. Der technische Hauptvorteil, die Komfortförderung durch den Wegfall der Geräusche und Vibrationen der vorderen Kardanwelle, bleibt jedoch erhalten. Die Freilaufeinrichtung arbeitet vollautomatisch per Unterdruck und verfügt über eine Synchronisierung, die ein Zuschalten des Allradantriebs während der Fahr erlaubt. Diese vollautomatischen Systeme haben die klassischen Freilaufnaben heute weltweit fast völlig verdrängt.

Permanenter Allradantrieb

Vollwertig, weil auch auf befestigten Fahrbahnen ohne Einschränkung nutzbar, wird der Allradantrieb erst, wenn der Drehzahlausgleich zwischen den Achsen möglich ist. Man spricht dann von einem permanenten Allradantrieb. Traditionell versieht die Aufgabe des Drehzahlausgleichs ein Differenzialgetriebe – ähnlich dem, wie es in den Antriebsachsen installiert ist. Viele modernen Systeme erreichen den gleichen Effekt dadurch, dass nur eine Achse direkt und formschlüssig mit Kraft versorgt wird; die zweite Achse wird über unterschiedliche Formen kraftschlüssiger Kupplungen angetrieben.
Beim klassischen Allradantrieb mit Zentraldifferenzial – auch als Ferguson-Antrieb bezeichnet, weil vom englischen Traktoren- und Sportwagenhersteller Ferguson erstmals in Serie realisiert – nimmt die Kraft einen scheinbar umständlichen Weg. Vom vorn längs eingebauten Triebwerk, bestehend aus Motor, Kupplung und Schalt- bzw. Automatikgetriebe, fließt sie erst nach hinten zum Verteilergetriebe mit dem Zen-

traldifferenzial. Dessen Krafteingang ist mit dem Triebwerk verbunden; die beiden Kraftausgänge mit je einer Kardanwelle, deren eine zur Hinterachse, die andere am Triebwerk vorbei nach vorn führt. Eine Sonderbauform dieses Systems, verwendet etwa bei

5

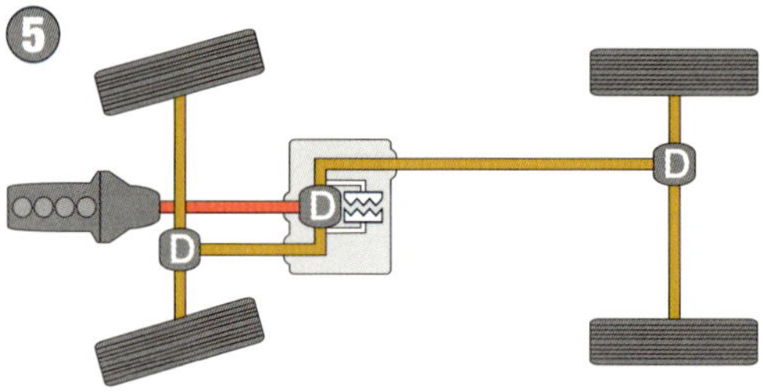

Permanenter Allradantrieb mit Zentraldifferenzial und manuell formschlüssig sperrbarem Zentraldifferenzial

Audi und anderen, auf Fronttrieblern basierenden Allradfahrzeugen, spart sich die Vorderachs-Kardanwelle: Hier sitzt der Motor vor der Vorderachse, das Getriebe dahinter. Die Getriebehauptwelle ist als rohrförmige Hohlwelle ausgeführt; durch sie hindurch führt die Antriebswelle wieder nach vorn zum Vorderachs-Differenzial.

Zentraldifferenziale – auch als Mittendifferenzial bezeichnet – gibt es in unterschiedlichen Bauausführungen. Normale Kegelraddifferenziale, wie sie auch als Achsdifferenzial üblich sind, verteilen das Antriebsmoment grundsätzlich zu gleichen Teilen auf Vorder- und Hinterachse. Planetenraddifferenziale ermöglichen eine asymmetrische Kraftverteilung; dabei kann der Konstrukteur frei entscheiden: Geht der größere Teil nach vorn, wird ein auch für Ungeübte einfach beherrschbares, untersteuerndes Eigenlenkverhalten erzielt; geht der größere Teil nach hinten, ergibt sich ein kurvenwilligeres, sportlicheres Fahrverhalten. VW Touareg und Porsche Cayenne sind Beispiele, dass auf Basis des gleichen Verteilergetriebes eine unterschiedliche Auslegung des Zentraldifferenzials ein unterschiedliches Fahrverhalten zur Folge haben kann.

Wie auch immer baulich ausgeführt, stets ist eine Sperrvorrichtung für das Zentraldifferenzial nötig. Denn sonst würde das Abreißen der Traktion an nur einem Rad genügen, um den Vortrieb zum Erliegen zu bringen – weil sich die Drehzahlen zwischen allen Rädern frei ausgleichen könnten. Die klassische Variante hierfür ist die manuelle Zentraldifferenzialsperre, wie sie etwa im Mercedes G (Baureihe 463) verwendet wird. Dabei wird über eine formschlüssige Verbindung das Zentraldifferenzial bedarfsweise blockiert; so entsteht ein starrer Durchtrieb zwischen Vorder- und Hinterachse – mit allen Vor- und Nachteilen.

Eine andere Möglichkeit, realisiert beispielsweise im VW Touareg bzw. Porsche Cayenne und in der Mercedes M-Klasse der zweiten Generation, ist die Sperrung des Differenzials über eine formschlüssige Verbindung. Dabei hemmt eine stufenlos regelbare Lamellenkupplung den Ausgleich im Zentraldifferenzial. Gesteuert wird sie über eine elektronische Rege-

6

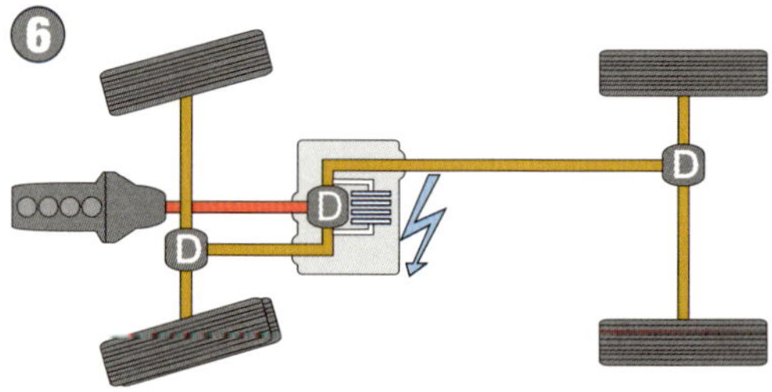

Permanenter Allradantrieb mit automatischer Zentraldifferenzialsperre durch stufenlos regelbare Lamellenkupplung

lung, deren Sensoren die Drehzahlen von Vorder- und Hinterrädern vergleichen und so ein Durchdrehen an einer Achse erkennen können. Nachteilig ist dabei, dass erst Schlupf, also ein merkliches Durchdrehen von Antriebsrädern erfolgen muss, ehe das System aktiv wird. Das kann bei besonders kritischen Untergrund – etwa Weichsand oder tiefem, weichem Boden – dazu führen, dass sich diese durchdrehenden Räder eingraben und das Auto stecken bleibt. Daher gibt es bei VW und Porsche die Möglichkeit, manuell – sozusagen vorbeugend – die Kupplung voll anzulegen und so auch wieder eine starre Verbindung zwischen den Achsen herzustellen. Das Mercedes-System ermöglich per Drehregler sogar die stufenweise »Vorspannung« der Lamellenkupplung.

Schlicht im Aufbau ist ein Viskoelement zur Sperrung bzw. Teilsperrung des Zentraldifferenzials. Das System kommt ohne Elektronik aus; von deutschen Herstellern wurde es nie eingesetzt. Lediglich der fränkische Mercedes-Allrad-Umrüster Iglhaut benutzt es auf Wunsch beim allradgetriebenen Sprinter; dort kommt ein japanisches Verteilergetriebe zum Einsatz.

Nur auf den ersten Blick einfach, aber baulich aufwendig (weil teuer in der Herstellung), sind selbstsperrende Zentraldifferenziale. Die bekannteste, von Audi bekannte gemachte Form ist das so genannte Torsen-Differenzial. Das Kurzwort bedeutet »torque sensing« (engl. für Drehmoment fühlend); bei der ursprünglichen Form kommt dabei eine komplizierte Kombination von Schnecken- und Stirnrädern zum Einsatz. Das klassische Torsen-Differenzial nutzt die

geometrisch bedingte Eigenart von Schneckengetrieben, dass die Kraft immer nur in eine Richtung fließen kann – von der Schnecke zum Schneckenrad. Auf diese Weise fließt im Torsen-Differenzial das Antriebsmoment bevorzugt zur »schwergängigen« Achse, also zu der, die auf griffigem Untergrund läuft. Somit ist keine separate Sperrmöglichkeit mehr nötig – es kann ja keine Kraft an durchdrehenden Rädern »entweichen«. Die Grundkraftverteilung ist variabel, je nach Bodenverhältnissen; der maximale Sperrwert hängt von der geometrischen Auslegung ab und kann faktisch bis zu 100 Prozent erreichen.
Einen generell anderer Weg, den Antriebsachsen unterschiedliche Drehzahlen zu ermöglichen, sind die so genannten Hang-On-Systeme. Wie bereits erwähnt, wird dabei nur einer Achse direkt Antriebsmoment zugeleitet; die anderen beiden Räder werden je nach Untergrund mit mehr oder weniger Kraft versorgt. Den ersten Serieneinsatz erlebte diese Art von Antrieb bei Volkswagen. In den Allrad-Pkw mit Quermotor und auch im geländegängigen VW Bus (T3) Syncro besorgte die Kraftverteilung eine Viskokupplung. Das ist ein Kurzwort für »viskositätsgeregelte Kupplung« und ein Hinweis darauf, dass die Regelung der Kraftübertragung über die Viskosität (Zähflüssigkeit) der Ölfüllung realisiert wird. Baulich besteht die Viskokupplung aus einer geschlossenen, mit Silikonöl gefüllten Trommel, in der paarweise Kupplungslamellen untergebracht sind. Sie haben keinen direkten Kontakt zueinander und sind abwechselnd mit dem Krafteingang (vom Triebwerk) und dem Kraftausgang (zur »angehängten« Antriebsachse) verbunden.

7
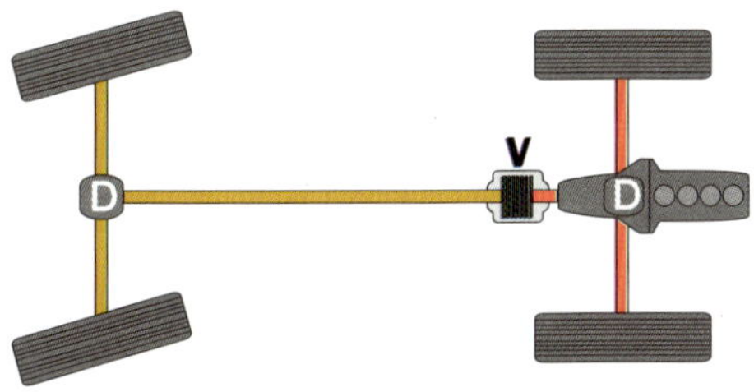

Permanenter »Hang-on«-Allradantrieb mit Viskokupplung, hier mit Heckmotor

Mit steigenden Drehzahlunterschieden zwischen Kraftein- und -ausgang werden die getriebenen Lamellen immer stärker von den treibenden Lamellen mitgenommen. So lässt sich auch für diese Art von Antrieb keine Grundkraftverteilung angeben – sie ist variabel. Nachteil der wirksamen und außerordentlich zuverlässigen Lösung ist, dass die Verbindung zwischen den Achsen nie wirklich ganz unterbrochen wird. So wird immer ein gewisses Blindmoment im Antriebsstrang aufgebaut, was sich durch Verspannungen und ein gehemmtes Vorankommen bei vollem Lenkeinschlag bemerkbar macht. Außerdem verträgt sich das System nur bedingt mit dem elektronischen Blockierschutz ABS und gar nicht mit elektronischen Fahrhilfesystemen (Fahrdynamikregelsystemen) wie ESP. Deshalb wird seit der Jahrtausendwende kein deutsches Allradauto mehr mit diesem System ausgerüstet.
Abgelöst wurden die Viskokupplungen durch elektronisch geregelte Lamellenkupplungen. Bei diesem Systemen, erstmals im Ford Explorer II, später im Opel Monterey eingebaut, wird die Hinterachse starr angetrieben; der Antrieb zur Vorderachse ist über eine im Ölbad laufende Mehrscheibenkupplung »angehängt«. Die Kupplung wird hydraulisch aktiviert; je höher der angelegte Druck, desto mehr Kraft wird übertragen. Geregelt wird der Druck elektronisch; Regelgröße sind die Drehzahlen von Vorder- und Hinterachskardanwelle. Erfassen entsprechende Sensoren Drehzahlunterschiede – etwa bei Durchdrehen der primär angetriebenen Hinterräder – wird der Druck erhöht und damit mehr Kraft zur Vorderachse geleitet.

8
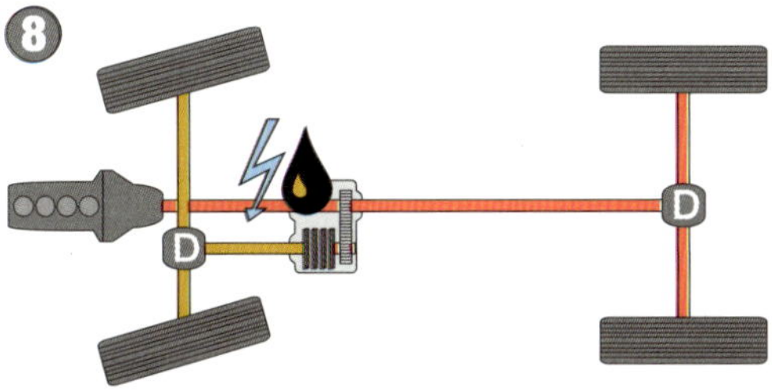

Permanenter »Hang-on«-Allradantrieb mit elektronisch geregelter, hydraulisch betätigter Lamellenkupplung

Eine moderne Bauform dieses Systems ist der im Facelift-BMW X5 und im BMW X3 verwendete »X-Drive«-Antrieb. Baulich unterscheidet er sich von den US-Systemen von Opel und Ford dadurch, dass das Lamellenpaket nicht hydraulisch, sondern durch eine per Elektromotor angetriebene Schnecke zusammengedrückt wird. Das ermöglicht schnellere Regelzyklen. Die nutzt BMW – bzw. Magna-Steyr, wo das System entwickelt wurde – dazu, das Allradsystem nicht nur als Traktionshilfe für rutschigen Untergrund, sondern auch zur Beeinflussung des Straßenfahrverhaltens zu benutzen. Möglich macht das eine sehr aufwendige elektronische Regelung, die außer den Raddrehzahlen auch die Eingangsgrößen des Fahrhilfesystems DSC nutzt. Nachteil aller Systeme mit

Lamellenkupplungen: Sie können bei Überlastung überhitzen und unterliegen erheblichem Verschleiß, weshalb sie für schweren Dauereinsatz nur bedingt geeignet sind.

Untersetzung

Egal mit welcher Art von Allradantrieb – um besonders steile Steigungen im Gelände oder hohe Fahrwiderstände auf weichem Boden zu überwinden, benötigen ernsthafte Offroader eine besonders kurze Gesamtuntersetzung. Sie stellt dem Motor einen günstigen »Hebelarm« zur Verfügung. Dazu dient in den meisten auch für härtere Einsätze geeigneten Geländewagen das Untersetzungsgetriebe. Bei der klassischen Längsmotor-Bauweise sitzt es hinter dem Schalt- oder Automatikgetriebe, aber noch vor dem eigentlichen Verteilergetriebe. Es besteht aus einem zweigängigen Schaltgetriebe, bei dem für Straßenfahrten die hohe, für schweren Gelände- oder Anhängereinsatz die niedrige Übersetzung eingelegt wird.
Die Geländeuntersetzung wirkt mithin in allen Fahrstufen des Schalt- bzw. Automatikgetriebes einschließlich Rückwärtsgang; sie verdoppelt also faktisch die Anzahl der Gänge. Der Geländegang ist meist etwa im Verhältnis 2 : 1 bis 2,5 : 1 untersetzt. So verdoppelt sich das Antriebsmoment – die Geschwindigkeit halbiert sich. Auch das ist durchaus erwünscht – denn so ist es möglich, schwierige Geländepassagen mit Kriechtempo zu überwinden, ohne dazu die Kupplung quälen zu müssen.
In den meisten Fällen ist das Untersetzungsgetriebe ein einfaches Stirnradgetriebe, bei dem der Straßengang als direkter Gang 1 : 1 übersetzt ist. Schaltbar sind die meisten Untersetzungsgetriebe mangels Synchronisation nur im Stand bzw. bei Schritt-Tempo; Mercedes und Opel haben eine Synchronisierung vorgesehen, die ein Umschalten während der Fahrt erlaubt. Eine Besonderheit der in den Mercedes-G-Modellen verwendeten Reduktionsgetriebe ist die Dreiwellen-Bauweise: Hier ist der Straßengang nicht als direkter Gang mit geradem Durchtrieb realisiert, sondern er ist ins Schnelle übersetzt. Das ergibt eine weitere Spreizung zwischen Straßen- und Geländegang.
Bei Allradfahrzeugen, die auf der Technik von Frontabtriebs-Pkw basieren, ist für ein getrenntes Untersetzungsgetriebe oft kein Platz. DKW setzte beim Munga daher die schaltbare Untersetzung zwischen Motor und Schaltgetriebe – an den Platz, wo sich bei den DKW-Personenwagen (von denen die Grundkonstruktion des Getriebes stammte) der beim Munga eingesparte Freilauf befand. So wird zwar das Getriebe mit höheren Eingangsdrehmomenten belastet – was aber angesichts des geringen Motordrehmomentes des Munga keine Probleme machte. Audi sparte bei der Entwicklung des Munga-Nachfolgers VW Iltis die separate Untersetzung ganz ein; statt dessen sorgte eine extrem kurz übersetzter erster Gang des Fünfgang-Schaltgetriebes für eine ausreichend kurze Gesamtuntersetzung.
Einige ältere Geländefahrzeuge nutzen auch Radvorgelege, um die Geschwindigkeit zu reduzieren und die Zugkraft erhöhen. Dabei sitzt eine zusätzliche Stirnraduntersetzung außen am Radträger der Antriebsachse. Ein Umschaltmöglichkeit zwischen Straßen und Geländebetrieb gibt es hier nicht; die Gesamtuntersetzung ist einfach generell und in allen Gängen kürzer.

Achsdifferenzialsperren

Auch der beste Allradantrieb nützt nichts, wenn je ein Rad einer Antriebsachse durchdreht. Das kann vorkommen, wenn entweder beide Räder einer Fahrzeugseite auf sehr rutschigen Untergrund stehen; oder auch, wenn dies bei zwei diagonal gegenüber liegenden Rädern der Fall ist. Dann »entweicht« an diesen durchdrehenden Räder die Kraft; die fest auf griffigem Boden stehende Reifen gehen leer aus. Gleicher Effekt: Wenn in unebenem Terrain die Federwege nicht ausreichen und zwei diagonal gegenüber liegende Räder keinen oder nur noch sehr schwachen Bodendruck haben.
Eine Maßnahme dagegen ist, analog zum Zentraldifferenzial auch die Ausgleichswirkung der Achsdifferenzial zu hemmen oder voll zu sperren. Die Mittel dazu sind ähnlich. Die klassische Differenzial-Vollsperre – etwa im Mercedes G benutzt – besteht aus einer einrückbaren formschlüssigen Verbindung im Achsdifferenzial. Sie führt zu einer starren Koppelung der beiden Räder einer Achse; einseitiges Durchdrehen ist damit unmöglich. Die Betätigung erfolgt übli-

9

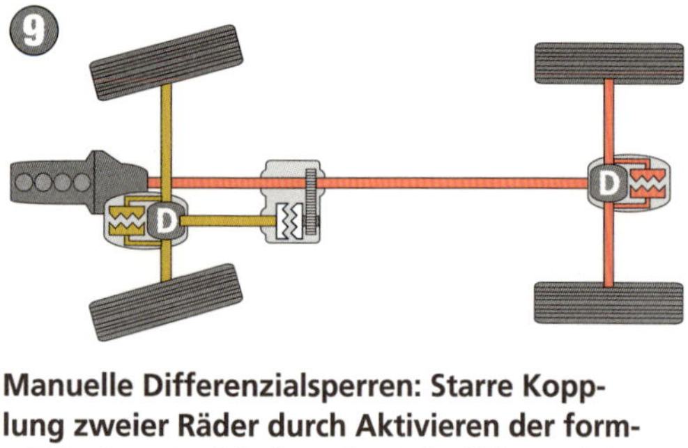

Manuelle Differenzialsperren: Starre Kopplung zweier Räder durch Aktivieren der formschlüssigen Verbindung im Achsdifferenzial

cherweise pneumatisch: durch Vakuum-Stellzylinder, die entweder über ein Handventil oder auf Knopfdruck per Magnetventil gesteuert werden. Nachteil dieses in Hinblick auf die Traktion effektivsten aller System ist, dass diese manuellen Vollsperren einen verständigen Fahrer erfordern, der genau weiß, wann er die Sperren zuschalten muss und wann nicht. Gerade der kann in den USA in der Regel nicht vorausgesetzt werden, weshalb dort schon kurz nach dem Zweiten Weltkrieg über automatische Systeme nachgedacht wurde.

Als einziges dieser frühen Automatiksystem gelangten Reibungs-Differenzialbremsen zu großer Verbreitung, die über die Tochtermarken amerikanischer Konzerne – Ford und Opel – auch in deutsche Fabrikate kamen. Das Prinzip: An die Stelle der formschlüssigen Verbindung tritt ein Reiblamellenpaket, das von einer Feder vorgespannt wird und das Differenzial »schwergängig« macht. So gelangt auch bei völligem Traktionsverlust an einem Rad noch ein Rest Antriebskraft zum anderen der gleichen Achse. Volle Mobilität in sehr schwierigem Gelände leisten diese auch als Sperrdifferenziale oder automatisch teilsperrende Differenziale bezeichneten Differenzialbremsen freilich nicht – es gelangt ja, abhängig vom Sperrgrad, nur ein Teil der Antriebskraft zum gut greifenden Rad, was nicht immer zum Freikommen reicht. Zudem unterliegen die Reiblamellen dem Verschleiß und die Sperrwirkung bleibt nicht über die gesamte Lebensdauer konstant.

Ein weiterer Nachteil ist, dass sich diese Traktionshilfen nur eingeschränkt mit ABS und überhaupt nicht mit ESP vertragen – weshalb sie in modernen Fahrzeugen nicht mehr verwendet werden. Statt dessen kommen hier elektronisch gesteuerte Reibkupplungen zum Einsatz: Ähnlich wie bei der automatischen Zentraldifferenzialsperre sorgen dabei kraftschlüssige Kupplungen für eine Einschränkung des Drehzahlausgleichs. Geregelt werden diese automatischen Differenzialsperren wieder elektronisch, wobei zusätzlich eine vorbeugende manuelle Eingriffsmöglichkeit besteht.

10

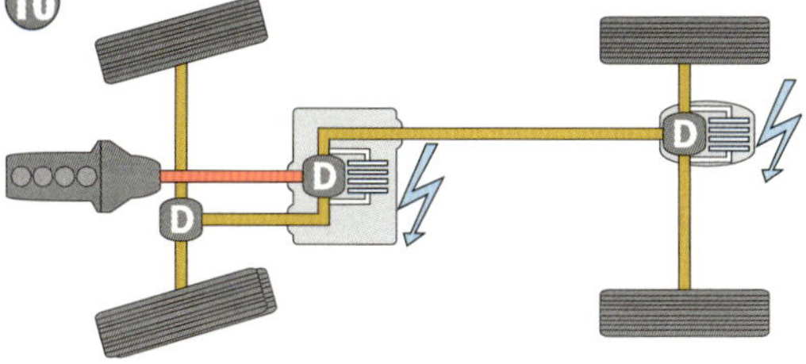

Automatische Differenzialsperre durch stufenlos regelbare Lamellenkupplung

Die technisch eleganteste Lösung zur Beseitigung des einseitigen Durchdrehens sind natürlich echte selbstsperrende Differenziale – etwa das Torsen-Differenzial. Sie teilen prinzipbedingt stets jedem Rad so viel Kraft zu, wie es übertragen kann; dennoch wurden sie bisher in keinem deutschen Serien-Geländewagen oder Offroader verwendet. Abgesehen von den hohen Baukosten und dem hohen Gewicht können sie kritisch beim Straßenfahrverhalten sein. Denn die Tatsache, dass das Torsen-Differenzial – zumindest bei einem gefühllos auf dem Gaspedal stehenden Fahrer – jedem Rad so lange immer mehr Kraft zuführt, bis dessen Haftungsgrenze überschritten ist, kann zu einem unerwartet plötzlichen Ausbrechen der damit ausgerüsteten Achse führen: Dann nämlich, wenn die gesamte Haftfähigkeit der Reifen durch die Antriebsarbeit in Anspruch genommen wird und nichts mehr für die Seitenführung übrig ist.

Elektronische Systeme

Viele moderne Geländewagen und SUV verfügen über elektronische Traktions- und Hilfssysteme, die ohne Eingriff des Fahrers das Fortkommen im Gelände sichern und zudem die Fahrsicherheit auf der Straße auch bei Fahrfehlern gewährleisten sollen. Das bekannteste und bewährtestes dieser Systeme ist das Antiblockiersystem ABS: Jedem Rad wird nur so viel Bremskraft zugeteilt, bis seine Haftfähigkeit abzureißen droht. Dazu wird die Drehzahl der einzelnen Räder – bisweilen, etwa in den frühen Mercedes-G-Modellen der Baureihe 463, auch die Drehzahl beider Hinterräder gemeinsam – gemessen und verglichen. Fällt die Drehzahl eines Rades auffällig ab, wird der ihm zugeführte Bremsdruck reduziert. Gleicht sich daraufhin die Drehzahl wieder derjenigen der übrigen Räder an, wird über eine Elektropumpe erneut Druck in dem entsprechenden Bremskreis aufgebaut. In der Praxis lassen sich damit auf befestigtem Untergrund kürzere Bremswege erzielen, weil die Haftreibung eines noch rollenden Rades höher ist als die Gleitreibung eines blockierten.

Damit dieses System funktioniert, müssen die Räder unabhängig voneinander rollen können – denn sie werden ja einzeln geregelt. Bei einem Auto mit starr zugeschalteten Allradantrieb ist das nicht der Fall; deshalb funktioniert das ABS hier entweder gar nicht, oder die Regelcharakteristik wird so umgeschaltet, dass nur noch ein Teil der Gesamtbremsleistung verfügbar ist – weil sich, vergröbert ausgedrückt, die verfügbare Bremskraft nach dem Rad mit der schlechtesten Haftung richtet. Der generelle Nachteil des ABS ist, dass im Gelände – etwa auf losen Kies – die Bremswirkung bei blockierten Räder besser sein kann als bei noch rollenden: Das blockierte Rad gräbt sich

in den Untergrund ein und hat dabei intensiveren Bodenkontakt; außerdem baut sich vor den blockierten Rädern ein Keil aus Bodenmaterial auf. Mercedes rüstete daher die ABS-gebremsten G-Modelle bis 2002 mit einem Schalter zum Abschalten des Systems aus. Automatisch außer Betrieb gesetzt wurde das ABS dagegen, wenn die manuelle Zentraldifferenzialsperre eingerückt wurde – was ja ohnehin nur im Gelände erfolgen darf.
Ein weiteres, bei modernen SUV immer häufiger verwendetes Elektroniksystem ist die elektronische Schlupfregelung, oft in unexakt wörtlicher Übersetzung des englische Begriffs »traction control« (Zugkraftregelung) als Traktionskontrolle bezeichnet. Das Prinzip ist das gleiche wie beim ABS – nur quasi umgekehrt: Jedes Rad erhält nur so viel Antriebskraft, bis es durchzudrehen beginnt. Dazu werden wieder die Drehzahlen der einzelnen Räder gemessen und verglichen. Dreht eines plötzlich schneller als die anderen, wird es einfach über die Radbremsen eingebremst, bis seine Drehzahl wieder auf die der anderen abgefallen ist. Üblicherweise wird dieses System nur als Ersatz für Achsdifferenzialsperren benutzt; es kann aber sogar die Zentraldifferenzialsperre ersetzen.
Bei der Mercedes M-Klasse und beim BMW X5 der ersten Generation ist gar kein separates Sperr-Bauteil vorhanden: Stellen Sensoren eine übermäßige Drehzahl einzelner Räder fest, wird einfach an diesen Rädern Bremsdruck angelegt. So kann wieder Kraft

11

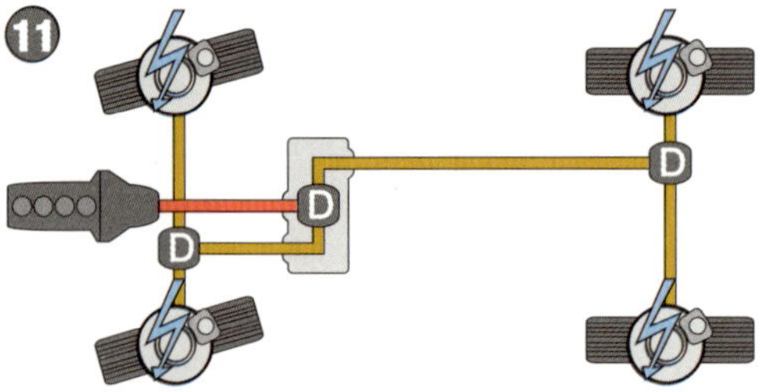

Elektronische Schlupfregelung als Ersatz für Zentral- und Achsdifferenzialsperren

zu den noch normal greifenden Reifen umgeleitet werden. Allerdings funktioniert dieses System nur bei kräftigen Autos zufriedenstellend; denn es werden ja im Extremfall (wenn nur noch ein Rad »Grip« hat) drei Viertel der vom Motor gelieferten Energie von den Radbremsen in sinnlose Abwärme umgewandelt. Nur ein Viertel kommt tatsächlich dem Vortrieb zugute.
Ebenfalls über die Radbremsen und die ABS-Sensorik arbeiten Bergabfahrhilfen oder Bergabfahrassistenten, in Deutschland zuerst verwendet beim BMW X5, später auch bei Mercedes M-Klasse und VW Touareg/Porsche Cayenne. Diese Systeme aktivieren automatisch und selektiv die Radbremsen einzelner Räder, wenn sich die Fahrgeschwindigkeit bei langsamer Bergabfahrt im Gelände unabsichtlich erhöht. Gedacht waren diese ursprünglich vom britischen Hersteller Land Rover entwickelten und erstmals 1997 realisierten Hilfen zuerst nur als Ersatz für eine Geländeuntersetzung. Fehlt – wie in einigen modernen SUV wie dem BMW X5 – das Untersetzungsgetriebe, das ja nicht nur die Motorzugkraft, sondern auch die Motorbremswirkung verstärkt, genügt oft die Motorbremswirkung nicht, um ein unbeabsichtigtes Beschleunigen zu vermeiden. Das kompensiert die Bergabfahrhilfe.
Mercedes – und später VW/Porsche – führte das System aber zusätzlich auch bei Fahrzeugen mit Geländeuntersetzung ein. Das hat selbst dann Sinn, wenn die Motorbremswirkung eigentlich genügen würde – denn wenn bei den mit kurzen Federwegen und folglich schlechter Achsverschränkung arbeitenden Einzelradaufhängungen moderner SUV auf sehr unebenen Gefällstrecken ein oder mehrere Räder kurzzeitig den Bodenkontakt verlieren, ist auch die Motorbremswirkung aufgehoben. Die Achsdifferenziale erlauben ja das wirkungslose »Verpuffen« der Motorbremswirkung ebenso wie das der Motorzugkraft. In diesen Fällen greift die Bergabfahrhilfe ein und verhindert durch kräftiges Abbremsen der noch gut greifenden Räder unbeabsichtigte Geschwindigkeitszunahme. Aktiviert werden die Bergabfahrassistenten automatisch ab einem bestimmten Gefällewinkel, wenn die Geländeuntersetzung eingelegt ist und Gas weg genommen wird. Beim BMW muss das System manuell per Knopf angeschaltet werden, weil das Auto nicht über ein Untersetzungsgetriebe verfügt.
Eine weitere über das ABS-System arbeitende Hilfe, die vor allem dem Komfort dient, ist die Berganfahrhilfe. Sie erspart dem Fahrer, das stehende oder wartende Auto an einer Steigung durch permanentes Drücken des Bremspedals oder Betätigen der Feststellbremse am Zurückrollen zu hindern. Hat der Fahrer einmal das Bremspedal gedrückt und ist ein Vorwärtsgang eingelegt, wird der Bremsdruck auch bei frei gegebenem Pedal so lange gehalten, bis die Drehzahlfühler eine Vorwärtsdrehung der Antriebsräder erkennen. Das kann im Gelände ebenso hilfreich sein wie im Straßenbetrieb.
Fast ausschließlich für Straßenbetrieb gedacht sind elektronische Fahrhilfesysteme – exakter, aber unverständlicher als Fahrdynamikregelsysteme bezeichnet. Sie sollen ein beispielsweise für die Straßenverhältnisse zu schnell in eine Kurve gefahrenes Auto daran hindern, außer Kontrolle zu geraten. Zu diesem Zweck werden eine Fülle von Daten erfasst und aus-

gewertet – von den Raddrehzahlen über Fahrgeschwindigkeit und Lenkwinkel bis hin zu Motor- und Getriebe-Betriebsparametern und nicht zuletzt dem sogenannten Gierwinkel, der ein Maß für die Drehung des Fahrzeugs um seine Hochachse ist.
Glaubt der Steuerungsrechner aufgrund einer Abweichung der Daten vom experimentell ermittelten Sollwert festzustellen, dass das Auto nicht mehr dem vom Lenkrad vorgesehenen Kurs folgt, passiert zweierlei: Zum einen wird die Motorleistung unabhängig von der Gaspedalstellung reduziert, um Geschwindigkeit abzubauen; zum anderen werden selektiv einzelne Räder abgebremst, um das Auto wieder auf Kurs zu bringen. Stellt das System beispielsweise ein Untersteuern, also ein Schieben über die eingeschlagene Vorderräder nach außen fest, dann wird das kurveninnere Vorderrad abgebremst. Das erzeugt eine Gegenkraft, die das Auto in die Kurve hineindreht. Umgekehrt wird bei einem festgestellten Übersteuern das kurvenäußere Vorderrad abgebremst, um den Wagen wieder zu stabilisieren.
Bei neueren ESP-Versionen werden zusätzliche Funktionen integriert. So könne beispielsweise Impulse zum Lenkrad geleitet werden, die dem Fahrer signalisieren sollen, wohn er Gegenlenken sollte, um das außer Kontrolle geratende Fahrzeug wieder zu stabilisieren; für die Zukunft sind auch Systeme denkbar, die aktiv in die Lenkung eingreifen. Bereits seit 2002 Realität sind Erweiterungen der ESP-Software, die der Anhängerstabilisierung dienen – etwa bei BMW und VW verwendet. Dabei erkennt ein spezielles Programm aus den Signalen des ESP die charakteristischen Pendelschwingungen eines außer Kontrolle geratenden Gespanns schon im Ansatz; durch gezieltes Abbremsen des Zugfahrzeugs bei gleichzeitigem Zurücknehmen der Motorzugkraft wird das Gespann so lange abgebremst, bis das Pendeln wieder abklingt.
Beim Geländewagen haben Fahrstabilitätshilfen wie ESP einen besonderen Stellenwert. Denn sie können den Zielkonflikt ausräumen zwischen einer weichen, im Interesse des Fahrkomforts angestrebten Fahrwerksabstimmung und einer straffen Abstimmung, wie sie für hohe Fahrsicherheit gerade bei Allradfahrzeugen mit hohem Schwerpunkt erforderlich ist. Andererseits gibt es bei Offroadern spezielle Probleme: Im Gelände kann beispielsweise der Motoreingriff des ESP ausgesprochen hinderlich sein; denn wenn das System die Motorleistung bei Durchdrehen der Räder oder geringfügigen, schlingernden Abweichungen vom Kurs reduziert, kann das zum unerwünschten »Abwürgen« des Motors führen. Dadurch verliert das Auto genau den Schwung, der nötig wäre, um eine schwierige Geländepassage zu überwinden. Mercedes und VW bauen daher einen Schalter ein, mit dem der Fahrer das System manuell abschalten kann; BMW stellt bei einem Druck auf den entsprechenden Knopf die Regelcharakteristik so um, dass das System weniger empfindlich reagiert und die Motorleistung nicht drosselt.

Reifen

Ein besonderes Thema bei Geländefahrzeugen sind die Reifen. Während beim Straßen-Pkw dem Wesen nach nur die Wahl zwischen Sommer- und Winterreifen besteht, die sich neben dem Profil vor allem in der Gummimischung unterscheiden, ist das Spektrum beim Geländewagenreifen breiter. Außer in Sommer- und Winterreifen unterscheidet man in Straßen- und Geländereifen – und dazu die mehr in die ein, mehr in die andere Richtung tendierenden Mischreifen.
Bis Mitte 90er-Jahre (!) gab es keine echten Winterreifen für Geländewagen. Weniger, weil es keine Markt dafür gegeben hätte; eher, weil diese Reifen technisch kaum herzustellen waren. Für den Wintereinsatz benötigen Reifen eine Gummimischung, die auch bei Kälte weich bleibt und sich gut mit dem Untergrund verzahnt. Diese Weichheit bei niedrigen Temperaturen ging aber lange Zeit mit einer mangelnden Stabilität bei Wärme einher. Geländewagen mit ihren hohen Gewichten und Achslasten stellen hier hohe Anforderungen: Ein hoch belasteter Reifen neigt speziell bei höherem Tempo zum verstärkten Walken, was ihn erhitzt. Erst mit der Einführung neuer chemischer Gummiweichmacher (Silica-Technologie) wurde die Herstellung von gleichzeitig belastbaren, schnelllaufsicheren und dennoch winterweichen Laufflächen möglich.
Der Unterschied zwischen Straßen- und Geländereifen liegt in erster Linie im Profil. Für reinen Geländeeinsatz werden grobstollige Laufflächenmuster ohne feine Lamellierung benutzt. Das hat nicht allein den Sinn, ein Zusetzen des Profils auf weichen Böden zu vermeiden, sondern dient auch der Haltbarkeit, etwa auf felsigem oder grob geschottertem Untergrund. Feine Profile neigen hier zum Ausbrechen von Profilblöcken – was in der Regel das Aus für den Reifen bedeutet.
Darüber hinaus ist auch die Gummimischung von großer Bedeutung. Speziell Reifen für weiche Böden – amerikanisch als Mud-Terrain-Reifen bezeichnet – benötigen neben groben Profilblöcken eine eher hydrophobe, also wasserabstoßende Gummimischung. Dadurch bleiben Schlamm- und Erdbrocken weniger gut am Gummi haften, die sogenannte Selbstreinigung des Profils ist besser. Die Kehrseite dieser Auslegung ist, dass diese Reifen für den Straßenbetrieb kaum geeignet und für den Winterbetrieb sogar völlig unbrauchbar sind: Die wasserfeindliche Gummimischung verschlechtert die

Rutschfestigkeit auf Nässe dramatisch – so sind um bis zu 50 Prozent verlängerte Bremswege mit Mud-Terrain-Reifen gegenüber Straßenreifen die Regel.
Reifen für den Sand- und Wüsteneinsatz haben meist großflächige Profilblöcke mit nur schmalen Einschnitten. Grobstollige Reifen sind im Tiefsand fehl am Platz – sie neigen hier zum »Baggern«, also zum Wegschaufeln des Untergrundes, was zum Eingraben und Steckenbleiben führt. Sandreifen haben auch immer eine harte Gummimischung und steife Flanken, um auf Steinbrocken weniger anfällig zu sein. Im Weichsand werden sie mit drastisch abgesenkten Luftdruck gefahren; so stülpt sich die Lauffläche nach innen durch und verdichtet dadurch den Sand, statt ihn zur Seite zu drängen. Für den Straßeneinsatz – vor allem auf Nässe – sind sie völlig ungeeignet.
Eine besondere Bedeutung kommt beim Geländereifen auch der Flexibilität der Lauffläche zu. Die im Straßenbetrieb erwünschte steife Lauffläche ist hier fehl am Platz. Zwar hält sie bei Straßenfahrt lange den Bodenkontakt aufrecht, wenn etwa schnell um die Kurve gefahren oder stark gebremst wird; aber sie passt sich im Gelände dem Untergrund schlecht an, etwa beim Fahren auf steinigem oder felsigem Untergrund. Daher hat im Bereich der reinrassigen Geländereifen sogar die im Straßenreifenbau ausgestorbene Diagonalbauweise noch ihre Daseinsberechtigung: Sie verbindet eine relativ weiche, anpassungsfähige Lauffläche mit stabilen, also weniger verletzungsgefährdeten Flanken.
Dem gleichen Ziel, eine möglichst anpassungsfähige Lauffläche zu erreichen, dient auch die bei echten Geländereifen übliche hohe Reifenflanke. Selbst die riesigen Bigfoot-Reifen, wie sie etwa in Island zum Befahren der Gletscher üblich sind, sitzen meist nur auf 15 oder maximal 16 Zoll großen Felgen. So ist viel Gummi zwischen Felge und Fahrbahn, der Reifen nachgiebig. Die Kehrseite davon ist natürlich eine sehr unexaktes, schwammiges Lenkverhalten auf der Straße.
Im Zeitalter der schnellen, straßenorientierten SUV bieten fast alle Hersteller ihre Produkte nur noch mit reinen Straßenreifen an. Profilgestaltung und Reifenquerschnitt folgen der Entwicklung im Personenwagen – nur so lassen sich die geforderten Handling- und Bremseigenschaften erreichen. Waren noch in den späten 90er-Jahren 15- oder 16-Zoll-Felgengröße an der Tagesordnung – verbunden mit Reifen in /75er oder allenfalls /65er Querschnitt, sind heute 17 oder 18 Zoll große Räder Standard; betont sportliche Allradler gehen bis zu 22 Zoll, im Tuningbereich auch bis 24 Zoll. Dabei werden dann extrem flache Reifenquerschnitte bis zum /30er-Querschnitt montiert: Die Schulterhöhe des Reifens beträgt also nur 30 Prozent der Reifenbreite! Für schweren Geländeeinsatz sind diese Reifen nicht geeignet; selbst die von manchen Herstellern als Zubehör angebotenen »All-Terrain«- oder »Off-Road-Reifen«, meist in 17-Zoll-Größe, sind in Wahrheit keine echten Geländereifen, sondern nur mehr oder minder geländeorientierte Mischreifen. Echte Geländereifen sind in den für moderne SUV freigegebenen Größen meist gar nicht erhältlich.
Für ernsthaften Geländeeinsatz – womöglich fern der Zivilisation – ist natürlich ein vollwertiges Ersatzrad wichtig, unter Umständen gar überlebenswichtig. Auch hier geht die meisten Hersteller moderner SUV Kompromisse ein. Weil ein vollwertiges Reserverad in der gleichen Größe wie die wie die Fahrbereifung nicht nur sperrig und schwer im Fahrzeug unterzubringen ist, sondern auch teuer, haben moderne SUV in aller Regel allenfalls kleine, billige Noträder, die nur auf der Straße und nur auf kurzen Strecken eine Rückkehr zur nächsten Werkstatt erlauben. In vielen Fällen fehlt sogar diese Notlösung, stattdessen wird ein klebstoffhaltiges Pannenspray (Tire-fit) beigelegt, das die Undichtigkeit beseitigen soll.
Das funktioniert aber nur bei kleinen Schäden; und auch dann nur wenn die defekte Stelle in der Lauffläche liegt. Denn nur dort lagert sich der meist schaumförmig eingebrachte Klebstoff durch die Zentrifugalkraft beim Fahren ab. Für einige neuen Offroader ist wenigstens gegen Aufpreis ein »Ersatzrad in Fahrbereifung« erhältlich, meist an einem außenliegenden Träger montiert. Um Reifen in Seriengröße handelt es sich dabei aber nicht unbedingt; vielmehr werden dabei meist Reifen verwendet, die schmäler sind als die normale Fahrbereifung, aber dank eines höheren Reifenquerschnitts wenigstens auf den gleichen Außendurchmesser kommen.

Geländewagenspezifische Messwerte

Gutes Vorankommen im Gelände erfordert spezielle technische Voraussetzungen. Darum finden sich in Datenblättern von Geländefahrzeugen – und in den Tabellen dieses Buches – auch eine Reihe von Angaben, die beim normalen Pkw fehlen. Auf Anhieb einleuchtend ist der Begriff der Bodenfreiheit – das ist schlicht der Abstand des tiefsten Punktes der Fahrzeugunterseite zum Boden. Zwiespältig ist dabei aber die Messmethode: Normgemäß wird die Bodenfreiheit an der Hinterachse gemessen; dabei wird ein Kreisbogen gezogen, der zwischen die Räder und den tiefsten Punkt zwischen den Hinterrädern passt. Diese Messmethode rührt daher, dass bei der traditionellen Starrachse der tiefste Punkt in der Mitte war – das Hinterachsdifferenzial. Abweichungen zum tatsächlich nutzbaren Wert können sich aber ergeben, wenn der tiefste Punkt nicht in der Mitte liegt – oder wenn

unter der Vorderachse weniger freier Raum ist als hinten. Eine spezielle Art der Bodenfreiheit ist die Bauchfreiheit: Sie versteht sich als Bodenfreiheit in der Mitte zwischen beiden Achsen.
Die Böschungswinkel geben an, welchen Winkel eine plötzlich beginnende Steigung haben darf, ohne dass die Überhänge des Aufbaus Bodenkotakt bekommen. Außer von der Länge der Überhänge sind sie von der Form der Fahrzeugbegrenzungen und deren Höhe über dem Boden abhängig. Der Rampenwinkel – direkt abhängig von der Länge des Radstandes und der Bauchfreiheit – sagt, wie gut das Auto über spitze Kuppen kommt. Er wird rechnerisch aus Radstand und Bauchfreiheit ermittelt. Die Angabe der Watfähigkeit oder Wattiefe gibt einen Anhaltspunk dafür, wie tief eine Furt sein darf, die das Auto noch durchwaten kann, ohne Schaden zu nehmen. Bestimmt wird sie durch die Lage nässeempfindlicher Bauteile;

⑫

Watfähigkeit, Rampenwinkel, Böschungswinkel

das absolute Maximum stellt die Höhe der Motorluftansaugung über Grund dar: Saugt der Motor über den Luftfilter Wasser an, stirbt er im günstigen Fall sofort ab, im ungünstigen Fall ist ein kapitaler Motorschaden die Folge. Wirklich vergleichbar sind die Angaben der unterschiedlichen Fabrikate aber nicht: Während der eine Hersteller Elektrik-Bauteilen wie etwa der Lichtmaschine ein kurzzeitiges »Fluten« zumutet, hält der andere dies nicht für vertretbar. So sind die Werksangaben eher als Richtwert zu verstehen.
Von großer Wichtigkeit für die Kletterfähigkeit auf stark unebenem Untergrund ist die Achsverschränkungsfähigkeit, auch kurz als Verschränkung bezeichnet. Darunter ist die Fähigkeit des Fahrwerks zu verstehen, mit zwei diagonal gegenüberliegenden Räder so weit wie möglich ein-, mit den anderen beiden so weit wie möglich auszufedern. Das Maß gibt an, wie tief ein diagonal durchfahrener Graben oder wie hoch ein überfahrener Wall sein kann, ehe eines der Räder den Bodenkontakt verliert. Es kann nur experimentell ermittelt werden und hängt von der Länge der Federwege und von der Federkennung ab: Weiche, langhubige Federn erlauben eine größere Achs-

⑬

Verschränkung mit voller Ein- bzw. Ausfederung der diagonal gegenüberliegenden Räder

verschränkung als harte mit kurzen Federwegen. Generell erlauben Starrachsen eine größere Verschränkung als Einzelradaufhängungen. Bei letzteren beschränken die zulässigen Knickwinkel der Antriebswellen den möglichen Federweg. Nachteil langhubiger, weicher Federn ist natürlich die resultierende Seitenneigung des Autos bei schneller Kurvenfahrt. Ihr beugen Stabilisatoren vor, die ein beidseitiges Einfedern der Räder einer Achse erlauben, ein einseitiges aber erschweren. Somit verschlechtern steife, auf exaktes Straßenfahrverhalten ausgelegte Stabilisatoren natürlich die Verschränkungsfähigkeit. Einziger Ausweg: Eigentlich steife Stabilisatoren, die sich für schweren Geländeeinsatz entkoppeln (sprich: teilen) lassen. VW bietet das beim Touareg an, Porsche beim Cayenne. Ganz ohne technische Hilfsmittel lässt sich die effektive Kletterfähigkeit in Notfall verbessern, indem man den Reifenluftdruck absenkt: So können sich die belasteten Reifen stärker abplatten; und diese Abplattung addiert sich zum Radfederweg.
Wahlweise rechnerisch oder experimentell lässt sich die Steigfähigkeit bestimmen – ein besonders anschaulicher Faktor der Geländetauglichkeit. Werks- oder Prospektangaben der Hersteller nennen meist einen experimentell ermittelten Wert. Allerdings gibt es dabei unzählige Messvarianten: Je nachdem, ob der Wert bei unbelastetem oder voll beladenem Auto ermittelt wird, ergeben sich völlig unterschiedliche Ergebnisse; zudem ist die praktische Steigfähigkeit natürlich in besonderem Maß von der Griffigkeit des Untergrundes abhängig. In diesem Buch werden daher stets die errechneten theoretischen Steigfähigkeiten bei maximaler Beladung angegeben; nur sie ermöglichen eine Vergleichbarkeit. Abhängig ist die theoretische Steigfähigkeit außer vom Fahrzeuggewicht und der Motorzugkraft – also dem maximalen Motordrehmoment – von der maximalen Gesamtuntersetzung und der Reifengröße. Dass sich diese theoretischen Steigfähigkeit in der Praxis nur unter außerordentlich günstigen Umständen erreichen lassen wird, versteht sich freilich von selbst.

Dank

Olaf Braasch, Lüneburg
Martin Braun, (BRW Redaktionsbüro), Deisenhofen
Lothar Brune (VW Nutzfahrzeuge), Hannover
Bernd Campen, Geiselbach
Dr. Michael Dünnebier, Dresden
Rita Eberhardt (Multicar), Waltershausen
Erik Eckermann, Seeshaupt
Dr. Christian P. Eick (Karmann), Osnabrück
Dieter Feist, Stukenbrock
Lothar Franz (Audi Tradition), Ingolstadt
Jochen Frey (BMW), München
Jürgen Gößling, Dortmund
Tilo Graupner, Reichwalde
Anne Heinrichs (Bundeswehr, Informations- und Medienzentrale), St. Augustin
Karin Handsche (DaimlerChrysler), Hamburg
Werner Huber (Krauss-Maffei Wegmann), München
Horst Ihling, Eisenach
Detlev Jenter (Ford AG), Köln
Andreas Kaminski, Hochdorf-Assenheim
Andreas Klugescheid (BMW), München
Lars Leonhardt, Lippstadt
Frau Lüdecke (Thyssen Krupp Drauz), Hohnstein-Ernstthal
Wilfried Marbach (Motorpresse Archiv), Stuttgart
Wolfgang Mühlbauer (EADS), München
Sven Markurt (Opel), Rüsselsheim
Ullrich Märker (Munga IG), Hattingen
Matthias Pfannmüller, Hamburg
René Pohl, Aerzen
Ted Reinhart (Hist. Medienarchiv BMW), München
Michael Schubert, Siebenlehn
Wilhelm Schwebe, Georgsmarienhütte
Jörg Sprengelmeyer, Hilter-Bergloh
Christian Steiger, Ludwigshafen
Michael Stück, Eisenach
Jörg Walz (VW), Wolfsburg
Ralf Wilke (Bundeswehr, Redaktion SKB), Bonn
E. v. Witzleben (Auto Museum VW), Wolfsburg
Jörg Zwilling (Daimler-Chrysler), Stuttgart

Quellen- und Literaturverzeichnis

Bücher:

L. Boschen / J. Barth: Das große Buch der Porsche-Sondertypen (Motorbuch Verlag 1985)
O. Braasch: Kraka (Band 3 der Schriftenreihe der IG für hist. Luft- und Katastrophenschutz, 2004)
M. Breuninger: Die Legende fährt weiter (Tufa Verlag, 2004)
M. Füngeling: Das große Mercedes G Buch (AC Verlag, 1996)
L.-R. Gau / J. Plate / J. Siegert: Deutsche Militärfahrzeuge – Bundeswehr und NVA (Motorbuch Verlag, 2001)
F. Graf: 10 Jahre Fahr-Schlepper-Freunde (Beitrag in der Clubzeitschrift, 1998)
P. Kirchberg: Plaste, Blech und Planwirtschaft (Nicolai-Verlag, 2000)
F. Kinzer u.a.: Kfz-Kraftübetragung (transpress Verlag, 1990)
P. Kunze: Und wer das Leben über hat, fährt Goliath (Kurze-Schönholz und Ziesemer Verlag, 1996)
W. Oswald / E. Kittler/M. Dünnebier: Kraftfahrzeuge der DDR (Motorbuch Verlag, 2000)
W. Oswald: Kraftfahrzeuge und Panzer der Reichswehr, Wehrmacht und Bundeswehr (Motorbuch Verlag, 1998)
W. Oswald: Deutsche Autos 1945 – 1990 Bd. 3 und 4 (Motorbuch Verlag, 2001)
R. Kieselbach: BMW Sondertypen (Motorbuch Verlag 1995)
E. Kittler: Deutsche Autos seit 1990 Bd. 5 und 6 (Motorbuch Verlag, 2000)
J. Kuch: Volkswagen Modellgeschichte Bd. 1 (Motorbuch Verlag, 1998)
J. Müller / F. Wendler: Goliath (VF Verlagsgesellschaft, 1989)
M. Pfannmüller / B. Schmidt: Land Rover – Die ersten 50 Jahre (autovision-Verlag, 1997)
G. Seeliger: BMW Kleinwagen – Isetta, 600 & 700 (Motorbuch Verlag, 1993)
R. Seiffert: Carrera 4 – Porsche Allrad 1900 - 1990 (Südwest Verlag, 1989)
J. Sprengelmeyer: DKW Munga (Johann Kleine Vennekate Verlag, 2003)
C. Steiger: Typenkompass Borgward-Goliath-Lloyd (Motorbuch Verlag, 1999)
C. Steiger / T. Wirth/A. Weinen: Transporter der Wirtschaftswunderzeit (Heel Verlag, 1996)
J. Stockmar: Das große Buch der Allradtechnik (Motorbuch Verlag, 2004)
M. Stück: Wartburg 311 (TIM Verlag, 1999)

Zeitschriften:

AutoBild Alles Allrad
auto, motor und sport
Auto Off
Automobil- und Motorrad Chronik
Geländewagen-Magazin
MIG-Info (Clubzeitschrift Munga-Interessengemeinschaft)
mot
Motor-Klassik
Motor-Rundschau
OffRoad
OLDTIMER-MARKT

Bildnachweis

KH. Augustin (S. 110; 200; 239), O. Braasch (S. 55), A. Beyer (S. 43; 182), Bundeswehr-Archiv (S. 47; 55), M. Dünnebier (S. 174); EADS (S. 48; 49), E. Eckermann (S. 57; 58;), T. Graupner (S. 41; 175; 176), F. Herzog (S. Ihling (S. 205; 208), E. Kittler (S. 33; 35; 36; 173; 185; 210; 225), L. Leonhardt (S. 205), Museum für Arbeit Hamburg (S. 212, 213), R. Pohl (S. 8; 9), T. Rönnberg (S. 227 – 237), M. Schubert (S. 42), W. Schwebe (S. 161); K. Sefrna (S. 96, 116, 216), J. Sprengelmeyer (S. 15), C. Steiger (S. 78), M. Stück (S. 208); Thyssen Krupp Drauz (S. 173; 175; 176; 207).

Alle anderen Fotos sind Pressebilder

Staubige Wildnis oder Großstadtboulevards – moderne SUVs wie der Porsche Cayenne Turbo machen überall eine gute Figur